常用办公软件
快速入门与提高

Word 2019
办公应用入门与提高

职场无忧工作室◎编著

清华大学出版社
北京

内 容 简 介

全书分为 13 章，全面、详细地介绍 Word 2019 的特点、功能、使用方法和技巧。具体内容有：Microsoft Word 2019 概述、Word 文档的基础操作，文档视图与窗口操作，文本输入和编辑，格式化文本，格式化段落，表格的应用，图表的应用，图形对象的应用，设计文档页面，高级排版方式，长篇文档的排版，文档的保护、转换和打印。

本书实例丰富，内容翔实，操作方法简单易学，不仅适合对文档编辑感兴趣的初、中级读者学习使用，也可供从事相关工作的专业人士参考。

本书附有二维码，内容为书中所有实例源文件以及实例操作过程录屏动画，供读者在学习中使用。

图书在版编目（CIP）数据

Word 2019 办公应用入门与提高 / 职场无忧工作室编著 . — 北京：清华大学出版社，2020.4
（常用办公软件快速入门与提高）
ISBN 978-7-302-54345-9

Ⅰ.① W…　Ⅱ.①职…　Ⅲ.①文字处理系统　Ⅳ.① TP391.12

中国版本图书馆 CIP 数据核字（2019）第 263232 号

责任编辑：秦　娜　赵从棉
封面设计：李召霞
责任校对：赵丽敏
责任印制：宋　林

出版发行：清华大学出版社
　　　　　网　　　址：http://www.tup.com.cn，http://www.wpbook.com
　　　　　地　　　址：北京清华大学学研大厦 A 座　　　　　邮　　编：100084
　　　　　社 总 机：010-62770175　　　　　　　　　　　　邮　　购：010-62786544
　　　　　投稿与读者服务：010-62776969，c-service@tup.tsinghua.edu.cn
　　　　　质量反馈：010-62772015，zhiliang@tup.tsinghua.edu.cn
印 装 者：清华大学印刷厂
经　　销：全国新华书店
开　　本：210mm×285mm　　　印　　张：31　　　字　　数：954 千字
版　　次：2020 年 5 月第 1 版　　　印　　次：2020 年 5 月第 1 次印刷
定　　价：89.80 元

产品编号：074412-01

Word 2019 是 Microsoft 公司 2018 年推出的 Office 2019 办公软件家族中非常重要的一员，是目前使用最广泛的文字编辑和处理软件。利用 Word 2019 可以轻松、高效地处理日常的办公文档，可以排版、处理数据、建立表格等，能满足普通人的绝大部分日常办公的需求。

本书以由浅入深、循序渐进的方式展开讲解，从基础的 Word 2019 安装知识到实际办公运用，以合理的结构和经典的范例对最基本和实用的功能都进行了详细的介绍，具有极高的实用价值。通过学习，读者不仅可以掌握 Word 2019 的基本知识和应用技巧，而且可以掌握一些 Word 2019 在办公方面的应用，提高日常工作效率。

一、本书特点

☑ 实用性强

本书的编者都是在高校从事办公应用软件教学多年的一线人员，具有丰富的教学实践经验与教材编写经验，有一些执笔者是国内 Word 图书出版界知名的作者，前期出版的一些相关书籍很受读者欢迎。多年的教学工作使他们能够准确地把握学生的心理与实际需求。本书由编者总结多年的实践经验以及教学的心得体会，精心编写而成，力求全面、细致地展现 Word 软件在办公应用领域的各种功能和使用方法。

☑ 实例丰富

本书结合大量的办公应用实例，详细讲解 Word 的知识要点，可以让读者在学习案例的过程中潜移默化地掌握 Word 软件的操作技巧。

☑ 突出提升技能

本书从全面提升 Word 2019 实际应用能力的角度出发，结合大量的案例讲解如何利用 Word 2019 软件进行日常办公，从而使读者了解 Word 2019，并能够独立地完成各种办公应用。

本书中有很多实例本身就是办公应用案例，经过编者精心提炼和改编，不仅可以保证读者学好知识点，更重要的是能够帮助读者掌握实际的操作技能，同时培养其办公应用的实践能力。

二、本书内容

全书分为 13 章，全面、详细地介绍 Word 2019 的特点、功能、使用方法和技巧。具体内容有：Microsoft Word 2019 概述，Word 文档的基础操作，文档视图与窗口操作，文本输入和编辑，格式化文本，格式化段落，表格的应用，图表的应用，图形对象的应用，设计文档页面，高级排版方式，长篇文档的排版，文档的保护、转换和打印。

三、本书服务

☑ 本书的技术问题或有关本书信息的发布

读者如果遇到有关本书的技术问题，可以登录网站 www.sjzswsw.com 或将问题发送到邮箱 win760520@126.com，我们将及时回复。也欢迎加入图书学习交流群（QQ群：361890823）交流探讨。

☑ 安装软件的获取

按照本书上的实例进行操作练习，以及使用 Word 2019 时，需要事先在计算机上安装相应的软件。读者可从 Microsoft 官网下载相应软件，或者从软件经销商处购买。QQ 交流群也会提供下载地址和安装方法的教学视频，需要的读者可以关注。

☑ 手机在线学习

本书通过二维码提供了极为丰富的学习配套资源，包括所有实例源文件及相关资源以及实例操作过程录屏动画，供读者在学习中使用。

0-1　源文件

四、关于作者

本书主要由职场无忧工作室编写，具体参与编写的人员有胡仁喜、刘昌丽、康士廷、王敏、闫聪聪、杨雪静、李亚莉、孟培、张亭、解江坤、井晓翠等。本书的编写和出版得到很多朋友的大力支持，值此图书出版发行之际，向他们表示衷心的感谢。同时，也深深感谢支持和关心本书出版的所有朋友。

书中主要内容来自于编者几年来使用 Word 的经验总结，虽然笔者几易其稿，但由于水平有限，书中纰漏与失误在所难免，恳请广大读者批评指正。

编　者
2020 年 2 月

目 录

二维码目录

第 1 章

Microsoft Word 2019概述

Microsoft Word 是微软办公套装软件的一个重要的组成部分,它也是目前使用非常广泛的文字编辑和处理软件。利用 Word 2019 可以更加轻松、高效地处理日常的办公文档,可以排版、处理数据、建立表格等,能满足普通人的绝大部分日常办公的需求。Word 2019 不仅沿袭了以往版本易懂、易操作的界面,而且在其基础上有了很大的功能改进,为用户提供了更加完善方便的应用。

本章将介绍如下内容:

❖ Word 2019 的新变化
❖ 安装与卸载操作
❖ Word 2019 的启动与退出操作
❖ 如何获得操作帮助

1.1 Word 2019 的新变化

Word 是一款功能强大的文本编辑工具，它的使用非常普遍，而且已经推出了很多个版本，其功能也在不断地加强和扩展。

利用 Word 软件可以编写文字类的简单文档，制作表格类的文档，还可以制作图、文、表混排的复杂文档，以及制作各类特色文档，如制作试卷、名片、手册等。

Word 2019 是微软公司最新推出的文字编辑软件，可以完美地匹配 Windows 10 操作系统并与之保持高度一致。用户可以在计算机和各类移动 PC 上拥有完全相同的体验。作为享誉世界的 Word 家族的新成员，Word 2019 的整体界面风格与 Word 2016 没有太大区别，无论是界面还是色调都十分相似，它在继承和改进 Word 2016 功能的基础上新增了以下几个更人性化的功能。

1. 多显示器显示优化

在 Word 2019 的选项面板中,新增加一项"多显示器显示优化"功能。对于使用计算机办公的人来说，应该有不少人会使用两个甚至更多的显示器，或者将笔记本与一台桌面显示器相联。

通常情况下，当我们将一个 Word 窗口从高分辨率显示器移动到低分辨率显示器时，微软都会自动使用一种称为"动态缩放 DPI"的技术，来保证窗口在不同显示器上仍保持适合的大小。

但如果用户的文档中嵌入了一些老旧控件，则可能在移动时出现比例太大或比例太小的异常现象。通过选择"针对兼容性优化"单选按钮，可以避免同一文档在不同显示器上出现显示效果出错的问题，如图 1-1 所示。

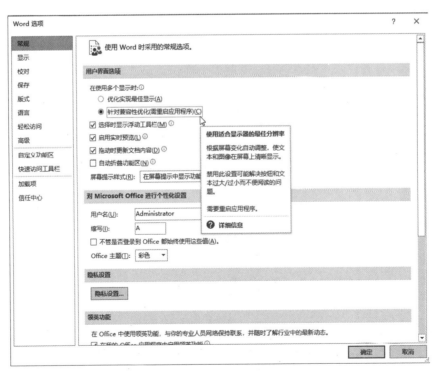

图 1-1 "多显示器显示优化"选项

2. 选项卡切换动画

我们知道，Windows 10 系统中有大量的窗口过渡动画，为了适应 Windows 10 系统，Word 2019 中也加入了很多过渡动画效果，在切换菜单选项卡的过程中增加了相应的过渡动画特性。其效果类似于 Windows 10 窗口的淡入和淡出效果，给人一种界面切换流畅的感觉，让人耳目一新。

3. 增加 SVG 图标

在最新版的 Word 2019 中，能够直接导入 SVG 图标，如图 1-2 所示。图标库中细分出很多种常用的类型，供用户查找使用。用户只需在选择好图标后单击"插入"按钮就可快速插入所需要的图标素材。

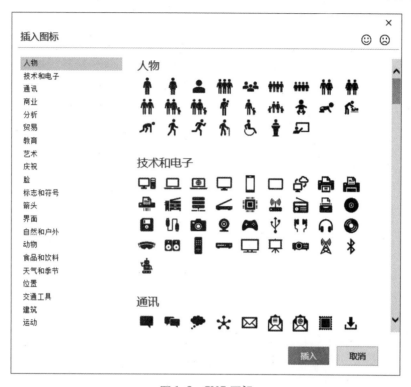

图 1-2　SVG 图标

4. 增加 3D 模型

在 Word 2019 中增加了"3D 模型"工具，使用该工具将会在很大程度上方便用户插入存储在本地计算机中或者连接到其他计算机中的 3D 模型，插入的 3D 模型可以搭配鼠标，来任意改变模型的大小及角度，如图 1-3 所示。目前 Word 2019 所支持的 3D 格式为 fbx、obj、3mf、ply、stl、glb 这几种，导入 Word 中就能直接使用。

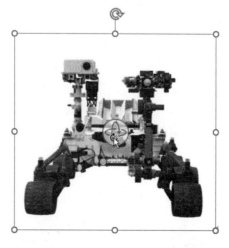

图 1-3　插入 3D 模型

5. 横式翻页

Word 2019 增加了全新的翻页模式，其被命名为"翻页"。在这个翻页模式下，多页文档会像书本一样将页面横向叠放，连翻页的动画也非常像传统的书本，如图1-4所示。这显然是为提高平板用户体验做出的一次改进。

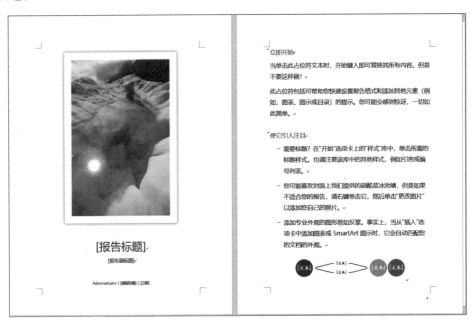

图1-4　翻页模式效果

但如果使用的是一般计算机，打开Word文件后，由于"翻页"后竖直的排版会使版面缩小，而且无法调整画面的缩放，如果文字本身就比较小，反而会变得难以阅读。那该怎么办呢？我们可以用一个新的功能——"学习工具"。

6. 沉浸式学习工具

在Word 2019的新功能中，"学习工具"可以说是一大亮点。可以通过"视图"→"沉浸式"→"学习工具"来开启"学习工具"模式。进入"学习工具"模式后，可以通过调整页面色彩、文字间距、页面幅宽等让文件变得更易读，但并不会影响到Word原本的内容格式。同时这项功能还融合了Windows 10的语音转换技术，由微软"讲述人"直接将文件内容朗读出来，大大提高了学习与阅读效率。当想结束阅读时，直接单击"关闭学习工具"按钮就可以退出此模式了，如图1-5所示。

7. 语音朗读

除了在"学习工具"模式中可以将文字转为语音朗读以外，还可以直接通过"审阅"→"语音"→"朗读"命令来开启"语音朗读"功能。

开启"语音朗读"后，在右上角会出现一个工具栏。单击"播放"按钮则由鼠标指针所在位置的文字内容开始朗读；可以单击"上/下一个"按钮来跳转上、下一行朗读；也可以通过单击"设置"按钮调整阅读速度或选择不同声音的语音，如图1-6所示。

图1-5　沉浸式学习工具

图1-6　"语音朗读"工具栏"设置"下拉菜单

1.2 安装 Word 2019

Word 2019 是 Microsoft Office 2019 的组件之一，因此可以随着 Office 2019 一起安装。安装时首先需要获取相关的安装程序，相较以前的 Office 版本，Office 2019 版本对操作系统有更为严苛的要求。安装 Office 2019 所需的计算机配置如下。

❖ **操作系统**：Office 2019 仅支持 Windows 10，不再支持 Windows 7，Windows 8.1 等版本。
❖ **计算机和处理器**：1.6 GHz 或更高，2 核。
❖ **内存**：4 GB RAM；2 GB RAM（32 位）。
❖ **硬盘**：4.0 GB 可用磁盘空间。
❖ **显示器**：1280×768 屏幕分辨率。
❖ **图形硬件加速**：需要 DirectX 9 或更高版本，且具有 WDDM 2.0 或更高版本（对于 Windows 10），或者具有 WDDM 1.3 或更高版本（对于 Windows 10 Fall Creators Update）。
❖ **浏览器**：当前版本的 Microsoft Edge、Internet Explorer、Chrome 或 Firefox。
❖ **.NET 版本**：部分功能也可能要求安装 .NET 3.5、4.6 或更高版本。
❖ **多点触控**：需要启用具有触控功能的设备以便使用多点触控功能。但所有功能都可以通过键盘、鼠标或者其他标准输入设备或可用输入设备使用。需要说明的是，触控功能在 Windows 10 上使用效果最佳。
❖ **其他要求和注意事项**：产品功能和图形可能会因系统配置不同而有所差异。某些功能可能需要其他高级硬件或与服务器连接。若要使用 Internet 功能，需要 Internet 连接。对 Office 2019 的主流支持持续到 2023 年 10 月，在此之前，支持 Office 2019 与 Office 365 服务（如 Exchange Online、SharePoint Online）的连接。

1.3 启动与退出

1.3.1 启动

安装完 Word 2019 之后，就可以在操作系统中启动了。在 Windows 10 中启动 Word 2019 有以下几种常用方法。

❖ **从"开始"菜单栏启动**：启动 Windows 10 后，单击桌面左下角的"开始"按钮▦，在"开始"菜单中单击 Word 应用程序图标，即可启动 Word 2019，如图 1-7 所示。
❖ **从"开始"屏幕启动**：启动 Windows 10 后，右击"开始"菜单栏中的 Word 应用程序图标，选择将其固定到"开始"屏幕选项，在"开始"屏幕上单击 Word 应用程序磁贴，即可启动 Word 2019，如图 1-8 所示。
❖ **通过桌面快捷方式启动**：启动 Windows 10 后，找到"开始"菜单中的 Word 应用程序图标，然后按住鼠标左键将其拖动到桌面上，松开鼠标，即可在桌面上创建 Word 应用程序的快捷方式。双击桌面上的 Word 2019 应用程序快捷图标，即可启动 Word 2019，如图 1-9 所示。
❖ **从"任务栏"启动**：启动 Windows 10 后，找到"开始"菜单中的 Word 应用程序图标，然后按住鼠标左键将其拖动到任务栏上，松开鼠标，即可在任务栏上添加 Word 应用程序图标。双击任务栏上的 Word 2019 应用程序图标，即可启动 Word 2019，如图 1-10 所示。
❖ **通过 Word 文档启动**：双击后缀名为 docx 的文件，即可打开该文档，启动 Word 2019 应用程序。

图1-7 从"开始"菜单栏启动

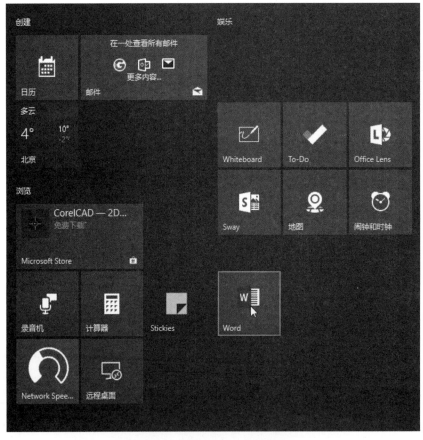

图1-8 从"开始"屏幕启动

图 1-9 通过桌面快捷方式启动

图 1-10 从"任务栏"启动

执行上述操作之后,即可启动 Word 2019。启动完成后的开始界面如图 1-11 所示。

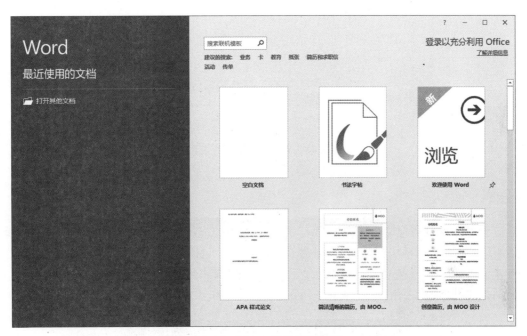

图 1-11 Word 2019 开始界面

1.3.2 退出

完成工作后,应正确退出 Word 2019。可以采取以下常用方式之一退出 Word 2019。

❖ 按组合键 Alt+F4。

❖ 单击 Word 2019 窗口右上角的关闭按钮 ☒。

❖ 右击标题栏,从弹出的快捷菜单中选择"关闭"命令。

❖ 选择"文件"→"关闭"命令。

1.4 Word 2019 的工作界面

启动 Word 2019 后,在开始界面(见图 1-11)单击"空白文档"图标,即可打开一个空白工作簿,如图 1-12 所示。

从图 1-12 可以看出,工作界面由标题栏、快速访问工具栏、功能区、文本编辑区、状态栏等组成。

图 1-12　Word 2019 工作窗口

1.4.1　标题栏

标题栏位于工作窗口的顶端（见图 1-13），用于显示当前应用程序名 Word 以及正在打开编辑的文档名称（文档 1）。"登录"按钮用于登录 Word 账户管理应用，包括安装、付款、续订以及订阅服务。标题栏最右端有 4 个控制按钮，最左侧是"功能区显示选项"按钮 ，用于切换功能区选项卡和命令的可见性；后面 3 个分别是"最小化"按钮、"最大化"（或还原）按钮和"关闭"按钮。

图 1-13　标题栏

1.4.2　快速访问工具栏

快速访问工具栏位于 Word 程序主界面的左上角。在默认状态时，快速访问工具栏包含最常用的 3 个快捷操作按钮——"保存" 、"撤销" 、"恢复" ，以及旁边的"自定义快速访问工具栏"下拉按钮，如图 1-14 所示。

用户可以根据需要添加操作按钮。单击快速访问工具栏右侧的"自定义快速访问工具栏"按钮 ，在弹出的下拉菜单中选择需要的命令，即可将对应的命令按钮添加到快速访问工具栏上，如图 1-15 所示。

如果要添加的命令不在下拉菜单中，则在图 1-15 所示的下拉菜单中选择"其他命令"选项，弹出图 1-16 所示的"Word 选项"对话框，在对话框左侧的命令列表中选择需要添加的命令选项，然后单击"添加"按钮，即可将其添加到右侧的工具栏设置框中。

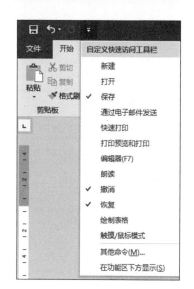

图 1-14 快速访问工具栏   图 1-15 自定义快速访问工具栏

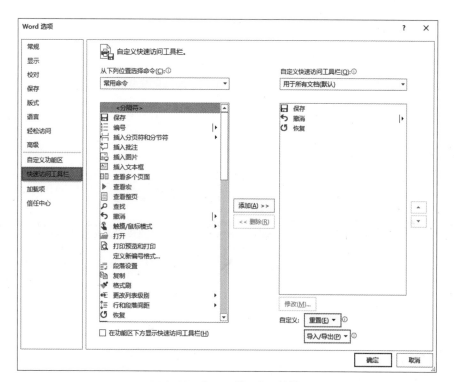

图 1-16 "Word 选项"对话框

1.4.3 选项卡和功能区

选项卡和功能区位于标题栏的下方，是完成文本格式操作的主要区域，包含了用户使用 Office 程序时需要的几乎所有功能。默认状态下，在 Word 2019 中有 10 个基本的常用选项卡："文件""开始""插入""设计""布局""引用""邮件""审阅""视图"以及"帮助"，每个选项卡下都有相应的功能区命令按钮。

1."文件"选项卡

在 Word 2019 中，"文件"按钮位于 Word 2019 文档窗口的左上角。单击"文件"按钮可以打开"文件"窗口，如图 1-17 所示。"文件"选项卡分为以下 3 个区域。

❖ 左侧区域为命令选项区，该区域列出了与文档有关的操作命令选项。

❖ 在命令选项区域选择某个选项后，中间区域将显示该类命令选项的可用命令按钮。在中间区域选择某个命令选项后，右侧区域将显示其下级命令按钮或操作选项。

❖ 右侧区域也可以显示与文档有关的信息，如文档属性信息、打印预览或预览模板文档内容等。

图 1-17 "文件"窗口

2. "开始"选项卡

该选项卡包括剪贴板、字体、段落、样式和编辑 5 个功能区组，主要用于帮助用户对 Word 2019 文档进行文字编辑和格式设置，如图 1-18 所示。这是用户最常用的选项卡。

图 1-18 "开始"选项卡和功能区

3. "插入"选项卡

该选项卡包括页面、表格、插图、加载项、媒体、链接、批注、页眉和页脚、文本、符号共 10 个功能区组，如图 1-19 所示，主要用于在 Word 2019 文档中插入各种元素。

图 1-19 "插入"选项卡和功能区

4. "设计"选项卡

该选项卡包括文档格式和页面背景两个功能区组，如图 1-20 所示，主要用于文档的格式以及背景设置。

图 1-20 "设计"选项卡和功能区

5. "布局"选项卡

该选项卡包括页面设置、稿纸、段落和排列 4 个功能区组，如图 1-21 所示，主要用于帮助用户设置 Word 2019 的文档页面样式。

图 1-21 "布局"选项卡和功能区

6. "引用"选项卡

该选项卡包括目录、脚注、信息检索、引文与书目、题注、索引和引文目录 7 个功能区组，如图 1-22 所示，主要用于实现在 Word 2019 文档中插入目录等比较高级的功能。

图 1-22 "引用"选项卡和功能区

7. "邮件"选项卡

该选项卡包括创建、开始邮件合并、编写和插入域、预览结果、完成 5 个功能区组，如图 1-23 所示。该选项卡的作用比较专一，专门用于在 Word 2019 文档中进行邮件合并方面的操作。

图 1-23 "邮件"选项卡和功能区

8. "审阅"选项卡

该选项卡包括校对、语音、辅助功能、语言、中文简繁转换、批注、修订、更改、比较、保护和墨迹共 11 个功能区组，如图 1-24 所示，主要用于对 Word 2019 文档进行校对和修订等操作，适用于多人协作处理 Word 2019 长文档。

图 1-24　"审阅"选项卡和功能区

9."视图"选项卡

　　该选项卡包括视图、沉浸式、页面移动、显示、显示比例、窗口、宏和 SharePoint 共 8 个功能区组，如图 1-25 所示，主要用于帮助用户设置 Word 2019 操作窗口的视图类型，以方便操作。

图 1-25　"视图"选项卡和功能区

10."帮助"选项卡

　　该选项卡包括帮助、反馈、显示培训内容 3 个命令按钮，如图 1-26 所示，用户需要查询某方面的内容时，只需要单击对应的命令按钮即可。

图 1-26　"帮助"选项卡

　　此外，用户可以根据需要设置显示或隐藏菜单功能区。单击标题栏右侧的"功能区显示选项"命令按钮，弹出图 1-27 所示的下拉菜单。各选项功能说明如下。

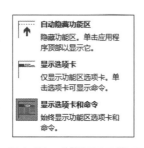

图 1-27　功能区显示选项

　❖ **自动隐藏功能区**：隐藏整个功能区（包括标题栏和菜单功能区），并全屏显示，且只显示文本编辑区。
　❖ **显示选项卡**：仅显示菜单选项卡，隐藏菜单命令。单击选项卡显示相关的命令。
　❖ **显示选项卡和命令**：该项为默认选项，始终显示功能区选项卡和命令。

1.4.4　文本编辑区

　　文本编辑区是用户输入文本、插入表格、添加图形、处理图片以及编辑文档等内容的主要工作区域，位于 Word 窗口的中心位置，以白色显示，几乎占据了 Word 2019 窗口的绝大部分区域，如图 1-28 所示。工作区内有一个不停闪烁的黑色小竖直条，称为插入点，用来指示下一个要输入的字符将出现的位置。

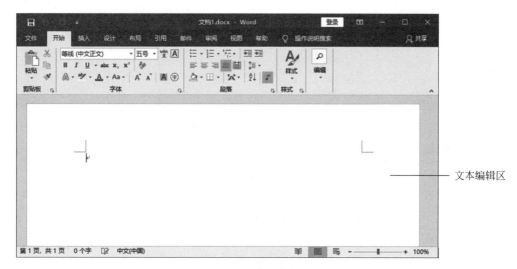

图 1-28　文本编辑区

1.4.5　状态栏

状态栏位于 Word 2019 应用程序窗口的最底部，通常会显示文档的页数、当前的页码以及文档的字数统计等信息，如图 1-29 所示。

图 1-29　状态栏

状态栏右侧有视图快捷方式按钮，可以按照不同的模式来查看文件；还有缩放滑块及"缩放级别"按钮 100%。

视图方式有 3 种：阅读视图、页面视图和 Web 版式视图。拖动缩放滑块，可以设置单元格的显示比例；单击"缩放级别"按钮 100%，弹出图 1-30 所示的"缩放"对话框，可以设置几个固定的显示比例。

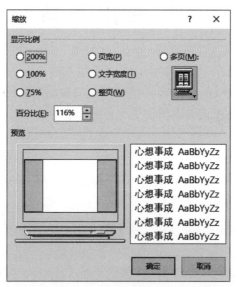

图 1-30　"缩放"对话框

　　如果需要改变状态栏显示的信息，可在状态栏空白处右击，从弹出的快捷菜单中选择自己需要显示的状态，比如选择"行号"，如图 1-31 所示。返回到 Word 2019 中，就可以看到状态栏中显示出了行号，如图 1-32 所示。

图 1-31　选择"行号"

图 1-32　显示"行号"

1.5　使用帮助

　　使用 Word 2019 时往往会遇到这样或那样的问题，如找不到命令按钮的位置，不确定某个效果使用什么方法来实现，甚至有时可能根本不知道功能区中某个按钮的功能是什么。此时，可以使用 Word 2019 的帮助服务来查询遇到的问题。Word 2019 提供了强大而高效的帮助服务功能，用户可以在学习和使用软件的过程中随时对疑难问题进行查询，以快速了解各项功能和操作方式。

1.5.1　使用帮助文档

　　启动 Word 2019 后，在开始界面单击"欢迎使用 Word"图标，在打开的 Word 文档中，介绍了一些有关 Word 的简单的基础知识，如图 1-33 所示。

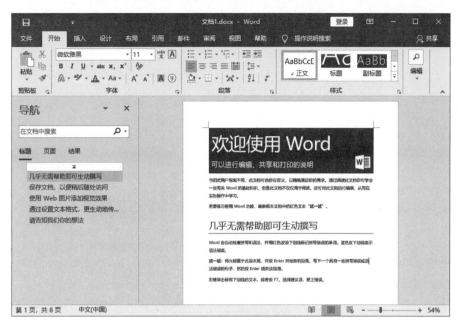

图 1-33 系统帮助文档

1.5.2 使用"帮助"窗口

按 F1 键或者单击"帮助"选项卡中的"帮助"按钮 ❓,可以在文档右侧打开"帮助"窗口,如图 1-34 (a)所示,用户可以在搜索框中输入想要执行的操作的字词和短语,也可以在窗口中选择常用的帮助选项。

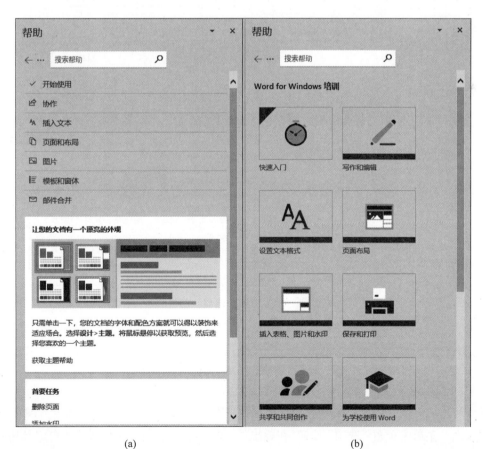

(a)   (b)

图 1-34 帮助窗口

1.5.3 使用操作说明搜索框

使用 Word 2019 功能区上的"操作说明搜索"也可以查找有关要查找内容的帮助,如图 1-35 和图 1-36 所示。

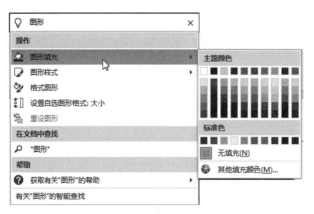

图 1-35　操作说明搜索框

同时,用户还可以通过使用"智能查找"来研究或定义所输入的相关术语。智能查找可以利用微软的必应(Bing)搜索引擎自动在网络上查找信息,无须用户再打开互联网浏览器或手动运行搜索引擎,如图 1-36 所示。

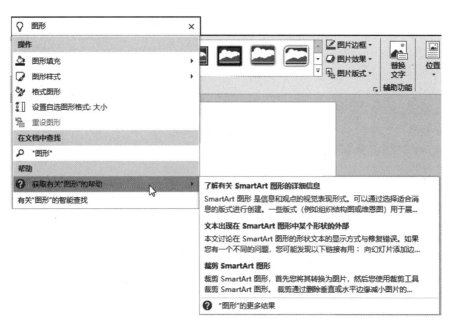

图 1-36　获取有关"图形"的帮助

1.6 答 疑 解 惑

1. 如何将常用功能做成自定义菜单添加到功能区中?

答:在"文件"菜单中单击"选项"按钮,在弹出的"Word 选项"对话框中单击"自定义功能区"选项,在弹出的对话框右侧单击"新建选项卡"按钮,在左侧功能命令区中,选择常用的命令,添加到右侧新建的选项卡里面，添加完毕后关闭对话框，就可以看到刚才添加的常用功能在上方菜单栏了。

2. 如何显示或隐藏屏幕提示?

答：在"文件"菜单中单击"选项"按钮,在弹出的"Word 选项"对话框中单击"常规"选项,在"用户界面选项"区域的"屏幕提示样式"下拉列表框中，选择所需的选项。

1.7 学习效果自测

一、选择题

1. Word 2019 是（　　　）。

    A. 文字编辑软件　　　　B. 系统软件　　　　　　C. 操作系统　　　　　　　D. 绘制表格

2. 下列哪种方法不能启动 Word 2019？（　　　）

    A. 双击桌面上的 Word 2019 图标　　　　　　　B. 单击 Word 2019 桌面快捷方式

    C. 双击文件"求职简历 .docx"　　　　　　　　D. 单击快速启动栏上的 Word 图标

3. 在 Word 2019 的文档窗口进行最小化的操作（　　　）。

    A. 会将指定的文档关闭

    B. 会关闭文档及其窗口

    C. 文档的窗口和文档都没有关闭

    D. 会将指定的文档从存储器中读入，并显示出来

二、操作题

1. 创建一个 Word 2019 的桌面快捷方式。

2. 正确退出 Word 2019。

第 2 章

Word文档的基础操作

Word 是微软公司开发的一款强大的专业文字处理软件，在使用
Word 2019 创建文档前，需要掌握文档的一些基础操作，包括新建文档、
保存文档、打开文档及关闭文档。

本章将介绍如下内容：

- ❖ 新建文档
- ❖ 打开和关闭文档
- ❖ 保存文档

2.1 新 建 文 档

要使用 Word 2019 对文档进行编辑操作，首先需要从最简单的建立文档开始。

2.1.1 新建空白文档

在 Word 2019 中所有的操作都是对文档进行的，要使用 Word 2019 对文档进行编辑操作，就要先学会如何新建一个空白文档。下面介绍几种常用的方法。

方法一：启动 Word 2019 后，在开始界面中单击"空白文档"即可新建 Word 文档，如图 2-1 所示。

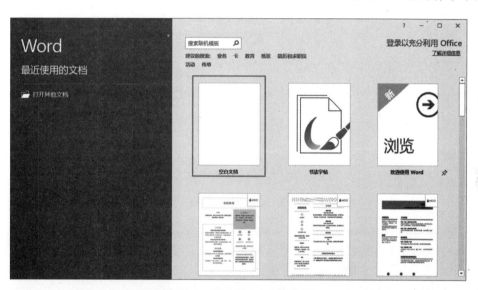

图 2-1 新建 Word 文档（1）

方法二：在 Word 环境下打开"文件"菜单，在"新建"操作界面中，单击"空白文档"按钮，即可新建 Word 文档，如图 2-2 所示。

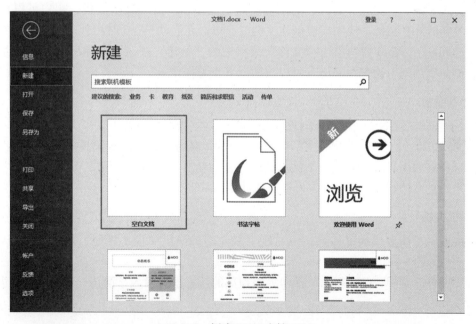

图 2-2 新建 Word 文档（2）

方法三： 在桌面上右击，在弹出的快捷菜单中单击"新建"命令，在弹出的级联列表中选择"Microsoft Word 文档"选项，如图 2-3 所示。

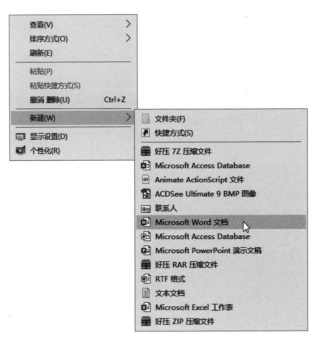

图 2-3　新建 Word 文档（3）

提示： 　　打开 Word 文档后创建新的空白文档可以使用快捷键 Ctrl+N，也可以在快速访问工具栏中直接单击"新建"按钮。

2.1.2　使用模板创建文档

除了通用型的空白文档，Word 还内置了多种文档模板，如新闻稿模板、报告模板，等等。另外，Office 网站还提供了证书、奖状、名片、简历等特定功能模板。借助这些模板，用户可以自由选择，创建比较专业的 Word 2019 文档。使用模板创建文档时，可以在启动 Word 时出现的开始屏幕界面中选择所需要的模板，也可以在 Word 窗口单击"文件"菜单中的"新建"按钮，在弹出界面的任务窗格中选择所需的模板。例如要创建一份求职简历，可以按照以下步骤操作。

1. 套用样本模板

Word 提供了多种内置的文档模板，方便用户套用，具体操作步骤如下。

（1）启动 Word 2019，打开"文件"菜单，在"新建"任务窗格中选择需要的模板，如图 2-4 所示。

（2）单击选择好的模板，会弹出一个预览窗口，直接单击"创建"按钮即可，如图 2-5 所示。

（3）创建生成的文档如图 2-6 所示，可以直接使用。

2. 套用联机模板

Office 网站提供了许多模板，如果用户对刚下载使用的简历模板不满意，可以联网搜索更多模板。操作步骤如下。

（1）打开"文件"菜单，在"新建"操作界面顶部的搜索框内输入"简历"二字，然后进行搜索，如图 2-7 所示。

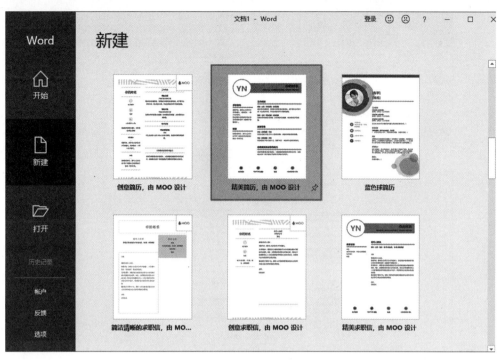

图 2-4 选择模板

图 2-5 预览窗口

（2）搜索完成，选择一种自己喜欢的简历样式，如图 2-8 所示。

（3）在弹出的模板下载对话框中单击"创建"按钮，如图 2-9 所示。

（4）创建完成之后，一个新的简历模板就出现了，如图 2-10 所示。

提示:　　除了使用 Word 2019 已安装的模板和 Office 网站提供的模板，用户还可以使用自己创建的模板。在下载 Office 网站提供的模板时，Word 2019 会进行正版验证，非正版的 Word 2019 版本无法下载 Office Online 提供的模板。

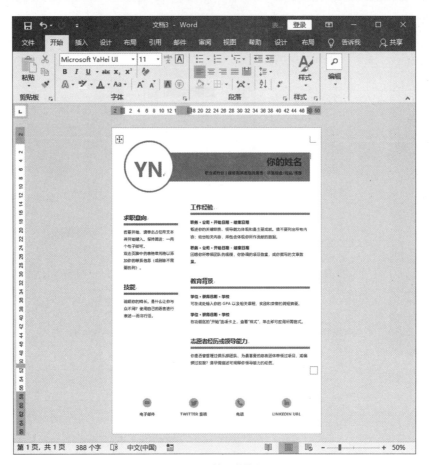

图 2-6　简历模板

图 2-7　搜索"简历"模板

图 2-8　选择简历样式

图 2-9　创建"简历"模板

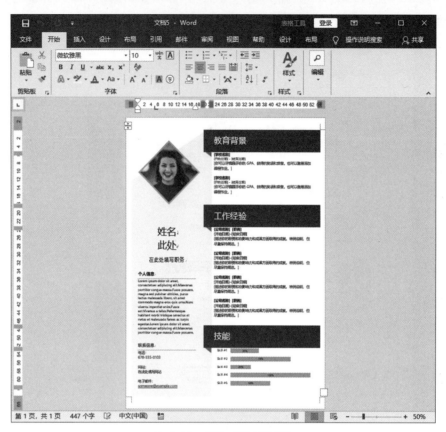

图 2-10　新的"简历模板"

2.2　打开和关闭文档

打开文档是 Word 的一项基本操作，要对计算机中已有的文档进行编辑，首先要将其打开，编辑完以后，还需将其保存和关闭。

2.2.1　打开文档

1. 直接打开

打开一个已经存在的 Word 文档，只需定位到该文档的存放路径，再双击文档图标，或右击 Word 文档，从弹出的快捷菜单中选择"打开"命令即可，如图 2-11 所示。

图 2-11　选择"打开"命令

2. 从启动界面打开

在启动 Word 2019 程序之后，左边栏中会默认提示用户最近正在使用或者编辑过的文档，如图 2-12 所示。在启动界面左边栏中以时间顺序分组列出用户最近使用过的文档名称，单击选择需要的文档名称即可打开相应的文档。

图 2-12　Word 2019 启动界面

3. 从"打开"界面打开

如果最近使用或编辑过的文档中没有所需要打开的文档，还可以在 Word 启动界面左侧单击"打开"按钮，在"打开"界面中选择文档所在位置，如图 2-13 所示。

图 2-13　"打开"界面

在"打开"界面中，有"最近""One Drive""这台电脑""添加位置"以及"浏览"5个位置选项可供选择。

❖ **最近**：单击"最近"选项，会在"打开"界面的右侧列出最近使用过的文档或文档所在的文件夹，如果用户想打开最近使用过的文档，可以单击此选项，操作更为便捷。

❖ **OneDrive**：单击 OneDrive 选项，可以打开存储到 OneDrive 中的文档，如图 2-14 所示。

❖ **这台电脑**：单击"这台电脑"选项，会在右侧显示储存在电脑上所有位置的文件，如图 2-15 所示，用户可以根据需要选择。

图 2-14 选择 "OneDrive" 选项

图 2-15 选择 "这台电脑" 选项

❖ **添加位置**：单击"添加位置"选项会在右侧显示 Office 365 SharePoint 和 OneDrive 两种选项，如图 2-16 所示，用户可以按照需要选择使用。

❖ **浏览**：单击"浏览"选项会直接弹出"打开"对话框，如图 2-17 所示。在"打开"对话框中可以设置保存路径、名称，以及打开格式。单击"打开"对话框中的"打开"按钮，可以弹出图 2-18 所示的打开方式下拉菜单，其中主要选择说明如下。

图 2-16 选择"添加位置"选项

图 2-17 "打开"对话框

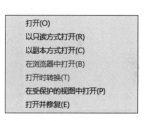

图 2-18 "打开"下拉菜单

❖ **打开**：是以默认方式正常将文档打开。

❖ **以只读方式打开**：打开文档之后，只允许浏览阅读，禁止对文档进行修改。为了防止无意中对文档进行修改，可以以只读方式将其打开，同时该文档的标题栏中会显示"只读"字样。

❖ **以副本方式打开**：直接以选定文档的复制版本进行打开，且这个副本文档和原文档存放在同一个位置。以副本方式打开的文档的标题栏中会显示"副本（1）"字样，删除修改内容对原文档没有影响。

❖ **在浏览器中打开**：用来打开网页类型的文件，并在网页浏览器中显示。

❖ **打开时转换**：如果使用常规方式打开文件时出错，可以使用该选项启动文本恢复转换器打开文件。

❖ **在受保护的视图中打开**：主要用来打开存在安全隐患的文档，在受保护视图模式下打开文档后，大多数编辑功能都将被禁用，功能区下方将显示警告信息，提示文件已在受保护的视图中打开。如果用户信任该文档并需要编辑，可单击"启用编辑"按钮获取编辑权限。

❖ **打开并修复**：与直接打开文档相似，可以检测并尝试修复受损文档，可以对文档进行修改等编辑操作。

4. 从已打开的文档中打开

用户还可以在一个已经打开的文档中打开另外一个文档。单击"文件"菜单，或按快捷键 Ctrl+O，可弹出图 2-19 所示的界面，在左侧区域的命令选项区中选择"打开"命令，切换到"打开"界面。按照需要从中选择合适的选项即可。

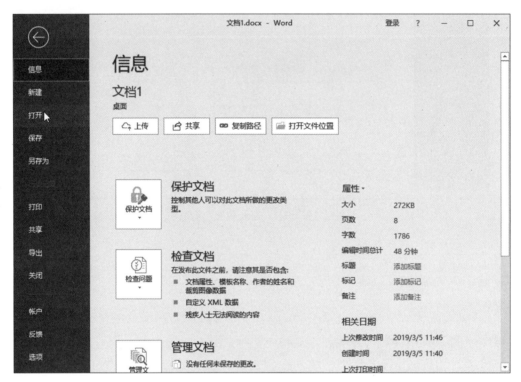

图 2-19　选择打开命令

提示：　　如果要一次打开多个文档，可在"打开"对话框中单击一个文件名，按住 Ctrl 键后单击要打开的其他文件。如果这些文件是相邻的，可以按住 Shift 键后单击最后一个文件。一般在启动 Word 2019 后的窗口中会显示以前打开的 Word 文档，用户直接单击其链接就可以迅速打开该文档。

上机练习——从启动界面以只读方式打开"通知函"文档

练习目标　　本节练习如何从启动界面以只读方式打开已有文档，熟悉"打开"对话框的"打开"下拉列表框中的多种打开文档的方式。

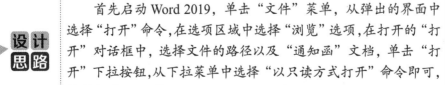

设计思路　　首先启动 Word 2019，单击"文件"菜单，从弹出的界面中选择"打开"命令，在选项区域中选择"浏览"选项，在打开的"打开"对话框中，选择文件的路径以及"通知函"文档，单击"打开"下拉按钮，从下拉菜单中选择"以只读方式打开"命令即可，结果如图 2-20 所示。

2-1　上机练习——从启动界面以只读方式打开"通知函"文档

操作步骤

（1）启动 Word 2019，在打开的 Word 程序界面左侧单击"打开其他文档"选项，如图 2-21 所示。

（2）在弹出的界面中选择"打开"命令，在右侧的"打开"选项区域中选择"浏览"选项，如图2-22所示。

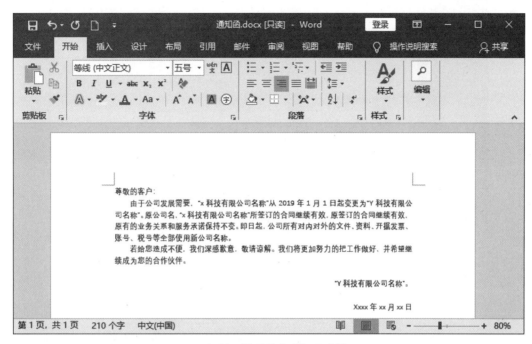

图 2-20　以只读方式打开文档

图 2-21　单击"打开其他文档"选项

（3）在弹出的"打开"对话框中，选择文件路径，选择"通知函"文档，单击"打开"下拉按钮，从下拉菜单中选择"以只读方式打开"命令，如图2-23所示。

（4）此时即可以只读方式打开"通知函"文档，并在标题栏的文件名后显示"只读"二字，如图2-20所示。

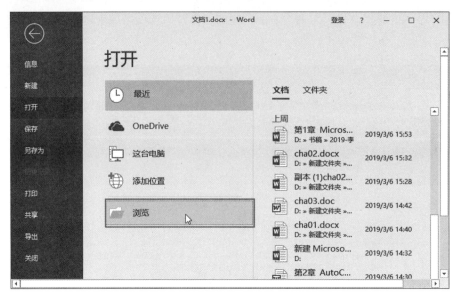

图 2-22　选择"浏览"选项

图 2-23　选择"以只读方式打开"命令

2.2.2　关闭文档

如果不再需要某个打开的文件，应将其关闭，这样既可节约一部分内存，也可以防止数据丢失。常用的关闭文件的方法有以下几种。

❖ 在要关闭的文档中打开"文件"菜单，然后单击"关闭"命令。

❖ 在 Word 2019 窗口右上角单击"关闭"按钮⊠。

❖ 右击标题栏，从弹出的快捷菜单中选择"关闭"命令。

❖ 按组合键 Alt+F4。

关闭 Word 文档时，若没有对各种编辑操作进行保存，则执行关闭操作后，系统会弹出如图 2-24 所

示的提示框询问用户是否对文档所作的修改进行保存，此时可进行
如下操作。

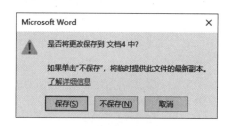

图2-24 提示框

❖ **"保存"按钮**：单击此按钮，可保存当前文档，同时关闭该
文档。

❖ **"不保存"按钮**：单击此按钮，将直接关闭文档，且不会对
当前文档进行保存，即文档中所作的更改都会被放弃。

❖ **"取消"按钮**：单击此按钮，将关闭该提示框并返回文档，
此时用户可根据实际需要进行相应的编辑。

> **提示：** 如果文档经过了编辑和修改而没有进行保存，那么在关闭文档时，将会自动弹出信息提示框提示用户进行保存。

2.3 保 存 文 档

在编辑 Word 文档时，保存文档是非常重要的一个操作，只有保存后的文档才能储存到计算机硬盘
或者云端固定位置，以便再次对其进行查看或者编辑。如果不保存，编辑的文档内容就会丢失。

2.3.1 保存新建文档

Word 虽然在建立新文档时赋予了它"文档1"的名称，但是没有为它分配在计算机硬盘中的文件名，
因此，我们在要保存新文档时，需要给新文档指定一个文件名。保存新建文档的具体步骤如下。

（1）打开"文件"菜单，从弹出的界面中选择"保存"命令，或者单击快速访问工具栏上的"保存"
按钮🖫，还可以使用快捷键 Ctrl+S，这时会出现"另存为"界面，如图 2-25 所示，用户可以根据需要选
择保存的位置选项。

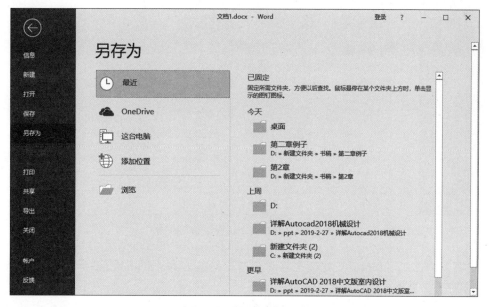

图2-25 "另存为"界面

❖ **最近**：单击"最近"选项，会在"另存为"界面的右侧列出最近使用过的文件夹，如果用户想把
新建的文档保存在最近刚刚使用过的文件夹中，可以单击选择此选项，操作更为便捷。

❖ **OneDrive**：单击"OneDrive"选项，可以将新建的文档存储到 OneDrive 中，如图 2-26 所示。将

文件保存到"OneDrive"后，可以与他人共享和协作，也可从任何位置（计算机、平板电脑或手机）访问文档。即使用户不在计算机旁，只要连接到 Web，同样可以处理文档。

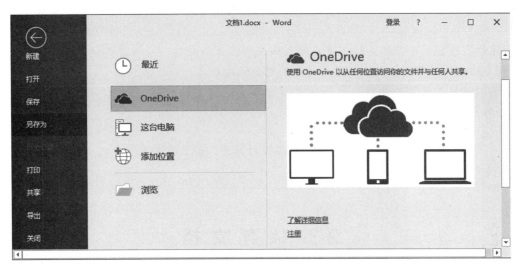

图 2-26　另存为"OneDrive"选项

❖ **这台电脑**：单击"这台电脑"选项，会在右侧显示最近使用过的文件夹列表，以及一个文档文件夹，供用户选择适当的文件保存路径，如图 2-27 所示。

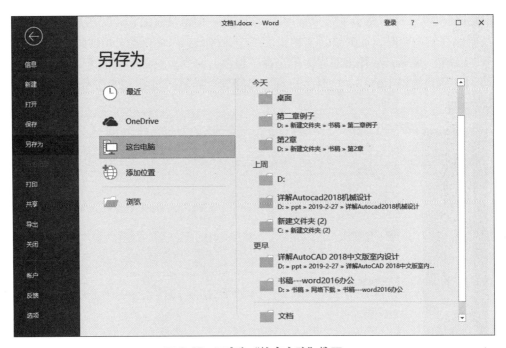

图 2-27　另存为"这台电脑"选项

❖ **添加位置**：单击"添加位置"选项会在右侧显示 Office 365 SharePoint 和 OneDrive 两种选项，如图 2-28 所示，用户可以将文件保存到云端。

❖ **浏览**：单击"浏览"选项会直接弹出"另存为"对话框。在"另存为"对话框中可以设置保存路径、名称，以及保存格式。在"保存类型"下拉列表框中提供了多种文档保存的类型，用户可根据需要选择使用，如图 2-29 所示。

图 2-28　另存为"添加位置"选项

图 2-29　"保存类型"下拉列表框

各保存类型说明如下。

❖ .docx 是 Word 2007 及其以后版本的文档格式。Word 2007 也兼容 Word 97—Word 2003 的文档格式。

❖ .docm 是 Word 2007 及其以后版本的启用宏的文档格式。

❖ .doc 是 Word 97—Word 2003 的通用文档格式。

❖ .dotx 是 Word 2007 及其以后版本的模板文档格式。

❖ .dotm 是 Word 2007 及其以后版本的启用宏的模板文档格式。

❖ .dot 是 Word 97—Word 2003 模板文档格式。

❖ .pdf 是 PDF 格式的文件，该格式不易变化，内容稳定，非常适合传输。

❖ .xps 是微软推出的一种电子文件格式，其他使用者无法轻易修改文件中的数据。

❖ .xml 是一种网页文件的格式。

❖ .txt 是"纯文本"格式，此格式将会使文件中的格式和图片等全部丢失。

❖ .mht 是单个文件网页格式，只会产生一个网页文件，可以保存文档内所有信息。

❖ .htm、.html 是超文本文档，产生一个网页文件和一个文件夹，适合把文档内的图片提取出来。

❖ .rtf 即多文本格式，是一种类似 DOC 格式（Word 文档）的文件，有很好的兼容性。

❖ .odt 是一种基于 XML 的开放文档格式。

（2）将文档的名称、保存格式以及保存路径设置完以后，单击"另存为"对话框中的"保存"按钮即可保存文档。

提示：　　在 Word 中，新建一个空白文档，保存时默认的文件名是"文档 1"。但用户只要在新建的 Word 文档内容的第一行输入了相关信息，那么在保存时，Word 会在"另存为"对话框的"文件名"文本框中根据文档第一行的内容自动给出默认的文件名。当然也可以输入一个新的文件名，新输入的文件名会取代"文件名"文本框中显示的临时文件名。

2.3.2 保存已经保存过的文档

如果已经保存过的文档又进行了编辑和修改，我们可以在保存时选择"文件"菜单，在打开的界面中选择"保存"选项，或者直接单击快速访问工具栏上的"保存"按钮🖫，还可以使用快捷键 Ctrl+S，就可以按照原来的路径、名称和格式进行保存。

2.3.3 保存经过编辑的文档

对已经保存过的文档又进行了一些编辑操作后，如果需要在进行保存的同时还希望保存以前的文档，就需要对文档进行"另存为"操作了。

要将当前的文档另存为其他文档，可以打开"文件"菜单，在弹出的界面中选择"另存为"选项，然后在打开的选项区域中选择文档另存为的具体路径即可。

提示：　　Office 365 SharePoint 或 OneDrive 是微软提供的云存储服务，用户注册后可以获得免费的存储空间，用于保存文件，以便在多个设备上同时使用。

2.3.4 设置自动保存文档

如果用户总是忘记对文档实时进行保存操作，可以将文档设置为自动保存。Word 2019 默认启动"自动保存"，用户可以按照需要自行指定自动保存的格式、时间间隔和保存路径等。设置自动保存后，无论文档是否进行了编辑修改，系统都会根据设置的保存格式、保存时间间隔和保存路径自动进行文档保存。具体设置步骤如下：

（1）启动 Word 2019 后，打开"文件"菜单，从弹出的界面中单击"选项"命令，如图 2-30 所示。

（2）在打开的"Word 选项"对话框中单击"保存"选项，在"保存文档"区域可以自定义文档保存的格式、时间间隔以及自动恢复文件的位置，如图 2-31 所示。

（3）完成设置后，单击"确定"按钮即可。

提示：　　自动保存的时间间隔以 5 ～ 10 分钟为宜，如设置的保存时间过长易造成发生意外时不能及时保存文档内容；如设置的保存时间过短，频繁保存会影响文档的编辑，从而降低计算机的运行速度。设置自动保存时，建议用户新建一个专门存储此类文档的专用文件夹，这样以后在查找文件时会很方便快捷，不建议保存在系统安装盘。

图 2-30　选择"选项"命令

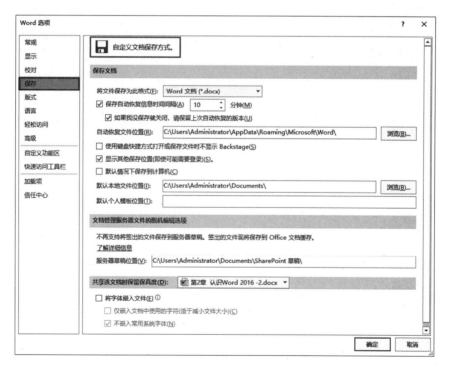

图 2-31　设置自动保存

上机练习——设置文档自动保存时间为 5 分钟

　　本节练习如何自定义文档的保存时间间隔，从而最
大限度地避免因意外情况导致当前打开编辑的内容丢失。

2-2　上机练习——设置文档
　　自动保存时间为 5 分钟

…

 打开"文件"菜单,单击"选项"命令,在打开的"Word 选项"对话框中选择"保存"选项,在"保存文档"区域可以自定义自动保存的时间。

操作步骤

（1）启动 Word 2019，打开 Word 编辑界面，单击"文件"菜单,从弹出的界面中单击"选项"命令，如图 2-32 所示。

图 2-32　选择"选项"命令

（2）在打开的"Word 选项"对话框中选中"保存自动恢复信息时间间隔"复选框，在其右侧的微调框中输入"5"，如图 2-33 所示。
（3）单击"确定"按钮即可完成设置。

图 2-33　设置保存时间

2.4 答 疑 解 惑

1. 如何快速最大化 Word 窗口?

答：双击 Word 窗口的标题栏，即可快速地最大化 Word 窗口。

2. 如何更改文件保存的默认格式?

答：打开"Word 选项"对话框，单击"保存"选项，在"保存文档"选项组中的"将文件保存为此格式"下拉列表框中选择要保存的格式。

3. 如何修改 Word 的主题颜色?

答：打开"Word 选项"对话框，在"常规"选项的"对 Microsoft Office 进行个性化设置"选项组中，单击"Office 主题"右侧的下拉按钮，在弹出的下拉列表框中可以选择 Word 的主题颜色。

4. 如何快速调整 Word 页面的显示比例?

答：在 Word 文档中按住 Ctrl 键不放，滚动鼠标中键即可放大或者缩小显示工作表。

5. 如何取消启动时的开始屏幕?

答：打开"Word 选项"对话框，在"常规"选项卡的"启动选项"栏中，取消"此应用程序启动时显示开始屏幕"复选框的选中，然后单击"确定"按钮。

6. Word 中"保存"和"另存为"的区别是什么?

答：（1）对于在 Word 窗口中新建的文档，"保存"和"另存为"的作用是相同的，都会弹出"另存为"对话框，可以选择保存的位置和名称等。

（2）对于已经保存过的文档，两者是有区别的。

① 保存：不会弹出"另存为"对话框，只是对原来的文件进行覆盖。

② 另存为：会弹出"另存为"对话框，可以选择保存的位置和名称，不会对文件的原件进行修改，而是在用户选择的另外一个路径进行一个全新文件的保存。但若不改变路径和名称，则会替换原文件。

2.5 学习效果自测

选择题

1. 在 Word 2019 中，保存文档时，执行什么操作?（　　　）

    A. 按住 Ctrl 键，并选择"文件"菜单中的"全部保存"命令

    B. 选择"文件"菜单中的"保存"和"另存为"命令

    C. 直接选择"文件"菜单中的 Ctrl+C 命令

    D. 按住 Alt 键，并选择"文件"菜单中的"全部保存"命令

2. 下列不能隐藏功能区的操作是（　　　）。

    A. 单击菜单选项卡

    B. 双击菜单选项卡

    C. 在功能区右击，在弹出的快捷菜单中选择"折叠功能区"命令

    D. 在标题栏上单击"功能区显示"选项按钮，在弹出的下拉菜单中选择"自动隐藏功能区"命令

3. 在"文件"菜单中选择"打开"命令，（　　　）。

    A. 打开的是 Word 文档　　　　　　　　B. 只能一次打开一个 Word 文件

    C. 可以同时打开多个 Word 文件　　　　D. 打开的是 Word 图表

4. 一个 Word 文档中既有文字又有图表，在快速访问工具栏上单击"保存"按钮，则（　　　）。

    A. 只保存其中的工作表

    B. 文字和图表分别保存到两个文件中

    C. 只保存其中的图表

    D. 将文字和图表保存到一个文件中

5. 新建一个 Word 2019 文档，文档第一行内容是"2019.01 会议记录摘要"。若保存时采用默认文件名，则该文档的文件名是（　　　）。

    A. 2019.01 会议记录摘要 .docx   B. (2019.01).docx

    C. 会议记录摘要 .docx   D. 2019.docx

第 3 章

文档视图与窗口操作

Word 2019 提供了多种视图处理方法，供用户根据实际情况选择对应的文档视图，2019 新增加的沉浸式学习工具和页面移动功能给用户提供了更好的文档视图和阅读体验。当打开的文档过多时，还可以利用多窗口命令对窗口进行拆分、并排查看、切换等操作。

本章将介绍如下内容：

- ❖ 文档视图模式
- ❖ 文档操作辅助工具
- ❖ 窗口操作

3.1　文　档　视　图

文档视图指文档在屏幕中的显示方式。Word 提供了多种不同视图模式，每种模式都能给用户带来不同的应用需求，根据不同的排版要求，选择不同的视图模式将更好地完成排版工作。

此外，Word 2019 还有一项新增的全新阅读模式，即沉浸式学习模式，使用沉浸式学习工具可以使用户更方便地阅读内容，但不会影响到 Word 原本的内容格式。

3.1.1　视图模式的选择

Word 2019 总共提供了 5 种视图模式：阅读视图、页面视图、Web 版式视图、大纲视图和草稿视图。每种视图模式都有其自身的特点，用户可以根据需要选择使用。

1. 阅读视图模式

阅读视图模式是为了方便阅读浏览文档而设计的视图模式，该模式最大的特点就是利用最大的空间，最大限度地为用户提供优良的阅读体验。在阅读视图模式下，不能对文档内容进行编辑操作，从而避免因操作失误而改变文档的内容。

在阅读视图模式下，Word 隐藏了诸如开始、插入、设计、布局等文档编辑选项卡及其功能区，仅仅提供了文件、工具、视图 3 个基本工具按钮，扩大了 Word 的显示区域，如图 3-1 所示。此外，在该视图模式下，对阅读功能进行了优化，单击页面左右两侧的箭头◀或箭头▶可以实现模拟书本阅读般的阅读体验。

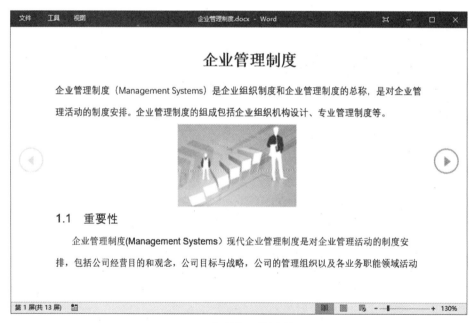

图 3-1　阅读视图模式效果

在阅读视图模式下，可以通过单击阅读工具栏上的"工具"按钮，从图 3-2 所示的打开的下拉列表框中利用相关的命令选项，在文档中查找或翻译相关内容。单击"视图"按钮，在图 3-3 所示的打开的下拉列表框中选择设置视图的相关选项，如导航窗格、显示批注、页面颜色、布局等。

2. 页面视图模式

页面视图模式是 Word 文档默认的视图模式，也是使用最多的视图模式。绝大多数的文档编辑操作都需要在此模式下进行，从页面设置到文字录入、图形绘制，从页眉、页脚设置到生成自动化目录等都需要在此视图下进行操作。可以说，页面视图模式是集浏览、编辑、排版为一体的视图模式，也是最方便的视图模式。

图 3-2　工具下拉列表框　　　　　　　　　　　图 3-3　视图下拉列表框

在页面视图模式中显示的文档与打印效果一致，所见即所得，如图 3-4 所示。

图 3-4　页面视图模式效果

3. Web 版式视图模式

Web 版式视图模式是专门为了浏览编辑网页类型的文档而设计的视图，在此模式下可以直接看到网页文档在浏览器中显示的样子，如图 3-5 所示。在 Web 版式视图模式下，不显示页眉、页码等信息，而显示为一个不带分页符的长页。如果文档中含有超链接，超链接会显示为带下划线的文本。

通常，普通用户对此视图模式使用的频率是比较小的。Web 版式视图模式更适用于发送电子邮件和创建网页，偶尔碰到文档中存在超宽的表格或图形对象又不方便选择调整的时候，也可以考虑切换到此视图模式中进行操作。

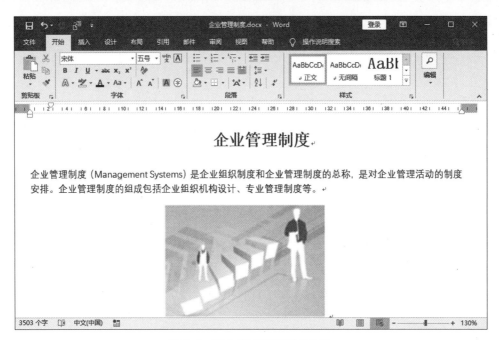

图 3-5　Web 版式视图模式效果

4. 大纲视图模式

大纲视图模式主要用于设置和显示文档标题的层级结构，并可以方便地折叠和展开各种层级的文档。大纲视图广泛用于较长文档的快速浏览和设置中，如图 3-6 所示，相关的操作方法会在本书后面的章节中进行讲解。

图 3-6　大纲视图模式效果

5. 草稿视图模式

草稿视图模式下仅显示标题和正文，取消了页面边距、分栏、页眉页脚等元素的显示，在草稿视图模式下，图片、自选图形以及艺术字等对象将以空白区域显示，页与页之间用虚线分隔，如图 3-7 所示。

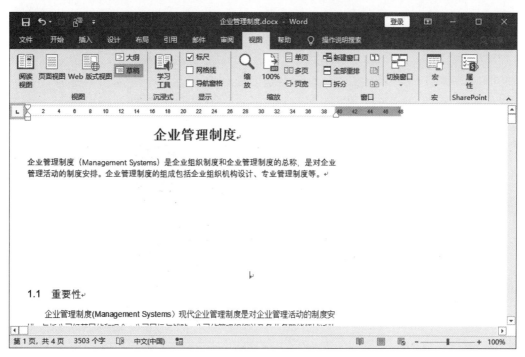

图 3-7   草稿视图模式效果

3.1.2   视图模式的切换

默认情况下，Word 的视图模式为页面视图，用户可以根据实际操作需要，通过"视图"选项卡中的"视图"功能区或状态栏中的视图按钮来切换文档的视图模式，如图 3-8 和图 3-9 所示。

图 3-8   "视图"功能区

图 3-9   视图按钮

3.1.3   调整文档显示比例

文档内容默认的显示比例为 100%。在查看或编辑文档时，放大文档能够更方便地查看文档内容，缩小文档可以在一屏内显示更多内容。文档的放大和缩小可以通过调整文档的显示比例来实现。调整文档显示比例的操作方法有以下几种。

1. 通过"显示比例"对话框

打开需要调整显示比例的文档后，切换到"视图"选项卡，单击"缩放"功能组中的"缩放"按钮，如图 3-10 所示,打开如图 3-11 所示的"缩放"对话框,可以在"显示比例"选项区中选择提供的比例,也可以在"百分比"微调框中自定义设置文档显示的比例。设置完后单击"确定"按钮，返回文档即可。

- ❖ 选择"页宽"单选按钮，文档将会按照页宽进行缩放。
- ❖ 选择"整页"单选按钮，文档窗口中一屏将显示一整页的内容。
- ❖ 选择"多页"单选按钮，文档窗口中将同时排列显示所有页面。

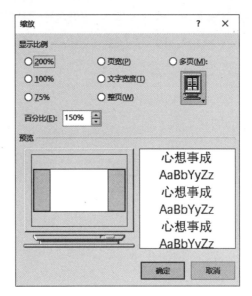

图 3-10　显示比例　　　　　　　　　　　图 3-11　"缩放"对话框

提示: 　　　其中"整页""多页""文字宽度"显示方式只有在页面视图模式下才可使用,其他视图模式下不可用。另外,这些设置项实际上在功能区的"显示比例"选项区中都可以直接找到对应的命令按钮,可以直接使用。

---

2. 通过状态栏

Word 程序窗口下方状态栏的右侧有一个滚动条,如图 3-12 所示。拖动滚动条上的滑块┃可以直接设置页面的显示比例,单击滑块左侧的"缩小"按钮━,文档将以 10% 的大小减小显示比例,单击滑块右侧的"放大"按钮✚,文档将以 10% 的大小增大显示比例。此外,"放大"按钮右侧的数字表示文档内容当前的显示比例,单击它也可以打开如图 3-11 所示的"绽放"对话框。

━━━━┃━━━━✚ 113%

图 3-12　文档滚动条

3. 通过鼠标快捷键

使用快捷键组合 Ctrl+ 鼠标滑轮,即按住 Ctrl 键,同时鼠标滑轮向上滚动,放大显示比例;按住 Ctrl 键,鼠标滑轮向下滑动,缩小显示比例。

3.1.4　利用沉浸式学习工具

Word 2019 在"视图"选项卡下增加了一项"沉浸式学习模式"功能,能够通过调整页面色彩、文字间距、页面幅宽等,使文件变得更易读。同时这项功能还融合了 Windows 10 的语音转换技术,由微软"讲述人"直接将文件内容朗读出来,大大提高了学习与阅读效率、阅读的舒适度,并方便了阅读有障碍的人。利用沉浸式学习工具的具体操作方法如下。

在打开的 Word 2019 文档窗口中,选择"视图"选项卡中的"沉浸式"功能组,单击"学习工具"命令按钮▦,打开图 3-13 所示的"沉浸式|学习工具"选项卡。

图 3-13　"沉浸式|学习工具"选项卡

❖ **列宽按钮** 🔲：用于调整文字内容占整体版面的范围，可选择"很窄""窄""适中""宽"4 种列宽效果。

❖ **页面颜色按钮** 🔲：改变背景底色，甚至可以反转为黑底白字，文本效果如图 3-14 所示。

❖ **行焦点按钮** ⬤：突出显示文档中包含一行、三行、五行以便缩小阅读焦点，如选择三行的文本效果如图 3-15 所示。

图 3-14　反转为黑底白字的文本效果

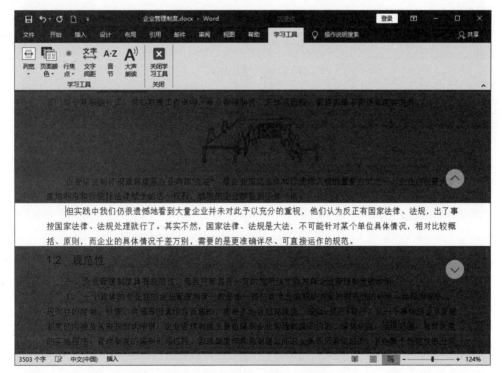

图 3-15　设置行焦点文本效果

❖ **文字间距按钮** 📏：增大字与字之间的距离。

❖ **音节按钮** **A·Z**：在音节之间显示分隔符，不过只针对西文显示。

❖ **大声朗读按钮** A⁾：将文字内容转为语音朗读出来，并在朗读时突出显示文本。

3.2 文档操作的辅助工具

Word 提供了许多排版辅助工具，如标尺、网格线、导航窗格等，用户在排版时可以显示或隐藏辅助工具，灵活运用辅助工具可以提高工作效率。

3.2.1 标尺

标尺是一个非常重要的文档排版辅助工具，它包括水平标尺和垂直标尺，用于显示 Word 2019 文档的页边距、段落缩进、制表符等。默认情况下，Word 窗口界面中的标尺是隐藏的，若要将其显示出来，可以在"视图"选项卡的"显示"功能组中选中"标尺"复选框，即可在文档窗口左侧显示垂直标尺，在功能区下方显示水平标尺，如图 3-16 所示。

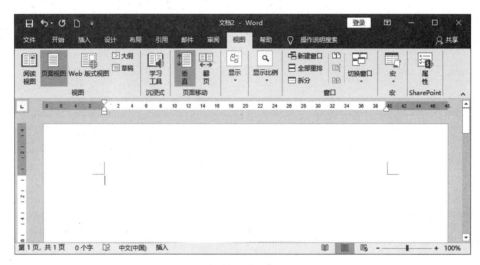

图 3-16 显示标尺

标尺虽然有水平和垂直之分，但是水平标尺较为常用。在水平标尺中，其左右两端的明暗分界线分别是"左边界""右边界"，用来调整页边距，标尺上的滑块可以用来调整段落缩进。图 3-17 给出了水平标尺中缩进标记的名称。

图 3-17 水平标尺

❖ 将鼠标指针指向"左边距"，当鼠标指针变为双向箭头 ⬌ 时，左右拖动标尺，可改变左侧页边距大小，如图 3-18 所示。

❖ 将鼠标指针指向"右边距"，当鼠标指针变为双向箭头 ⬌ 时，左右拖动标尺，可改变右侧页边距大小，如图 3-19 所示。

❖ 选中段落，拖动"首行缩进"滑块 ▽，可调整所选段落的首行缩进。

❖ 选中段落，拖动"悬挂缩进"滑块 △，可调整所选段落的悬挂缩进。

❖ 选中段落，拖动"左缩进"滑块 ☐，可调整所选段落的左缩进。

❖ 选中段落，拖动"右缩进"滑块 △，可调整所选段落的右缩进。

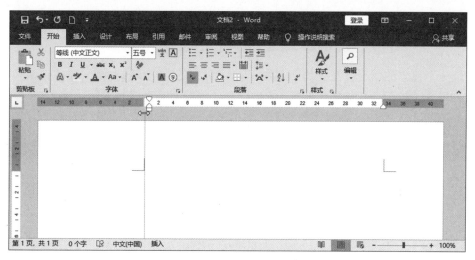

图 3-18 用标尺调整左边距

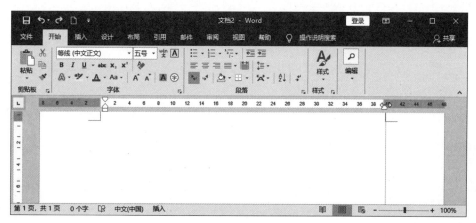

图 3-19 用标尺调整右边距

3.2.2 网格线

在 Word 2019 文档窗口中，"网格线"工具能够帮助用户将 Word 2019 文档中的图形、图像、文本框、艺术字等对象沿网格线对齐，并且在打印 Word 文档时网格线不会被打印出来。默认情况下，Word 文档中的网格线并未显示出来，需要切换到"视图"选项卡，在"显示"功能组中选中"网格线"复选框，即可显示出网格线，如图 3-20 所示。

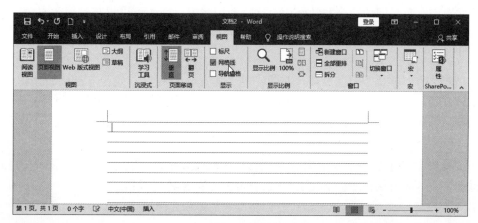

图 3-20 显示网格线

3.2.3 导航窗格

导航窗格是一个独立的窗格，主要用于显示 Word 2019 文档的标题大纲。在"导航"窗格中，还可以按标题或页面的显示方式，通过搜索文本、图形以及公式等对象来进行导航。

默认情况下，Word 文档中的导航窗格并未显示出来，需要切换到"视图"选项卡，在"显示"功能组中选中"导航窗格"复选框，即可显示出导航窗格，如图 3-21 所示。

在导航窗格中，有"标题""页面""结果"3 个标签，单击某个标签可切换到相应的显示界面。

❖ **标题界面**：为默认界面，在该界面中显示了文档的结构，单击某个标题，可快速定位到标题所对应的正文内容。

❖ **页面界面**：显示所有分页的缩略图，单击某个缩略图，可快速定位到相关页面。

❖ **结果界面**：通常用于显示搜索的结果，单击某个结果，可快速定位到需要搜索的位置。

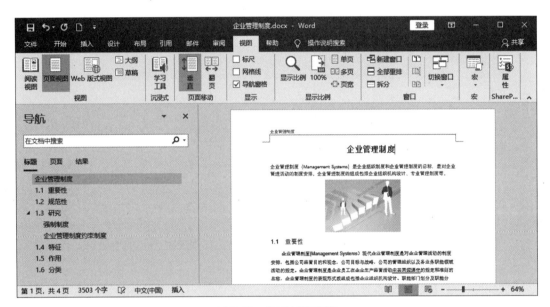

图 3-21 打开导航窗格

3.3 利用多窗口编辑技术

在用 Word 2019 编辑文档的时候，我们可能需要同时打开多个不同的文档，或是修改同一个文档的时候需要上下文对应，而来回切换会非常麻烦，这时利用多窗口操作可以提高编辑效率。

3.3.1 新建窗口

在编辑文档时，有时候需要在文档的不同部分进行操作，如果通过定位文档或者用鼠标滚动文档的操作方法会比较麻烦。这时可以新建窗口，Word 会基于原文档内容创建一个或多个命名有些区别但是内容完全相同的窗口，如图 3-22 所示。新建窗口后，标题栏中会用"：1、：2、：3、…"之类的标号来区别新建的窗口。

在任意一个窗口中进行操作，都会在其他文档窗口中同时显示，如图 3-23 所示。关闭新建的文档窗口，原文档名称自动恢复，同时保存所作的相关修改，如图 3-24 所示。

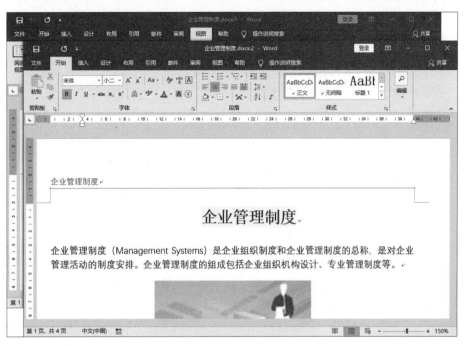

图 3-22　新建窗口

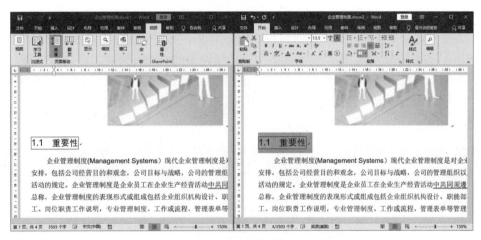

图 3-23　修改文档

图 3-24　文档效果

3.3.2　拆分窗口

在进行 Word 文档处理时，常常需要查看同一文档中不同部分的内容。如果文档很长，而需要查看的内容又分别位于文档前后部分，采用反复拖动滚动条的办法将极大降低办公效率，此时拆分文档窗口是一个不错的解决问题的方法。所谓拆分文档窗口，是指将当前窗口分割成为上下两个部分，而上下两部分之间显示同一文档内容。拆分窗口后，对任何一个子窗口都可以独立地进行操作，而且由于它们都是同一窗口的子窗口，因此都是激活的。利用这种方法可以迅速地在文档的不同部分间传递信息，比打开同一文档的不同窗口更节省空间，并且不需进行屏幕切换。具体操作方法如下。

（1）打开需要拆分的 Word 2019 文档窗口，在"视图"选项卡的"窗口"功能组中单击"拆分"命令按钮，如图 3-25 所示。

图 3-25　选择"拆分"命令

（2）此时文档中出现一条拆分线，文档窗口被拆分为上下两个子窗口，并独立显示文档内容。可以在这两个窗口中分别通过拖动滚动条调整显示的内容。拖动窗格上的拆分线，可以调整两个窗口的大小，同时可以对上下两个子窗口进行编辑操作。例如，拖动下面窗格中的滚动条，显示答案部分，并将答案部分的文本字体颜色设置成蓝色；拖动上面窗格中的滚动条，让屏幕显示试题部分，并进行解答。结果如图 3-26 所示。

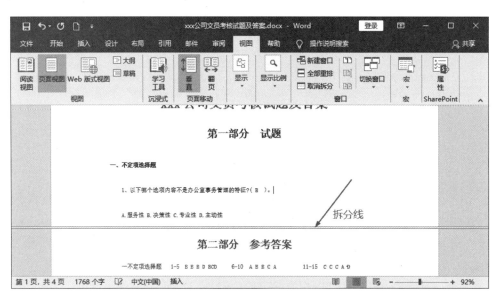

图 3-26　拆分窗口

（3）不再需要拆分显示窗口时，可以在"窗口"功能组中单击"取消拆分"按钮取消拆分，如图 3-27所示。取消拆分窗口之后，文档窗口将恢复成一个独立的整体窗口，同时我们可以发现上下两个子窗口中进行的编辑操作都同步更新了。

图 3-27 取消拆分窗口

提示：拆分文档窗口是将窗口拆分为两个部分，而不是将文档拆分为两个文档，在这两个窗口中对文档进行编辑处理对文档都会产生影响。当需要对比长文档前后的内容并进行编辑时，可以拆分窗口后在一个窗口中查看文档内容，而在另一个窗口中对文档进行编辑。如果需要将文档的前段内容复制到相隔多个页面的某页面中，可以在一个窗口中显示复制文档的位置，在另一个窗口中显示粘贴文档位置。这些都是提高编辑效率的技巧。

3.3.3 并排查看窗口

利用并排查看窗口功能，可以同时查看两个文档，从而对不同窗口中的内容进行比较。如果同时打开三个以上的文档，在进行并排查看时会要求用户选择一个并排比较的文档。具体操作步骤如下。

（1）选择"视图"选项卡"窗口"功能组，单击"并排查看"命令按钮，如图 3-28 所示。

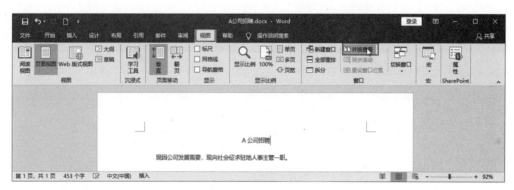

图 3-28 选择"并排查看"命令

（2）在弹出的"并排比较"对话框中选择一个准备进行并排比较的 Word 文档，如图 3-29 所示，单击"确定"按钮。

图 3-29 "并排比较"对话框

（3）此时两个文档会以并排的形式显示在屏幕中，方便进行对比和查看，如图 3-30 所示。

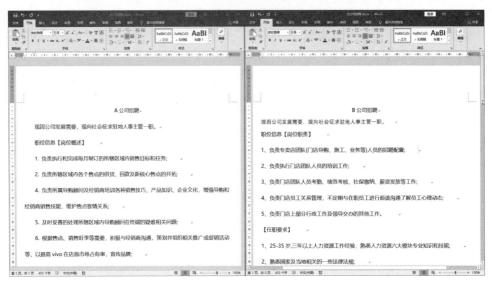

图 3-30　并排显示文档

（4）并排查看两个 Word 时，滚轮是同步翻页的。即滚动"A 公司招聘"文档工作区窗口时，另一个"B 公司招聘"窗口也同时跟着滚动，这种方式有利于在不同的文档间进行观察和比较。如果不需要同时滚动查看两个文档，可单击"窗口"功能组中的"同步滚动"按钮，即可取消该按钮的选中状态，如图 3-31 所示。

图 3-31　取消"同步滚动"按钮

3.3.4　多窗口切换

当打开了多个文档时，人们习惯在任务栏中切换不同文档。如果任务栏中打开的窗口过多，会影响到窗口切换。此时可以直接使用 Word 2019 自带的"切换窗口"功能，来方便快捷地切换窗口，具体操作如下。

选择"视图"选项卡中的"窗口"功能组，单击"切换窗口"下拉按钮，如图 3-32 所示，打开的下拉列表框中列出了所有目前打开的文档列表，单击文档列表中的文档名称即可打开相关文档。特别是在打开的文档较多并且文档的名字相近的情况下，使用窗口菜单切换文档将更加方便和准确。

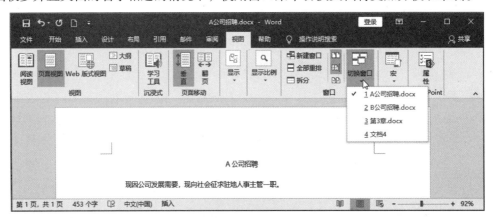

图 3-32　窗口菜单

3.3.5 窗口重排

当用户同时打开多个文档进行编辑时，为了避免窗口之间的重复转换，可以通过窗口重排功能在Windows 窗口中同时显示多个文档窗口，从而提高工作效率。具体操作如下。

在任意文档窗口中选择"视图"选项卡中的"窗口"功能组，单击"全部重排"按钮，即可在Windows 窗口中对显示的文档窗口进行重排，文档窗口都将显示在可视范围内，如图 3-33 所示。用户可以灵活选择在不同窗口中进行编辑。

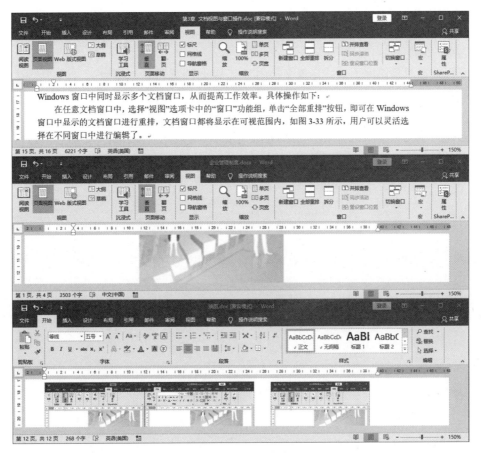

图 3-33　窗口重排效果

 提示： 同时显示的文档窗口过多时，每个文档所占的空间将会变小，从而影响操作，因此最好一次只显示 2 ~ 3 个文档。

3.4　答 疑 解 惑

1. 怎样隐藏上下页间的空白部分？

答：将鼠标指针指向上下页面之间的空白处，当鼠标指针变为 形状时，双击即可隐藏上下页面间的空白部分，并以一条横线作为分割线来区分上下页。双击分割线，可将隐藏的空白区域显示出来。

2. 怎样设置网格线格式？

答：选择页面"布局"选项卡，单击右下角的功能扩展按钮，在弹出的"页面设置"对话框中单击"文档网格"选项，就能看到相关的网格设置，按照需要设置完后单击"确定"按钮即可。

3. 怎样取消并排查看窗口？

答：并排查看文档后，"并排查看"按钮□□呈选中状态显示，单击该按钮取消选中状态，便可取消文档的并排查看。

3.5　学习效果自测

选择题

1. 在 Word 2019 中，默认的视图方式是（　　　）。

　A. 页面视图　　　　　B. 阅读视图　　　　　C. 草稿视图　　　　　D. 大纲视图

2. 下列说法错误的是（　　　）。

　A. Web 版式视图是以网页形式呈现文档内容在 Web 浏览器中的显示

　B. 在草稿视图模式下可以将所有标题分级显示

　C. 在阅读视图模式下查看文档时不能对文档内容进行编辑操作

　D. 页面视图模式是集浏览、编辑、排版于一体的视图模式

3. 当同时打开了多个文档时，我们可以通过（　　　）功能快速切换窗口。

　A. 并排查看　　　　　B. 全部重排　　　　　C. 新建窗口　　　　　D. 切换窗口

第 **4** 章

文本输入和编辑

　　文本输入和编辑是 Word 文档最基本和最重要的操作。本章将主要介绍如何输入文本，如何选择文本，如何复制、移动和删除文本，以及如何查找与替换文本等，以帮助读者熟悉 Word 的编辑环境，掌握 Word 的基本操作，从而提高工作效率。

本章将介绍如下内容：

❖ 输入文本
❖ 编辑文本
❖ 利用多窗口编辑技术

4.1 输 入 文 本

无论多么复杂的文档，都是从文本的输入开始的。掌握 Word 的输入方法，是编辑各种文档的基础和前提。本节除介绍简单地输入文本外还介绍一些其他的常用功能，如转换"插入"和"改写"状态、插入特殊字符等。

4.1.1 定位光标插入点

打开 Word 文档之后，在文档开始的编辑区域会出现不停闪烁的光标丨，即"文本插入点"，它表示文本输入的位置，在该位置输入内容后，文本插入点会自动后移，而输入的内容也将显示在文档编辑区域。所以在文本输入之前，需要先定位插入点位置（为通俗起见，下称光标），它标志着我们新插入的文字或其他对象要出现的位置。

"定位光标插入点"和"鼠标光标"是不一样的。"鼠标光标"以"悬浮 I"的状态出现，在"即点即输"功能下，不同的编辑区域，鼠标光标的形状是变化的，如图 4-1 所示。将其移到状态栏中则以箭头状态出现，等候指令。本节介绍两种常用的定位光标插入点的方法。

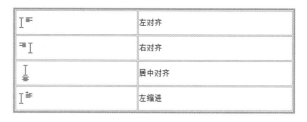

I≣	左对齐
≣I	右对齐
I	居中对齐
I≣	左缩进

图 4-1 鼠标指针形状的不同含义

1. 通过鼠标定位

Word 2019 文档中，默认开启"即点即输（定位光标）"功能。这个功能可以通过在"文件"选项卡中的"选项"中单击"高级"命令，在"编辑选项"列表框选中启用"即点即输"复选框，然后单击"确定"按钮来设置，如图 4-2 所示。启用"即点即输"功能后，用户在 Word 文档编辑窗口中的任意位置单击定位光标即可进行编辑，单击一下页面内容就会把插入点移动到单击的位置上，（如果在空白处，需双击）最大限度地方便了对文本的输入。

图 4-2 设置"即点即输"

2. 键盘定位插入点

利用键盘来移动光标的最常用快捷键（含组合键）有如下几个。

- ❖ "←"键：向左移动一个字符。
- ❖ "↑"键：向上移动一行。
- ❖ "→"键：向右移动一个字符。
- ❖ "↓"键：向下移动一行。
- ❖ **Ctrl+** "←"键：向左移动一个汉字或英文单词。
- ❖ **Ctrl+** "→"键：向右移动一个汉字或英文单词。
- ❖ **Ctrl+** "↑"键：移到本段的开始处。
- ❖ **Ctrl+** "↓"键：移到下一段的开始处。
- ❖ **Home** 键：移到本行行首。
- ❖ **End** 键：移到本行行尾。
- ❖ **PageUp** 键：上移一屏。
- ❖ **PageDown** 键：下移一屏。
- ❖ **Ctrl+PageUp** 键：上移一页。
- ❖ **Ctrl+PageDown** 键：下移一页。

4.1.2 输入文字与标点

在 Word 中输入文本只需简单地输入即可。如果输入的文本满一行，Word 2019 将自动换行；要开始新的段落时，可以按 Enter 键来实现。

文字输入主要包括英文和中文输入。启动 Word 后，系统默认的输入法为中文输入法，如果要输入英文，应先切换到英文输入法状态。输入英文时，需要注意两个单词中间通常要用空格分隔。

1. 设置文字输入法

对于使用中文的用户来说，选择一款适合自己使用习惯的输入法是非常有必要的。Windows 系统中一般会自带一些基本的输入法，输入速度最快的是五笔输入法，其重码率低，缺点是难以掌握。对于不会使用五笔的用户推荐使用汉语拼音输入法软件，目前比较主流的有 QQ 拼音输入法、搜狗拼音、谷歌拼音、智能 ABC 等，其优点是词库丰富，缺点是生僻字及不常用字输入时要选字，比较麻烦。

根据需要，用户可以在系统中任意安装或卸除某种输入法。操作步骤如下。

（1）单击计算机桌面右下角的输入法指示图标，弹出图 4-3 所示的输入法选项列表，单击列表中最下面的"语言首选项"选项，弹出"区域和语言"设置窗口，如图 4-4 所示。

图 4-3　输入法选项列表

（2）在"区域和语言"设置窗口中的"首选的语言"选项区中，单击" 中文（中华人民共和国）"选项，再单击弹出的"选项"按钮，如图 4-5 所示。

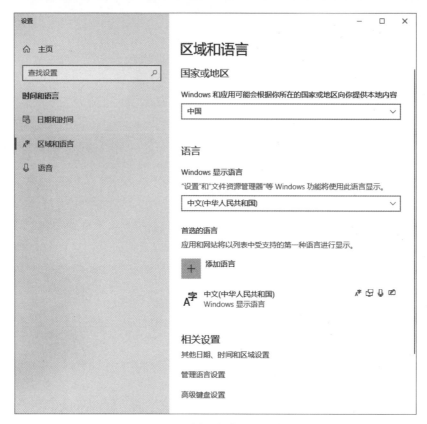

图 4-4 "区域和语言"设置窗口

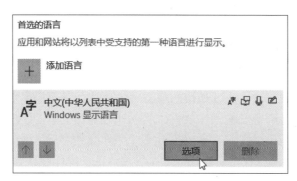

图 4-5 单击"选项"按钮

（3）此时弹出"中文（中华人民共和国）"窗口，如图 4-6 所示，在"键盘"设置界面列出了当前系统中的输入法，用户可以根据需要对输入法进行选择、添加和删除。

单击桌面左下角的"开始"按钮，在弹出的"开始"菜单中单击设置按钮 ，弹出图 4-7 所示的"Windows 设置"窗口，单击"时间和语言"选项，打开"日期和时间"窗口，如图 4-8 所示，单击"区域和语言"选项，弹出"区域和语言"窗口，按照需要对所需的文字输入法进行相应的设置。

2. 切换输入法

安装了中文输入法后，用户就可以在使用过程中随时调用任意一种中文输入法进行中文输入。可以使用键盘或鼠标在系统中调用或切换中文输入法。

1）使用键盘

使用键盘，用户可以快速调用或切换中文输入法。常用的组合键如下。

❖ **中文输入法间切换**：Ctrl+Shift

❖ **中英文间切换**：Ctrl+Space（空格键）

图 4-6　"中文（中华人民共和国）"窗口

图 4-7　"Windows 设置"窗口

- **英文大小写切换**：Caps Lock，或者在英文输入法小写状态按住 Shift 键临时切换到大写状态（大写状态下可临时切换到小写状态）
- **半角、全角的切换**：Shift+ Space

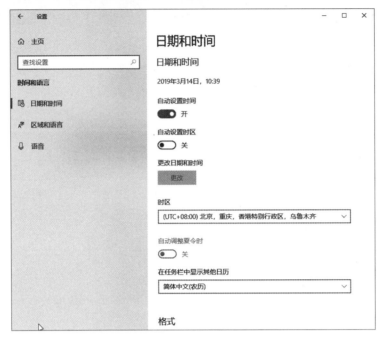

图 4-8 "日期和时间"窗口

提示：　　　半角状态是指一个英文字母、英文中的标点或阿拉伯数字只占一格（一个字节）的位置，但汉字要占两格（两个字节）位置；全角状态是指所有字符（包括汉字、英文字母、标点、阿拉伯数字）均占两格（两个字节）的位置。汉字和中文标点无论在半角还是全角状态都占两格（两个字节）位置。

2）使用鼠标

除了键盘之外，用户还可以使用鼠标在系统中调用或切换中文输入法。操作如下：单击任务栏中的输入法指示图标；就会弹出当前系统中安装的输入法列表，如图 4-3 所示。单击某种要使用的中文输入法，即可切换到该输入法状态。任务栏上的输入法指示器图标将随着用户选择输入法的不同而发生相应的变化。

3. 标点的输入

常用的标点利用键盘直接输入即可。在输入标点符号的时候要注意，如果一个键上只有一个符号，则可以直接按对应的键；但是有的键有两个标点符号，上面的符号叫作上档字符，下面的叫作下档字符，上档字符可以利用 Shift+ 符号键来输入。例如，要在文档中输入一个冒号，则应按 Shift+ 冒号键。

提示：　　　当输入的正文到达右页边距时，Word 会自动移到下一行。我们知道，如果要开始一个新的空行可以按 Enter 键，但同时也开始了一个新的段落。Word 提供了人工分行的功能，用户可以在段落的任何位置开始一个新行，只需将插入点置于想要开始的新行位置，按 Shift+Enter 键，Word 就会插入一个换行符并把插入点移到下一行的开端。

上机练习——新建 "说明书" 文档，并输入文本

练习目标　　　本小节练习如何在空白文档中输入中英文混合的文本内容。通过实际操作，使读者练习并掌握在文档的不同编辑区域中定位光标输入点的方法，学会在输入文本时灵活切换中英文输入状态以及英文的大小写状态。

4-1　上机练习——新建 "说明书"文档，并输入文本

启动 Word 2019，新建一个空白文档，保存为"说明书"。在该文档中定位光标插入点添加中文字体标题文本，再将光标插入点定位到标题行下边的第一行，利用中英文切换键和英文大小写快捷键输入剩余文本内容，最终文本效果如图 4-9 所示。

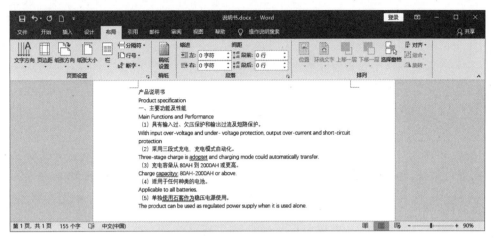

图 4-9　"说明书"文档

操作步骤

　　（1）启动 Word 2019，新建一个空白的 Word 文档，在快速访问工具栏中单击"保存"按钮，打开"另存为"对话框，将其以"说明书"为名进行保存。

　　（2）定位光标插入点，在中文输入法状态下，输入标题文本"产品说明书"，如图 4-10 所示。

图 4-10　输入标题

　　（3）按中英文输入法切换键 Ctrl+Space，将输入法切换到英文状态下，并按英文大小写切换键 Caps Lock，即可输入英文大写字母 P，如图 4-11 所示。

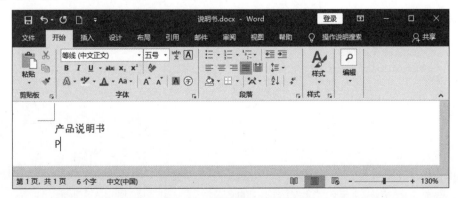

图 4-11　输入英文大写字母

（4）再次按英文大小写切换键 Caps Lock，将输入法调整为英文小写状态，输入单词的剩余字母部分，如图 4-12 所示。

图 4-12　输入英文小写字母

（5）按一下空格键，输入第二个英语单词，如图 4-13 所示。

图 4-13　输入第二个单词

（6）按 Enter 键，将插入点定位在第三行的行首，并按 Ctrl+Space 键将输入法切换到中文状态，输入中文文本，如图 4-14 所示。

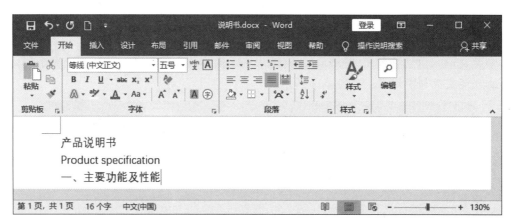

图 4-14　输入中文文本

（7）按 Enter 键，将插入点定位在第四行的行首，再按快捷键 Ctrl+Space，将输入法切换到英文状态，并配合英文大小写切换键 Caps Lock，输入第四行的英文文本，结果如图 4-15 所示。

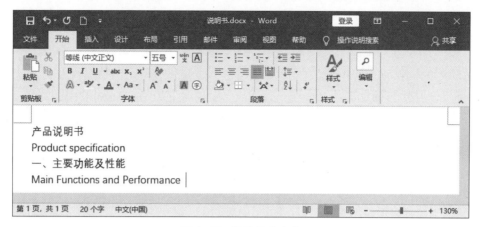

图 4-15　输入英文文本

（8）按 Enter 键，将插入点定位在第五行的行首，按快捷键 Ctrl+Space 将输入法调整到中文输入法状态。

（9）按住 Shift 键的同时，按下左括号"（"和右括号"）"键，并把插入点移动到括号内，输入数字 1，如图 4-16 所示。

图 4-16　输入括号

（10）按住"→"键，将光标向右移动一个字符，在中文输入法状态下输入第五行的剩余文本，如图 4-17 所示。

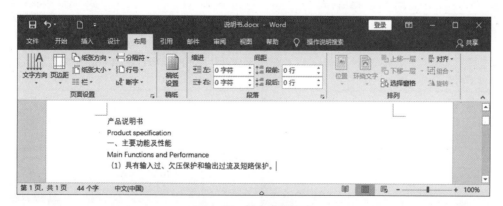

图 4-17　输入中文文本

（11）参照以上的文本输入方法，将文档剩余部分完成，并进行保存，结果如图 4-9 所示。

4.1.3 输入符号

"符号"在日常文本输入过程中会经常用到，有些输入法也带有一定的特殊符号。可以使用键盘来输入常用的基本符号，但有的符号键盘上不存在，如☆、⊙、♀、♂等。Word 2019的符号样式库中提供了很多符号供文档输入时使用，直接选择这些符号就能插入到文档之中。

1. 一般常用符号

单击"插入"选项卡"符号"功能组中的"符号"Ω下拉按钮，弹出"符号"命令下拉菜单，可以看到一些常用的符号，如图4-18所示。单击所需要的符号即可将其插入到 Word 2019 文档中。

如果符号面板中没有所需要的符号，可以单击"其他符号"选项，打开"符号"对话框，如图4-19所示。在"符号"选项卡中单击"字体"右侧的下拉按钮就可以选择需要的一种符号的字体类型，如图4-20所示。在"子集"下拉列表框中可以选择字符代码子集选项，如图4-21所示。

图 4-18　选择符号

图 4-19　"符号"对话框

图 4-20　选择"字体"类型

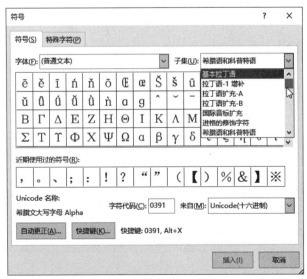

图 4-21　选择字符代码子集

2. 特殊字符

在文本输入过程中，有时会用到一些特殊的字符，这时就需要在"插入"选项卡的"符号"功能组中单击"其他符号"命令按钮，在弹出的"符号"对话框中切换到"特殊字符"选项卡，从中可以选择"—"（不间断连字符）、"¬"（可选连字符）、"°"（不间断空格）等特殊字符，如图 4-22 所示。

图 4-22　选择"特殊字符"

输入的文本到达行的末尾时，Word 会自动执行分行功能。有时用户会遇到在行的末尾输入一些比较特殊的、不太适合分两行显示的文本，如果进行人工分行可能会使段落中的行显得参差不齐，这时可以插入一些特殊的字符来解决这一问题。

1）不间断连字符

当带有连字符的单词、数字或短语位于行尾时，使用不间断连字符"—"来代替一般的连字符就可避免断字。例如，可以用"不间断连字符"避免电话号码 05××-67×××××× 在行尾时被断开，而将该项移至下一行的行首，也可以使单词 good-bye 始终保持在同一行中，不被分开。在键盘上按快捷键 Ctrl+Shift+"-"也可输入不间断连字符。

2）可选连字符

当单词或短语位于行尾时，我们可以使用可选连字符"¬"来控制断字的具体位置。例如，当"禁止打印"的英文单词 nonprinting 位于行尾时，可以用可选连字符"¬"将整体单词断开为 non-printing 方式而不是 nonprint-ing 方式。在键盘上按快捷键 Ctrl+"-"也可输入可选连字符。

Word 文档中含有可选连字符的英文单词如果没有处于行尾，则默认情况下不显示可选连字符。用户可以在"文件"菜单中单击"选项"命令，在弹出的"Word 选项"对话框中单击"显示"选项，选中"可选连字符"复选框，设置为一直显示可选连字符。

3）不间断空格

在缩写的称呼和姓 Mr. Zhang 之间有一个空格，在自动分行时系统会认为这是两个单词而将它们分开，如果使用不间断空格"°"来代替普通空格，那么系统会将它们作为整体的一个单词而不再把它们分开，使该词组保持在同一行文字中。在键盘上按 Ctrl+Shift+Space 键也可以输入不间断空格。

上机练习——在"说明书"中输入符号

练习目标　　除了直接使用键盘来输入常用的基本符号之外,有时候会用到键盘上不存在的特殊符号,这就需要利用 Word 2019 的插入符号功能了。本小节练习如何在文档中插入特殊符号。

4-2　上机练习——在"说明书"中输入符号

设计思路　　启动 Word 2019,打开名为"说明书"的文档,定位光标插入点,在"插入"选项卡的"符号"功能组中,单击"其他符号"命令按钮,在弹出的"符号"对话框中切换到"符号"选项卡,在"字体"下拉列表框中选择 Wingdings 字体集选项,从下面的列表框中找到所需的符号,单击"插入"按钮,将符号插入到所需的位置。最终文本效果如图 4-23 所示。

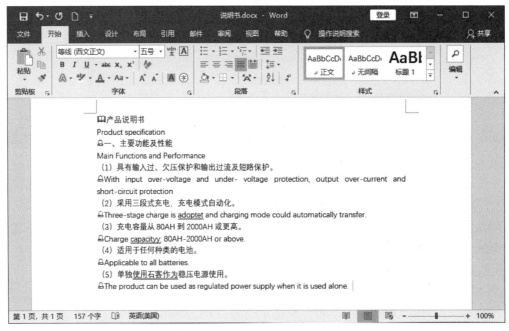

图 4-23　插入符号的文本效果

操作步骤

(1)启动 Word 2019,打开"说明书"文档。

(2)将插入点定位到标题左侧,在"插入"选项卡的"符号"功能组中,单击"符号"按钮 Ω,在弹出的符号下拉列表框中选择"其他符号"选项,在弹出的"符号"对话框中切换到"符号"选项卡,在"字体"下拉列表框中选择 Wingdings 选项,从下面的列表框中选择 符号,如图 4-24 所示,然后单击"插入"按钮,即可在文档中的光标定位点插入一个相应的符号,如图 4-25 所示。

(3)将插入点定位到第二行的行首,选择 符号,并单击"插入"按钮,结果如图 4-26 所示。

(4)参照以上步骤,把剩余的 符号插入剩余文档的合适位置,结果如图 4-27 所示。

(5)选中第六行的行尾连字符"-",切换到"符号"对话框的"特殊字符"选项卡,在打开的"字符"列表中选择"不间断连字符"选项,如图 4-28 所示,单击"插入"按钮,即可把文档中的普通连字符"-"换成不间断连字符"—"。完成后单击"关闭"按钮,关闭"符号"对话框,最终文本效果如图 4-20 所示。

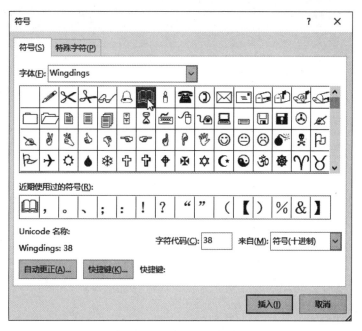

图 4-24　"符号"对话框

图 4-25　插入符号的文本效果

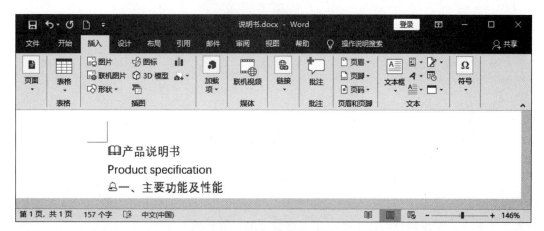

图 4-26　继续插入符号

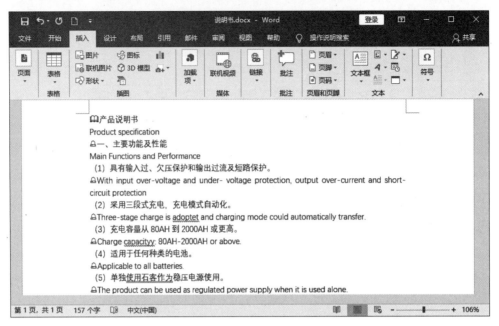

图 4-27　插入剩余符号的文本效果

图 4-28　"特殊字符"选项卡

4.1.4　输入特殊信息

1. 大写中文数字

我们在工作中经常会遇到将阿拉伯数字转换成中文大写数字的情形，尤其是从事会计、审计、财务、出纳等工作的人员。对此除了使用汉字输入法一个一个输入以外，我们还可以使用 Word 提供的插入编号功能 ⌗ 来迅速输入，实现阿拉伯数字和中文大写数字的一键转换。

例如我们将一份"物业费催缴通知单"文档中的大写金额补充完整，如图 4-29 所示，可以按照以下步骤操作。

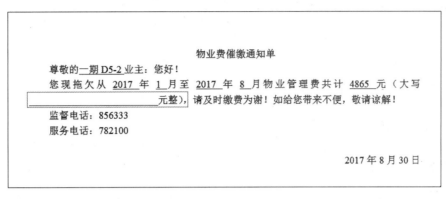

图 4-29　物业费催缴通知单

（1）将插入点定位到需要输入大写中文数字的位置。

（2）单击"插入"选项卡"符号"功能组中的"编号"命令按钮，如图 4-30 所示。

（3）在弹出的"编号"对话框的"编号"文本框中输入数字"4865"，在"编号类型"列表中选择大写的中文数字类型，如图 4-31 所示。

图 4-30　单击"编号"按钮　　　　　图 4-31　输入数字并选择编号类型

（4）单击"确定"按钮，并保存。最终结果如图 4-32 所示。

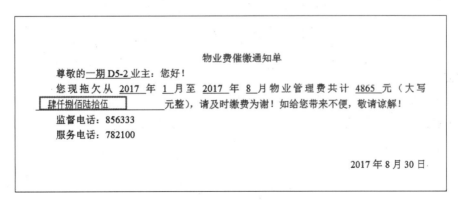

图 4-32　输入大写中文数字

2. 输入日期和时间

如果在 Word 文档中输入当前系统日期的年份，Word 会自动提醒用户按 Enter 键输入默认格式显示下的完整日期，如图 4-33 所示，直接按 Enter 键就可输入。

如果要输入其他格式下的当前日期，如图 4-34 所示，除了手动输入，我们还可以通过"日期和时间"

对话框进行设置。

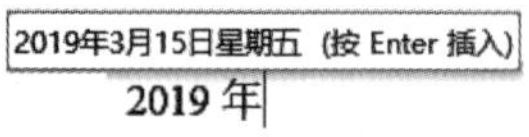

2019年3月15日星期五 (按 Enter 插入)
2019 年

Friday, March 15, 2019

图 4-33　显示默认格式的日期 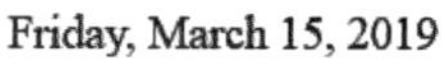 　　　　　　　　图 4-34　日期样式

（1）将光标放置到文档中需要插入时间或日期的位置。

（2）在"插入"选项卡的"文本"功能组中单击"日期和时间"命令按钮，弹出"日期和时间"对话框，各项说明如下。

❖ **可用格式**：在列表框中单击所需要的格式即可应用该日期和时间格式，如图 4-35 所示。

❖ **语言（国家/地区）**：从下拉列表框中可以选择日期和时间的显示语言类型。

提示：
　　按 Alt+Shift+D 快捷键即可快速插入系统当前日期，按 Alt+Shift+T 快捷键即可插入系统当前时间，只不过插入的是默认的英文格式。

图 4-35　"日期和时间"对话框

3. 输入公式

我们在输入 Word 文档时，有时需要输入数理化公式，但直接输入是无法操作的，只有借助公式来完成。Word 中内置了一些常用的公式，可以直接使用。我们也可以自己定义内置中没有的公式。另外，在 Word 2019 中，可以用新增加的墨迹公式来实现手写公式。

1）内置公式

我们将插入点定位到需要插入公式的文档位置，在"插入"选项卡的"符号"功能组，单击"公式"命令按钮 π，即可弹出常用的公式下拉列表框，如图 4-36 所示。例如选择"二次公式"选项，就可以在定位点插入"二次公式"，用户可以在公式编辑窗口中选中某个内容对公式进行数值的修改替换，以形成所需的公式，如图 4-37 所示。

2）自定义公式

如果"公式"下拉列表框中没有所需的公式，用户可以自定义来完成。

（1）将插入点定位到需要插入公式的文档位置。

（2）在"插入"选项卡的"符号"功能组，单击"公式"命令按钮，在下拉列表框中选择"插入新公式"

命令，则会在插入点位置弹出如图 4-38 所示的"在此处键入公式"控件。

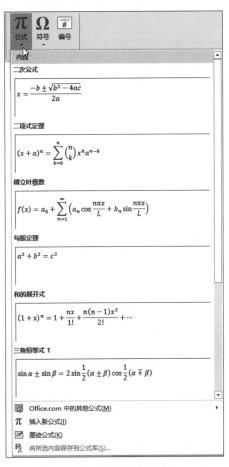

图 4-36 常用公式列表

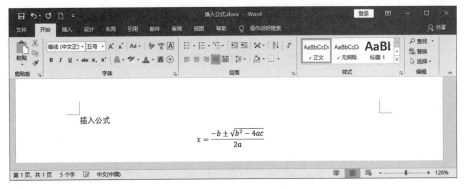

图 4-37 插入"二次公式"

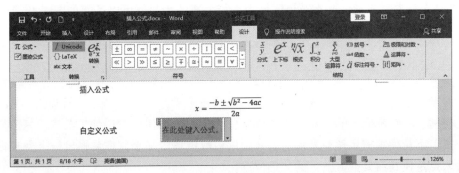

图 4-38 自定义公式

（3）在"公式工具设计"选项卡的"结构"命令组中选择合适的公式结构，如选择一个名称为"有限积分"的公式结构，如图4-39所示。

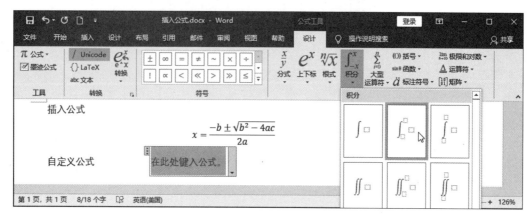

图4-39　选择公式结构命令组

（4）在"公式工具设计"选项卡的"符号"命令组中选择所需符号类型，就可以在"有限积分"的公式结构占位符中输入相应的内容了，如图4-40所示。

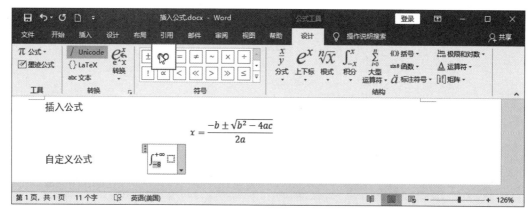

图4-40　输入公式内容

3）墨迹公式

"墨迹公式"是Word 2019新增的手写输入公式功能，即实现数学公式的手写识别，操作非常方便、快捷。

（1）将插入点定位到需要插入公式的文档位置。

（2）在"插入"选项卡的"符号"功能组，单击"公式"命令按钮 $\boldsymbol{\pi}$，在下拉列表框中选择"墨迹公式"选项，弹出图4-41所示的"数学输入控件"对话框。

（3）此时按住鼠标左键不放，并在黄色区域中进行公式的手写就可以了，如图4-42所示。

（4）完成后单击"插入"按钮，就可以看到刚才书写的公式已经转换成标准形式插入到文档中了，如图4-43所示。

提示:　　　用户不用担心自己的手写字母不好看，其实"墨迹公式"的识别能力是非常强的。不过书写的时候有些小技巧，首先是识别错了之后不要着急改，可继续写后面的，Word 2019会自动进行校正；如果校正不过来，可以选择左手第二个"擦除"图标工具进行擦除重写；还有一个办法，就是通过"选择和更正"工具选中识别错误的符号，将会弹出一个列表框，从中选择正确的符号即可。

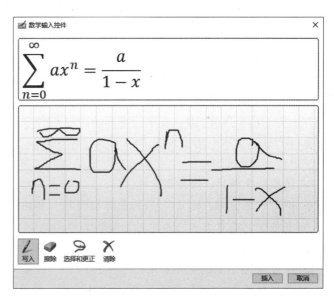

图 4-41　"数学输入控件"对话框　　　　　　　　图 4-42　手写公式

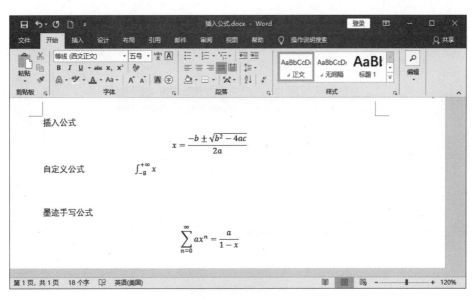

图 4-43　插入公式

4.2　编 辑 文 本

本节介绍在 Word 中很常用的编辑文档的操作，包括选择、复制、粘贴、查找和替换等。熟练掌握这些操作是快速编辑文档的基础，可以节省时间，提高文本编辑效率。

4.2.1　选取文本

在编辑文本之前，必须选取需要操作的文本，被选取的文本将以黑底白字的高亮形式显示在屏幕上，这样就很容易与未被选取的部分区分开来。当选取文本后，我们所做的所有操作就只作用于选定的部分了。下面介绍几种最常用的文本选取方式。

1. 用鼠标选取文本

鼠标是选择文本的出色工具。可以通过双击一个词来选择，还可以通过按住鼠标左键并将它拖过一段文本来选择这些文本，当目标文本区变为高亮显示时就完成了对文本的选定。

使用鼠标选择文本取决于鼠标指针是在文档中，还是沿着位于文档左边的选择条。选择条位于文档窗口左边界的白色区域，即在文本段落开始之前。当把鼠标指针放在选择条上时，鼠标指针将变成形状，这与鼠标指针在文本中所呈现的"I"形标记明显不同。从选择条中选择句子和段落将使选择一行或整个文档的过程变得很简单。

❖ **选取一个单词**：双击该单词。

❖ **选取任意文本**：把"I"形的鼠标指针指向要选取的文本开始处，按住左键并扫过要选取的文本，当拖动到选取文本的末尾时，松开鼠标左键。

❖ **选取一句**：这里的一句是以句号为标记的。按住 Ctrl 键，再单击句中的任意位置即可选中。

❖ **选取连续区域的文本**：先把光标插入点移到要选取文本的开始处，然后按住 Shift 键不放，单击要选取文本的末尾，可以实现连续区域文本的选择。这种方法更适合于跨页内容的选取，如图 4-44 所示。

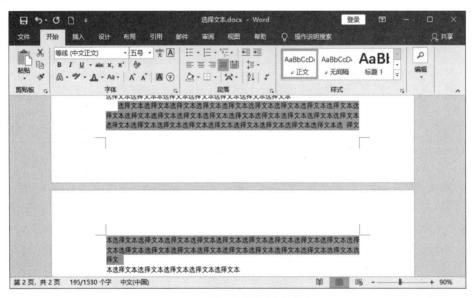

图 4-44　选取连续区域的文本

❖ **选取分散的文本**：先拖动鼠标选中第一个文本区域，再按住 Ctrl 键不放，拖动鼠标选择其他不相邻的文本，选择完成后释放 Ctrl 键，结果如图 4-45 所示。

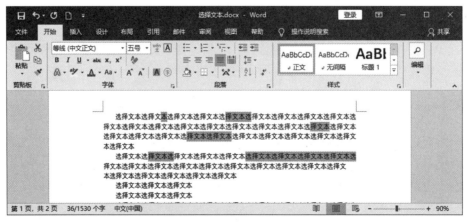

图 4-45　选取分散的文本

❖ **选取一行文本**：单击这行左侧的选取栏，如图 4-46 所示。

图 4-46　选取一行文本

❖ **选取连续多行文本**：将鼠标指针移到第一行左侧的选取栏中，按住鼠标左键在各行的选取栏中拖动。

❖ **选取一段**：双击该段左侧的选取栏，也可连续三击该段中的任意部分。

❖ **选取多段**：将鼠标指针移到第一段左侧的选取栏中，双击选取栏并在其中拖动。

❖ **选取整篇文档**：按住 Ctrl 键，再单击文档中任意位置的选取栏。

❖ **纵向选取文本**：按住 Alt 键同时拖动鼠标，如图 4-47 所示。

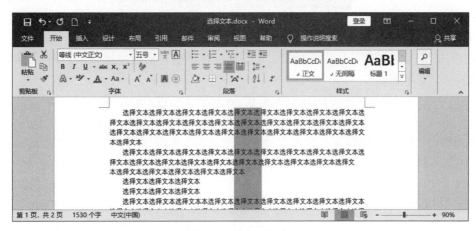

图 4-47　纵向选取文本

2. 用键盘选取文本

用鼠标选取文本固然方便，但是不容易选择准确，尤其是在要选取大量文本的情况下，因此可以通过键盘来选取文本。下面介绍用快捷键选取文本的方法。

1）用键盘选取文本时常用的快捷键组合

❖ **选择光标左、右的一个字符**：Shift+"←"键，Shift+"→"键。

❖ **选择光标上、下的一行文本**：Shift+"↑"键，Shift+"↓"键。

❖ **选择光标左、右的一个单词**：Shift+Ctrl+"←"键，Shift+Ctrl+"→"键。

❖ **选择光标到所在行首、尾的文本**：Shift+Home 键，Shift+End 键，如图 4-48 和图 4-49 所示。

❖ **选择光标到文档开始、结尾的文本**：Shift+Ctrl+Home 键，Shift+Ctrl+End 键。

❖ **选择整篇文档**：Ctrl+A 键。

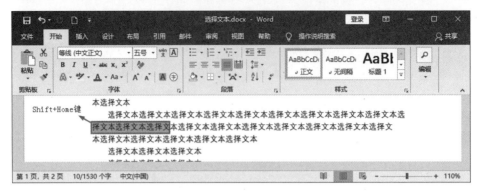

图 4-48　选择光标到所在行首的文本

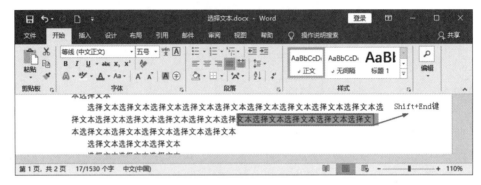

图 4-49　选择光标到所在行尾的文本

2）F8 键

选择小范围文本时，可用按下鼠标左键来拖动，但对于大面积文本（包括其他嵌入对象）的选中、跨页选中或在选中后需要撤销部分选中范围时，单用鼠标拖动的方法就显得难以控制。此时使用 F8 键的扩展选择功能就非常有必要。

在 Word 文档中按 F8 功能键将开启 Word 中的"扩展（选择）"特性。Word 状态栏中将显示"扩展式选定"，如图 4-50 所示。按 Esc 键将退出扩展状态，也可双击状态栏上的"扩展式选定"改变状态。

在"扩展式选定"模式下可以通过键盘上的上、下、左、右键选择文本。这种选择文本的方法是从插入点开始的，按不同的键则向不同的方向选择文本。按 Enter 键将选择插入点之后的整个段落。具体使用方法及结果如下。

在键盘上按"↑"方向键，则选中从插入点光标开始向左的本行文本和上一行文本。

在键盘上按"↓"方向键，则选中从插入点光标开始向右的本行文本和下一行文本。

在键盘上按"←"方向键，则从插入点光标开始向左逐字选中文本。

在键盘上按"→"方向键，则从插入点光标开始向右逐字选中文本。

在键盘上按 Enter 键，则选中插入点之后的整个段落。

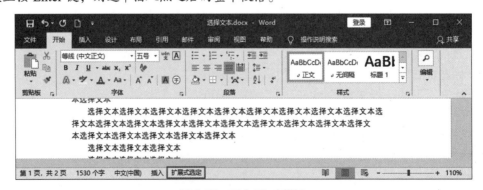

图 4-50　开启 F8 功能键

此外也可以通过按 F8 功能键选中 Word 2019 文档中的文本。

❖ **按 1 下 F8 键**：设置选取的起点。

❖ **连续按 2 下 F8 键**：选取一个字或词。

❖ **连续按 3 下 F8 键**：选取一个句子。

❖ **连续按 4 下 F8 键**：选取一段。

❖ **连续按 5 下 F8 键**：选中当前节（如果文档中没有分节则选中全文）。

❖ **连续按 6 下 F8 键**：选中全文。

3. 取消文本的选定

如果我们发现所选定的文本并不是所需要的，那么就要取消文本的选定状态，使它正常显示在屏幕上。

❖ 利用鼠标取消文本的选定，只要在选定文本的任意位置单击即可。

❖ 利用键盘取消文本的选定，只要按"→、←、↑、↓"四个箭头键，或者按 PageUp、PageDown、Home、End 键，注意应把插入点移到文本相应的位置。

4.2.2　插入和改写

Word 中提供了两种输入文本的模式，一种是插入，另一种是改写。

1. 插入模式

进行文档编辑时，如果需要在文档中插入新的内容，只需要在"插入"模式下，把插入点光标定位到需要插入文字的位置，Word 就会把输入位置后面的文本内容后移，为新字符提供空间。如图 4-51 所示，将光标插入点定位在"员工"前面，输入文本"新进"后，可以看到输入的文字直接插在了"员工"前面，后面的文本按顺序后移。

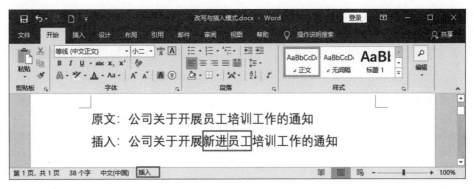

图 4-51　插入文字

2. 改写模式

如果我们想删除文档中某些觉得不满意的或者错误的文本，只需要在"改写"模式下，将插入点光标放置到需要改写的文字前面，输入的文字将逐个替代其后的文字。如图 4-52 所示，仍然将光标插入点定位在"员工"前面，输入文本"新进"后会发现输入的文字替换掉了"员工"二字，而后面的文本位置却没有发生改变。

插入模式与改写模式之间的切换方法具体如下。

方法一：按键盘上的 Insert 键，就可以在"插入"和"改写"两种编辑模式下切换。

方法二：右击状态栏，在弹出的快捷菜单中选中"改写"复选框，如图 4-53 所示，在状态栏上就显示出了输入状态，如图 4-54 所示，表明当前为插入状态。单击状态栏上的"插入"，就可进入"改写"模式了。

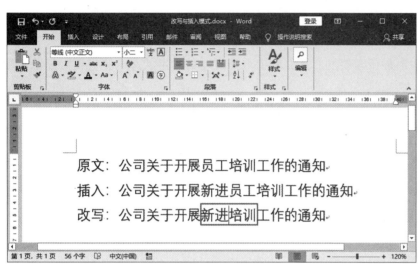

图 4-52　改写文字

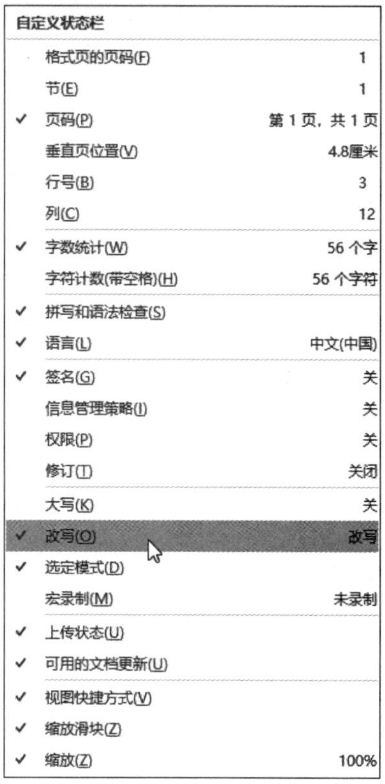

图 4-53　显示输入状态

图 4-54　"插入"输入状态

方法三：在"文件"选项卡的"选项"列表中选择"高级"选项，在"编辑选项"列表中选中"使用改写模式"复选框即可；如果选用插入模式，只要取消选中"使用改写模式"复选框即可，如图 4-55 所示。

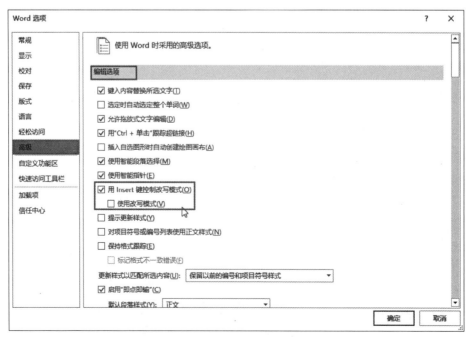

图 4-55　设置输入模式切换

> **提示：** 在"插入"模式下，新输入的文本将增加到插入点原来的位置，原来位于插入点后的字符只是向后移动了。在"改写"模式下，新输入的文本将改写原来插入点所在的位置，原来位于插入点后的字符被删除，所以这样并不是插入点后的所有文本都向右移动。

4.2.3　移动、复制、粘贴

移动、复制和粘贴是编辑文本时最常用的操作。熟练使用这3个操作可以加快文本的编辑速度，大大提高工作效率。

1. 移动文本

在编辑文档的过程中，如果需要将某个词语或段落移动到其他位置，可通过剪切｜粘贴操作来完成。当对文本进行剪切后，原位置上的文本将消失不见，需要用户在新的位置上实行粘贴操作，才可以将原文本显示在新的位置上。

具体操作如下。

（1）选取需要剪切的内容。

（2）单击"开始"选项卡"剪贴板"功能组中的"剪切"按钮✂，如图 4-56 所示。或在选中要剪切的文本后右击，在弹出的快捷菜单中选择"剪切"命令，如图 4-57 所示。

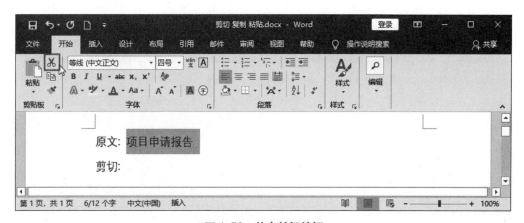

图 4-56　单击剪切按钮

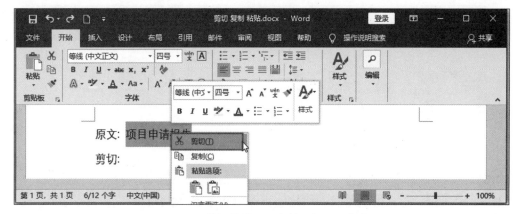

图 4-57　选择快捷菜单中的"剪切"命令

（3）将光标移至插入点，单击"开始"选项卡"剪贴板"功能组中的"粘贴"按钮📋，剪切文本效果如图 4-58 所示。

图 4-58 剪切文本效果

2. 复制文本

当输入的内容与已有的内容相同时，可通过复制 | 粘贴操作提高工作效率。复制文本的操作与移动文本类似，不同的是选定的文本不会被删除。

（1）选取需要复制的文本。

（2）单击"开始"选项卡"剪贴板"功能组中的"复制"按钮，如图 4-59 所示，或选中要复制的文本后右击，在弹出的快捷菜单中选择"复制"命令，如图 4-60 所示。

图 4-59 单击"复制"按钮

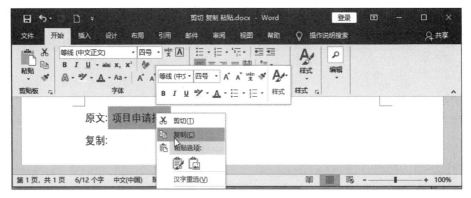

图 4-60 选择快捷菜单中的"复制"命令

（3）将光标移至插入点，单击"开始"选项卡"剪贴板"功能组中的"粘贴"按钮，复制文本效果如图 4-61 所示。

3. 粘贴文本

粘贴就是将剪切或复制的文本粘贴到文档中其他位置。选择不同的粘贴文本的类型，粘贴的效果将

图 4-61 复制效果

不同。当需要完成粘贴操作时，可以利用"粘贴选项"按钮轻松地选择粘贴内容的类型。单击"粘贴选项"按钮下方的下拉按钮，可以看到粘贴的类型主要包括 4 种：保留源格式、合并格式、图片和只保留文本，如图 4-62 所示。各粘贴类型的功能如下所述。

❖ **保留源格式**：粘贴后的文本保留其原来的格式，不受新位置格式的限制。

❖ **合并格式**：不仅可以保留原有格式，还可以应用当前位置中的文本格式。

❖ **图片**：将文本粘贴为图片格式。

❖ **只保留文本**：无论原来的格式是什么样的，粘贴文本后，只保留文本内容。

如果这 4 个选项都不能满足要求，可以单击"剪贴板"功能组中的"粘贴"按钮下方的下拉按钮，选择"选择性粘贴"选项，弹出"选择性粘贴"对话框，如图 4-63 所示，然后选择一种需要的格式。

图 4-62 粘贴选项

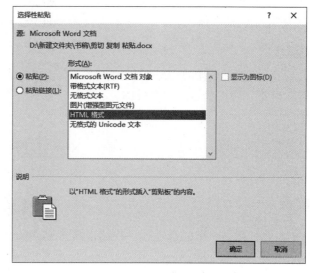

图 4-63 "选择性粘贴"对话框

❖ **Microsoft Word 文档对象**：以 Word 对象的方式嵌入目标文档中，此后在目标文件中双击该嵌入的对象时，该对象将在新的 Word 窗口中打开，对其进行编辑的结果同样会反映在目标文件中。

❖ **带格式文本（RTF）**：粘贴为 RTF 格式的文本，即与复制对象的格式一样。

❖ **无格式文本**：粘贴不带任何格式（如字体、字号）的纯文本。

❖ **图片（增强型图元文件）**：将复制的内容作为增强型图元文件（EMF）粘贴到 Word 中。

❖ **HTML 格式**：以 HTML 格式粘贴文本。

❖ **无格式的 Unicode 文本**：粘贴不带任何格式的纯文本。

提示： 选中文本后，按 Ctrl+X 键执行剪切命令；按 Ctrl+C 键执行复制命令；按 Ctrl+V 键执行粘贴命令。

4.2.4　撤销、恢复与重复操作

在编辑文档时如果出现了误操作可以使用撤销操作和重复操作来避免。Word 会自动记录最近的一系列操作，这样我们可以方便地撤销前几步的操作、恢复被撤销的操作或是重复刚作的操作。

当我们每次插入、删除、移动或者复制文本时，Word 都会将每一步操作和内容变化记录下来，以后可以进行多次撤销和重复在文档中所作的修改。Word 的这种暂时存储能力使撤销与重复变得十分方便。

1. 撤销操作

常用的撤销操作主要有以下几种。

（1）在快速访问工具栏中单击"撤销"按钮，撤销上一次的操作。单击该按钮右侧的下拉按钮，可以在弹出的下拉列表框中选择要撤销的操作，如图 4-64 所示。

（2）按快捷键 Ctrl+Z，可以撤销上一个操作，继续按该组合键可以撤销多个操作。

2. 恢复操作

恢复操作可以取消之前的撤销操作。常用的恢复操作主要有以下几种。

（1）在快速访问工具栏中，单击"恢复"按钮，可以恢复被撤销的上一次操作。

（2）按快捷键 Ctrl+Y，可以恢复被撤销的上一个操作，继续按该组合键可以恢复被撤销的多个操作。

图 4-64　"撤销"按钮下拉列表框

3. 重复操作

在没有进行任何撤销操作的情况下，"恢复"按钮会显示为"重复"按钮，单击"重复"按钮或者按 F4 键，可重复执行最后的编辑操作。

提示：
如果无法重复上一项操作，"重复"命令将变为"无法重复"。

4.2.5　删除文本

在编辑文本的过程中，可能会输入一些错误或者多余的文字，而需要对其进行删除。删除文本的操作方法如下。

（1）在 Word 中删除文本只需按 BackSpace 键或 Delete 键，其中按 BackSpace 键删除光标前的一个字符，而按 Delete 键则删除光标后的一个字符。

（2）要删除大块的文本，可以先选取文本块，然后按 Delete 键或者 BackSpace 键。

（3）选取文本，单击"常用"工具栏中的"剪切"按钮将选定的文本删除。

（4）按 Ctrl+BackSpace 组合键，可以删除光标插入点前一个单词或短语。

（5）按 Ctrl+Delete 组合键，可以删除光标插入点后一个单词或短语。

提示：
使用"剪切"按钮是把文本从文档中删除后，再存放到剪贴板上，用于以后粘贴到其他位置；而按 Delete 键是直接把所选定的文本彻底删除。

4.2.6 查找与替换

当需要查找某个特定的内容，或者在找到这些内容之后还需将其替换为另外的内容时，就可以使用 Word 2019 的"查找和替换"功能来提高工作效率。可以使用"导航"窗格，也可以利用"查找和替换"对话框。此外，还可以利用"智能查找"功能，帮助用户直接在 Word 文档中打开网页进行查询，这省去了上网查询的麻烦。

1. 查找功能

第一种方法：利用"导航"窗格查找。

（1）在"开始"选项卡的"编辑"功能组中单击"查找"按钮，在文档编辑区左侧会弹出"导航"窗格；也可以直接按 Ctrl+F 键快速打开"导航"窗格，如图 4-65 所示。

（2）在"导航"窗格的搜索框中输入所要查找的内容，Word 会自动在文档编辑区中以黄色高亮显示查找到的文本，如图 4-66 所示。

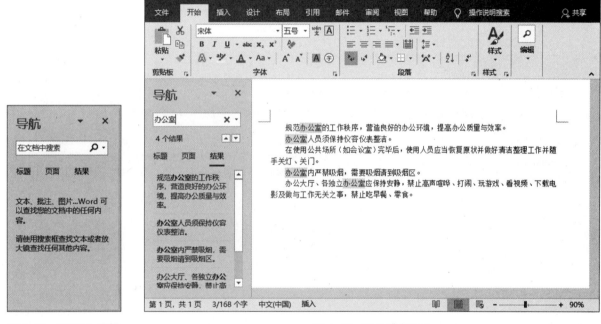

图 4-65 "导航"窗格   图 4-66 输入搜索文本

在搜索框的下方显示搜索到的数量，可以通过▲或▼按钮逐条查看。所有搜索结果以列表方式出现在搜索框下方的"结果"选项卡中，单击其中某一条搜索结果，文档中也会随之定位在相应的位置，如图 4-67 所示。

（3）单击"导航"窗格搜索框右侧的下拉按钮▼，在弹出的下拉列表框中选择"选项"命令，如图 4-68 所示，打开"'查找'选项"对话框，如图 4-69 所示。用户可以通过设置一些相应的查找选项，定制所需的查找条件，从而更加方便、快捷地查找所需要的内容；也可以在下拉列表框中选择 Word 其他类型的内容，如图形、表格、公式等对象。

部分选项的具体功能如下。

❖ **"区分大小写"复选框**：查找时区分大小写。

❖ **"全字匹配"复选框**：查找符合条件的完整单词，而不是某个单词的局部。

❖ **"使用通配符"复选框**：查找输入的通配符、特殊字符或特殊查找操作符。

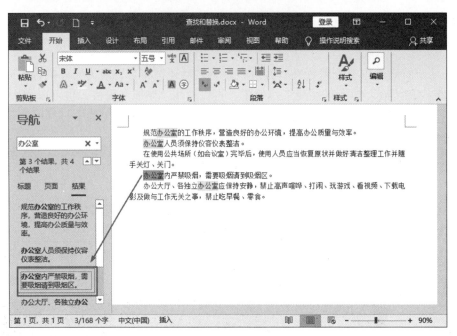

图 4-67 查找文本

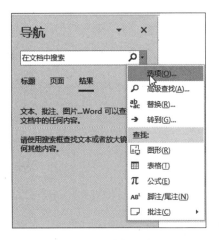

图 4-68 "查找"选项

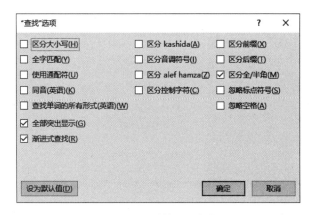

图 4-69 "查找"对话框

❖ **"同音（英语）"复选框**：查找发音相同而拼写不同的英文单词。

❖ **"查找单词的所有形式（英语）"复选框**：查找英文单词的所有相同形式。

❖ **"区分前缀"复选框**：查找所有具体前缀的英文单词。

❖ **"区分后缀"复选框**：查找所有具体后缀的英文单词。

❖ **"区分全/半角"复选框**：查找时区分全角和半角。

第二种方法：利用"高级查找"功能查找。

在 Word 2019 中使用高级查找功能不仅可以在文档中查找普通的文本，还可以查找特殊格式的字符和段落，大大提高文档的编辑效率。

在"导航"窗格搜索框右侧的下拉列表框中选择"高级查找"命令，如图 4-70 所示，弹出如图 4-71 所示的"查找和替换"对话框。

在"查找和替换"对话框中，切换到"查找"选项卡，如图 4-72 所示。在"查找内容"文本框中输入要查找的内容，单击"更多"按钮，在展开的对话框中可以设置查找的高级选项，此时"更多"按钮变为"更少"按钮，如图 4-73 所示。

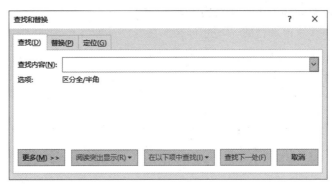

图 4-70 选择"高级查找"命令　　图 4-71 "查找和替换"对话框　　图 4-72 选择"高级查找"命令

图 4-73 单击"更多"按钮　　　　　图 4-74 选择"智能查找"命令

❖ **"搜索"下拉列表框**：用来选择文档的查找范围。选择"全部"选项，将在整个文本中进行查找；选择"向下"选项，将从光标定位点处向下进行查找；选择"向上"选项，将从光标定位点向上进行查找。
❖ **"格式"按钮**：单击右侧的下拉按钮，可以在下拉列表框中选择查找文本的格式。
❖ **"特殊格式"按钮**：单击右侧的下拉按钮，可以在下拉列表框中选择需要查找的特殊字符。

 提示：　　在要查找内容的文档中，打开"开始"选项卡的"编辑"功能组，单击"查找"选项右侧的下拉按钮，在弹出的下拉列表框中选择"高级查找"命令，也可以打开"查找和替换"对话框。

第三种方法：利用"智能查找"功能查找。

在计算机联网的情况下，就可以通过智能查找功能直接在文档中进行查询，省去了上网查询的麻烦。具体使用方法如下：

（1）先选择需要查询的文本，然后右击。

（2）在弹出的快捷菜单中选择"智能查找"命令，如图 4-74 所示。

（3）Word 程序开始自动联网查询，完成查询后将在右侧的"智能查找"窗格中显示查询结果。

（4）在查询结果中单击某条结果，将自动打开浏览器，并在浏览器中显示更加详细的介绍。

2. 替换功能

（1）在"开始"选项卡的"编辑"功能组中单击"替换"按钮，如图 4-75 所示，或者单击"导航"窗格搜索框右侧的下拉按钮，从弹出的下拉列表框中选择"替换"命令，如图 4-76 所示，打开"查找和替换"对话框，并切换到"替换"选项卡，如图 4-77 所示。

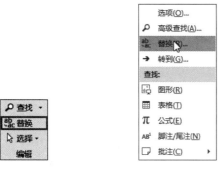

图 4-75　单击"替换"按钮　图 4-76　选择"替换"命令　　　　　图 4-77　"查找和替换"对话框

（2）在"替换为"文本框内输入需要的替换内容，单击"更多"按钮可以定制替换条件，更加方便快捷地完成替换，如图 4-78 所示。

（3）全部替换完成后，会弹出替换提示框，如图 4-79 所示。

图 4-78　替换文本　　　　　　　　　　　图 4-79　替换完成提示框

（4）单击"确定"按钮，返回至"查找和替换"对话框，单击"关闭"按钮，返回文档窗口。

提示：

> 按快捷键 Ctrl+H、Ctrl+G、F5 可以快速打开"查找和替换"对话框，再进行相应的切换。

4.2.7　语法和拼写检查

输入文档时难免会出现拼写或语法错误，校对长篇文档是很烦琐的操作。使用 Word 提供的拼写和语法检查工具可以大大提高文档校对效率。Word 2019 默认在文本输入时自动进行拼写和语法检查的相关操作。

1. 检查中英文语法和拼写

如果正在输入或编辑的 Word 文档中包含有红色、蓝色或绿色的波浪线，说明该文档中存在拼写或语法错误。此时，利用 Word 提供的"拼写和语法"功能，可以快速完成文档的检查，具体操作方法如下。

（1）将光标定位在文档的开始处。

（2）单击"审阅"选项卡"校对"功能组中的"拼写和语法"按钮，如图 4-80 所示。

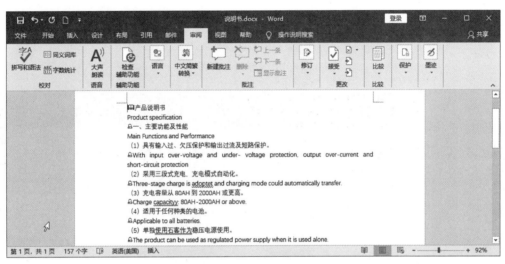

图 4-80　单击"拼写和语法"按钮

（3）Word 将从文档开始处自动进行检查，定位到第一个有拼写和语法错误的地方，并在文档右侧打开"校对"窗格，如图 4-81 所示，我们在对有错误的拼写和语法进行修改后，即可查找下一个错误。在"校对"窗格中，单击功能扩展按钮，弹出图 4-82 所示的列表，根据实际需要可以选择相应的建议修改选项。如果认为内容没有错误，可以选择"校对"窗格中的"忽略"（或者"全部忽略"）命令。

此外，还可以使用标记下划线这种方式来实现文档中的拼写与语法检查，只要右击下划线，就可以根据弹出的快捷菜单中的提示信息进行修改，如图 4-83 所示。

提示：

> 在使用快捷菜单进行拼写和语法检查时，若选择"忽略一次"命令，此时文档中的红色或蓝色下划线将自动消失，表示用户忽略修改此处错误。

2. 设置检查选项

Word 2019 默认具有自动检查拼写错误的功能，如果我们输入和编辑的文档涉及一些专业性较强的专业词汇、特殊拼写和特殊语法时，Word 软件会给出语法或者拼写的错误判断，并在下方画上红色或蓝色的波浪线提醒更正。当再次输入或编辑的时候，还会出现同样的问题，从而给我们的文本编辑带来一些不便，这时我们可以通过重新设置检查选项，暂时关闭自动检查拼写和语法的功能。具体操作如下：

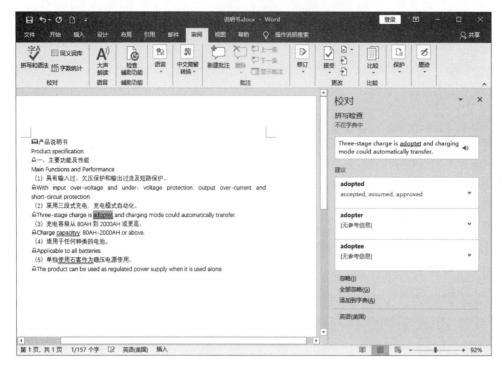

图 4-81 "校对"窗格

图 4-82 "拼写检查"窗格　　　　　　　　　　图 4-83 快捷方式

（1）单击"文件"选项卡，在弹出的菜单选项中选择"选项"命令，打开"Word 选项"对话框。

（2）选择"校对"选项卡，在"在 Word 中更正拼写和语法时"选项区中，取消选中"键入时检查拼写"和"键入时标记语法错误"复选框，如图 4-84 所示。

（3）单击"确定"按钮，即可关闭自动检查拼写和语法功能。

此外，右击 Word 2019 工作界面的状态栏，从弹出的快捷菜单中取消选中"拼写和语法检查"复选框，如图 4-85 所示，也可以关闭拼写与语法检查功能。

图 4-84 "校对"选项卡　　　　　　　图 4-85 取消"拼写和语法检查"命令

4.3 利用多窗口编辑技术

在用 Word 2019 编辑文档时，我们可能需要同时打开多个不同的文档，或是修改同一个文档时需要上下文对应，这样来回切换会非常麻烦，而利用多窗口操作可以提高编辑效率。

4.3.1 显示同一文档的不同部分

在处理 Word 文档时，常常需要查看同一文档中不同部分的内容。如果文档很长，而需要查看的内容又分别位于文档前后部分，采用反复拖动滚动条的办法将极大降低办公效率，此时拆分文档窗口是一个不错的解决问题的方法。所谓拆分文档窗口，是指将当前窗口分割成上下两个部分，而上下两部分显示同一文档内容。在拆分的窗口中，对任何一个子窗口都可以独立进行工作，而且由于它们都是同一窗口的子窗口，因此都是激活的。采用这种方法可以迅速地在文档的不同部分间传递信息，比打开同一文档的不同窗口更节省空间，并且不需进行屏幕切换。具体操作方法如下：

（1）打开需要拆分的 Word 2019 文档窗口，在"视图"选项卡的"窗口"功能组中单击"拆分"按钮，如图 4-86 所示。

图 4-86 单击"拆分"按钮

（2）此时文档中出现一条拆分线，文档窗口被拆分为上下两个子窗口，并独立显示文档内容。可以在这两个窗口中分别通过拖动滚动条调整显示的内容。拖动窗格上的拆分线，可以调整两个窗口的大小。同时可以对上下两个子窗口进行编辑操作。例如，拖动下面窗格中的滚动条，显示答案部分，并将答案部分的文本字体颜色设置成蓝色；拖动上面窗格中的滚动条，让屏幕显示试题部分，并进行解答。结果如图 4-87 所示。

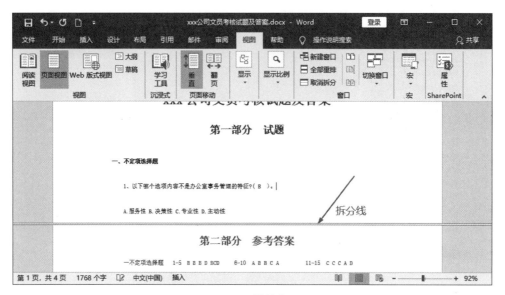

图 4-87 拆分窗口

（3）不再需要拆分显示窗口时，可在"窗口"功能组中单击"取消拆分"按钮取消拆分，如图 4-88 所示。取消拆分窗口之后，文档窗口将恢复为一个独立的整体窗口，同时我们可以发现上下两个子窗口中进行的编辑操作都同步更新了。

图 4-88 取消拆分窗口

> **提示：** 拆分文档窗口是将窗口拆分为两个部分，而不是将文档拆分为两个文档，在这两个窗口中对文档进行编辑处理对文档都会产生影响。当需要对比长文档前后的内容并进行编辑时，可以拆分窗口后在一个窗口中查看文档内容，而在另一个窗口中对文档进行编辑。如果需要将文档的前段内容复制到相隔多个页面的某页面中，可以在一个窗口中显示复制文档的位置，在另一个窗口中显示粘贴文档位置。这些都是提高编辑效率的技巧。

4.3.2 并排查看文档

利用并排查看窗口功能，可以同时查看两个文档，从而对不同窗口中的内容进行比较。如果同时打开 3 个以上文档的话，在进行并排查看时会要求我们选择一个并排比较的文档。具体操作步骤如下：

（1）选择"视图"选项卡"窗口"功能组，单击"并排查看"命令按钮，如图 4-89 所示。

图 4-89　单击"并排查看"命令按钮

（2）系统打开"并排比较"对话框，从中选择一个准备进行并排比较的 Word 文档，如图 4-90 所示。

图 4-90　"并排比较"对话框

（3）单击"确定"按钮，两个文档会以并排的形式分布显示在屏幕中，方便我们对两个文档进行对比和查看，如图 4-91 所示。

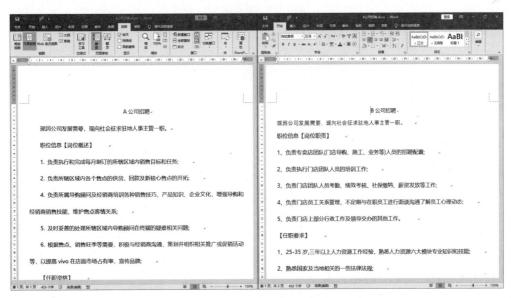

图 4-91　并排显示文档

（4）对两个 Word 文档进行并排查看时，滚轮是同步翻页的。即滚动"A 公司招聘"文档工作区窗口时，另一个"B 公司招聘"窗口也同时跟着滚动，有利于文档间的观察和比较。如果不需要同时滚动查看两个文档，可单击"窗口"功能组中的"同步滚动"按钮，取消该按钮的选中状态，如图 4-92 所示。

图 4-92　取消"同步滚动"按钮的选中

4.3.3　多文档切换

当打开多个文档时，人们习惯借助任务栏中的窗口按钮来切换不同文档。如果任务栏中打开的窗口过多，会影响到窗口切换。此时我们可以直接使用 Word 2019 自带的"切换窗口"功能，实现方便快捷地切换窗口。具体操作如下：

选择"视图"选项卡中的"窗口"功能组，单击"切换窗口"下面的下拉按钮，打开下拉列表框，如图 4-93 所示，其中列出了所有目前打开的文档，单击文档列表中的文档名称即可打开相关文档。在打开的文档较多并且文档的名字相近的情况下，使用窗口菜单切换文档将更加方便和准确。

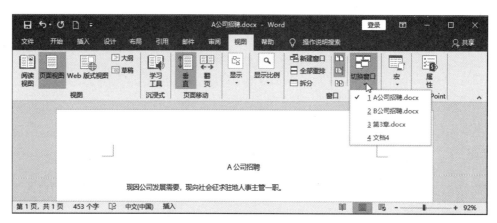

图 4-93　窗口菜单

4.4　答 疑 解 惑

1. 定位光标插入点与鼠标光标有什么区别？

答：定位光标插入点和鼠标光标是不一样的。"定位光标插入点"指闪烁的竖线位置，呈"|"状态，鼠标光标则以"悬浮 I"的状态出现。在"即点即输"功能下，不同的编辑区域中鼠标光标的形状可能不同，如移到状态栏中则以箭头状态出现，等候指令。

2. 怎样将语言列表中最靠前的输入法设置成用户所需要的呢？

答：可以在"开始"菜单中单击设置按钮 🖦，打开"Windows 设置 | 时间和语言"窗口，选择"区域和语言"选项，在弹出的"区域和语言"窗口中选择"高级键盘设置"选项，在弹出的"高级键盘设置"窗口中选择"替代默认输入法"选项，在其下拉列表框中选择需要的输入法即可。

3. 怎样使用鼠标进行复制或移动文本？

答：拖放文本是短距离内移动或复制选定内容的最简便方法，尤其是在同一页文档中复制或移动文本时，该方法非常方便。

把鼠标指针移到选定的文字上，按住鼠标左键不放，当鼠标指针变为 ⬚ 时出现一条竖线，拖动鼠标将竖线插入到文本要移至的位置，松开鼠标左键，则文本移动到新的位置。

把鼠标指针移到选定的文字上，按住鼠标左键不放，同时按住 Ctrl 键，当鼠标指针显示为 时，拖动鼠标将竖线插入到文本要移至的位置，松开鼠标左键，则文本被复制到新的位置。

4.5 学习效果自测

一、选择题

1. 在 Word 2019 的编辑状态下，当前输入的文字显示在（　　）。

    A. 光标处　　　　　　　　B. 插入点　　　　　　　　C. 文件尾部　　　　　　　　D. 当前行尾部

2. 在 Word 2019 中，选择一个矩形文字块时，应按住（　　）键并拖动鼠标左键。

    A. Ctrl　　　　　　　　B. Shift　　　　　　　　C. Alt　　　　　　　　D. Tab

3. 在 Word 2019 的编辑状态，执行两次"剪切"操作，则剪贴板中（　　）。

    A. 仅有一次被剪切的内容　　　　　　　　B. 仅有第二次被剪切的内容

    C. 有两次被剪切的内容　　　　　　　　D. 内容被清除

4. 在编辑文档的过程中，按（　　）键可以切换中英文输入法。

    A. Ctrl+Shift　　　　　　　　B. Ctrl+Space　　　　　　　　C. Ctrl+Alt　　　　　　　　D. Shift+Space

5. 要把相邻的两个段落合并为一段，应该执行的操作是（　　）。

    A. 将插入点定位在前段末尾，单击"撤销"工具按钮

    B. 将插入点定位于前段末尾，按 Backspace 键

    C. 将插入点定位于后段开头，按 Delete 键

    D. 删除两个段落之间的段落标记

二、操作题

1. 新建一个 Word 文档，以"Internet 的形成"为名进行保存，并在其中输入以下内容（标点符号必须采用中文全角符号）：

1969 年美国国防部高级研究计划署建立了 ARPANET 作为军事试验网络。1972 年 ARPANET 发展到几十个网点，并就不同计算机与网络的通信协议取得一致。1983 年产生了 IP 互联网协议和 TCP 传输控制协议。1980 年美国国防部通信局和高级研究计划署将 TCP/IP 协议投入使用。1987 年 ARPANET 被划分成民用网 ARPANET 和军用网 MILNET。它们之间通过 ARPAINTERNET 实现连接，并相互通信和资源共享，简称 Internet，标志着 Internet 的诞生。

2. 利用查找和替代功能，将文档"Internet 的形成"中的"Internet"替换成"因特网"。

第 5 章

格式化文本

　　本章介绍格式化文本的操作。通过本章的学习，读者可以使用多种方式来改变文本字符的外观，熟练地对字符的字体、字号、加粗和倾斜等格式进行操作；可以设置字体的颜色、字符间距和文字的一些修饰效果；掌握如何给文本加边框和底纹，如何缩放字符、更改字符的大小写等。

本章将介绍如下内容：

- ❖ 设置字体、字号、字形
- ❖ 设置字体颜色
- ❖ 设置文本效果
- ❖ 设置字符缩放、间距与位置
- ❖ 设置字符边框和底纹
- ❖ 设置其他格式

5.1　设置字体、字号、字形

在 Word 文档中输入的文本默认的中文字体为宋体，默认的英文字体为 Times New Roman（新罗马），默认字号为五号。为了使文档更加有特色、吸引人，可以根据用户需要对文本的字体形状、大小、颜色、粗细以及倾斜进行设置。

5.1.1　设置字体

字体指字的各种不同形状，即字符的形状，分为中文字体和西文字体（英文和数字使用该字体），用户可以根据需要对中文和西文的字体进行设置。对文本设置的字体不同，效果也不同，如图 5-1 所示。

宋体　楷体　黑体　隶书　幼圆

华文行楷　华文琥珀　华文隶书　华文彩云

方正舒体　方正姚体

图 5-1　不同字体示例

设置字体格式的方法有如下几种。

1. 利用"字体"功能组设置字体

利用"字体"功能组设置字体格式的具体操作步骤如下。

（1）选中要设置字体的文本。

（2）在"开始"选项卡中找到"字体"功能组，如图 5-2 所示。

（3）单击"字体"文本框右侧的下拉按钮 ，弹出字体下拉列表框，如图 5-3 所示。

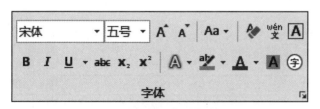

图 5-2　"字体"功能组　　　图 5-3　字体下拉列表框

（4）在"字体"下拉列表框中，拖动右侧的滚动块来选择所需字体。将鼠标指针指向某种字体时，文本中会相应地显示为所指的格式，此时单击就可以将字体应用到所选的文本中。

2. 利用浮动工具栏设置字体

选中要设置字体的文本，此时选中文本区域的右上角将出现一个浮动工具栏，如图 5-4 所示。使用工具栏"字体"文本框右侧的下拉按钮 ▼,可以快速地选择所需要的不同字体。

图5-4 浮动工具栏

3. 利用"字体"对话框设置字体

有时一篇文档中既有英文也有中文,如果全部设置为中文字体,那么英文字符在相应的中文字体下显示不美观和汉字也不好对齐。我们可以利用"字体"对话框,分别设置中文和英文字体。具体操作如下。

(1)在文档中选定要改变字体的文本。

(2)单击"开始"选项卡中"字体"功能组右下角的扩展按钮 ⌐,如图5-5所示,也可以右击,在弹出的快捷菜单中选择"字体"选项,如图5-6所示,均可弹出"字体"对话框。

图5-5 "字体"功能组扩展按钮

(3)在"中文字体"下拉列表框中选择所需要的中文字体。

(4)在"西文字体"下拉列表框中选择所需要的西文字体。

(5)在"预览"区域可以预览目前所设置字体的样式,如图5-7所示。

(6)单击"确定"按钮,最终结果如图5-8所示。

图5-6 选择"字体"快捷方式   图5-7 "字体"对话框

图 5-8　修改字体

5.1.2　设置字号

字号是指字体的大小。我国国家标准规定字体大小的计量单位是"号"，Word 默认为中文字号用汉字表示，数字越小，文字越大，例如三号字比四号字大；西方的计量单位是"磅"，磅值用阿拉伯数字表示（1 磅 = 1/72 英寸），磅值越大，英文字体（或数字）越大，如图 5-9 所示。

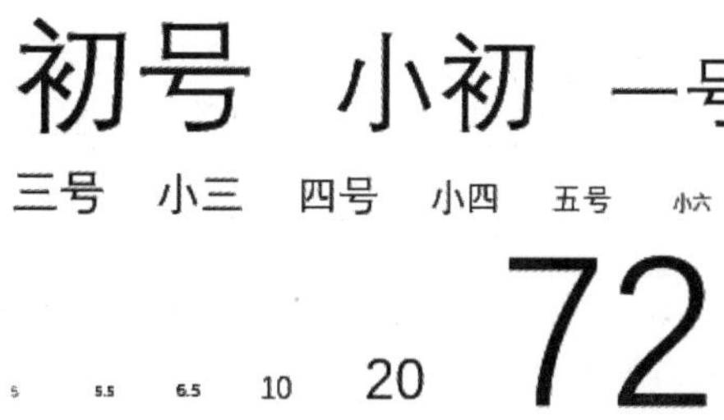

初号　小初　一号　二号　小二

三号　小三　四号　小四　五号　小六　八号

5　5.5　6.5　10　20　**72**

图 5-9　不同字号示例

我们改变字号大小是为了把不同层次的文字区分开，使文章更加具有层次感，方便阅读。设置字号的具体操作方法如下。

（1）在文档中选定要改变字号的文本。

（2）选择"开始"选项卡"字体"功能组，单击"字号"文本框右侧的下拉按钮，打开如图 5-10 所示的"字号"下拉列表框。

（3）在"字号"下拉列表框中，拖动"字号"列表框右侧的滚动块来选择所需字号。将鼠标指针指向某种字号时，文本中会相应地显示为所指的字号，此时单击就可以将字号应用到所选的文本中。

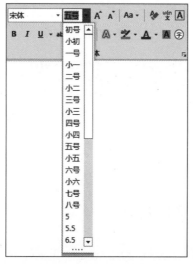

图 5-10　"字号"下拉列表框

提示：也可以像改变字体一样，在"字体"对话框中选择所需要的字号。

5.1.3　设置字形

字形是附加于文本的属性，包括常规、加粗、倾斜等。Word 2019 的默认字形为常规字形。根据文本需要，经常需要设置不同的字形。

1. 加粗效果

此格式是把文本的笔画线条变得更粗一些，具体操作如下。

（1）选定要设置为加粗格式的文本，如图 5-11 所示。

（2）选择"开始"选项卡"字体"功能组，单击"加粗"按钮 B，如图 5-12 所示，选定的文本即可呈现加粗格式，如图 5-13 所示。

（3）这时"加粗"按钮变成按下状态 B，当再次单击"加粗"按钮时又恢复为原来的状态，同时选定的文本也恢复了原来的字形。

图 5-11　选定文本

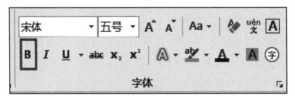

图 5-12　"加粗"按钮

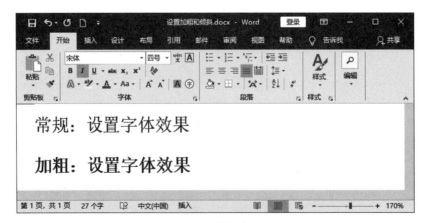

图 5-13　加粗文本

2. 倾斜效果

此格式是把文本倾斜一定的角度，具体操作如下。

（1）选定要设置为加粗格式的文本，如图 5-14 所示。

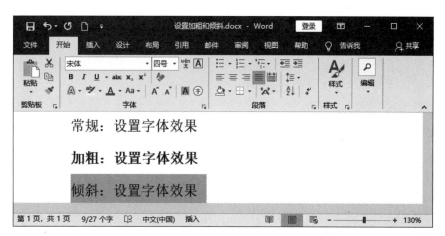

图 5-14　选定文本

（2）选择"开始"选项卡"字体"功能组，单击"倾斜"按钮 *I* ，如图 5-15 所示，选定的文本即可呈现倾斜样式，如图 5-16 所示。

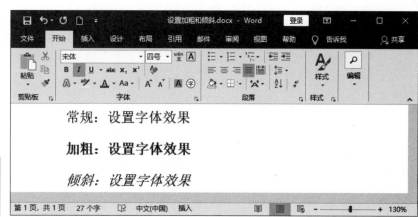

图 5-15　"倾斜"按钮　　　　　　　　　　　图 5-16　倾斜文本

（3）这时"倾斜"按钮变成按下状态 *I*，当再次单击"倾斜"按钮时又恢复为原来弹起的状态，同时选定的文本也恢复为原来的字形。

提示：
我们除了可以单击"字体"功能组的任意一个按钮，还可以单击两个或者更多按钮，使文本的可变样式更多。也可以利用"字体"对话框，同时设置更多文本效果。

5.2　设置字体颜色、文本效果、突出显示

为了突出强调某部分文本，或者为了美观，可以为字体设置各种不同的颜色，也可以为文字添加阴影、映像、发光、柔化边缘，以及三维格式等华丽的特殊效果。当我们为文本设置了突出显示颜色效果时，文本看上去就像使用荧光笔作了标记一样。

5.2.1 设置字体颜色

如果用户想要更好地强调和区分不同的文本内容，美化文本，在编辑文本时可以根据文本内容设置不同的字体颜色，如图 5-17 所示。

设置字体颜色的具体操作如下。

（1）选定要设置字体颜色的文本。

（2）单击"开始"选项卡"字体"功能组中的"字体颜色"按钮 **A** 右侧的下拉按钮 ▼，弹出"字体颜色"列表框，如图 5-18 所示。

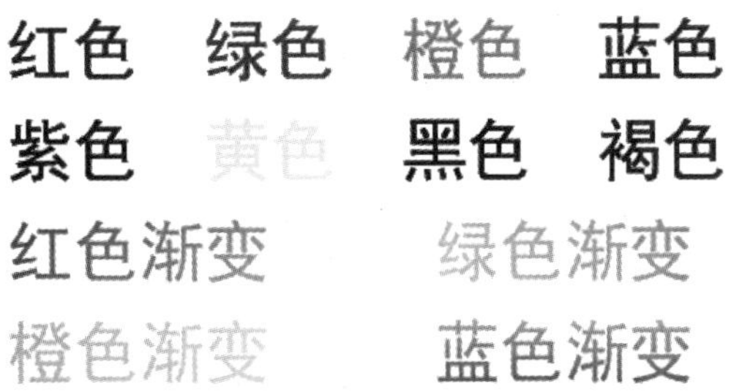

红色　绿色　橙色　蓝色
紫色　黄色　黑色　褐色
红色渐变　　绿色渐变
橙色渐变　　蓝色渐变

图 5-17　不同颜色的字体示例

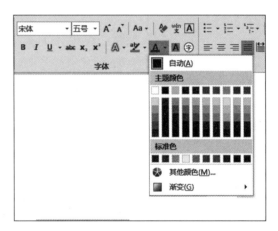

图 5-18　"字体颜色"列表框

（3）在"字体颜色"下拉列表框中，将鼠标指针指向某种色块时，文本中会相应地显示为所指的颜色，此时单击就可以将颜色应用到所选的文本中。

（4）如果"字体颜色"列表框中没有我们想用的色块颜色，可以单击"其他颜色"选项，弹出"颜色"对话框，如图 5-19 所示，然后在"颜色"区域选择更多的颜色。

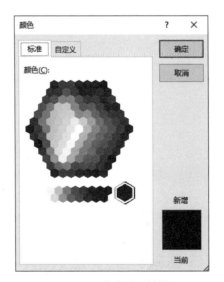

图 5-19　"颜色"对话框

（5）此外，我们还可以对字体选择"渐变"选项，在弹出的级联列表中，将以所选文本的颜色为基准对该文本设置颜色渐变。如选择的基准色为紫色，那么渐变选项会出现 13 种浅色渐变和 13 种深色渐变，如图 5-20 所示。

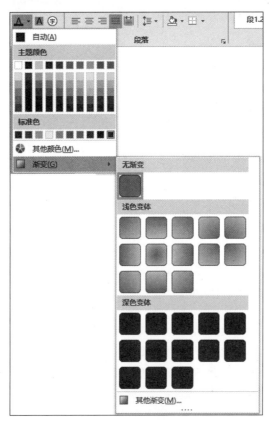

图 5-20　颜色渐变

提示：

我们也可以像改变字体、字号一样，在"字体"对话框中选择所需要的字体颜色。

5.2.2　设置文本效果

Word 提供了强大的文字特效，我们可以为选择的文字设置包括阴影、映像、发光在内的多种特效，如图 5-21 所示。

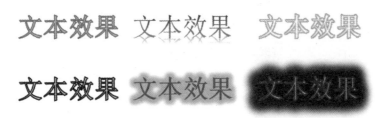

图 5-21　文本特效示例

可以在"开始"选项卡的"字体"功能组中，单击"文本效果和版式"按钮 **A**·，在弹出的下拉列表框中选择各种文字特效，如图 5-22 所示。各文字特效的功能如下。

❖ **"轮廓"下拉列表框**：为文本选择轮廓的颜色、粗细、线型，如图 5-23 所示。

图 5-22 "文本效果和版式"下拉列表框

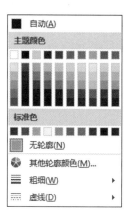

图 5-23 "轮廓"下拉列表框

❖ **"阴影"下拉列表框**：为文本选择内部、外部以及透视的阴影效果，如图 5-24 所示。

❖ **"映像"下拉列表框**：为文本选择多种映像变体，如图 5-25 所示。

❖ **"发光"下拉列表框**：为文本选择不同颜色的发光变体，如图 5-26 所示。

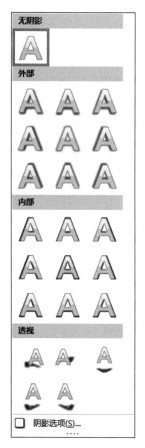

图 5-24 "阴影"下拉列表框

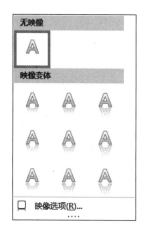

图 5-25 "映像"下拉列表框

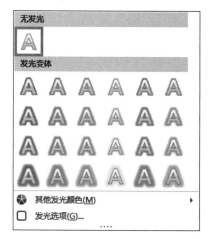

图 5-26 "发光"下拉列表框

例如，我们可以利用"轮廓"选项级联列表，给字体设置各种不同颜色、线型和粗细的轮廓，如图 5-27 所示。

　　此外，我们还可以通过单击"文本效果和版式"按钮，打开下拉列表框中的每个选项的子级下拉列表框，在文本工作区右侧弹出"设置文本效果格式"面板，如图 5-28 所示，按照需要设置更多的文本效果格式。

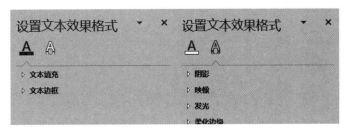

图 5-27　设置轮廓示例　　　　　　　　　　　　图 5-28　"设置文本效果格式"面板

5.2.3　设置文本突出显示

　　利用文本的"突出显示"功能，用亮色突出显示文本，可以使文本像使用了荧光笔一样变得更加醒目。设置文本突出显示的具体操作方法如下。

　　（1）选定需要突出显示的文本。

　　（2）在"开始"选项卡的"字体"功能组中，单击"文本突出显示"按钮 ⁓ 右侧的下拉按钮 ▾，弹出"文本突出显示"颜色列表，如图 5-29 所示。

　　（3）当鼠标指针掠过不同颜色的色块时，选中文本就会显示出应用后的效果，此时单击即可将此色块应用到文本中去。图 5-30 列出了不同颜色的文本突出显示效果示例。

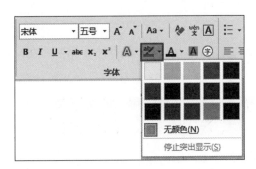

图 5-29　"文本突出显示"颜色列表　　　　　　　图 5-30　文本突出显示示例

上机练习——设计禁止吸烟通知

　　本小节练习设计一个禁止吸烟通知。通过对操作步骤的讲解，可以使读者进一步掌握设置不同字体、字号，以及加粗、倾斜的操作方法。通过对文本字体颜色和效果的设置，可以使文档更加漂亮、有特点。

5-1　上机练习——设计禁止吸烟通知

　　首先启动 Word 2019，在文档中输入文本内容，然后利用"开始"选项卡中的"字体"功能组的命令按钮，对文本的字体、字号及字形进行基本的设置，再设置字体颜色、文本效果和突出显示功能，使得文本更加美化。最终结果如图 5-31 所示。

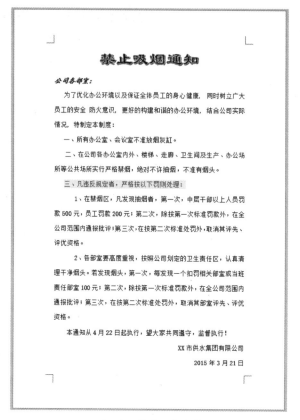

图 5-31　禁止吸烟通知

操作步骤

（1）启动 Word 2019，新建一个空白文档，将其以"禁止吸烟通知"为名进行保存，在文档中输入文本内容，如图 5-32 所示。

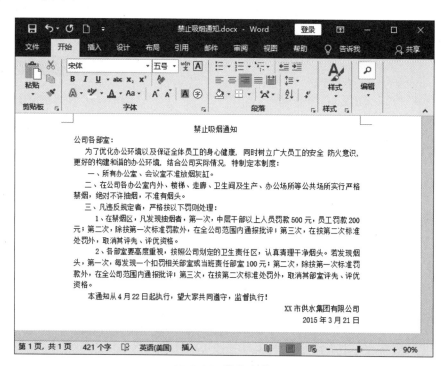

图 5-32　输入文本

（2）选中标题文本"禁止吸烟通知"，在"开始"选项卡的"字体"功能组中，单击"字体"文本框
宋体□右侧的下拉按钮▼，在弹出的下拉列表框中选择"隶书"选项。单击"字号"文本框五号▼右侧
的下拉按钮▼，在弹出的下拉列表框中选择"小初"选项。单击"文本效果"A·右侧的下拉按钮▼，在
弹出的下拉列表框中选择一个文字特效，如图5-33所示。

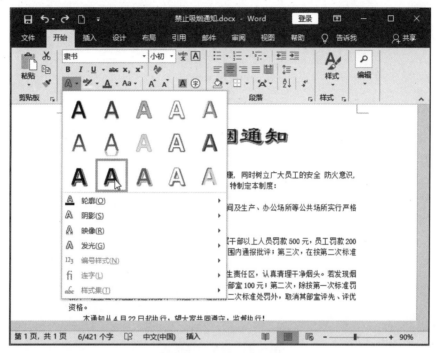

图 5-33　设置标题格式

（3）选定文本"公司各部室"，在"开始"选项卡的"字体"功能组中，单击"字体"文本框右侧的
下拉按钮▼，在弹出的下拉列表框中选择"楷体"选项。单击"字号"文本框右侧的下拉按钮▼，在弹
出的下拉列表框中选择"小三"选项。单击"字体颜色"按钮A·右侧的下拉按钮▼，在弹出的下拉列表
框中选择"蓝色、个性色1"色块。最后单击"加粗"和"倾斜"按钮，结果如图5-34所示。

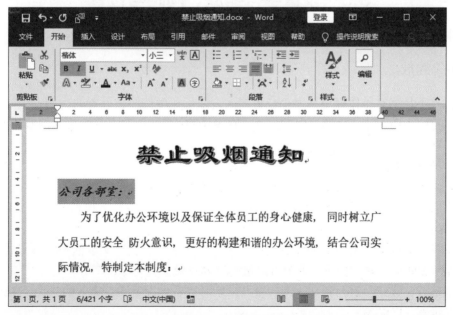

图 5-34　设置字体格式

（4）选中全部剩余文本，在"开始"选项卡的"字体"功能组中，单击"字号"文本框右侧的下拉按钮 ，在弹出的下拉列表框中选择"四号"选项，结果如图 5-35 所示。

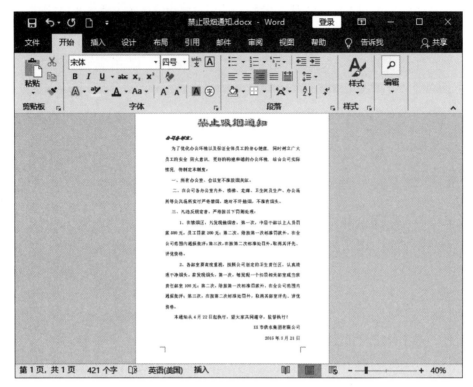

图 5-35　设置字体格式

（5）选定文本"三、凡违反规定者，严格按以下罚则处理："，在"开始"选项卡的"字体"功能组中，单击"字体颜色"按钮 右侧的下拉按钮 ，在弹出的下拉列表框中选择"红色"色块。单击"突出显示"按钮 右侧的下拉按钮 ，在弹出的"文本突出显示"颜色列表中选择"黄色"选项，结果如图 5-31 所示。

5.3　设置字符缩放、间距与位置

为了让文本更加美观，我们还可以设置字符的缩放和间距效果，以及字符的位置。

5.3.1　设置字符缩放

所谓缩放，并不是字符整体都得到缩小或者放大，仅指宽度按照被设置的比例发生变化，即字符的缩放是指缩放字符的横向大小，而高度保持不变。在 Word 中，文档的字符缩放比例默认为100%，根据需要，我们可以进行调整，具体操作如下。

（1）选定要进行缩放的文本。

（2）在"开始"选项卡的"字体"功能组中，单击"功能扩展"按钮 ，打开"字体"对话框。

（3）在弹出的"字体"对话框中，选择"高级"选项卡，在"缩放"下拉列表框中选择需要的缩放比例，如图 5-36 所示。

（4）如果下拉列表框中没有所需的缩放比例，可以直接在"缩放"文本框中输入所需的比例，比如"200%""250%""300%"，在"预览"框中可以预览设置效果。

（5）单击"确定"按钮，返回到文档编辑窗口，就可以看到设置字符缩放的效果。图 5-37 列出了一些"字符缩放"示例，以供参考。

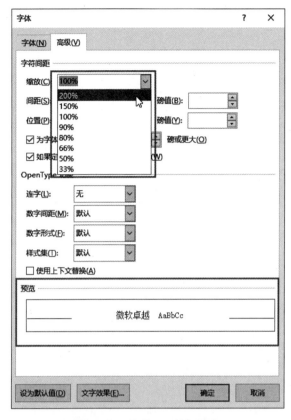

图 5-36　"缩放"下拉列表框

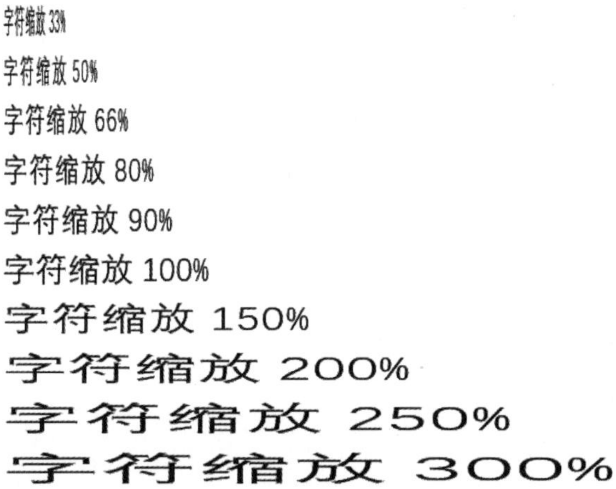

字符缩放 33%

字符缩放 50%

字符缩放 66%

字符缩放 80%

字符缩放 90%

字符缩放 100%

字符缩放 150%

字符缩放 200%

字符缩放 250%

字符缩放 300%

图 5-37　字符缩放比例示例

5.3.2　设置字符间距

　　字符间距指的是文档中相邻字符之间的距离，即字符间的水平间距。在输入和编辑 Word 文档时有时需要调整文字的间距，如果文档内容较少，在大多数情况下我们可以通过添加空格来改变文字间距。如果文档内容较多，添加很多文字间距就会很麻烦，这样的做法也是很不科学的。Word 为我们提供了方便而且精确的方法，可以选择"标准""加宽""紧缩"3 种字符间距选项，Word 默认的是"标准"选项，如果选择其他选项，就可以在右边的"磅值"文本框中选择或直接输入数值。具体操作步骤如下。

　　（1）选定要设置字符间距的文本。

　　（2）在"开始"选项卡的"字体"功能组中，单击右下角的"功能扩展"按钮 ，打开"字体"对话框，如图 5-38 所示。

　　（3）在弹出的"字体"对话框中，选择"高级"选项卡，在"间距"下拉列表框中选择需要的间距类型。

　　（4）单击"磅值"文本框右侧的微调按钮来调整字符的间距。也可以直接在"磅值"文本框中输入所需的数值，间距的最大值是 1584 磅，最小值是 0 磅。"加宽"选项的磅值越大，相邻字符间的距离就越大；"紧缩"选项的磅值越大，相邻字符间的距离就越小。

　　（5）在"预览"框中可以预览设置效果。调节完成之后，单击下方的"确定"按钮，返回文档编辑窗口，就可以看到设置字符间距的效果。图 5-39 给出了字符间距示例。

图 5-38 "字体"对话框

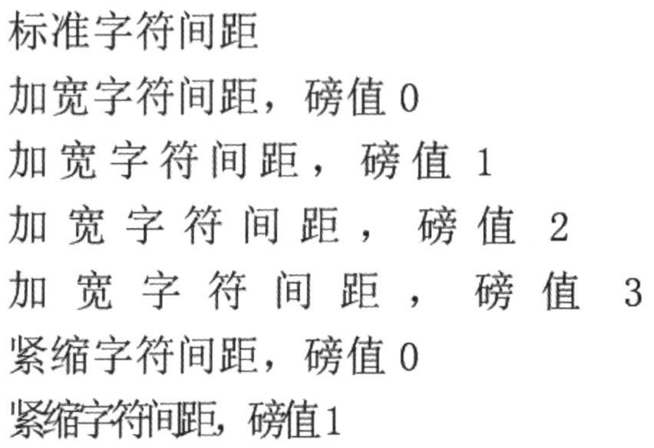

标准字符间距
加宽字符间距，磅值 0
加 宽 字 符 间 距 ，磅值 1
加 宽 字 符 间 距 ， 磅 值 2
加 宽 字 符 间 距 ， 磅 值 3
紧缩字符间距，磅值 0
紧缩字符间距，磅值1

图 5-39 字符间距示例

5.3.3 设置字符位置

通过调整字符位置，可以设置字符之间的垂直位置。Word 提供了"标准""提升""降低"3 种位置选项。"标准"是字符的默认位置；"提升"是相对于原来的基线，字符上升一定的磅值；"降低"是相对于原来的基线，字符下降一定的磅值。它的操作方法与"间距"相似，操作步骤如下。

（1）选定要设置字符位置的文本。

（2）在"开始"选项卡的"字体"功能组中，单击右下角的"功能扩展"按钮 ，打开"字体"对话框。

（3）在弹出的"字体"对话框中，选择"高级"选项卡，在"位置"下拉列表框中选择需要的位置类型。

（4）单击"磅值"文本框右侧的微调按钮来调整字符的间距。也可以直接在"磅值"文本框中输入所需的数值，如图 5-40 所示。

（5）在"预览"框中可以预览设置效果。调节完成之后，单击下方的"确定"按钮，返回文档编辑窗口，就可以看到设置字符位置的效果。图 5-41 列出了字符位置示例。

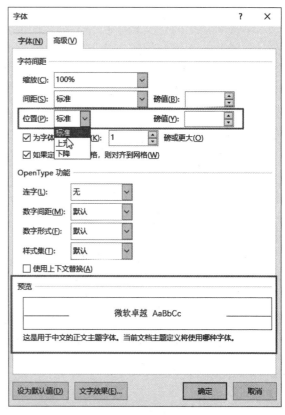

图 5-40 "字体"对话框

标准字符位置　　提升3磅字符位置　　提升6磅字符位置　　提升12磅字符位置

标准字符位置　　降低3磅字符位置　　降低6磅字符位置　　降低12磅字符位置

图5-41　字符位置示例

5.4　设置字符边框和底纹

在Word文档中，边框和底纹对文字都有一种修饰作用，如果运用得当，不仅可以增加美观性，也可以突出文档中的重点内容。

有时为了美化或突出显示某些文本和关键词，可以对文本设置边框或底纹。在字符外边套上各种线条，就是我们所说的边框；在文字的下边设置颜色或图案，就是我们所说的底纹。

5.4.1　设置字符边框

字符边框指的是在文字四周显示边框。我们可以通过"字符边框"按钮快速框选内容，也可以通过"边框和底纹"对话框设置和选择更多边框效果。

1. 利用"字符边框"按钮

选定要设置字符边框的文本，在"开始"选项卡的"字体"功能组中单击"字符边框"按钮 A，即可对所选文本添加 Word 2019 默认的简单的黑色、单线（0.5磅、细实线）边框，结果如图5-42所示。

字符边框

图5-42　设置字符边框

2. 利用"边框和底纹"对话框

如果要为文本添加更多线条样式和颜色的边框，可以按照以下步骤操作。

（1）选定要设置边框效果的文本。

（2）在"开始"选项卡的"段落"功能组中，单击"边框"按钮 ▦▾右侧的下拉按钮▾，在弹出的下拉列表框中选择"边框和底纹"选项，如图5-43所示。

图5-43　"边框"下拉列表框

（3）在弹出的"边框和底纹"对话框中，选择"边框"选项卡，如图 5-44 所示，各命令功能如下。

❖ **设置**：可以选择不同边框类型，如方框型边框、阴影型边框、三维型边框以及自定义边框。

❖ **样式**：可以选择不同边框样式，如直线型边框、波浪线型边框、虚线型边框等。

❖ **颜色**：可以选择各种边框颜色。

❖ **宽度**：可以选择边框粗细。

（4）在"应用于"下拉列表框中选择"文字"选项。

（5）单击"确定"按钮，完成字符边框设置。图 5-45 所示是利用"边框和底纹"对话框"边框"选项卡自定义设置完成的一些字符边框。

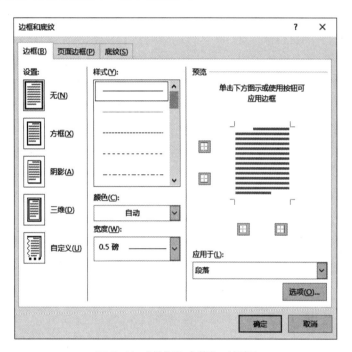

图 5-44 "边框和底纹"对话框

图 5-45 字符边框示例

5.4.2 设置字符底纹

字符底纹类似于给文字添加了一个有颜色或图案的背景。

我们可以通过"字符底纹"按钮快速设置字符底纹，也可以通过"边框和底纹"对话框设置和选择更多底纹效果。

1. 利用"字符底纹"按钮

选定要设置字符底纹的文本，在"开始"选项卡的"字体"功能组中单击"字符底纹"按钮 **A**，即可对所选文本添加 Word 2019 默认的灰色字符底纹。结果如图 5-46 所示。

图 5-46 设置字符底纹

2. 利用"边框和底纹"对话框

如果要为文本添加更多颜色或者填充一些带有图案的底纹，可以按照以下步骤操作。

（1）选定要设置底纹效果的文本。

（2）在"开始"选项卡的"段落"功能组中，单击"边框"按钮 ▦ ▾ 右侧的下拉按钮 ▾，在弹出的下拉列表框中选择"边框和底纹"选项。

（3）在弹出的"边框和底纹"对话框中，选择"底纹"选项卡，如图 5-47 所示，各命令功能如下。

❖ **填充**：可以选择底纹的填充图案，如图 5-48 所示。

图 5-47 "边框和底纹"对话框

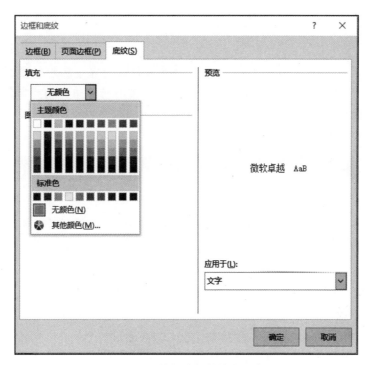

图 5-48 选择底纹的填充图案

❖ **图案**：可以选择不同图案样式和颜色的底纹，如图 5-49 所示。

（4）在"应用于"下拉列表框中选择"文字"选项。

（5）单击"确定"按钮，完成底纹设置。图 5-50 所示为利用"边框和底纹"对话框的"底纹"选项卡自定义设置完成的一些字符底纹。

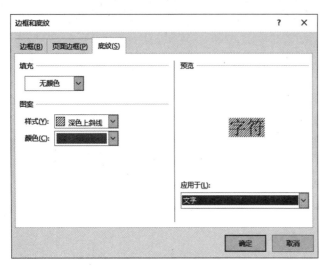

图 5-49　底纹效果

图 5-50　字符底纹示例

上机练习——文化市场"守法诚信、文明健康"承诺书

练习目标

本节练习设计一个文化市场"守法诚信、文明健康"承诺书。通过对操作步骤的讲解，可以使读者进一步掌握设置字符缩放、字符间距以及字符边框和底纹的操作方法，使文本的版面更加美观。

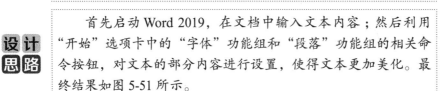
5-2　上机练习——文化市场"守法诚信、文明健康"承诺书

设计思路

首先启动 Word 2019，在文档中输入文本内容；然后利用"开始"选项卡中的"字体"功能组和"段落"功能组的相关命令按钮，对文本的部分内容进行设置，使得文本更加美化。最终结果如图 5-51 所示。

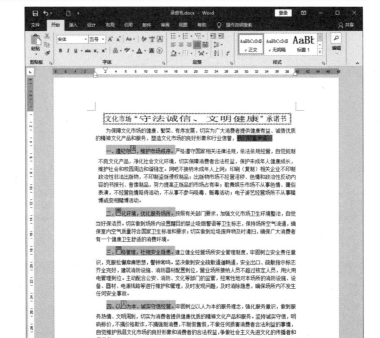

图 5-51　文化市场"守法诚信、文明健康"承诺书

操作步骤

（1）启动 Word 2019，新建一个空白文档，将其以"承诺书"为名进行保存。输入文本内容，字体为宋体、五号，结果如图 5-52 所示。

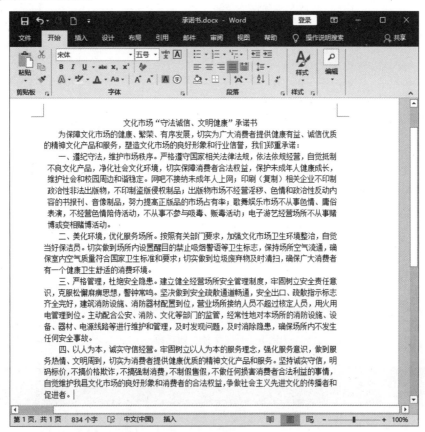

图 5-52　输入文本

（2）选中正标题文本，单击"开始"选项卡"字号"文本框右侧的下拉按钮 ，在弹出的下拉列表框中选择"四号"选项，如图 5-53 所示。

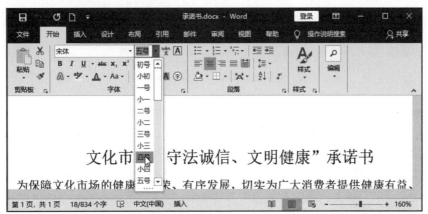

图 5-53　更改字号

（3）选中文本"守法诚信、文明健康"，在"开始"选项卡"字体"功能组中，单击"功能扩展"按钮 ，在弹出的"字体"对话框中选择"高级"选项卡，在"缩放"下拉列表框中选择"200%"，如图 5-54 所示。文本效果如图 5-55 所示。

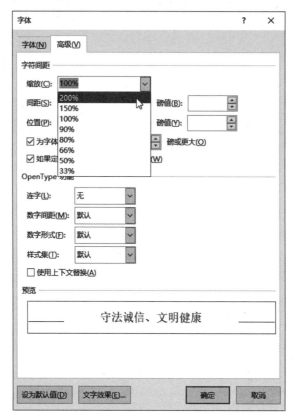

图 5-54 "字体"对话框

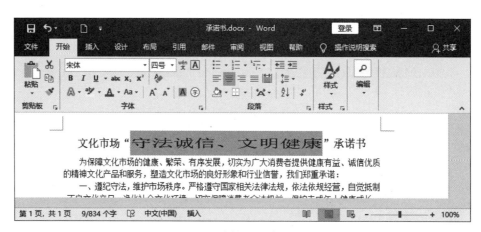

图 5-55 字符"缩放"效果

（4）再选中整个标题，在"开始"选项卡的"段落"功能组中，单击"边框"按钮 ⊞ ▼ 右侧的下拉
按钮 ▼ ，在弹出的下拉列表框中选择"边框和底纹"选项。

（5）在弹出的"边框和底纹"对话框中，选择"方框"选项卡，在"设置"栏中选择"方框"类型，在"样
式"列表框中选择所需边框样式，在"颜色"下拉列表框中选择绿色。在"应用于"下拉列表框中选择"文
字"选项，如图 5-56 所示。单击"确定"按钮，效果如图 5-57 所示。

（6）选中第一段末尾的文本"我们郑重承诺："，在"开始"选项卡"段落"功能组中，单击"边框"
按钮 ⊞ ▼ 右侧的下拉按钮 ▼ ，在弹出的下拉列表框中选择"边框和底纹"选项。

（7）在弹出的"边框和底纹"对话框中，选择"底纹"选项卡，在"填充"下拉列表框中选择红色，
在"图案"选项区的"样式"下拉列表框中选择"20%"、"颜色"下拉列表框中选择黄色，在"应用于"
下拉列表框中选择"文字"选项，如图 5-58 所示。单击"确定"按钮，返回文档，效果如图 5-59 所示。

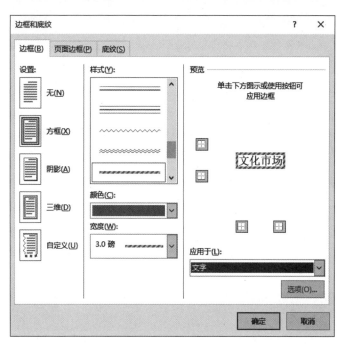

图 5-56　设置边框

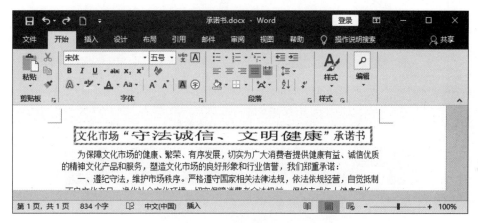

图 5-57　设置边框的文本效果

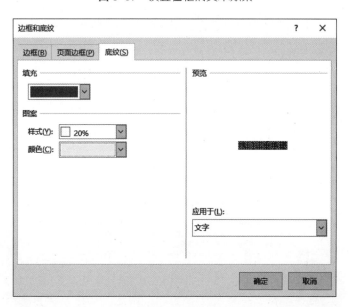

图 5-58　设置底纹

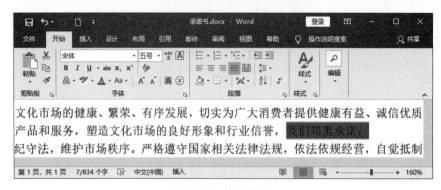

图 5-59　底纹效果

（8）选中第二段句首的文本"一、遵纪守法，维护市场秩序。"，并在"开始"选项卡的"字体"功能组中单击"字符底纹"按钮，文本效果如图 5-60 所示。按照同样的方法，将剩余文本加上底纹，最终效果如图 5-61 所示。

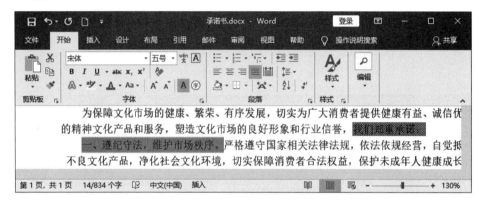

图 5-60　字符底纹文本效果

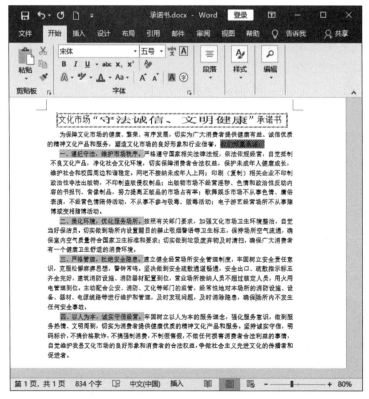

图 5-61　最终效果

（9）选中第二段句首的文本"遵纪守法"中的"法"字，在"开始"选项卡"字体"功能组中，单击"功能扩展"按钮 ，在弹出的"字体"对话框中选择"高级"选项卡，在"位置"下拉列表框中选择"上升"选项，磅值为"5 磅"，如图 5-62 所示。单击"确定"按钮，返回文档。按照同样的方法，将剩余文档的字符调整位置，效果如图 5-63 所示。

图 5-62　调整字符位置

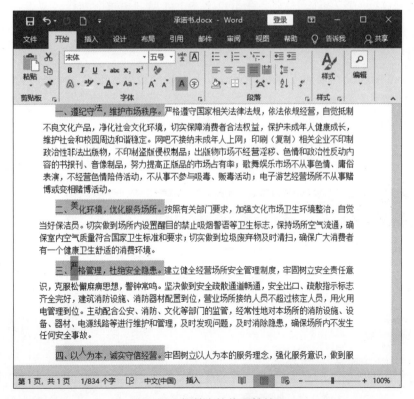

图 5-63　调整字符位置的效果

（10）选中第二段句首的文本"遵纪守法"中的"法"字，在"开始"选项卡"字体"功能组中，单击"字符边框"按钮，文本效果如图 5-64 所示。按照同样的方法对剩余的字符添加边框，最终结果如图 5-51 所示。

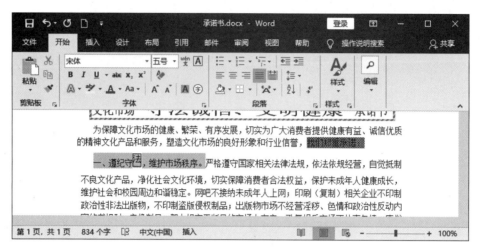

图 5-64　给字符添加边框

5.5　设置"其他格式"

在文本中还可以设置下划线、着重号、删除线、上下标等格式，以便让用户根据自身需要采用更多方式来编辑文本。

5.5.1　设置下划线和着重号

我们在编写或阅读纸质文档时，通常会在重点文本下面增划一条下划线，或者在重点文字的下方加点以示强调。同样，我们可以在 Word 文档中增划下划线或者添加着重号。

1. 设置下划线

我们可以在 Word 中给文本增加下划线，并设置下划线的线型和颜色。如给文档添加红色、波浪线型下划线，具体操作如下。

（1）选定要设置为下划线格式的文本，如图 5-65 所示。

（2）单击"开始"选项卡"字体"功能组中的"下划线"按钮 U 右侧的下拉按钮，从弹出的线型下拉列表框中选择"波浪线型下划线"，如图 5-66 所示。

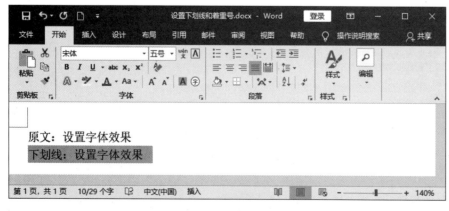

图 5-65　选定文本

图 5-66　下划线线型列表

（3）在弹出的"下划线"下拉列表框中选择"下划线颜色"选项，单击右侧的级联按钮，从弹出的调色板中单击所需要的红色，如图 5-67 所示。最终设置结果如图 5-68 所示。

图 5-67 选择下划线颜色

图 5-68 添加下划线

（4）这时"下划线"按钮变成按下状态 U ，当再次单击"下划线"按钮时又恢复为原来弹起的状态，同时选定的文本也恢复为原来的格式。

（5）如果"下划线颜色"列表框中没有我们想用的色块颜色，可以单击"其他颜色"选项，弹出如图 5-69 所示的"颜色"对话框，然后在对话框中自己设置颜色。

提示：

快捷键：Ctrl+B 键设置加粗；Ctrl+I 键设置倾斜；Ctrl+U 键设置单横线型下划线。

2. 设置着重号

我们在编辑一些重要文档的时候，有时需要对一些重点部分进行强调，添加上着重号，即在文字正下方添加黑色小圆点，以示其重要性。添加着重号的步骤如下。

（1）选定要添加着重号的文本，如图 5-70 所示。

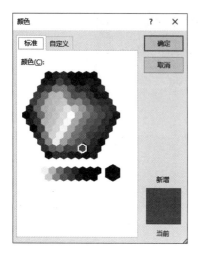

图 5-69 "颜色"对话框

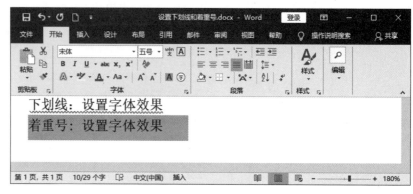

图 5-70 选定文本

（2）右击鼠标，在弹出的快捷菜单中选择"字体"选项，如图 5-71 所示。

（3）在弹出的"字体"对话框的"字体"选项卡中，单击"着重号"文本框右侧的下拉按钮，选择"."选项，单击"确定"按钮，就可以给选定的文本加着重号了，如图 5-72 所示。

（4）最终结果如图 5-73 所示。

图 5-71 快捷菜单

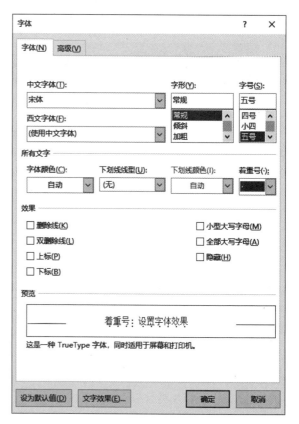

图 5-72 选择着重号

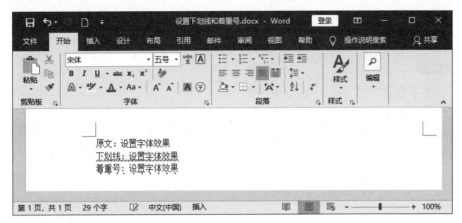

图 5-73　添加着重号

5.5.2　设置删除线和双删除线

在 Word 文档编辑过程中，有时为了醒目，需要在保留原文档的基础上作一些删除的内容提示，这时就可以为要删除的内容添加单删除线或者双删除线。具体操作如下。

1. 设置删除线

（1）选定要设置单删除线的文本，如图 5-74 所示。

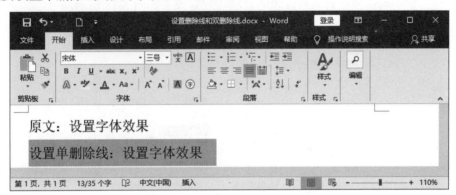

图 5-74　选定要设置单删除线的文本

（2）选择"开始"选项卡的"字体"功能组，单击"删除线"按钮 abc，如图 5-75 所示，即可对选定的文本设置删除线，如图 5-76 所示。

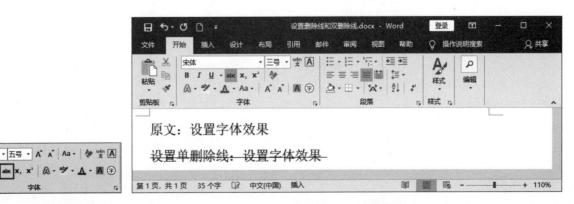

图 5-75　"删除线"按钮　　　　　　　　　图 5-76　设置删除线

（3）这时"删除线"按钮变成按下状态 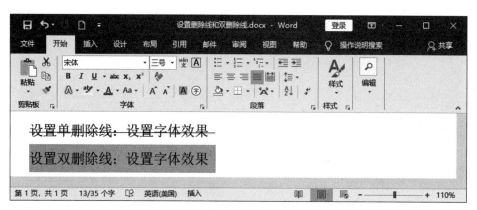，当再次单击"删除线"按钮时又恢复为原来弹起的状态，同时选定的文本也恢复为原来的格式。

2. 设置双删除线

（1）选定要设置双删除线的文本，如图 5-77 所示。

图 5-77　选定要设置双删除线的文本

（2）右击鼠标，在弹出的快捷菜单中单击"字体"选项，打开"字体"对话框，在"效果"区域中选中"双删除线"复选框。

（3）在"预览"框中可以预览目前所设置的双删除线效果，如图 5-78 所示。

图 5-78　"字体"对话框设置

（4）单击"确定"按钮返回，结果如图 5-79 所示。

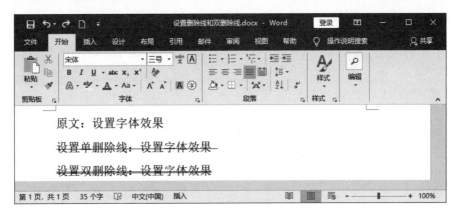

图 5-79　设置双删除线

5.5.3　设置上标和下标

上标、下标的使用非常广泛。上标一般指比同一行中其他文字稍高的文字，用于上角标志符号。比如我们常见的平方米和立方米符号等，都是利用上标来标注出来的。下标指的是比同一行中其他文字稍低的文字，用于科学公式。在 Word 文档中不仅可以输入汉字或英文，还可以输入上标和下标符号格式以使其外观符合相应的要求。具体操作如下。

（1）选中需要设置为下标的文本，如图 5-80 所示。

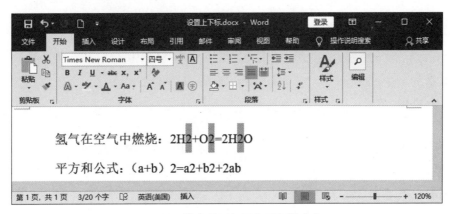

图 5-80　选中需要设置为下标的文本

（2）在"开始"选项卡的"字体"功能组中单击"下标"按钮 x_2，如图 5-81 所示，即可直接对文本产生作用。结果如图 5-82 所示。

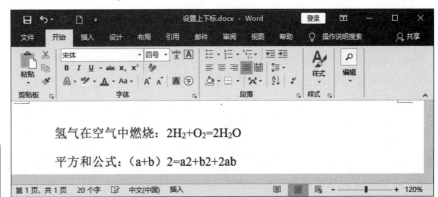

图 5-81　"下标"按钮　　　　　　　　　　　　　　　　图 5-82　设置下标

（3）选中需要设置为上标的文本，如图 5-83 所示。

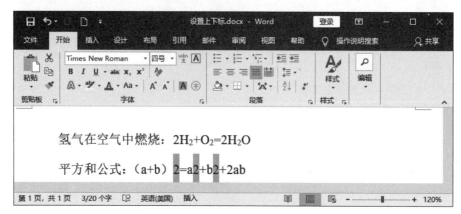

图 5-83　选中需要设置为上标的文本

（4）在"开始"选项卡的"字体"功能组中单击"上标"按钮x^2，如图 5-84 所示，即可直接对文本产生作用。结果如图 5-85 所示。

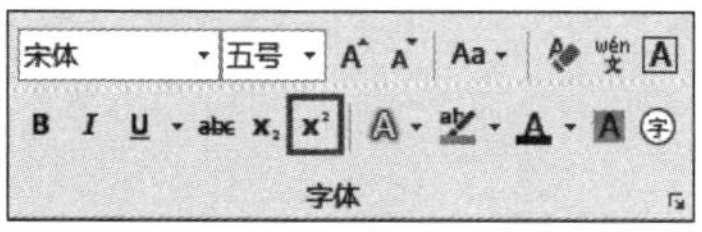

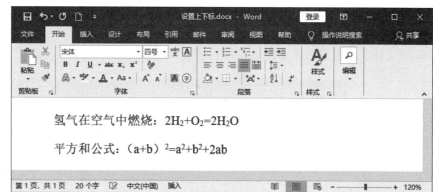

图 5-84　"上标"按钮

图 5-85　设置上标

5.5.4　带圈字符

Word 2019 提供了字符带圈功能，利用此功能，可以通过圆形、正方形、三角形、菱形等符号，将单个汉字、数字以及字母圈起来。具体操作步骤如下。

（1）选中要设置带圈效果的字符。

（2）在"开始"选项卡的"字体"功能组中单击"带圈字符"按钮⊕，如图 5-86 所示，弹出"带圈字符"对话框，如图 5-87 所示。

（3）在弹出的"带圈字符"对话框中，选择合适选项。各选项的功能如下。

❖　**样式**：可以选择"无""缩小文字""增大圈号"选项。如果选择"缩小文字"选项，则会缩小字符，让其适应圈的大小；若选择"增大圈号"选项，则会增大圈号，让其适应字符的大小，如图 5-88 所示。

❖　**文字**：可以输入一个汉字（两个数字或字母），如图 5-89 所示。

❖　**圈号**：选择想要的圈号，有圆形、方形、三角形和菱形等，如图 5-89 所示。

（4）单击"确定"按钮完成设置。

（5）若想去掉圈号，应先选中该字符，然后在"带圈字符"对话框的"样式"区域中选择"无"选项。

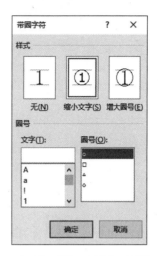

图 5-87　"带圈字符"对话框

图 5-86　"带圈字符"按钮

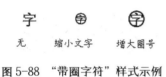

无　　　缩小文字　　增大圈号

图 5-88　"带圈字符"样式示例

图 5-89　"带圈字符"效果示例

5.5.5　拼音指南

"拼音指南"可以帮助用户在所选文字上方自行添加拼音文字以标明其发音。拼音文字是显示在文字上方的微小文字，标明文字的拼音拼写。操作步骤如下。

（1）选中需要添加拼音的文字。

（2）在"开始"选项卡的"字体"功能组中单击"拼音指南"按钮 ，如图 5-90 所示，弹出"拼音指南"对话框，如图 5-91 所示。可以看到在"基准文字"框中显示了选定的文字，在"拼音文字"框中显示出对应的拼音；根据需求还可以在"对齐方式"下拉列表框中选择拼音对齐方式，在"预览"框中可以看到设置后的效果；在"字体"下拉列表框中选择拼音的字体；在"字号"下拉列表框中选择拼音文字的大小。

图 5-90　单击"拼音指南"按钮

（3）单击"确定"按钮，文本效果如图 5-92 所示。

如果要删除拼音文字，应先选定这些字，然后在"拼音指南"对话框中单击"清除读音"按钮即可。

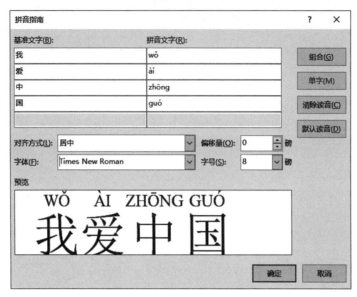

图 5-91 "拼音指南"对话框

图 5-92 文本效果

5.5.6 更改英文字符大小写

Word 2019 提供了英文字符大小写切换功能,利用该功能,我们可以根据不同需要选择多种切换方式,具体操作如下。

(1)选定要更改大小写的英文单词。

(2)在"开始"选项卡的"字体"功能组中单击"更改大小写"命令按钮 Aa▾ 右侧的下拉按钮 ▾,打开图 5-93 所示的"更改大小写"下拉列表框。

❖ 选择"句首字母大写"选项,可以把每个句子的第一个字母改为大写;

❖ 选择"小写"选项,可以把所选字母改为小写;

❖ 选择"大写"选项,可以把所选字母改为大写;

❖ 选择"每个单词首字母大写"选项,可以把每个单词的第一个字母改为大写;

❖ 选择"切换大小写"选项,可以将所选大写字母改为小写,小写字母改为大写;

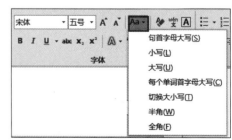

图 5-93 "更改大小写"下拉列表框

❖ 选择"半角"选项,可以把所选的英文字母或数字改为半角字符;

❖ 选择"全角"选项,可以把所选的英文字母或数字改为全角字符。

（3）单击所需的选项之后，文本即转换成所需格式。

5.6 实例精讲——格式化诗词鉴赏

练习目标

本节练习主要应用多种方式来改变诗词文本格式，通过练习对诗词文本中的字体、字号、字形、颜色等进行设置，以及添加拼音、删除线、着重号等其他格式的综合应用操作，巩固和掌握格式化文本的方法，使文本更加美观，条理更加清晰，重点更加突出。

5-3 实例精讲——格式化诗词鉴赏

设计思路

首先选中标题行，对其进行字号、文字效果、边框和底纹的设置美化。对诗词部分的重点词汇添加颜色、文本突出、重点符号、拼音等格式，利用字符间距和位置功能加大诗词部分的字符间距，调整个别字符位置。利用“字符带圈”功能和“删除线”功能对注释和译文部分进行格式设置。结果如图5-94所示。

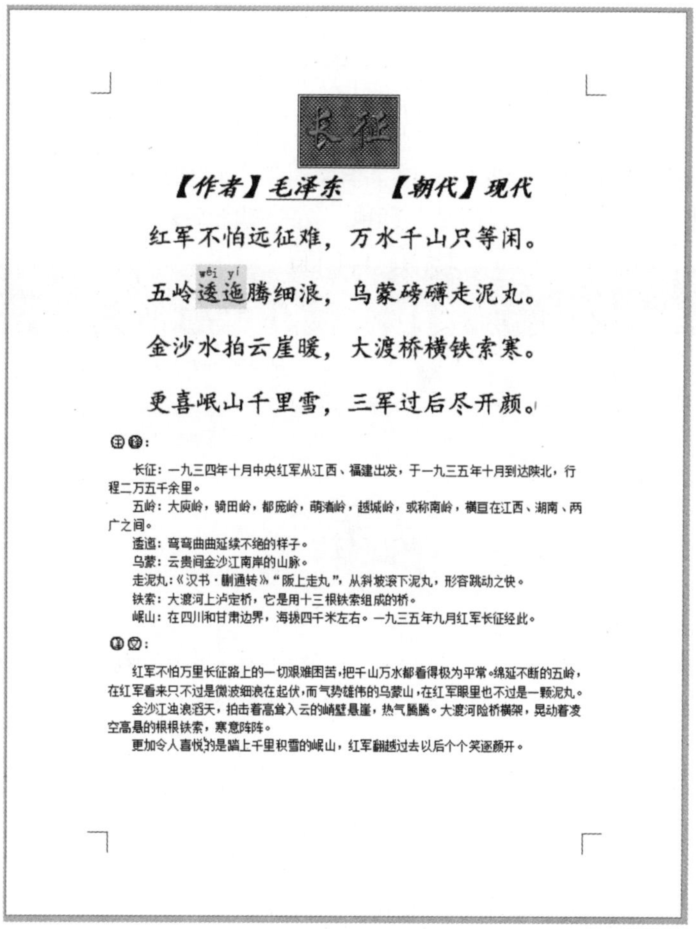
长征

【作者】毛泽东　【朝代】现代

红军不怕远征难，万水千山只等闲。

五岭逶迤腾细浪，乌蒙磅礴走泥丸。

金沙水拍云崖暖，大渡桥横铁索寒。

更喜岷山千里雪，三军过后尽开颜。

注释：

长征：一九三四年十月中央红军从江西、福建出发，于一九三五年十月到达陕北，行程二万五千余里。

五岭：大庾岭，骑田岭，都庞岭，萌渚岭，越城岭，或称南岭，横亘在江西、湖南、两广之间。

逶迤：弯弯曲曲延续不绝的样子。

乌蒙：云贵间金沙江南岸的山脉。

走泥丸：《汉书·蒯通传》“阪上走丸”，从斜坡滚下泥丸，形容跳动之快。

铁索：大渡河上泸定桥，它是用十三根铁索组成的桥。

岷山：在四川和甘肃边界，海拔四千米左右。一九三五年九月红军长征经此。

译文：

红军不怕万里长征路上的一切艰难困苦，把千山万水都看得极为平常。绵延不断的五岭，在红军看来只不过是微波细浪在起伏，而气势雄伟的乌蒙山，在红军眼里也不过是一颗泥丸。

金沙江浊浪滔天，拍击着高耸入云的峭壁悬崖，热气腾腾。大渡河险桥横架，晃动着凌空高悬的根根铁索，寒意阵阵。

更加令人喜悦的是踏上千里积雪的岷山，红军翻越过去以后个个笑逐颜开。

图5-94　诗词鉴赏

操作步骤

（1）启动Word 2019，新建一个空白文档，将其以“诗词鉴赏”为名进行保存。在其中输入文本内容，如图5-95所示。

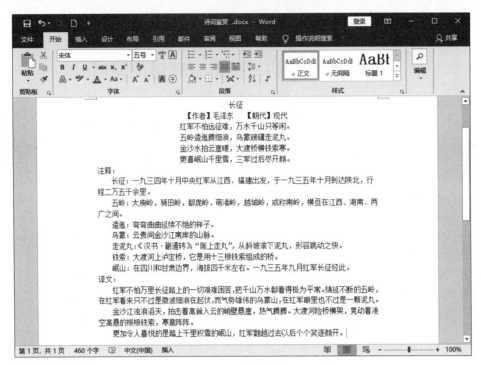

图 5-95　输入文本

（2）选定诗词标题"长征"，在"开始"选项卡的"字体"功能组中，单击"字体"文本框 宋体 右侧的下拉按钮，在弹出的下拉列表框中选择"华文行楷"选项。单击"字号"文本框 五号 右侧的下拉按钮，在弹出的下拉列表框中选择"初号"选项，结果如图 5-96 所示。

图 5-96　修改标题字体和字号

（3）单击"文本效果" A 右侧的下拉按钮，在弹出的下拉列表框中选择文字特效 填充:金色,主题色4;软棱台，如图 5-97 所示，文本设置结果如图 5-98 所示。

（4）在"开始"选项卡的"段落"功能组中，单击"边框"按钮右侧的下拉按钮，在弹出的下拉列表框中选择"边框和底纹"选项，在弹出的"边框和底纹"对话框中，分别对"边框"和"底纹"选项卡进行如图 5-99 和图 5-100 所示的设置。完成后单击"确定"按钮，返回文本，结果如图 5-101 所示。

（5）选中文本"【作者】毛泽东【朝代】现代"，在"开始"选项卡的"字体"功能组中，单击"字体"文本框 宋体 右侧的下拉按钮，在弹出的下拉列表框中选择"楷体"选项。单击"字号"文本框 五号 右侧的下拉按钮，在弹出的下拉列表框中选择"二号"选项。结果如图 5-102 所示。

图 5-97　选择文字特效

图 5-98　文本效果

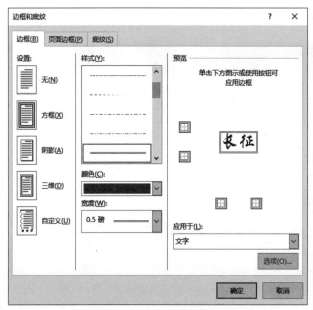

图 5-99　"边框"选项卡

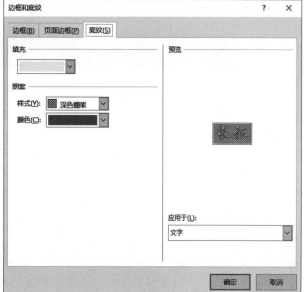

图 5-100　"底纹"选项卡

图 5-101　设置标题边框、底纹

图 5-102　更改文本字体和字号

（6）单击加粗按钮 **B** 和倾斜按钮 *I*，结果如图 5-103 所示。

图 5-103　设置字体加粗和倾斜

（7）选中文本"毛泽东"，单击"开始"选项卡"字体"功能组右侧的扩展按钮 ⌐，从弹出的"字体"对话框中，选择一种下划线线型，颜色为"红色"，如图 5-104 所示。单击"确定"按钮，返回文档，效果如图 5-105 所示。

图 5-104   "字体"选项卡

图 5-105   文本效果

（8）选中诗的正文部分，在"开始"选项卡的"字体"功能组中，单击"字体"文本框 <u>宋体</u> 右侧的下拉按钮 <u>▼</u>，在弹出的下拉列表框中选择"楷体"选项。单击"字号"文本框 <u>五号▼</u> 右侧的下拉按钮 <u>▼</u>，在弹出的下拉列表框中选择"二号"选项。结果如图 5-106 所示。

（9）选中文本"逶迤"，在"开始"选项卡的"字体"功能组中，单击"拼音指南"命令按钮 <u>wén 文</u>，在弹出的"拼音指南"对话框中，选择对齐方式为"居中"，字体为"宋体"，字号 11，如图 5-107 所示。单击"确定"按钮，返回文本，效果如图 5-108 所示。

图 5-106　更改文本字体和字号

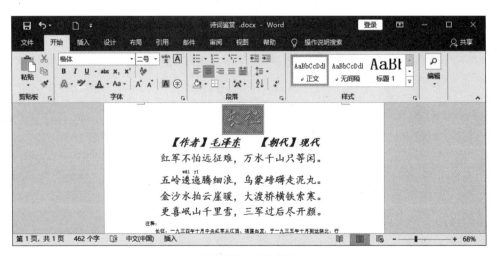

图 5-108　添加拼音

（10）再次选中文本"逶迤"，在"开始"选项卡的"字体"功能组中，单击"字体颜色"按钮 **A** 右侧的下拉按钮 ▼ ，从弹出的"字体颜色"下拉列表框中选择"红色"选项，单击"文本突出显示"按钮

少·右侧的下拉按钮▼，在弹出的"文本突出显示"颜色列表框中单击"黄色"色块，文本效果如图 5-109
所示。

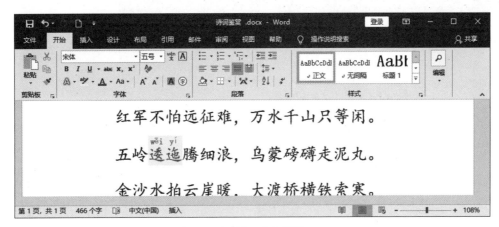

图 5-109　文本效果

（11）选中诗的第一句，按住 Ctrl 键同时选择第三句和第四句部分，单击"开始"选项卡"字体"功
能组右侧的扩展按钮，从弹出的"字体"对话框中选择"高级"选项卡，将"位置"设置为下降 30 磅，
如图 5-110 所示。单击"确定"按钮，返回文本，效果如图 5-111 所示。

图 5-110　"高级"选项卡

（12）选中文字"注"，在"开始"选项卡"字体"功能组中，单击"带圈字符"命令按钮，在弹
出的"带圈字符"对话框中设置样式为"增大圈号"，圈号为"圆形"，如图 5-112 所示，单击"确定"
按钮。采用相同的方法，将字符"释""译""文"加上同样的圈号。最终效果如图 5-94 所示。

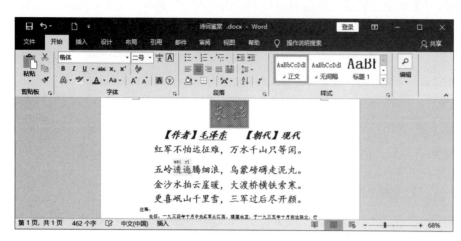

图 5-111　更改"位置"文本效果

图 5-112　"带圈字符"对话框

5.7 答 疑 解 惑

1. 如何将 Word 字体变大 / 变小?

答：第一种方法：先选中需要放大的文字，在"字号"文本框中输入比 72 大的数字，比如输入"150"。然后按 Enter 键，这时字体马上变成 150 字号的超大字体。

第二种方法：先选中需要放大的文字，然后同时按住 Shift+Ctrl 键，不停地单击">"键，可以看到选中的字不断地变大。当字号达到要求时停止操作。

同样，如果我们想缩小某些字，只要先选中这些字，然后同时按住 Shift+Ctrl 键，不停地单击"<"键，可以看到选中的字不断地缩小，直到达到要求时停止操作。

第三种方法：使用组合键 Ctrl+] 或者 Ctrl+[键，也可以将字符放大或者缩小。

第四种方法：单击"字体"功能组中的"增大字号"按钮 Aˊ，可以快速放大字号；单击"减小字号"按钮 Aˇ，可以快速缩小字号。

2. 如何设置文档的默认字体?

答：如果我们经常要用到同一种中文和英文的混合字体，可以在任何一个文档中打开"字体"对话框，在其中进行字体格式设置，使之符合以后创建文档时的默认字体格式的要求。修改完成后，单击对话框底部的"设为默认值"按钮，会出现如图 5-113 所示的对话框。如果希望创建的每一个文档都可以应用新的字体格式，那么选择"所有基于 Normal.dotm 模版的文档"单选按钮；否则选择"仅此文档"单选按钮，使新设置只应用于当前文档。

图 5-113　提示对话框

5.8 学习效果自测

一、选择题

1. 在 Word 2019"开始"选项卡的"字体"功能组中 **B** 和 *I* 按钮的作用分别是（　　　）。

A. 前者将文字变大，后者将文字变小

B. 前者将文字变小，后者将文字变大

C. 前者是"倾斜"操作，后者是"加粗"操作

D. 前者是"加粗"操作，后者是"倾斜"操作

2. 若要将一些文本内容设置为黑体字，则应先（   ）。

    A. 单击 B 按钮   B. 选择要设置的文本

    C. 单击 A 按钮   D. 单击 U 按钮

3. 在 Word 2019 编辑状态下，对选定文字（   ）。

    A. 可以设置颜色，不可以设置动态效果

    B. 既可以设置颜色，也可以设置动态效果

    C. 可以设置动态效果，不可以设置颜色

    D. 不可以设置颜色，也不可以设置动态效果

4. 在 Word 2019 文档中，将一部分内容改为三号隶书，然后紧挨这部分内容输入新的文字，则新输入的文字字号和字体为（   ）。

    A. 四号楷体   B. 五号隶书   C. 三号隶书   D. 无法确定

5. 在 Word 2019 的"字体"对话框中，不可设置文字的（   ）。

    A. 行距   B. 删除线   C. 字号   D. 字符间距

二、判断题

1. 在 Word 2019 文档中，给选定的文本添加阴影、发光或者印象等外观效果的命令称为文本效果。（   ）

2. 在 Word 2019 文档中，设置字符的格式时可以选择"开始"选项卡中的"段落"功能组中的相关选项。（   ）

第 6 章

格式化段落

　　通过本章的学习，读者可以学会设置常用段落格式的操作，熟练掌握设置段落的对齐方式、段落间距、制表位等的方法，使得文档结构更加清晰，层次更加分明。

本章将介绍如下内容：

❖ 设置段落对齐方式

❖ 设置段落缩进

❖ 设置段落间距

❖ 设置制表位

❖ 设置项目符号和项目编号

6.1　设置段落对齐方式

段落是指任意数量的文本、图形、对象或者其他项目的集合，它后面有一个段落标记。

Word 把段落的格式信息存储在段落的标记中。当用户按 Enter 键开始一个新的段落时，Word 会自动复制前一段的段落标记及其所含的格式。如果删除、复制或者移动一个段落标记，也就删除、复制或者移动了段落的格式。

对段落设置格式时，不需要选择整个段落，只需要将光标定位到段落中即可。当然，如果需要对多个段落设置相同格式，就需要先选中这些段落，然后再进行设置。

6.1.1　段落水平对齐方式

所谓段落水平对齐方式，就是指定段落中的文字在水平方向上的排列顺序。在 Word 中可以把段落设置为左对齐、右对齐、居中对齐、两端对齐和分散对齐。这 5 种对齐方式的具体说明如下。

- ❖ **左对齐**：段落的每一行全部以页面左侧为基准对齐。
- ❖ **右对齐**：段落的每一行全部以页面右侧为基准对齐。
- ❖ **居中对齐**：段落的每一行全部以页面正中间为基准对齐。
- ❖ **两端对齐**：段落的左右两端分别以文档的左右边界为基准向两端对齐，字与字之间的距离根据每一行字符的多少自动分配，最后一行左对齐。这种对齐方式是文档中最常用的，我们平时看到的书籍的正文都采用该对齐方式。
- ❖ **分散对齐**：段落的每行左右两端对齐。它与两端对齐的主要区别是段落的最后一行，利用分散对齐方式可以让这一行文字之间的距离均匀地拉开，字体间距自动拉长，看上去就像满满地占据了这一行。

Word 2019 可以通过两种方式设置段落水平对齐方式，具体操作步骤如下。

1. 通过"段落"功能组命令按钮设置

选中需要设置对齐方式的段落，单击"开始"选项卡"段落"功能组中相对应的命令按钮即可，如图 6-1 所示。

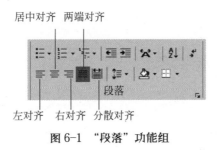

图 6-1　"段落"功能组

2. 通过"段落"对话框设置

选中需要设置对齐方式的段落，单击"开始"选项卡"段落"功能组右下角的扩展功能按钮 ⌐，弹出"段落"对话框，从"缩进和间距"选项卡中选择相应的对齐方式，如图 6-2 所示。也可以在选中需要设置对齐方式的段落后右击，从弹出的快捷菜单中选择"段落"选项，如图 6-3 所示，打开"段落"对话框，再进行设置。

5 种对齐方式的效果如图 6-4 所示，从上到下依次为左对齐、居中对齐、右对齐、两端对齐、分散对齐。从图中可以看出，对于中文文本来说，左对齐方式和两端对齐方式没有什么区别。但是如果文档中有英文单词，左对齐会使得英文文本的右边缘参差不齐，而采用两端对齐方式，右边缘就可以对齐了。

图6-2 "段落"对话框

图6-3 快捷菜单

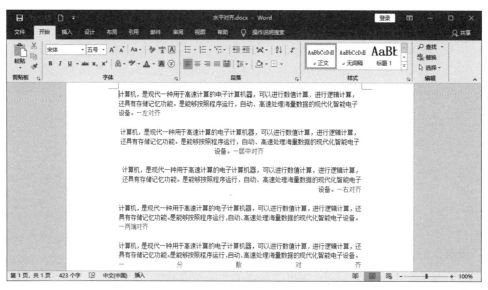

图6-4 水平对齐方式示例

小技巧

快捷键：Ctrl+E 键——居中对齐；Ctrl+R 键——右对齐；Ctrl+Shift+J 键——分散对齐；Ctrl+L 键——左对齐；Ctrl+J 键——两端对齐。

6.1.2　段落垂直对齐方式

当段落中使用了不同字号的文字时，文档在垂直方向上就很难对齐。我们可以通过设置垂直对齐方式来调整其相对位置。段落的垂直对齐方式包括顶端对齐、居中对齐、基线对齐、底部对齐和自动设置 5 种方式。

设置段落垂直对齐方式的步骤如下。

（1）把插入点定位到要进行设置的段落中。

（2）单击"开始"选项卡"段落"功能组右下角的扩展功能按钮 ，弹出"段落"对话框，并切换到"中文版式"选项卡，如图 6-5 所示。

（3）在"文本对齐方式"下拉列表中有 5 种垂直对齐方式。

❖ **顶端对齐**：段落的各行中、英文字符顶端对齐中文字符顶端。

❖ **居中对齐**：段落的各行中、英文字符中线对齐中文字符中线。

❖ **基线对齐**：段落的各行中、英文字符中线略高于中文字符中线。

❖ **底部对齐**：段落的各行中、英文字符底端对齐中文字符底端。

❖ **自动**：自动调整字符的对齐方式。

（4）选择一种字符对齐方式后，单击"确定"按钮。图 6-6 所示为段落垂直对齐方式的效果示例。

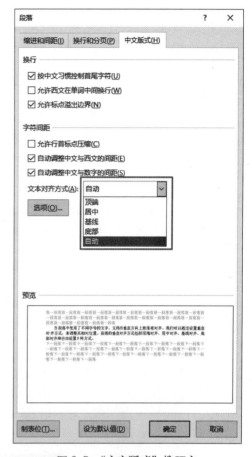

图 6-5　"中文版式"选项卡

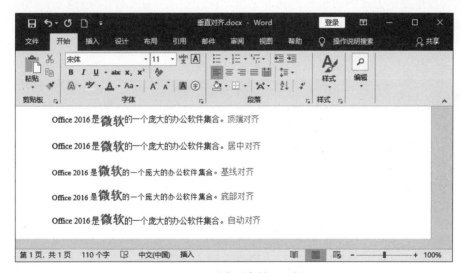

图 6-6　垂直对齐效果示例

6.2　设置段落缩进

所谓段落缩进，就是指改变文本和页边距之间的距离，其目的是使段落更加清晰，具有阅读性。Word 提供了以下 4 种段落缩进方式：

❖ **首行缩进**：能控制段落第一行第一个字的起始位置。

❖ **悬挂缩进**：能控制段落第一行以外其他行的起始位置。

❖ **左缩进**：能控制段落左边界距离页面左侧的位置。

❖ **右缩进**：能控制段落右边界距离页面右侧的位置。

Word 2019 提供了两种设置缩进的方法：使用"标尺"和使用"段落"对话框。下面分别进行介绍。

6.2.1 使用标尺设置缩进

我们一般使用水平标尺快速设置段落的缩进方式及缩进量。默认情况下，标尺是以字符为单位的，也就是说在"宋体""五号字"的格式下，每行可输入约 38 个中文字符。

使用水平标尺设置段落缩进时，首先在文档中选择要改变缩进的段落，然后用鼠标拖动缩进滑块至合适的缩进位置后释放即可。在拖动鼠标时，整个页面上出现一条垂直虚线，以显示新边距的位置，如图 6-7 所示。

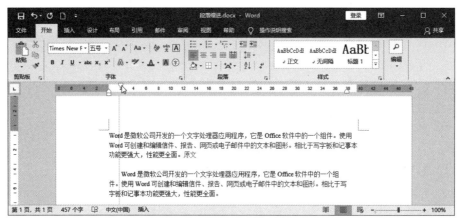

图 6-7　使用标尺设置缩进

图 6-8 所示为段落缩进方式的效果示例，可见拖动首行缩进滑块▽到缩进位置，将以左边界为基准缩进第一行。拖动悬挂缩进的滑块△至缩进位置，可以设置除首行以外的所有行的缩进。拖动左缩进滑块下方的小矩形▭至缩进位置，可以使所有行均匀向左缩进。拖动右缩进滑块▽至缩进位置，可以使所有行均匀向右缩进。

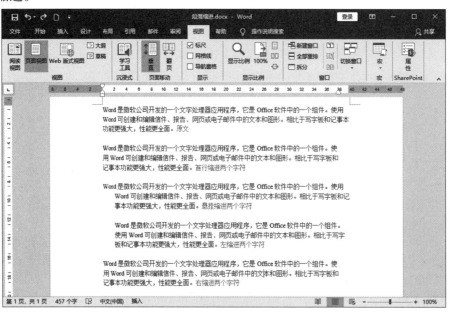

图 6-8　段落缩进方式效果示例

在使用水平标尺格式化段落时，按住 Alt 键不放，使用鼠标拖动标记，水平标尺上将显示具体的度量值。通过标尺设置缩进虽然快捷方便，但是精确度不够，如果需要更加精确的缩进尺寸，建议用户使用"段落"对话框来设置。

6.2.2　使用"段落"对话框设置缩进

使用"段落"对话框设置缩进的好处是能够精确地设置缩进值，我们可以按以下操作步骤来使用"段落"对话框进行设置。

（1）选定要缩进的段落。如果只需要对一个段落设置缩进，那么只需将插入点定位到该段落的任意位置即可；如果需要缩进多个段落，那么就需要把这些段落全部选中。下面将示例文档中除了第一段的所有段落左缩进 2 字符、右缩进 2 字符，首行缩进 4 字符。

（2）选中文本后，在"开始"选项卡的"段落"功能组中单击"功能扩展"按钮，弹出"段落"对话框。

（3）选择"缩进和间距"选项卡，如图 6-9 所示。在"缩进"选项区域内有"左侧""右侧""特殊格式"3 个选项，我们可以分别设置缩进值。

图 6-9　"缩进和间距"选项卡

❖ 在"左侧"缩进值微调框中设置段落从左页边距缩进的距离，正值代表向右缩，负值代表向左缩。此处将示例文档设置左缩进 2 字符。

❖ 在"右侧"缩进值微调框中设置段落从右页边距缩进的距离，正值代表向左缩，负值代表向右缩。此处将示例文档设置右缩进 2 字符。

❖ 在"特殊格式"下拉列表框中可以选择"首行缩进"和"悬挂缩进"两项，选好后在"缩进值"微调框中选择或输入缩进量。此处将示例文档设置为首行缩进 4 字符。

（4）单击"确定"按钮，结果如图 6-10 所示。

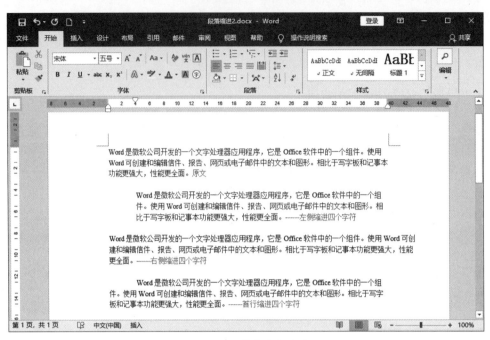

图 6-10　缩进选定的文本

　　在"开始"选项卡的"段落"功能组中，单击"减少缩进量"按钮 或者"增加缩进量"按钮 也可以快速实现段落缩进量的减少或者增加。

6.3　设置段落间距

　　段落间距的设置包括对文档的行间距和段间距的设置。行间距是指段落中行与行之间的垂直距离，段间距是指相邻两个段落前后空白距离的大小。

6.3.1　段间距设置

　　我们平时最常用的方法是在一段的末尾按 Enter 键空一行来改变段落间的距离，这种方法虽然很快捷，但缺点是不能设置一个精确的值。如果要在多个段落之间设置精确的段间距，可以按照以下步骤操作。

　　（1）选定要设置段间距的段落，这里我们选择整篇示例文档。

　　（2）在"开始"选项卡的"段落"功能组中单击"功能扩展"按钮 ，在弹出的"段落"对话框中选择"缩进和间距"选项卡，如图 6-11 所示。

　　（3）在"段前"文本框中输入与段前的间距。

　　（4）在"段后"文本框中输入与段后的间距。

　　（5）设置完成后，单击"确定"按钮。

6.3.2　设置行距

　　Word 默认的行距是 15.6 磅，对于 5 号字来说恰好合适，但如果编排其他字号的文档，就要调整行间距。可以按照以下

图 6-11　"缩进和间距"选项卡

步骤操作。

（1）把插入点移动到要设置行距的段落中。当然，如果要同时设置多个段落的行距，就要选定多个段落。

（2）在"开始"选项卡的"段落"功能组中单击"功能扩展"按钮，在弹出的"段落"对话框中选择"缩进和间距"选项卡。

（3）单击"行距"框中右边的下拉按钮，弹出图 6-12 所示的下拉列表框，从列表框中选择所需要的行距选项。

- ❖ **单倍行距**：每行宽度可以容纳本行中最大的字体。如果遇到此行中有大小不同的字体或者上下标时，Word 自动根据这些字符增减行距。
- ❖ **1.5 倍行距**：行距设置为单倍行距的 1.5 倍。
- ❖ **2 倍行距**：行距设置为单倍行距的 2 倍。
- ❖ **最小值**：行距为能容纳此行中最大字体或者图形的最小行距。若在"设置值"文本框中输入一个值，那么行距不会小于此值。

图 6-12 "行距"下拉列表框

- ❖ **固定值**：行距等于在"设置值"文本框中设置的距离。
- ❖ **多倍行距**：行距按比例增减。比如在"设置值"文本框中输入 1.7，那么行距就增大为原来的 70%；输入 0.8 时行距减小为原来的 20%。

（4）单击"确定"按钮。

6.4 使用制表位和格式刷

Word 2019 提供了制表位和格式刷工具，这些工具可以帮助我们准确而迅速地设置段落的格式。

6.4.1 使用制表位

制表位就是指在键盘上按下 Tab 键后，插入点移动的位置，标记显示为 →，如图 6-13 所示。例如，在 Word 默认的情况下，将插入点移动到段落的开始处，按下 Tab 键，原来顶格的文字就会自动向右移动两个字的位置，而不用我们再按空格键完成。在使用制表位时还需要了解另外一个概念，即制表符。制表符是指标尺上显示制表位所在位置的标志，标示文字在制表位置上的排列方式。默认情况下，制表符为"左对齐式制表符"。

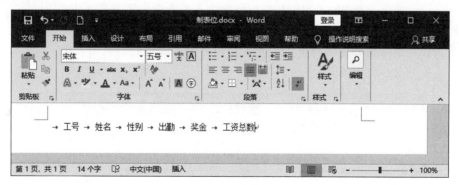

图 6-13 制表位标记

Word 中的制表位包括默认制表位和自定义制表位两种。默认制表位从标尺左端起自动设置，默认间距为 0.75 厘米；自定义制表位需要用户来设置，设置的方法有利用水平标尺或者利用"制表位"对话框两种。制表位属于段落的属性之一，对每个段落都可以设置不同制表位，按 Enter 键开始新段落时，制表位的设置将自动转入下一个段落中。

下面分别介绍利用标尺和"制表位"对话框设置制表位的方法。

6.4.2 利用标尺设置制表位

使用标尺设置制表位的具体操作过程如下。

（1）把插入点移动到要设置制表位的段落中，也可以连续选择多个段落。

（2）水平标尺最左端是一个"制表符对齐方式"按钮。当每次单击该按钮时可以切换制表符类型，同时标记按钮也会发生变化。

（3）单击"制表符对齐方式"按钮后，选择所需的制表符类型，在标尺上想要设置制表位的地方单击，标尺上将出现相应类型的制表符，如图 6-14 所示。共有 5 种制表符，用于指定不同的对齐方式，其具体作用说明如下。

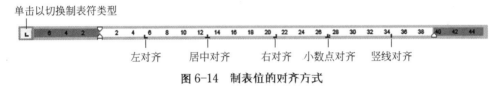

图 6-14 制表位的对齐方式

- ❖ **左对齐制表符** ⌞：从制表位开始向右扩展文字。
- ❖ **居中对齐制表符** ⊥：使文字在制表位处居中。
- ❖ **右对齐制表符** ⌟：从制表位开始向左扩展文字，文字填满制表位左边的空白后，会向右扩展。
- ❖ **小数点对齐制表符** ⊥：在制表位处对齐小数点，文字或没有小数点的数字会向制表位左侧发展。
- ❖ **竖线对齐制表符** │：此符号并不是真正的制表符，其作用是在段落中该位置的各行中插入一条竖线，以构成表格的分割线。

移动制表位时，可以把鼠标指针指向水平标尺制表符，然后按住鼠标左键在水平标尺上来回拖动；删除制表位时，把鼠标指针指向水平标尺的制表符，然后按住鼠标左键向下拖出标尺即可。

上机练习——编辑排列整齐的数据

 本节练习用水平标尺设置制表位。通过对操作步骤的讲解，可以使读者进一步认识和利用制表位，从而使文字在工作区内更加方便快捷地排列。

6-1 上机练习——编辑排列整齐的数据

 首先启动 Word 2019，在文档中输入文本内容，并且用 Tab 键来分隔。然后选中分隔之后的文本，单击标尺左侧的标记按钮切换所需的制表符类型，并在标尺上设置合适的制表位。结果如图 6-15 所示。

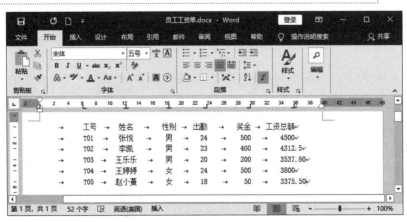

图 6-15 员工工资单

操作步骤

（1）新建一篇名为"员工工资单"的空白文档，输入文本和相对应的数据，且用 Tab 键来分隔，输入完成后选中所有段落，如图 6-16 所示。

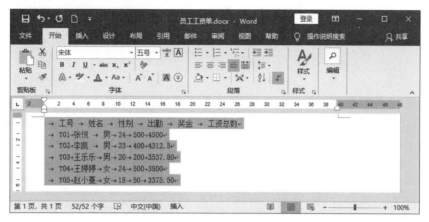

图 6-16　输入并选择文本段落

（2）单击水平标尺左边的"制表符对齐方式"按钮，出现左对齐制表符，在标尺的 6 厘米处单击，结果如图 6-17 所示。

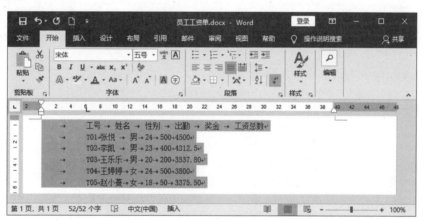

图 6-17　设置 6 厘米处左对齐式制表符位置

（3）单击水平标尺左边的"制表符对齐方式"按钮，出现居中对齐制表符，在标尺的 12 厘米处和18 厘米处单击，结果如图 6-18 所示。

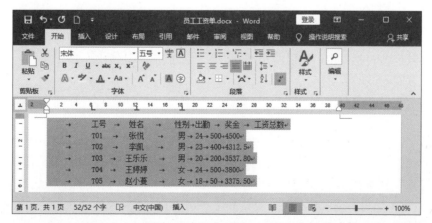

图 6-18　设置 12 厘米和 18 厘米处居中式制表符位置

（4）单击水平标尺左边的"制表符对齐方式"按钮，出现右对齐制表符，在标尺的 24 厘米处和 30 厘米处单击，结果如图 6-19 所示。

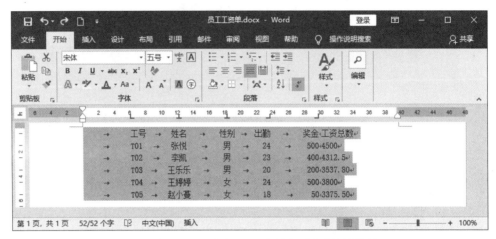

图 6-19　设置 24 厘米和 30 厘米处右对齐式制表符位置

（5）单击水平标尺左边的"制表符对齐方式"按钮，出现小数点对齐制表符，在标尺的 36 厘米处单击，结果如图 6-20 所示。

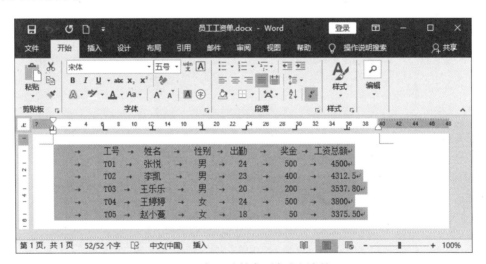

图 6-20　设置小数点对齐式制表符

（6）在页面非反白页的任何位置单击，屏幕上出现如图 6-15 所示的结果。

6.4.3　利用"制表位"对话框设置制表位

如果要设置比较精确的制表位，可以使用"制表位"对话框。具体操作步骤如下。

（1）选定要设置制表位的段落。

（2）在"开始"选项卡的"段落"功能组中单击"功能扩展"按钮 ，在弹出的"段落"对话框中，单击左下角的"制表位"按钮，如图 6-21 所示。

（3）在弹出的"制表位"对话框中，可以选择制表符位置、对齐方式、引导符等选项，如图 6-22 所示。各选项的具体作用如下。

❖ **"制表位位置"文本框**：以"字符"为单位输入新制表位的位置，然后单击"设置"按钮，列表框中就会列出新设置的制表位位置。要清除单个制表位时，先选定要清除的目标，再单击"清除"按钮；要清除所有的制表位，可以单击"全部清除"按钮。

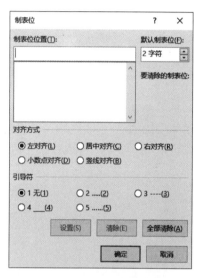

图 6-21　"段落"对话框　　　　　　图 6-22　"制表位"对话框

❖ **"默认制表位"微调框**：默认值为 2 字符。当我们要设置新的默认制表位的长度时，只要在文本框中输入一个新值即可。

❖ **"对齐方式"选项区**：有 5 个选项，分别是左对齐、居中对齐、右对齐、小数点对齐、竖线对齐，需要哪一个时单击前面的圆圈即可。

❖ **"引导符"选项区**：有 5 个选项。引导符是用来填充制表位左侧空格的，我们可以选择点线、虚线、实线和粗黑点来填充。

上机练习——使用制表位制作书籍目录

　　本节练习用对话框设置制表位。通过对操作步骤的讲解，可以帮助读者更好地利用"制表位"对话框，来完成一些特殊的文本格式。

　　首先启动 Word 2019，在文档中输入文本内容，并且用 Tab 键来分隔。然后选中分隔之后的文本，打开"制表位"对话框，并设置制表符的位置、对齐方式，以及制作前导符。结果如图 6-23 所示。

6-2　上机练习——使用制表位制作书籍目录

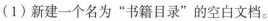

（1）新建一个名为"书籍目录"的空白文档。

（2）在"开始"选项卡的"段落"功能组中单击"功能扩展"按钮 ，在弹出的"段落"对话框中，单击左下角的"制表位"按钮，打开"制表位"对话框。

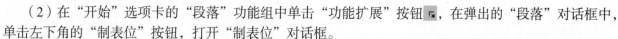

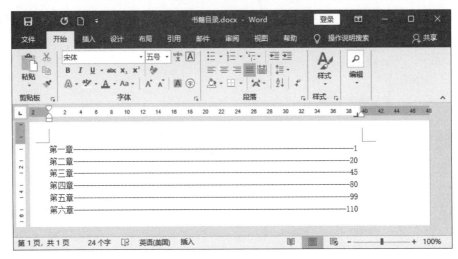

图 6-23　目录示例

（3）在"制表位"对话框的"制表位位置"文本框中输入制表位位置为"39字符"，在"对齐方式"
选项区中选择"右对齐"单选按钮，在"引导符"选项区中选择"3----（3）"细虚线样式，如图 6-24
所示。

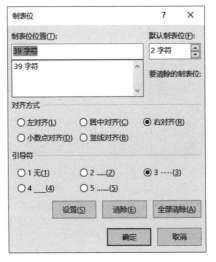

图 6-24　设置"制表位"对话框

（4）单击"设置"按钮，完成制表位的创建。再单击"确定"按钮，返回到文档编辑窗口。

（5）把插入点移动到行的开始处，输入第一章的标题，按下 Tab 键，然后输入页码，如图 6-25 所示。

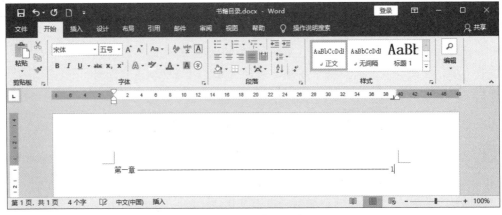

图 6-25　输入文本

（6）按 Enter 键，输入第二章的标题，再按下 Tab 键，然后输入页码，如图 6-26 所示。

图 6-26　输入文本

（7）重复第（6）步的操作，将剩余行输入到文本中，结果如图 6-23 所示。

6.4.4　使用格式刷

格式刷是一种快速应用格式的工具，利用"格式刷"工具，可以快速完成文档中大量的重复性的操作，将指定的文本格式、段落格式等快速复制到不同的目标文本、段落上，从而避免重复设置格式的麻烦，大大提高工作效率。具体操作步骤如下。

（1）选中需要复制格式的文本或者段落，如图 6-27 所示。

（2）在"开始"选项卡的"剪贴板"功能组中单击"格式刷"按钮 ，如图 6-28 所示。

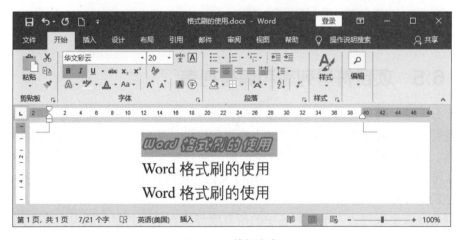

图 6-27　选择文本

图 6-28　单击"格式刷"按钮

（3）当鼠标指针呈现刷子状 时，按住鼠标左键不放，拖动鼠标选择需要设置相同格式的文本，如图 6-29 所示。

（4）此时，被拖动的文本将应用相同的格式，即应用了相同的底纹效果，如图 6-30 所示。

提示：

当不需要复制格式时，可再次单击"格式刷"按钮或按 Esc 键退出复制格式状态。

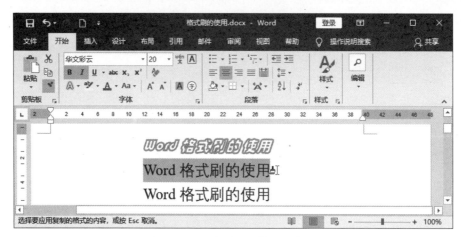

图 6-29　拖动鼠标选择文本

图 6-30　使用格式刷的效果

6.5　项目符号列表和编号列表

在文档中，列表的用途十分广泛，列表有符号列表和编号列表之分。使用项目符号和编号，可以对文档中具有并列关系的内容进行组织，或者将有先后顺序的内容进行编号，从而使这些内容的层次结构更加清晰、更具条理和可读性。在默认情况下，Word 2019 中添加的项目符号或编号级别为 1 级。用户可以通过更改项目符号或编号列表的级别创建多级列表，使 Word 文档的逻辑性更加清晰。Word 2019 中允许最多可以创建 9 个层次的多级列表。

此外，列表可以是单级列表或者多级列表。单级列表中的所有项都拥有相同的层次结构和缩进；而在多级列表中，列表中还套有列表。

6.5.1　项目符号的使用

1. 输入文本时自动添加项目符号

对于具有一定并列关系的段落，可以在输入文本之前为其自动添加项目符号，从而免去了手动输入的繁杂工作。具体操作方法如下。

在第一项输入时直接输入星号"*"，并在之后按空格键，"*"号变为"●"号，然后再输入所需文字，Word 就会自动为列表添加项目符号；按 Enter 键结束段落时，Word 会自动在下一段落加入下一个项目符号或编号。

若要结束自动添加项目符号，只要按 BackSpace 键删除最后一个项目符号或编号即可，或在不需要项目符号的新段落前按 Enter 键。

2. 为已有文本添加项目符号

如果用户想在已经输入的文本中添加项目符号，可以按照以下步骤操作。

（1）选定要添加符号或编号的段落。

（2）在"开始"选项卡的"段落"功能组中，单击"项目符号"命令按钮≡·右侧的下拉按钮▼。

（3）从弹出的下拉列表框中选择需要的项目符号的样式，如图 6-31 所示。应用项目符号后的文本效果如图 6-32 所示。

图 6-31　项目符号样式

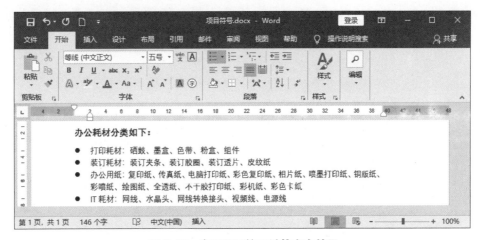

图 6-32　应用项目符号后的文本效果

3. 自定义新项目符号

我们不但可以为段落设置 Word 默认的内置项目符号，还可以自定义创建自己喜欢和需要的项目符号，操作步骤如下。

（1）选定要设置自定义样式项目符号的段落。

（2）在"开始"选项卡的"段落"功能组中，单击"项目符号"命令按钮≡·右侧的下拉按钮▼，在弹出的下拉列表中选择"定义新项目符号"选项。

（3）在弹出的"定义新项目符号"对话框中，根据需要设置项目符号的相关样式和格式即可，如图 6-33

所示。该对话框中各选项的功能如下。

❖ **"符号"按钮**：单击该按钮，弹出"符号"对话框，可以从中选择合适的符号作为项目符号，如图 6-34 所示。

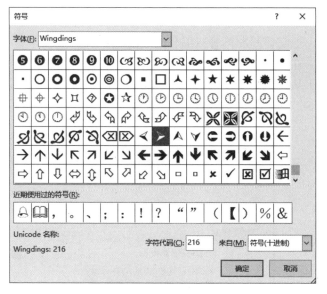

图 6-33 "定义新项目符号"对话框   图 6-34 "符号"对话框

❖ **"图片"按钮**：单击该按钮，弹出"插入图片"窗口，如图 6-35 所示。可以单击"从文件"区域的 "浏览"按钮，导入一个合适的图片作为项目符号；也可以通过搜索框联网搜索 选择合适的图片作为项目符号；还可以使用个人的 Microsoft 账户登录，插入来自 OneDrive 及其 他网站的照片。

❖ **"字体"按钮**：单击该按钮，打开"字体"对话框，如图 6-36 所示，可以设置项目符号的字体、大小、 颜色等格式。

图 6-35 "插入图片"窗口   图 6-36 "字体"对话框

❖ **"对齐方式"下拉列表框**：在该下拉列表框中列出了 3 种项目符号的对齐方式，分别为左对齐、居中和右对齐。

❖ **"预览"框**：可以预览设置的项目符号的效果。

上机练习——为"食品安全宣传周方案"添加项目符号

本节练习定义新项目符号。通过对操作步骤的讲解，可以使读者掌握自定义新项目符号的方法，从而使文档符合要求。

6-3 上机练习——为"食品安全宣传周方案"添加项目符号

首先启动 Word 2019，然后选中需要自定义项目符号的文本段落，在"开始"选项卡中单击"项目符号"下拉按钮，从下拉列表框中选择"定义新项目符号"选项，打开"定义新项目符号"对话框，根据需要自定义一种项目符号，结果如图 6-37 所示。

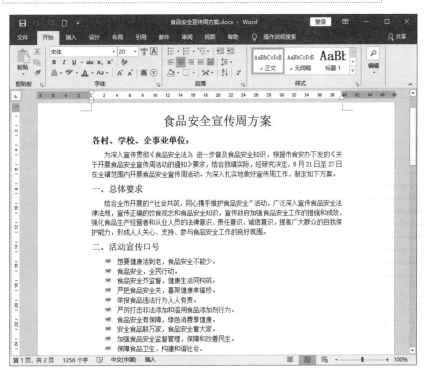

图 6-37   自定义项目符号示例

操作步骤

（1）启动 Word 2019，打开"食品安全宣传周方案"文档，选中需要添加自定义项目符号的段落，如图 6-38 所示。

（2）在"开始"选项卡的"段落"功能组中，单击"项目符号"命令按钮 ≡· 右侧的下拉按钮 ▼，从弹出的下拉列表框中选择"定义新项目符号"选项，打开"定义新项目符号"对话框，单击"图片"按钮，如图 6-39 所示。

（3）在弹出的"插入图片"窗口中，单击"从文件"区域的"浏览"按钮，如图 6-40 所示。

（4）在弹出的"插入图片"对话框中选择一张图片，单击"插入"按钮，如图 6-41 所示。

（5）返回"定义新项目符号"对话框，在"预览"区域中可以直观看到项目符号的效果，如图 6-42 所示。

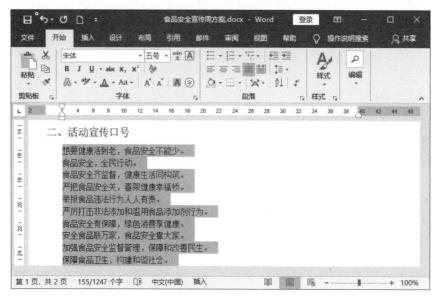

图 6-38　选中需要添加自定义项目符号的段落

图 6-39　单击"图片"按钮

图 6-40　单击"浏览"按钮

图 6-41　"插入图片"对话框

（6）单击"确定"按钮，返回文档，此时在文档中将显示自定义的图片项目符号，如图 6-37 所示。

6.5.2 编号列表的使用

1. 输入文本时自动添加编号

对于具有一定顺序或层次结构的段落，可以在输入文本之前为其自动添加项目符号，具体操作方法如下。

在第一项输入时直接输入"1.""（1）""一.""a）"等编号，再输入所需文字，Word 就会自动为列表添加编号；按 Enter 键结束段落时，Word 会自动在下一段落加入下一个项目符号或编号。若要结束列表，只要按 BackSpace 键删除最后一个项目符号或编号即可，或在不需要项目符号的新段落前按 Enter 键。

2. 为已有文本添加编号

如果我们想在已经输入的文本中添加项目编号，可以按照以下步骤操作。

（1）选定要添加符号或编号的段落。

（2）在"开始"选项卡的"段落"功能组中，单击"编号"命令按钮 ☰ ▾ 右侧的下拉按钮 ▾，从弹出的下拉列表框中选择需要的编号样式，如图 6-43 所示。应用编号后的文本效果如图 6-44 所示。

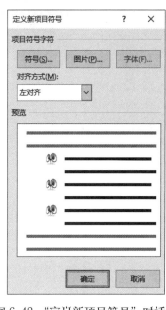

图 6-42 "定义新项目符号"对话框

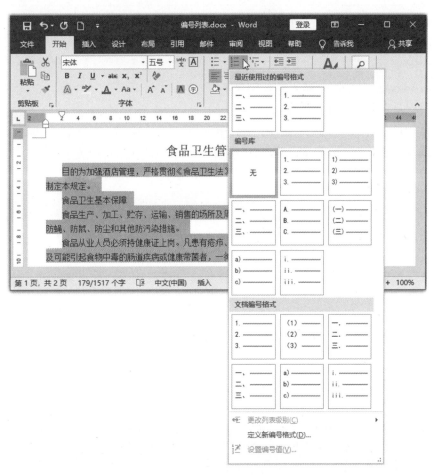

图 6-43 编号样式

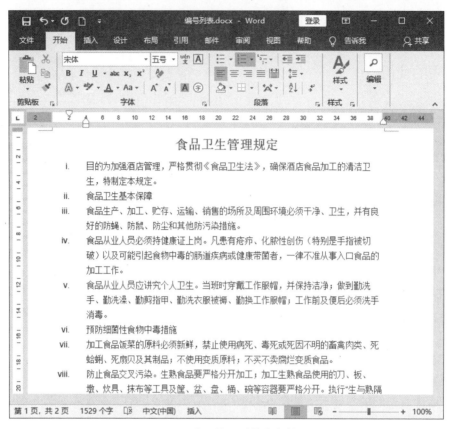

图 6-44　应用编号后的文本效果

3. 自定义编号

除了使用 Word 默认的内置编号样式外，用户还可以自定义不同样式的编号，具体操作步骤如下。

（1）选定要设置自定义编号样式的段落。

（2）在"开始"选项卡的"段落"功能组中，单击"编号"命令按钮右侧 ≣· 的下拉按钮 ·，在弹出的下拉列表框中选择"定义新编号格式"选项。

（3）在弹出的"定义新编号格式"对话框中，根据需要设置编号的相关格式即可，如图 6-45 所示。"定义新编号格式"对话框中主要选项的功能如下。

"编号样式"下拉列表框：从该下拉列表框中可以选择更多样式的编号，如图 6-46 所示。

❖ **"字体"按钮**：单击该按钮，打开"字体"对话框，可以根据需要设置编号的字体、字号、颜色、下划线等格式，还可以在"高级"选项卡中更改编号字体字符间距和设置 OpenType 功能。

❖ **"编号格式"编辑框**：灰色阴影编号代码表示不可修改或删除，根据实际需要在代码前面或后面输入必要的字符即可。例如，在前面输入"第"，在后面输入"条"，并将默认添加的小点删除，即变成"第 A 条"。

❖ **"对齐方式"下拉列表框**：在该下拉列表框中列出了 3 种项目符号的对齐方式，分别为左对齐、居中和右对齐。

❖ **"预览"框**：可以预览设置的编号的效果。

当文档前面已经出现一组编号，对其他段落添加相同样式的编号时，用户既可以继续前一组的编号，也可以重新单独编号。操作方法如下：在"开始"选项卡的"段落"功能组中，单击"编号"命令按钮右侧的下拉按钮，在弹出的下拉列表中选择"设置编号值"选项。在弹出的"起始编号"对话框中设置起始编号数值，如图 6-47 所示。

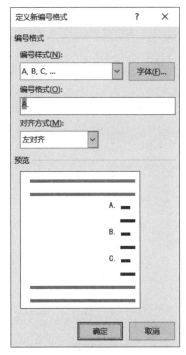

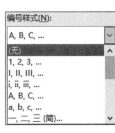

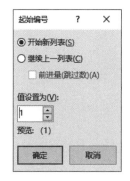

图 6-45　"定义新编号格式"对话框　　图 6-46　"编号样式"下拉列表　　图 6-47　"起始编号"对话框

 提示： 选中需要继续编号的段落并右击，在弹出的快捷菜单中选择"继续编号"选项即可继续前一组编号，选择"重新开始于 1"选项即可以重新开始。

上机练习——为"食品安全宣传周方案"添加编号

 练习目标 本节练习定义编号。通过对操作步骤的讲解，可以使读者掌握自定义新编号的方法，从而使文档符合要求。

 设计思路 首先启动 Word 2019，然后选中需要自定义编号的文本段落，在"开始"选项卡的"段落"功能组中单击"编号"命令按钮右侧的下拉按钮，在弹出的下拉列表框中选择"定义新编号格式"选项，打开"定义新编号格式"对话框，根据需要自定义一种编号，结果如图 6-48 所示。

6-4　上机练习——为"食品安全宣传周方案"添加编号

操作步骤

（1）启动 Word 2019，打开"食品安全宣传周方案"文档，选中需要添加自定义编号的段落，如图 6-49 所示。

（2）在"开始"选项卡的"段落"功能组中，单击"编号"命令按钮右侧的下拉按钮，在弹出的下拉列表框中选择"定义新编号格式"选项，打开"定义新编号格式"对话框。

（3）在"定义新编号格式"对话框的"编号样式"下拉列表框中选择"A, B, C, ..."选项，此时"编号格式"文本框中将出现"A."字样，将"A"后面的"."去掉，然后输入文本"活动："，结果如图 6-50 所示。

（4）单击"字体"按钮，在弹出的"字体"对话框中设置字形为"加粗"，字体颜色为红色，如图 6-51 所示。单击"确定"按钮返回"定义新编号格式"对话框，将对齐方式设置为"居中"，如图 6-52 所示。

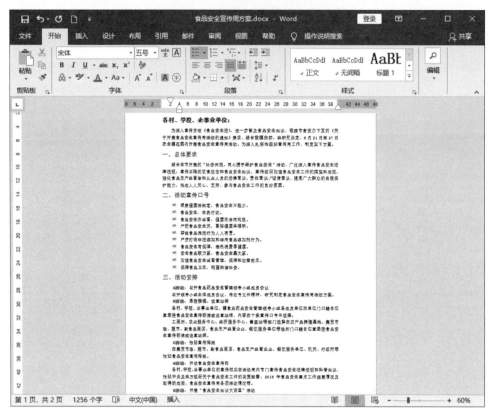

图 6-48　为"食品安全宣传周方案"添加编号

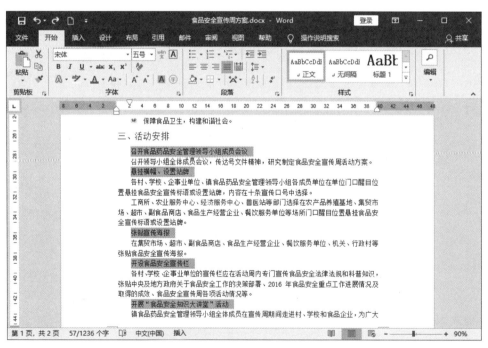

图 6-49　选中需要添加自定义编号的段落

（5）设置完成后，单击"确定"按钮，返回文档。

（6）保持段落的选中状态，在"开始"选项卡的"段落"功能组中，单击"编号"按钮右侧的下拉按钮，在弹出的下拉列表框中选择设置好的编号样式即可，如图 6-53 所示。

图 6-50 "定义新编号格式"
对话框

图 6-51 "字体"对话框

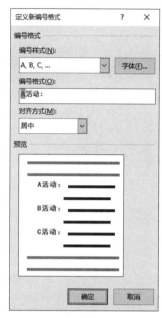

图 6-52 "定义新编号格式"对
话框

图 6-53 选择需要的编号样式

6.5.3 多级列表的使用

通过更改项目符号或编号列表级别，可以创建多级列表，使列表具有复杂的结构。在 Word 2019 文档中，可以创建最多 9 个层次的多级列表。

1. 使用内置多级列表

对于含有多个顺序或者层次的段落，为了更加清晰地体现出层次结构，可以对其使用多级列表，具体操作方法如下。

（1）选中需要添加列表的段落，在"开始"选项卡的"段落"功能组中单击"多级列表"按钮 ，在弹出的下拉列表中选择需要的列表样式，如图6-54所示。

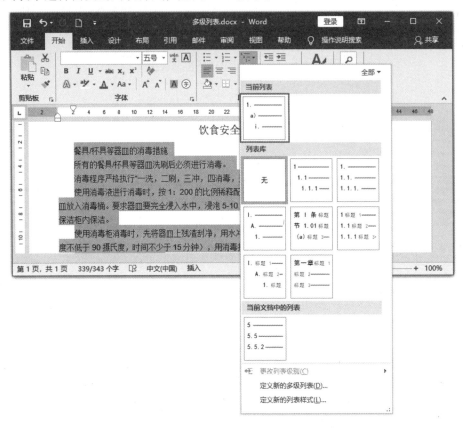

图6-54 多级列表样式

（2）此时所有段落的编号级别为1级，效果如图6-55所示。

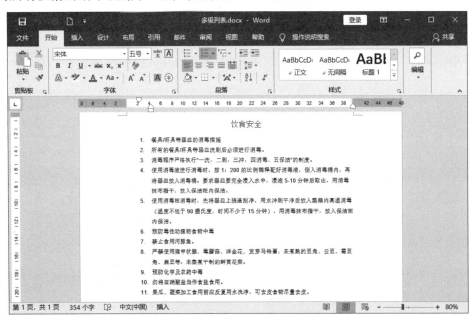

图6-55 编号级别为1级的文本效果

（3）选中需要调整级别的段落，单击"多级列表"按钮 右侧的下拉按钮，在弹出的下拉列表框中选择"更改列表级别"选项，再从弹出的列表框中选择 2 级选项，如图 6-56 所示。

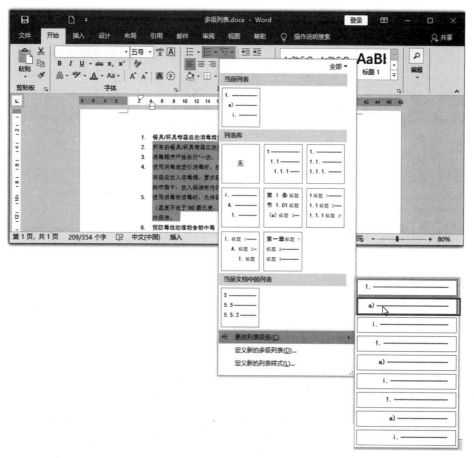

图 6-56　选择 2 级选项

此时，所选段落的级别调整为 2 级，其他段落的编号也随之依次发生更改，效果如图 6-57 所示。

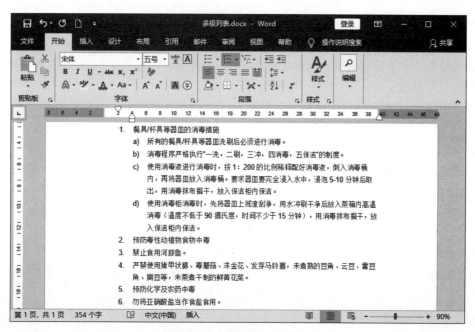

图 6-57　调整后的文本效果

按照上述操作方法，对其他段落调整编号级别即可。

2. 自定义新多级列表

除了使用 Word 内置的列表样式以外，还可以自定义新多级列表，具体操作方法如下。

（1）选中要添加列表的段落。

（2）在"开始"选项卡的"段落"功能组中，单击"多级列表" 命令按钮右侧的下拉按钮，在弹出的下拉列表框中选择"定义新的多级列表"选项，打开图 6-58 所示的"定义新多级列表"对话框。

（3）单击左下角的"更多"按钮，展开多级列表对话框，如图 6-59 所示。

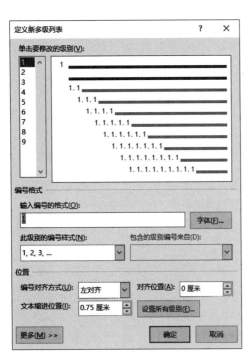

图 6-58 "定义新多级列表"对话框

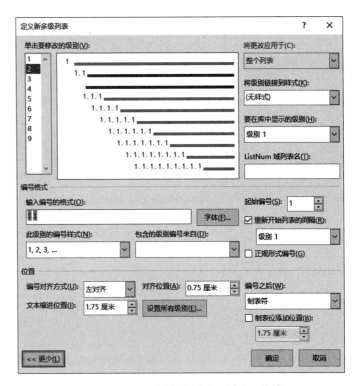

图 6-59 展开"定义新多级列表"对话框

用户根据需要可以自定义新的多级列表，该对话框中主要选项的功能如下。

❖ **"单击要修改的级别"列表框**：从中选择要更改的列表级别，共 9 个级别。默认选中"1"。

❖ **"将更改应用于"下拉列表框**：选择需要应用更改的位置，可选"整个列表""插入点之后"或"当前段落"3 个位置。

❖ **"将级别链接到样式"下拉列表框**：若要将 Word 中的现有样式用于列表中的每个级别，可在此列表框中选择样式。

❖ **"要在库中显示的级别"下拉列表框**：选择要在库中显示的编号。默认显示"级别 1"。

❖ **"ListNum 域列表名"文本框**：为多级列表指定一个 ListNum 字段列表名称中的名称。此名称会在我们看到 ListNum 字段时显示。

❖ **"编号格式"编辑框**：保持灰色阴影编号代码不变，根据实际需要在代码前面或后面输入必要的字符。例如，在前面输入"第"，在后面输入"类"，并将默认添加的小点删除，或者为编号列表添加括号或其他值。

❖ **"字体"按钮**：单击该按钮，打开"字体"对话框，可以根据需要设置编号的字体、字号、颜色等格式。还可以在"高级"选项卡中更改编号的字符间距和设置 OpenType 功能。

❖ **"此级别的编号样式"下拉列表框**：若要更改样式，可单击右侧的向下箭头，选择数字、字母或其他按时间排序的格式。指定一个包含此内容的初始级别编号。

❖ **"起始编号"微调框**：选择列表开始的编号。默认值为 1。若要在特定级别之后重新开始编号，则选中"重新开始列表的间隔"复选框，在下拉列表框中选择一个级别。

❖ **"正规形式编号"复选框**：选中此复选框，对多级列表强制使用正规形式。

❖ **"编号对齐方式"下拉列表框**：若要更改编号对齐方式，可在右侧的下拉列表框中选择"左对齐""居中"或"右对齐"。

❖ **"对齐位置"和"文本缩进位置"文本框**：为开始对齐的位置和文本缩进分别指定一个值。

❖ **"设置所有级别"按钮**：单击此按钮打开图 6-60 所示的"设置所有级别"对话框，可以设置相应级别的项目符号/编号、文字的位置，以及附加缩进量。

❖ **"编号之后"下拉列表框**：选择应跟在编号后的值，包括"制表符""空格"或"无"。

❖ **"制表位添加位置"复选框**：选中此复选框，输入一个值，添加制表位。

图 6-60　"设置所有级别"对话框

设置完成后，可以通过预览框进行预览，再单击"确定"按钮，完成新多级列表的自定义设置。

提示： 如果不小心将输入编号的格式框的数字删掉了，不能自己手动输入 1.1，应该选择"包含的级别编号来自"为"级别 1"，"此级别的编号样式"选择阿拉伯数字"1，2，3，…"，点号需要自己输入。

上机练习——为"目录"自定义多级列表

练习目标　本节练习自定义多级列表。通过对操作步骤的详细讲解，可以使读者掌握自定义多级列表的方法，从而使文档的层次更加分明，具有逻辑性。

设计思路　首先启动 Word 2019，然后选中需要自定义多级列表的文本段落，通过在"开始"选项卡中单击"多级列表"下拉按钮，选择并打开"定义新多级列表"对话框，根据需要自定义个性化的多级列表，结果如图 6-61 所示。

6-5　上机练习——为"目录"自定义多级列表

图 6-61　多级目录列表

操作步骤

（1）选中需要添加多级列表的段落，如图 6-62 所示。

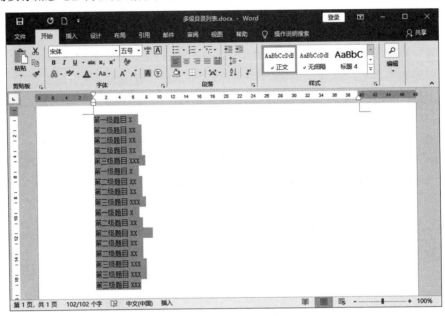

图 6-62　选中段落

（2）在"开始"选项卡的"段落"功能组中单击"多级列表"按钮，在弹出的下拉列表中选择"定义新的多级列表"选项，如图 6-63 所示。

（3）在弹出的"定义新多级列表"对话框中，单击左下角的"更多"按钮，展开该对话框的右边部分，如图 6-64 所示。

图 6-63　选择"定义新的多级列表"选项

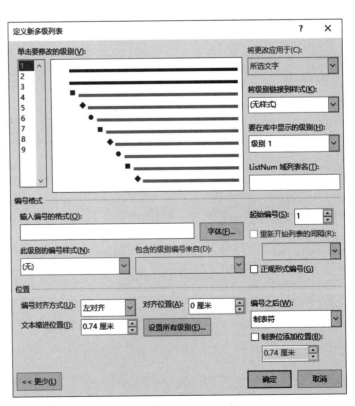

图 6-64　"定义新多级列表"对话框

（4）设置一级列表。

① 在"单击要修改的级别"列表框中选择"1"选项。

② 在"要在库中显示的级别"下拉列表框中选择"级别1"选项。

③ 在"此级别的编号样式"下拉列表框中选择该级别的编号样式，此处选择"1，2，3，…"样式，如图 6-65 所示。

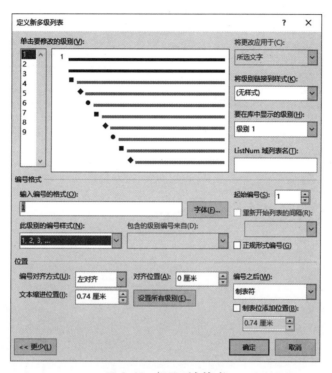

图 6-65　设置列表格式

④ 在"输入编号的格式"文本框中将显示"1"字样，在"1"的前面输入"第"，在"1"的后面输入"部分："，在"起始编号"文本框中选择"1"，如图 6-66 所示。

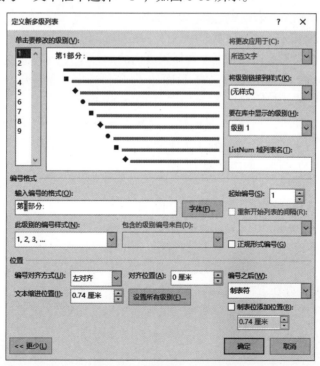

图 6-66　设置输入编号格式

⑤ 单击"字体"按钮，打开"字体"对话框，设置中文字体为"楷体"，西文字体为"Times New Roman"，字形为"加粗"，字号为"四号"，字体颜色为"红色"，如图 6-67 所示。单击"确定"按钮，返回"定义新多级列表"对话框，如图 6-68 所示。

图 6-67 "字体"对话框

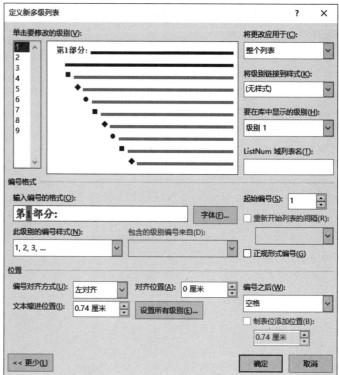

图 6-68 "定义新多级列表"对话框

（5）设置二级列表。

① 在"单击要修改的级别"列表框中选择"2"选项。

② 在"要在库中显示的级别"下拉列表框中选择"级别 2"选项。

③ 在"此级别的编号样式"下拉列表框中选择该级别的编号样式，此处选择"1，2，3，…"样式。

④ 将"输入编号的格式"文本框中的"1"后面加"-1"，选中"重新开始列表的间隔"复选框，并在下拉列表框中选择"级别 1"，起始编号选择"1"，如图 6-69 所示。

⑤ 单击"字体"按钮，打开"字体"对话框，设置中文字体为"华文楷体"，西文字体为"Times New Roman"，字形为"加粗"，字号为"小四"，字体颜色为"绿色"，如图 6-70 所示。单击"确定"按钮，返回到"定义新多级列表"对话框，如图 6-71 所示。

（6）设置三级列表。

① 在"单击要修改的级别"列表框中选择"3"选项。

② 在"要在库中显示的级别"下拉列表框中选择"级别 3"选项。

③ 在"此级别的编号样式"下拉列表框中选择该级别的编号样式，如"1，2，3，…"样式。

④ 将"输入编号的格式"文本框中的"1.1.1"中间的"."换成"-"，起始编号选择"1"，选中"重新开始列表的间隔"复选框，并在下拉列表框中选择"级别 2"，如图 6-72 所示。

⑤ 单击"字体"按钮，打开"字体"对话框，设置字体为"加粗""五号""蓝色"，如图 6-73 所示。单击"确定"按钮，返回"定义新多级列表"对话框，如图 6-74 所示。

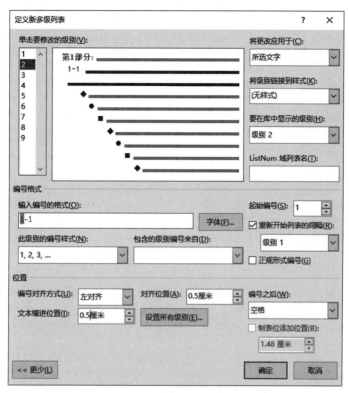

图 6-69　更改输入编号的格式

图 6-70　"字体"对话框

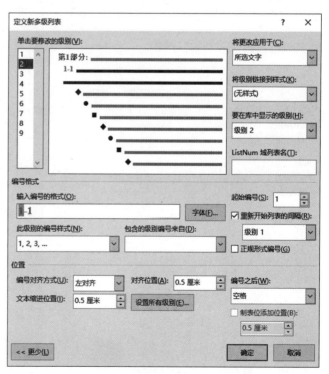

图 6-71　"定义新多级列表"对话框

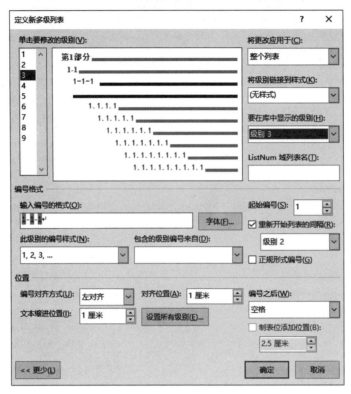

图 6-72　更改"输入编号的格式"

图 6-73　"字体"对话框

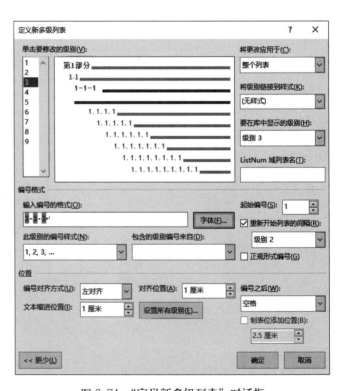

图 6-74　"定义新多级列表"对话框

（7）单击"定义新多级列表"对话框中"位置"区域的"设置所有级别"按钮，弹出"设置所有级别"对话框，设置第一级编号位置和文字位置为 0，每一级的附加缩进量为 0.5 厘米，如图 6-75 所示。设置完成后，单击"确定"按钮，返回"定义新多级列表"对话框，如图 6-76 所示。

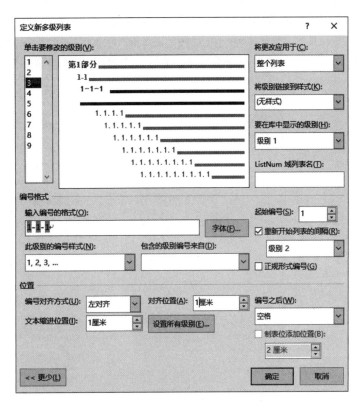

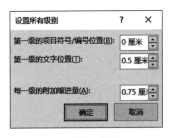

图 6-75　"设置所有级别"对话框　　　　　　　图 6-76　"定义新多级列表"对话框

（8）本例中仅有 3 个级别，所以只设置前 3 个级别样式即可。相应级别的格式设置完成后，可以通过"定义新多级列表"对话框中的预览框进行预览，如对当前样式感到满意，则单击"确定"按钮，返回文档中，可以看到所选文档的编号级别均为 3 级，如图 6-77 所示。

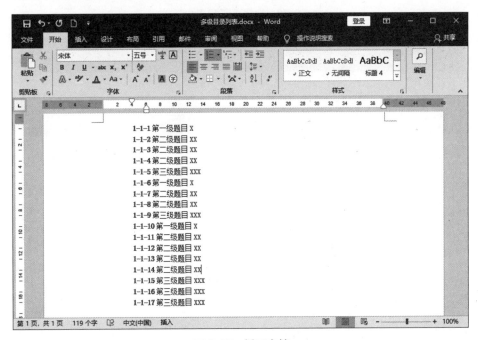

图 6-77　返回文档

（9）选中一级内容段落，在"开始"选项卡的"段落"功能组中单击"多级列表"按钮，在下拉列表框中选择"更改列表级别"选项，在弹出的列表级别下拉表框中选择 1 级列表，如图 6-78 所示，则文档中的 1 级列表样式随之更改，如图 6-79 所示。

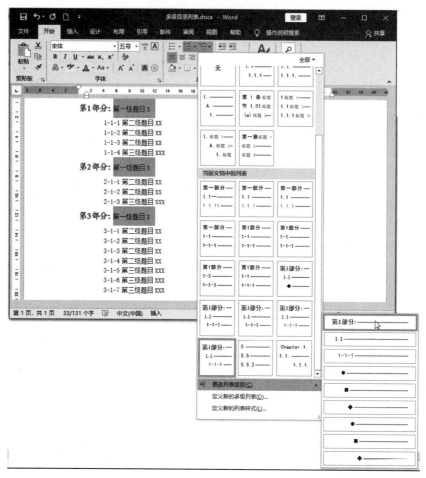

图 6-78　选择 1 级列表段落

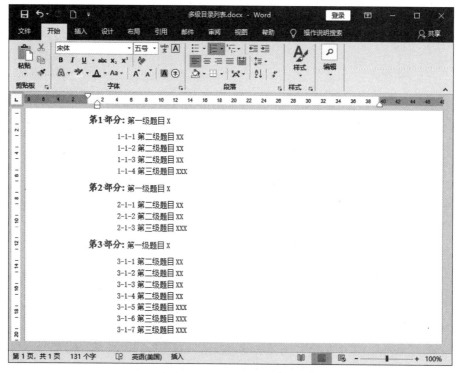

图 6-79　更改 1 级列表样式

（10）按照同样的方法，设置第二级别列表样式，最终结果如图6-61所示。

6.6　设置边框与底纹

使用Word编辑文档时，我们不仅可以为字符添加边框和底纹，还可以为段落设置边框和底纹，以便达到强调、分离、美观等目的。

6.6.1　设置边框

Word 2019为用户提供了多种边框，可以给文字、段落以及整个页面设置边框，使文档更加醒目和美观。

1. 为文字或段落设置边框

段落边框的设置方法与之前介绍的字符边框设置类似，区别在于边框的应用范围不同。对于段落边框，用户可以自定义分别设置上、下、左、右、内、外边的边框。而字符边框是固定的，不能任意添加或删除任意一条边。

设置段落边框的具体操作步骤如下。

（1）选中需要设置边框的段落。

（2）在"开始"选项卡的"段落"功能组中单击"边框"按钮 右侧的下拉按钮，在弹出的下拉列表框中选择"边框和底纹"选项，如图6-80所示。

（3）在弹出的"边框和底纹"对话框中，选择"边框"选项卡，如图6-81所示。

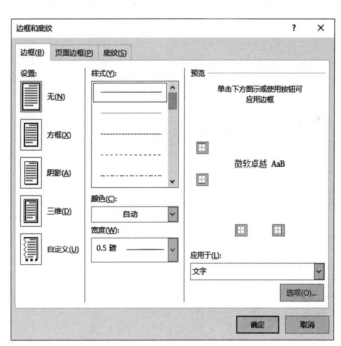

图6-80　边框下拉列表框　　　　　　　　图6-81　"边框和底纹"对话框

❖ **"设置"列表框**：有"无""方框""阴影""三维"4种内置边框样式，根据需要也可选择自定义边框样式。

❖ **"样式"列表框**：在列表中选择一种线条样式。

❖ **"颜色"下拉列表框**：在下拉列表框中设置所需的颜色。

❖ **"宽度"下拉列表框**：在下拉列表框中设置相应边框磅值。

❖ **"应用于"下拉列表框**：在下拉列表框中设定边框的应用范围是"段落"或者"文字"。图 6-82 所示为字符边框与段落边框的区别。

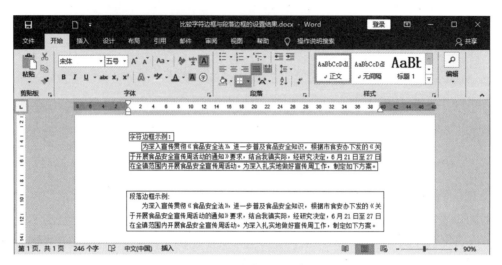

图 6-82　边框效果示例

❖ **"选项"按钮**：单击此按钮，弹出"边框和底纹选项"对话框，如图 6-83 所示。可以在对话框中设置边框到正文内容上、下、左、右的距离。

❖ **"预览"区域**：可以预览段落边框设置的效果，单击预览区域的图示可以选择添加或取消边框的上、中、下、左、右的任一边框线，也可以直接单击"预览"区域中的段落效果图的上、下、左、内、右边来实现添加或取消边框线，如图 6-84 所示。

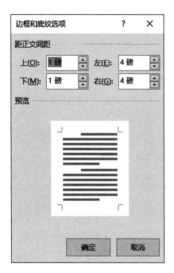

图 6-83　"边框和底纹选项"对话框

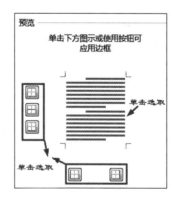

图 6-84　预览区域

（4）设置完成后，单击"确定"按钮即可。

2. 为页面设置边框

运用 Word 制作文档时，可以给整个文档即页面添加一个边框，或图案，使我们的文档更加生动形象。具体操作步骤如下。

（1）在"开始"选项卡的"段落"功能组中单击"边框"按钮 右侧的下拉按钮，在弹出的下拉列表框中选择"边框和底纹"选项。

（2）在弹出的"边框和底纹"对话框中，选择"页面边框"选项卡，如图 6-85 所示。

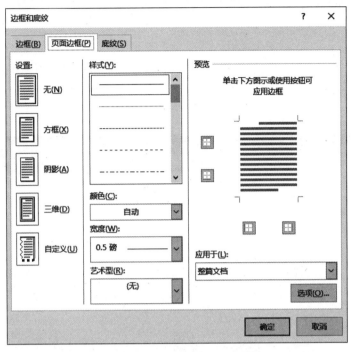

图 6-85　"边框和底纹"对话框

（3）设置页面边框的方法与添加边框基本相似，不同的选项功能如下。

❖ **"艺术型"下拉列表框**：可以为页面添加多种艺术型边框，如图 6-86 所示。

❖ **"应用于"下拉列表框**：提供了 4 种选项，如图 6-87 所示。如果选择"整篇文档"选项，则所有
页面都将应用边框样式；如果选择"本节"选项，则只对当前的页面应用边框样式；如果选择"本节 -
仅首页"选项，则只对首页应用边框样式；如果选择"本节 - 除首页外所有页"选项，则对除首
页外所有页应用边框样式。

❖ **"选项"按钮**：单击该按钮，弹出"边框和底纹选项"对话框，如图 6-88 所示。可以选择"页边"
或"文字"为测量基准，设置边距，然后单击"确定"按钮，返回到"边框和底纹"对话框。

（4）设置完成后，单击"确定"按钮即可。

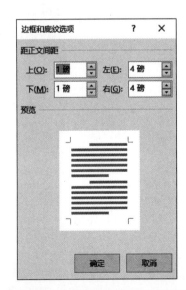

图 6-86　"艺术型"下拉列表框

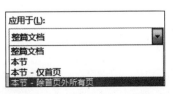

图 6-87　"应用于"下拉列表框

图 6-88　"边框和底纹选项"对话框

6.6.2 设置底纹

段落底纹的设置方式与字符底纹的设置方式类似，主要区别在于应用范围不同，应用于段落的底纹是一整块矩形底纹，而应用于文字的底纹只是所选的字符处有底纹，文字上下行的空白处无底纹，如图 6-89 所示。

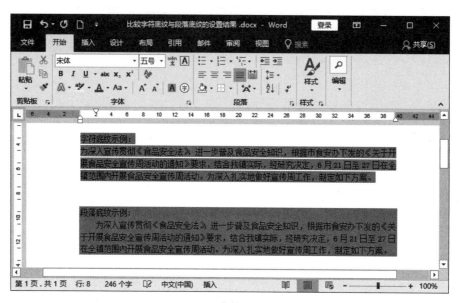

图 6-89　底纹效果示例

设置段落底纹的具体操作步骤如下。

（1）选中需要设置底纹的段落。

（2）在"开始"选项卡的"段落"功能组中单击"边框"按钮右侧的下拉按钮，在弹出的下拉列表框中选择"边框和底纹"选项，在弹出的"边框和底纹"对话框中选择"底纹"选项卡。如图 6-90 所示。

（3）在"填充"下拉列表框中为段落底纹选择一种颜色。

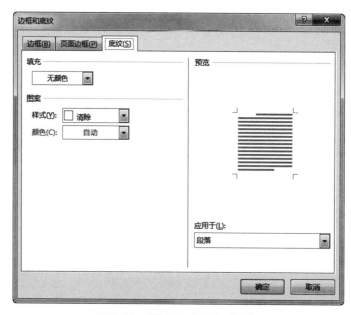

图 6-90　"边框和底纹"对话框

（4）在"图案"区域的"样式"下拉列表框中为段落的底纹选择一种填充图案，在"颜色"下拉列表框中为段落的底纹图案选择一种颜色。

（5）在"应用于"下拉列表框中选择"段落"选项。

（6）在"预览"区域，可以预览段落底纹的设置效果。

（7）设置完成后，单击"确定"按钮即可。

上机练习——为"客户满意度调查表"添加边框和底纹

本节练习给段落添加边框和底纹。通过对操作步骤的讲解，可以使读者掌握为段落添加不同样式、颜色和宽度的边框以及各种颜色和图案底纹的方法，使文档更具实用性。

6-6 上机练习——为"客户满意度调查表"添加边框和底纹

首先启动 Word 2019，然后选中需要添加边框和底纹的段落，在"开始"选项卡的"段落"功能组中单击"边框"下拉按钮，选择并打开"边框和底纹"对话框，根据需要在不同的选项卡中设置所需的边框和底纹，结果如图6-91所示。

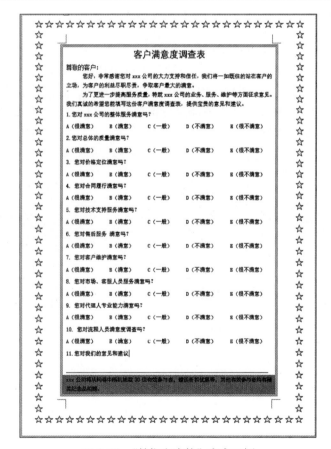

图6-91 "边框和底纹"文本示例

操作步骤

（1）启动 Word 2019，打开"客户满意度调查表"文档。

（2）选取整篇文本，在"开始"选项卡的"段落"功能组中单击"边框"按钮右侧的下拉按钮，在弹出的下拉列表框中选择"边框和底纹"选项，如图6-92所示。

图 6-92 选择"边框和底纹"选项

（3）在弹出的"边框和底纹"对话框中选择"边框"选项卡。在"设置"选项区中选择"方框"选项，在"样式"列表框中选择一种线型，在"颜色"下拉列表框中选择"绿色"，在"宽度"下拉列表框中选择"0.75 磅"选项，在"应用于"下拉列表框中选择"段落"选项，如图 6-93 所示。

（4）单击"选项"按钮，在弹出的"边框和底纹选项"对话框中，将段落文本距正文间距设置为上下 2 磅、左右 6 磅，如图 6-94 所示。

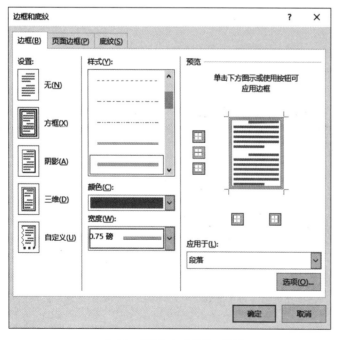

图 6-93 "边框和底纹"对话框

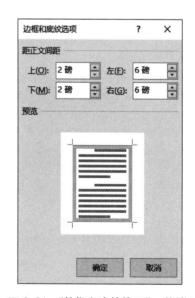

图 6-94 "边框和底纹选项"对话框

（5）单击"确定"按钮，返回到"边框和底纹"对话框。在"页面边框"选项卡的"艺术型"下拉列表框中选择一种样式，在"宽度"文本框中输入"20 磅"，在"应用于"下拉列表框中选择"整篇文档"选项，如图 6-95 所示。单击"确定"按钮，文本效果如图 6-96 所示。

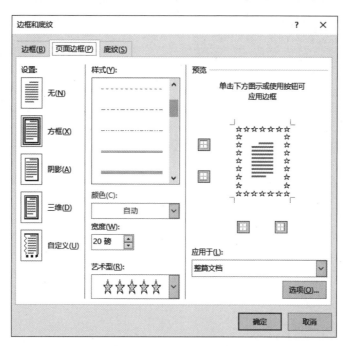

图 6-95　设置"页面边框"

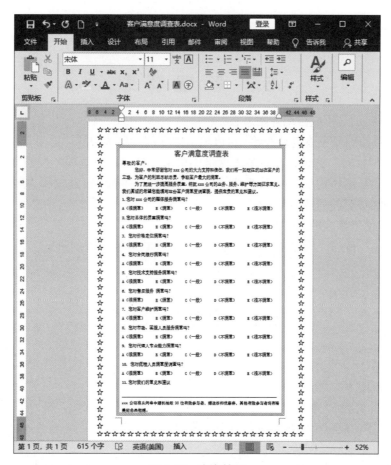

图 6-96　文本效果

（6）选择最后一行，打开"边框和底纹"对话框，选择"底纹"选项卡。单击"填充"区域的下拉
按钮，从弹出的色块中选择"浅绿"，从图案的"样式"下拉列表框中选择"10%"填充，从"颜色"下
拉列表框中选择"红色"色块，在"应用于"下拉列表框中选择"段落"选项，如图 6-97 所示。单击

"确定"按钮，返回文本，效果如图 6-89 所示。

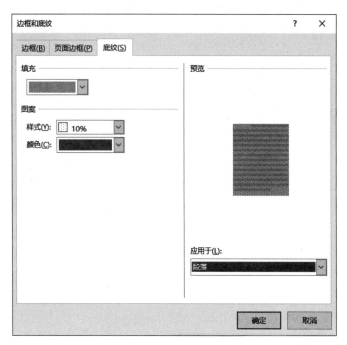

图 6-97　设置段落"底纹"

6.7　答 疑 解 惑

1. 如果项目符号和编号不能自动开始怎么办?

答：如果项目符号和编号不能自动开始,可以单击"文件"菜单中的"选项"命令,在打开的"Word选项"对话框中选择"校对"选项,在右侧的窗格中单击"自动更正选项"按钮打开"自动更正"对话框。选择"键入时自动套用格式"选项卡,选中"自动项目符号列表"复选框和"自动编号列表"复选框,即可实现自动开始添加项目符号或编号。

2. 如果需要重复使用格式刷怎么办?

答：单击"格式刷"按钮,则复制一次格式后,系统会自动退出复制状态。如果是双击而不是单击,则可多次复制格式。

6.8　学习效果自测

一、选择题

1. 在 Word 文档编辑中，给选定的段落快速增加缩进量的快捷键是（　　　）。
   A. Ctrl+M　　　　　　B. Ctrl+Alt+M　　　　　　C. Ctrl+Shift +M　　　　　D. Ctrl+N

2. 在 Word 2019 中使用标尺不能在排版过程中设置的是改变（　　　）。
   A. 行缩进标志　　　　B. 左缩进标志　　　　C. 字体　　　　　　D. 右缩进标志

3. 在 Word 2019 的编辑状态下，若要调整左右边界，比较直接、快捷的方法是（　　　）。
   A. 工具栏　　　　　　B. 菜单　　　　C. 标尺　　　　　　D. 格式栏

4. 在 Word 的编辑状态，选择了一个段落并设置段落的"首行缩进"为 1 厘米，则（　　　）。
   A. 该段落的首行起始位置距页面的左边界 1 厘米

B. 文档中各段落的首行只由"首行缩进"确定位置

C. 该段落的首行起始位置距段落的"左缩进"位置的右边界 1 厘米

D. 该段落的首行起始位置在段落"左缩进"位置的左边 1 厘米

5. 以下不是段落格式化操作的是（　　）。

　　A. 对齐方式　　　　　　B. 缩进方式　　　　　　C. 行或者段落间距　　　D. 简繁体转换

6. 下列有关格式刷的说法中，错误的是（　　）。

　　A. 在复制格式前需先选中原格式所在的文本

　　B. 单击格式刷只能复制一次，双击格式刷可多次复制，直到按 Esc 键为止

　　C. 格式刷既可以复制格式，也可以复制文本

　　D. 格式刷在"开始"选项卡的"剪贴板"功能组中

二、操作题

将以下素材按要求排版：

（1）将标题字体设置为"华文行楷"，字形设置为"常规"，字号设置为"一号"，居中显示，段前段后各 1 行。

（2）将正文"左缩进"设置为"2 字符"，"行距"设置为"25 磅"。

（3）将除标题以外的所有正文加上方框边框，并填充"灰色底纹，样式为 15%"。

素材：

调制解调器

　　调制解调器是 Modulator（调制器）与 Demodulator（解调器）的简称，中文称为调制解调器（中国香港、台湾地区称之为数据机），人们根据 Modem 的谐音，亲昵地称之为"猫"。它是在发送端通过调制将数字信号转换为模拟信号，而在接收端通过解调再将模拟信号转换为数字信号的一种装置。

　　所谓调制，就是把数字信号转换成电话线上传输的模拟信号；解调，即把模拟信号转换成数字信号。

　　调制解调器的英文是 MODEM，它的作用是充当模拟信号和数字信号的"翻译员"。电子信号分两种，一种是"模拟信号"，一种是"数字信号"。我们使用的电话线路传输的是模拟信号，而 PC 机之间传输的是数字信号。所以当用户想通过电话线把自己的电脑连入 Internet 时，就必须使用调制解调器来"翻译"两种不同的信号。连入 Internet 后，当 PC 机向 Internet 发送信息时，由于电话线传输的是模拟信号，所以必须要用调制解调器把数字信号"翻译"成模拟信号，才能传送到 Internet 上，这个过程叫作"调制"。当 PC 机从 Internet 获取信息时，由于通过电话线从 Internet 传来的信息都是模拟信号，所以 PC 机想要看懂它们，还必须借助调制解调器这个"翻译"，这个过程叫作"解调"。二者合起来就称为"调制解调"。

第 7 章

表格的应用

表格是编辑文档时较常见的组织文字形式，也是日常工作中一种非常有用的表达方式。可以把文本转换为表格，也可以把表格转换为文本。表格也是处理数据类文件的最好方法，是数据处理的重要手段，可以对表格中的数据进行计算、排序。

本章将介绍如下内容：

- ❖ 创建表格
- ❖ 编辑表格
- ❖ 在表格中输入文本
- ❖ 设置表格格式
- ❖ 转换表格和文档
- ❖ 表格的高级功能

7.1　创 建 表 格

Word 2019 提供了多种创建表格的方法，不仅可以通过按钮或者对话框完成表格的创建，也可以手动绘制表格，还可以根据内置样式快速插入表格。灵活掌握这些方法，便可以快速创建自己所需要的表格。表格中的每一项内容称为一个单元格，单元格之间被边框线分隔开。表格建立后，每个单元格就像一个独立的文档一样，可以对其进行编辑或插入其他对象。

7.1.1　使用"表格"按钮创建表格

使用"表格"按钮可以简单、快速地创建一个表格。具体操作方法如下。

（1）在文档中把插入点定位到要插入表格的位置。

（2）选择"插入"选项卡中的"表格"功能组，单击"表格"按钮，出现一个 10 列 8 行的表格网格框，如图 7-1 所示。

（3）按住鼠标左键沿网格左上角向右拖动可以指定表格的列数，向下拖动可以指定表格的行数，选中的单元格将显示为橙色，文档中也可以预览所插入表格的效果，如图 7-2 所示。

（4）松开鼠标左键，在文档中就插入了所选行数和列数的表格。如图 7-3 所示为 4 行 6 列表格的效果图。

创建表格后，就可以在表格中输入所需的内容了，其方法与在文档中输入内容的方法相似，只需将光标插入点定位到需要输入内容的单元格内，再进行输入即可。

图 7-1　表格网格框

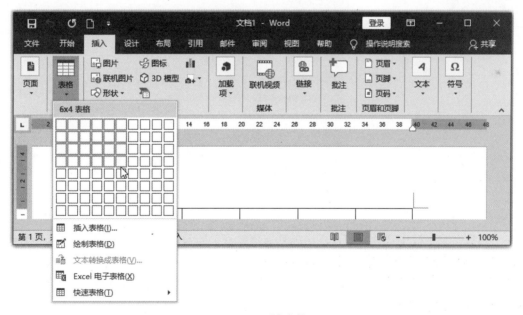

图 7-2　创建表格

提示：　　表格网格框顶部出现的"*m*×*n* 表格"表示要创建的表格有 *m* 列、*n* 行。使用"表格"按钮创建的表格最多有 8 行 10 列，并且没有任何样式，列宽也是按照窗口自动调整的，所以这种方法只适用于创建简单的、行列数较少的表格。

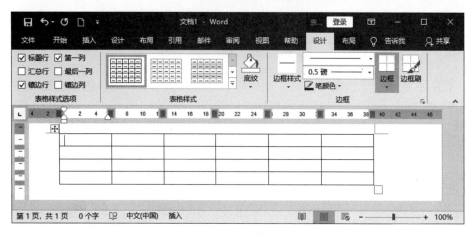

图7-3　6×4表格效果图

7.1.2　使用"插入表格"对话框创建表格

在创建表格时,如果还需要指定表格中的列宽,精确设置表格的大小,就要利用"插入表格"对话框。具体操作方法如下。

(1)在文档中把插入点定位到要插入表格的位置。

(2)选择"插入"选项卡中的"表格"功能组,单击"表格"按钮,在弹出的下拉菜单中选择"插入表格"选项,打开"插入表格"对话框,如图7-4所示。

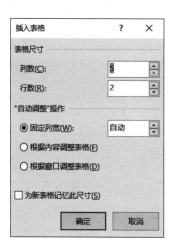

图7-4　"插入表格"对话框

(3)在"列数"文本框中选择或输入表格的列数值,在"行数"文本框中选择或输入行数值。

(4)在"'自动调整'操作"选项组中可以进行选择。

❖ 选择"固定列宽"单选按钮,可以在其后的文本框中输入或选择列的宽度。如果使用默认的"自动"选项,则各列在页面上平均分布。

❖ 选择"根据内容调整表格"单选按钮,可以使列宽自动适应内容的宽度。

❖ 选择"根据窗口调整表格"单选按钮,可以使表格的宽度与窗口的宽度相适应,表格的宽度随着窗口宽度的改变而变化。

(5)选中"为新表格记忆此尺寸"复选框,则在下一次打开"插入表格"对话框时,该对话框中会自动显示之前设置的尺寸参数。

(6)单击"确定"按钮。

7.1.3 手动绘制表格

在实际应用中，需要创建各种列宽、行高都不等的不规则结构的表格，利用 Word 2019 提供的"绘制表格"功能，用户可以绘制任意不规则表格，以及绘制一些带有斜线表头的表格。绘制表格的具体操作方法如下。

（1）打开"插入"选项卡，在"表格"功能组中单击"表格"按钮，从弹出的下拉菜单中选择"绘制表格"命令。

（2）进入表格绘制模式后，鼠标光标为笔的形状 🖊，将鼠标定位在要插入表格的起始位置，然后按住鼠标左键并向右下方拖动，即可在文档中画出一个表格的虚框，如图 7-5 所示。画到合适的大小后，释放鼠标即可绘制出表格边框，如图 7-6 所示。

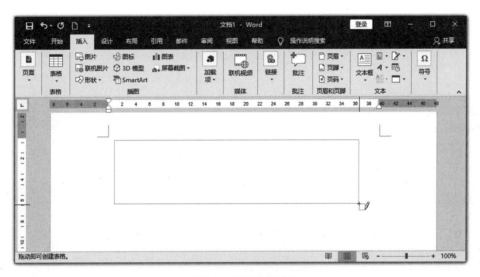

图 7-5　绘制表格边框

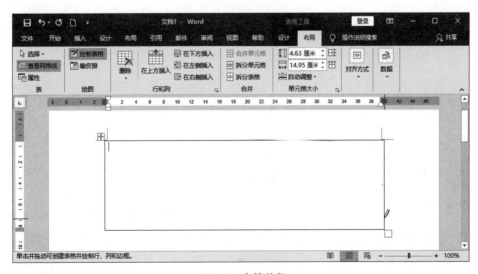

图 7-6　表格边框

（3）在表格边框的任意位置单击，选择一个起点，按住鼠标左键向下拖动绘制出表格中的列线，向右拖动绘制出表格中的行线，如图 7-7 所示。

（4）在表格的第一个单元格中单击选择一个起点，按住鼠标左键向右下方拖动即可绘制一个斜线表头，如图 7-8 所示。

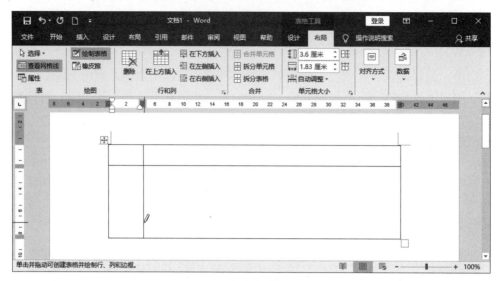

图 7-7 绘制行线和列线

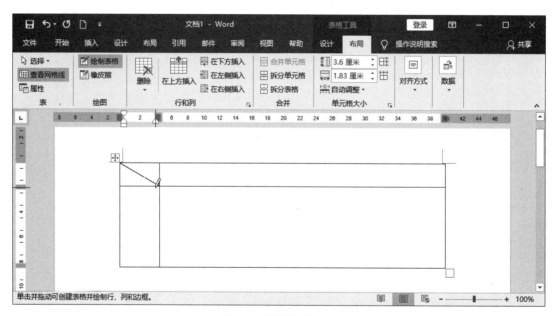

图 7-8 绘制斜线表头

（5）如果在绘制过程中出现错误，可以在"布局"选项卡中单击"绘图"功能组中的 橡皮擦 按钮，如图 7-9 所示，然后将错误线条擦除。也可以按住 Shift 键不放，待鼠标指针变成橡皮形状 时，直接单击错误线条将其删除。

（6）完成绘制表格之后，按 Esc 键退出表格绘制模式即可。

图 7-9 "橡皮擦"按钮

7.1.4　调用 Excel 电子表格

当涉及比较复杂的数据关系时，可以调用 Excel 电子表格。具体操作方法如下。

（1）在"插入"选项卡的"表格"功能组中单击"表格"按钮，在弹出的下拉列表框中选择"Excel 电子表格"选项。

（2）此时 Word 编辑窗口中嵌入了一个 Excel 工作表，如图 7-10 所示。Word 窗口中的功能区被 Excel 功能区取代。

（3）直接在该工作表中编辑数据，方法与 Excel 应用程序中的操作相同。

（4）表格编辑完成后，在 Excel 工作表外任意处单击，即可退出 Excel 工作表的编辑状态，完成表格的创建。

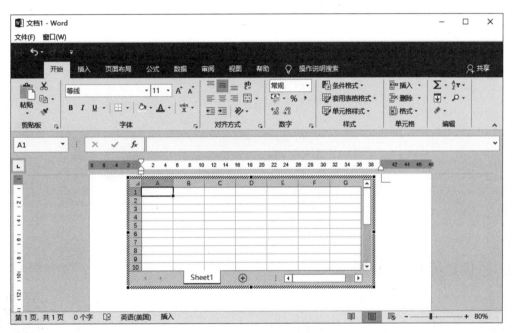

图 7-10　调用 Excel 电子表格

7.1.5　使用"快速表格"功能

Word 2019 提供了"快速表格"功能，具有许多内置样式的表格，用户可以根据需要创建的表格外观来选择形似或者形同的样式，在此基础上修改表格，从而快速制作出美观适用的表格。使用"快速表格"功能创建表格的具体操作方法如下。

（1）在文档中把插入点定位到要插入表格的位置。

（2）选择"插入"选项卡中的"表格"功能组，单击"表格"按钮，在弹出的下拉菜单中选择"快速表格"选项。

（3）在"快速表格"选项的级联列表中选择一个需要的表格样式，即可在文档中插入所选样式的表格，如图 7-11 所示。

（4）选中表格中需要修改的内容，直接修改即可。

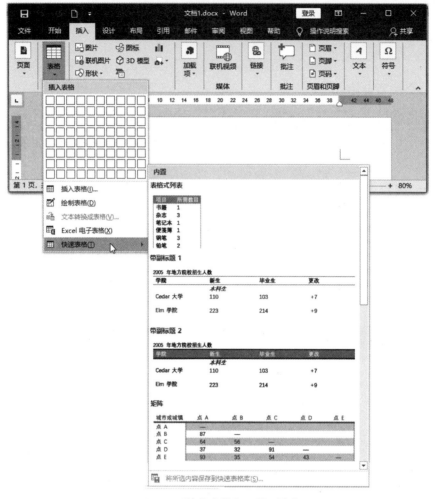

图 7-11 "快速表格"下拉列表框

上机练习——创建员工人事数据表

 本节练习创建员工人事数据表。通过对操作步骤的讲解，可以使读者进一步熟悉创建表格的方法。

 首先启动 Word 2019，根据需要使用"插入表格"对话框创建 7×20 的表格，结果如图 7-12 所示。

7-1 上机练习——创建员工人事数据表

员 工 人 事 数 据 表

图 7-12 员工人事数据表

操作步骤

（1）启动 Word 2019，新建一个名为"员工人事数据表"的文档。

（2）在插入点处输入标题"员工人事数据表"，设置其格式为"华文细黑""小二号""加粗""深蓝""居中"，如图 7-13 所示。

图 7-13　输入标题

（3）将插入点定位到表格标题下一行，打开"插入"选项卡，在"表格"功能组中单击"表格"按钮，从弹出的下拉菜单中选择"插入表格"选项，如图 7-14 所示。

（4）在打开的"插入表格"对话框中，在"列数"和"行数"微调框中分别输入"7"和"20"，如图 7-15 所示，单击"确定"按钮。

（5）此时，文档中插入了一个 7×20 的规则表格，如图 7-12 所示。

图 7-14　选择"插入表格"选项

图 7-15　"插入表格"对话框

7.2　编 辑 表 格

表格的插入工作结束后应对表格进行编辑，以满足不同的需要。Word 文档中的编辑表格操作包括表格的编辑操作以及表格内容的编辑操作，如选择操作区域、插入行与列、删除行与列、合并与拆分单元格、调整行高列宽等。

7.2.1 在表格中定位光标

在表格中定位光标可以使用鼠标和键盘。使用鼠标时只需简单地在所要定位的单元格中单击即可。使用键盘上的上、下、左、右箭头键也可以在表格中移动光标。除此以外，利用下列快捷键可以在表格中快速定位光标。

- ❖ **Tab 键**：光标移动到下一个单元格中并选定该单元格中的文本。
- ❖ **Shift+Tab 键**：光标移动到前一个单元格中并选定该单元格中的文本。
- ❖ **Alt+Home 键**：光标移动到同行的第一个单元格中。
- ❖ **Alt+End 键**：光标移动到同行的最后一个单元格中。
- ❖ **"←" 键**：光标向左移动一个字符；插入点位于单元格开头时移到上一个单元格。
- ❖ **"→" 键**：光标向右移动一个字符；插入点位于单元格结尾时移到下一个单元格。
- ❖ **"↑" 键**：光标移动到上一行。
- ❖ **"↓" 键**：光标移动到下一行。
- ❖ **Alt+PageUp 键**：光标移动到同列的第一个单元格中。
- ❖ **Alt+PageDown 键**：光标移动到同列的最后一个单元格中。

提示：
> 在表格中若需要插入制表位，应按 Ctrl+Tab 键。

7.2.2 在表格中选定操作区域

在对整个表格或者表格中的部分区域进行操作前，都要先选定表格的操作区域，选择的区域不同，选择方法也不同。

1. 用鼠标选取表格中的操作区域

1）选取单元格

单元格的选取主要分为 3 种：选取单个单元格、选取多个连续单元格以及选取多个不连续单元格。根据具体需要，选择方法如下。

- ❖ **选取单个单元格**：将鼠标指针置于单元格的左边缘，当指针变为黑色右上方向实箭头 ➚ 时，单击可以选取该单元格，如图 7-16 所示。

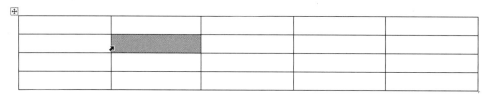

图 7-16　使用鼠标选取单个单元格

- ❖ **选取多个连续单元格**：将鼠标指针置于第一个单元格的左边缘，当指针变为黑色右上方向实箭头 ➚ 时，按住鼠标左键并拖动到最后一个单元格，如图 7-17 所示。

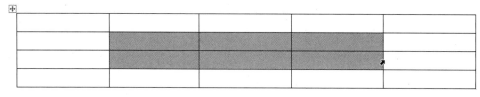

图 7-17　使用鼠标选取多个连续单元格

❖ **选取多个不连续单元格**：选中第一个要选择的单元格后，按住 Ctrl 键不放，再分别选取其他单元格即可，如图 7-18 所示。

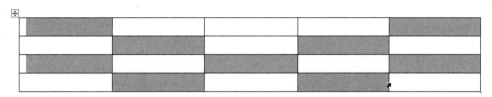

图 7-18　使用鼠标选取多个不连续单元格

 提示：　　选取连续的多个单元格区域时，可以先选中第一个单元格，然后按住 Shift 键不放，在另一个单元格中单击，则以两个单元格为对角顶点的矩形区域内的所有单元格都将被选中。

2）选取行

行的选取主要分为 3 种：选取一行、选取连续的多行以及选取不连续的多行。根据具体需要，选择方法如下。

❖ **选取一行**：将鼠标指针移到某行的左侧，当指针变为白色右上方向箭头 时，单击可以选取该行，如图 7-19 所示。

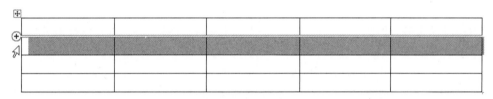

图 7-19　使用鼠标选取一行

❖ **选取连续的多行**：将鼠标指针移到某行的左侧，当指针变为白色右上方向箭头 时，按住鼠标左键不放并向下或向上拖动，即可选取连续的多行，如图 7-20 所示。

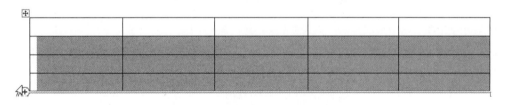

图 7-20　使用鼠标选取连续的多行

❖ **选取不连续的多行**：选中要选择的第一行后，按住 Ctrl 键不放，再分别选取其他行的左侧即可，如图 7-21 所示。

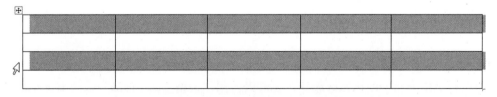

图 7-21　使用鼠标选取不连续的多行

3）选取列

列的选取主要分为 3 种：选取一列、选取连续的多列以及选取不连续的多列。根据具体需要，可以按照以下方法操作。

❖ **选取一列**：将鼠标指针移到某列的上边，当指针变为黑色向下箭头↓时，单击可以选取该列，如图 7-22 所示。

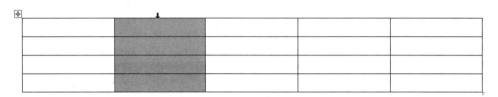

图 7-22　使用鼠标选取一列

❖ **选取连续的多列**：将鼠标指针移到某列的上边，当指针变为黑色向下箭头↓时，按住鼠标左键不放并向左或向右拖动，即可选取连续的多列，如图 7-23 所示。

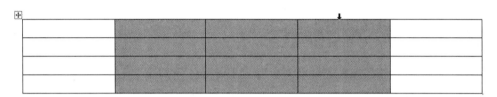

图 7-23　使用鼠标选取连续的多列

❖ **选取不连续的多列**：将选中要选择的第一列后，按住 Ctrl 键不放，再分别选取其他列的上方即可，如图 7-24 所示。

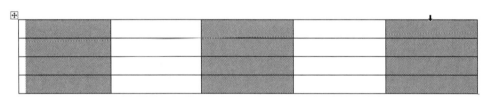

图 7-24　使用鼠标选取不连续的多列

4）选取整个表格

将光标置于表格中任意位置，表格的左上角出现一个十字形的小方框⊞控制点，右下角出现一个小方框□控制点，单击这两个控制点中的任意一个，即可选取整个表格，如图 7-25 所示。

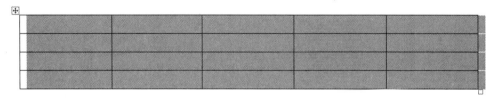

图 7-25　使用鼠标选取整个表格

2. 使用选项卡选取表格中的操作区域

除了使用鼠标选定表格中的操作区域外，还可以使用"表格工具 | 布局"选项卡来选取单元格、行、列和表格。操作方法如下。

（1）将光标定位在某单元格内。

（2）打开"表格工具"的"布局"选项卡，在"表"功能组中单击"选择"按钮。

（3）在"选择"按钮的下拉列表中选择相应的选项即可，如图 7-26 所示。

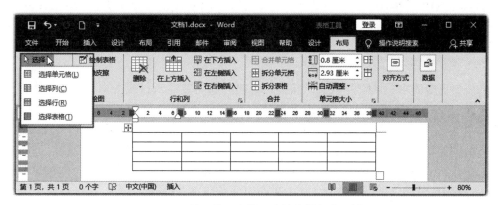

图 7-26　使用选项卡选取表格中的操作区域

 提示：　　　按下鼠标左键后拖动可以选择任意多的单元格，配合 Shift 键和 Ctrl 键可以选择任意连续或者不连续的单元格。

7.2.3　缩放和移动表格

Word 2019 在缩放表格方面有了很多方便之处，可以直接用鼠标来缩放和移动表格。单击表格左上角的十字形的小方框 ⊞ 控制点，选中整个表格。在该控制点上按住鼠标左键并拖动，拖动过程中，出现的虚框表示表格移动后的位置，如图 7-27 所示。移动到目标位置后，松开鼠标左键，即可完成表格的移动。

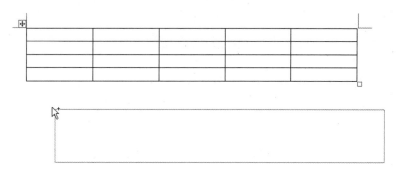

图 7-27　拖动表格左上角的控制点来移动表格

将鼠标指针放在右下角的小方框 □ 控制点上，当指针变为斜的双向箭头 ↖↘ 时，按住鼠标左键拖动可以缩放表格，此时鼠标指针变为十形，拖动表格到满意的大小后，释放鼠标即可，如图 7-28 所示。若要将整个表格按比例缩放，可以在按住 Shift 键的同时拖动鼠标。

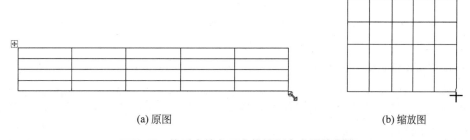

(a) 原图　　　　　　　　　　　　　　　(b) 缩放图

图 7-28　拖动表格右下方的控制点来缩放表格

7.2.4　插入行、列和单元格

创建好表格后，经常会根据实际情况的变化插入和删除一些行、列或者单元格。

1. 插入行、列

当表格中需要更多的空行或空列来输入新的内容时，就需要插入行或者列。具体操作方法如下。

（1）将光标定位于表格中需要插入行或者列的相应位置。

（2）打开"表格工具 | 布局"选项卡，在图 7-29 所示的"行和列"功能组中单击需要插入新行或新列的位置相应的按钮即可。或者在光标定位后右击，从弹出的快捷菜单中选择"插入"选项，在其下拉列表中也可以选择相应的选项，如图 7-30 所示。图 7-31 所示为将光标分别定位在上边第一行、左边第一列之后插入的行和列的效果。下面对图 7-29 中各按钮的功能进行说明。

图 7-29　"行和列"功能组

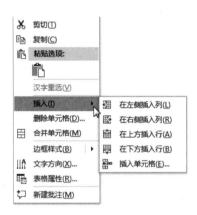

图 7-30　"插入"快捷菜单

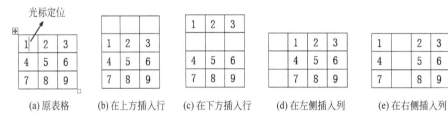

(a) 原表格　(b) 在上方插入行　(c) 在下方插入行　(d) 在左侧插入列　(e) 在右侧插入列

图 7-31　插入行和列效果

❖ 单击"在上方插入"按钮，将会在光标所在行的上方插入一行。

❖ 单击"在下方插入"按钮，将会在光标所在行的下方插入一行。

❖ 单击"在左侧插入"按钮，将会在光标所在列的左侧插入一列。

❖ 单击"在右侧插入"按钮，将会在光标所在列的右侧插入一列。

除了上述操作方法之外，还有以下几种插入行或者列的方法。

❖ 将光标定位在某行最后一个单元格的外边，按 Enter 键，即可在该行的下方添加一个新行。

❖ 将光标定位在表格的最后一个单元格内，如果单元格内有内容，则将光标定位在文字末尾，然后按 Tab 键，即可在表格底部插入一个新行。

❖ 在表格的左侧，将鼠标指针指向行间的边界线时，将显示⊕标记，单击此标记，即可在该标记的下方添加一个新行。

❖ 在表格的顶部，将鼠标指针指向列间的边界线时，将显示⊕标记，单击此标记，即可在该标记的右侧添加一个新列。

❖ 如果需要一次性插入多行，可以先选定与需要插入行的位置相邻的行，再选择与需要增加的行

数相同的行数，在"表格工具|布局"选项卡的"行和列"功能组中单击相应的按钮即可。

❖ 如果需要一次性插入多列，可以先选定与需要插入列的位置相邻的行，再选择与需要增加的列
数相同的列数，在"表格工具|布局"选项卡的"行和列"功能组中单击相应的按钮即可。

2. 插入单元格

在编辑表格的过程中，有时候需要插入单元格，可以按照以下方法操作。

（1）将光标插入点定位到某个单元格。

（2）打开"表格工具|布局"选项卡，单击"行和列"功能组右下角的功能扩展按钮 ⌐，弹出图 7-32
所示的"插入单元格"对话框。或者在光标定位后右击，从弹出的快捷菜单中选择"插入"选项，也可
以打开"插入单元格"对话框。

（3）在"插入单元格"对话框中单击相应的单选按钮选择单元格插入方式。

（4）完成设置后单击"确定"按钮。图 7-33 所示为以单元格"1"为选定的活动单元格，插入单元
格后的效果。

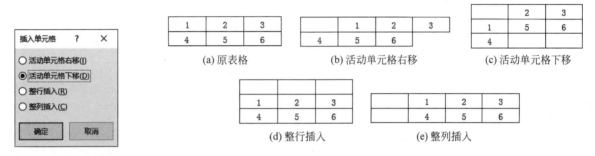

图 7-32 "插入单元格"对话框   图 7-33 "插入单元格"效果

7.2.5 删除行、列和单元格

编辑表格时，经常会遇到表格的行、列和单元格多余的情况，需要将其删除，使表格更加紧凑美观。

1. 删除行、列

要想删除多余的行，可以按照以下方法操作。

（1）选定要删除的行，也可将光标定位在该行的任意单元格内。

（2）打开"表格工具|布局"选项卡，单击"行和列"功能组中的"删除"命令按钮 。

（3）在弹出的"删除"下拉列表中选择"删除行"选项即可，如图 7-34 所示。

删除多余列与删除多余行的操作方法基本相似，只需在弹出的"删除"下拉列表中选择"删除列"
选项即可。

除了利用上述操作方法删除行（列）以外，还可以将需要删除的行或列选中并右击，在弹出的快捷
菜单中选择相应的"删除行"或"删除列"选项即可，如图 7-35 和图 7-36 所示。

2. 删除单元格

如果想删除多余的单元格，可以按照以下方法操作。

（1）选中要删除的单元格。

（2）打开"表格工具|布局"选项卡，单击"行和列"功能组中的"删除"命令按钮 。

（3）在弹出的"删除"下拉列表中选择"删除单元格"选项，打开"删除单元格"对话框，如图 7-37
所示。

（4）在"删除单元格"对话框中单击相应的单选按钮选择单元格删除方式。

图 7-34 "删除"命令下拉列表框

图 7-35 "删除行"选项

图 7-36 "删除列"选项

（5）完成设置后单击"确定"按钮。图 7-38 所示为以单元格"1"为选定的活动单元格，删除单元格后的效果。

图 7-37 "删除单元格"对话框

1	2	3
4	5	6
7	8	9

(a) 原表格

2	3	
4	5	6
7	8	9

(b) 右侧单元格左移

4	2	3
7	5	6
	8	9

(c) 下方单元格上移

4	5	6
7	8	9

(d) 删除整行

2	3
5	6
8	9

(e) 删除整列

图 7-38 "删除单元格"效果

提示： 如选取某个单元格后按 Delete 键，只会删除该单元格中的内容，不会从结构上将其删除。在"删除单元格"对话框中选中"删除整行"或"删除整列"单选按钮，可以删除包含选定的单元格在内的整行或整列。

7.2.6 合并和拆分单元格

在表格的实际应用中，有时需要拆分单元格，即将一个单元格拆为几个单元格，也可能需要合并单元格，即将几个单元格合并为一个。

1. 合并单元格

如果需要合并单元格，可以按照以下方法操作。

（1）选定要进行合并操作的单元格。

（2）打开"表格工具|布局"选项卡，单击图 7-39 所示的"合并"功能组中的"合并单元格"命令按钮。也可以将需要进行合并操作的单元格选中并右击，在弹出的快捷菜单中选择"合并单元格"选项即可，如图 7-40 所示。

通过"合并单元格"的操作，可以发现所选单元格之间的边界被删除了，建立起了一个新的单元格，并将原来单元格的列宽和行高合并为当前单元格的列宽和行高，如图 7-41 所示。

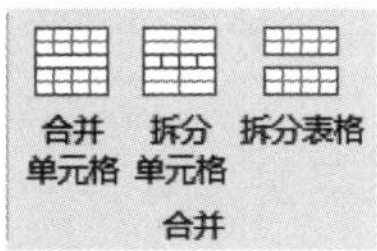

图 7-39 "合并"功能组　图 7-40 "合并单元格"快捷菜单　　图 7-41 合并单元格效果

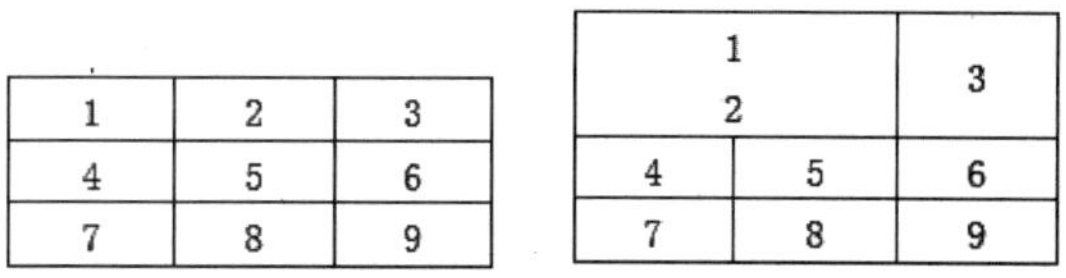

(a)原表格　　(b)合并单元格1和2后的表格

2. 拆分单元格

如果需要拆分单元格，可以按照以下方法操作。

（1）选定要进行拆分操作的单元格。

（2）打开"表格工具 | 布局"选项卡，单击"合并"功能组中的"拆分单元格"命令按钮，弹出图 7-42 所示的"拆分单元格"对话框。或者将需要进行拆分操作的单元格选中并右击，在弹出的快捷菜单中选择"拆分单元格"选项，也可以打开"拆分单元格"对话框。

（3）在"拆分单元格"对话框中指定拆分操作后的行数和列数即可。

（4）如果选择了多个单元格，可以选中"拆分前合并单元格"复选框，则进行拆分操作前先把选定的单元格合并，再按照设置的拆分行列数对合并后的单元格进行拆分，如图 7-43 所示。

图 7-42 "拆分单元格"对话框

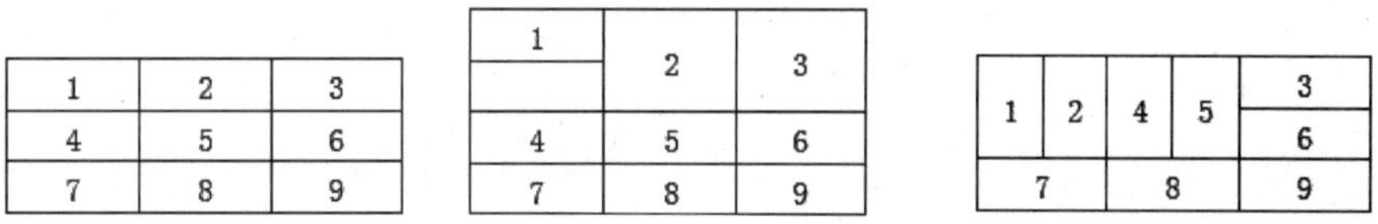

(a)原表格　　(b)将单元格1拆分为1列2行　(c)将单元格1、2、4、5拆分为4列1行

图 7-43 "拆分单元格"效果

7.2.7 调整行高和列宽

创建表格时，表格的行高和列宽都是默认值。根据操作需要，有时需要调整表格的行高与列宽。Word 2019 提供了多种方法调整表格的行高与列宽。调整时，既可以使用鼠标拖动进行随意调整，也可以使用对话框进行精确调整，还可以使用"自动调整"功能，或者"分布行 / 列"功能。

1. 使用鼠标拖动进行调整

1）调整行高

先将光标指向需要调整的行的下边框，待鼠标指针变成双向箭头 ⇕ 时，按下鼠标左键并拖动，表格中将出现虚线，待虚线达到合适的位置后释放鼠标即可，如图 7-44 所示。调整后整个表格的高度会随着行高的改变而改变。

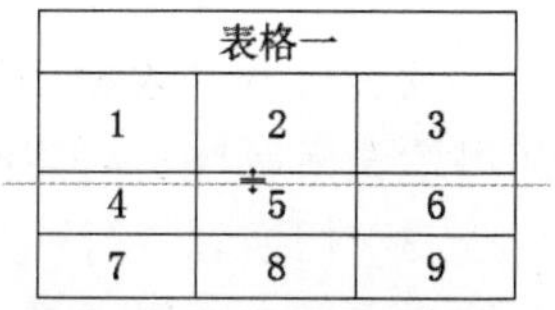

2）调整列宽

先将光标指向需要调整的列的边框，待鼠标指针变成双向箭头 ↔ 时，使

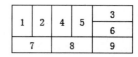

图 7-44 拖动鼠标调整行高

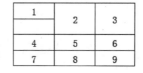

用不同的操作方法可以达到不同的调整列宽的效果，操作时当表格中出现的虚线达到合适位置后释放鼠标即可，如图 7-45 所示。

表格一		
1	2	3
4	5	6
7	8	9

(a) 原表格

表格一		
1	2	3
4	5	6
7	8	9

(b) 用鼠标指针拖动边框

表格一		
1	2	3
4	5	6
7	8	9

(c) 按住Ctrl键并拖动鼠标

表格一		
1	2	3
4	5	6
7	8	9

(d) 按住Shift键并拖动鼠标

图 7-45　使用鼠标拖动进行调整列宽效果

❖ 用鼠标指针拖动边框，则边框左边一列的宽度发生变化，而整个表格的总宽度保持不变。

❖ 按住 Ctrl 键并拖动鼠标，则边框左边一列的宽度发生变化，边框右边的各列也发生均匀的变化，而整个表格的总体宽度不变。

❖ 按住 Shift 键并拖动鼠标，则边框左边一列的宽度发生变化，整个表格的总体宽度随之改变。

2. 自动调整行高和列宽

1）使用"自动调整"功能

将插入点定位在表格中，打开"表格工具 | 布局"选项卡，在"单元格大小"功能组中单击"自动调整"按钮，从弹出的下拉菜单中选择相应的选项，即可便捷地调整表格的行与列，如图 7-46 所示。

❖ 选择"根据内容自动调整表格"命令，则表格中的列宽会根据表格中内容的宽度改变。

❖ 选择"根据窗口自动调整表格"命令，则表格的宽度自动变为页面的宽度。

❖ 选择"固定列宽"命令则列宽不变，如果内容的宽度超过了列宽会自动换行。

2）使用"分布行 / 列"功能

如果希望表格中的所有行高、所有列宽都能均分，可以使用 Word 2019 提供的"分布行 / 列"功能，快速便捷地实现平均分布行或列。只需将光标插入点定位在表格内，打开"表格工具 | 布局"选项卡，在"单元格大小"功能组中单击"分布行"按钮 或者"分布列"按钮 即可，如图 7-47 所示。

1	2	3	
4	5	6	
7	8	9	

(a) 原图

(b) 均分行列后

图 7-46　"自动调整"选项　　　　图 7-47　使用"分布行 / 列"功能效果

❖ 选择"分布行"命令则所选的各行变为相等行高。

❖ 选择"分布列"命令则所选的各列变为相等列宽。

3. 使用对话框进行调整

如果对表格尺寸的精确度要求较高，可以通过"表格属性"对话框来精确设置行高与列宽，具体操作方法如下。

（1）将光标定位在表格中需要调整的行或者列的任意单元格内。

（2）打开"表格工具 | 布局"选项卡，单击"单元格大小"功能组右下角的"功能扩展"按钮 ，弹出"表格属性"对话框。

（3）切换到"行"选项卡，如图 7-48 所示。选中"指定高度"复选框，并输入行高度。在"行高值是"下拉列表框中选择"最小值"或"固定值"选项。

❖ 选择"最小值"选项，输入的行高度将作为该行的默认高度，如果在该行中输入的内容超过了行高，Word 会自动加大行高以适应内容。

❖ 选择"固定值"选项，输入的行高度不会改变，如果内容超过了行高，将不能完整地显示。

（4）单击"上一行"按钮或"下一行"按钮可以选定上一行或下一行进行操作。

（5）切换到"列"选项卡，如图 7-49 所示。选中"指定宽度"复选框，并输入行宽度。在"度量单位"下拉列表框中选择"厘米"或"百分比"选项。

图 7-48　"行"选项卡

图 7-49　"列"选项卡

（6）单击"前一列"按钮或"后一列"按钮可以选定前一列或后一列进行操作。

（7）最后，单击"确认"按钮完成操作。

上机练习——编辑员工人事数据表

本节练习编辑员工人事数据表。通过对操作步骤的讲解，可以使读者进一步熟悉选定表格操作区域、合并和拆分单元格、调整行高列宽等相关表格编辑操作，设计出合适的表格。

7-2　上机练习——编辑员工人事数据表

首先启动 Word 2019，打开"员工人事数据表"文档，利用"表格工具 | 布局"选项卡的"单元格大小"功能组右下角的功能扩展按钮，打开"表格属性"对话框，给表格调整精确行高，然后利用"表格工具 | 布局"选项卡的"合并"功能组中的"合并单元格"按钮和"拆分单元格"按钮对部分单元格进行合并与拆分。结果如图 7-50 所示。

操作步骤

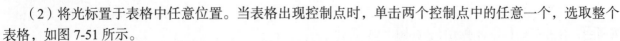

（1）首先启动 Word 2019，打开"员工人事数据表"文档。

（2）将光标置于表格中任意位置。当表格出现控制点时，单击两个控制点中的任意一个，选取整个表格，如图 7-51 所示。

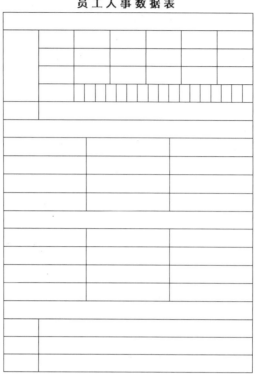

图 7-50　员工入事数据表

图 7-51　选取整个表格

（3）单击"表格工具｜布局"选项卡的"单元格大小"功能组右下角的"功能扩展"按钮，弹出"表格属性"对话框，切换到"行"选项卡，选中"指定高度"复选框，设置行高为"1厘米"，行高值是"最小值"，如图 7-52 所示。切换到"列"选项卡，选中"指定宽度"复选框，设置列宽为"2.1厘米"，如图 7-53 所示。单击"确定"按钮，返回文档。

（4）选取表格的第 1 行，打开"表格工具｜布局"选项卡，在"合并"功能组中单击"合并单元格"按钮￼，合并第一行所有单元格，如图 7-54 所示。

图 7-52　设置表格行高　　　　　　　　　　图 7-53　设置表格列宽

图 7-54　合并第一行单元格

（5）使用同样的方法，合并其他单元格，如图 7-55 所示。

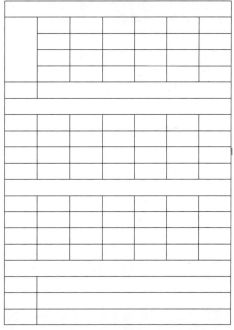

图 7-55　合并其他单元格

（6）选中图 7-56 所示的第 5 行相应单元格，打开"表格工具|布局"选项卡，在"合并"功能组中单击"拆分单元格"按钮田，弹出"拆分单元格"对话框。

图 7-56　选取单元格

（7）在"拆分单元格"对话框的"列数"和"行数"文本框中分别输入"17"和"1"，选中"拆分前合并单元格"复选框，如图 7-57 所示。单击"确定"按钮，被选中的单元格被拆分成 17 个单元格，如图 7-58 所示。

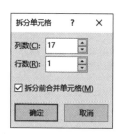

图 7-57　"拆分单元格"对话框

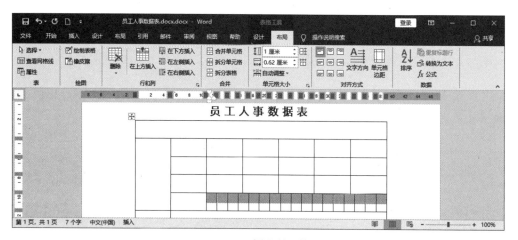

图 7-58　拆分单元格

（8）使用同样的方法，拆分第 8～11 行和第 13～16 行的所有单元格，将 7 列 4 行（7×4）变为 3 列 4 行（3×4），最终效果如图 7-50 所示。

7.3 在表格中输入文本

用户可以在表格的单元格中输入文字或者数字，也可以对单元格内的内容进行剪切、复制等排版操作，这些操作与在正文文本中的操作基本相同。

7.3.1 输入表格文本

将插入点定位在需要输入文本的表格单元格内，直接输入所需文本即可，Word 2019 会根据文本的多少自动调整单元格的大小。如我们在"员工人事数据表"内输入数据，可以按照以下方法操作。

（1）首先启动 Word 2019，打开"员工人事数据表"文档。

（2）将光标移动到第 1 行，单击鼠标，将插入点定位到该行中，输入文本"个人资料"，设置其格式为"宋体""五号""黑色"，如图 7-59 所示。

图 7-59 输入文本

（3）按照同样的方法，在第 7、12、17 行中分别输入"教育程度""工作经历""特长"，如图 7-60 所示。

（4）输入剩余文本，如图 7-61 所示。最后单击"保存"按钮，将"员工人事数据表"文档进行保存。

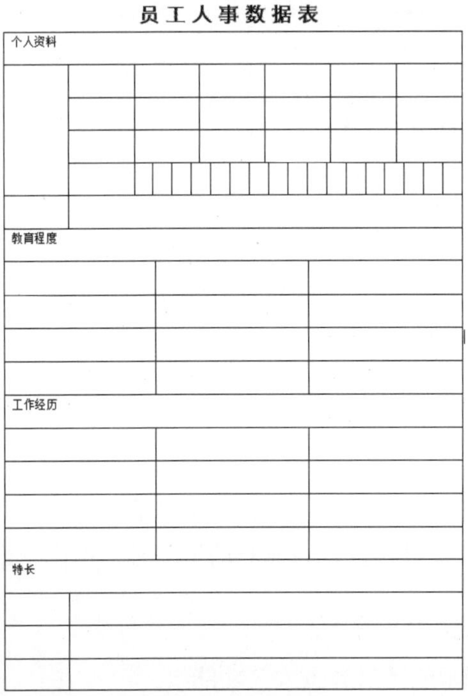

图 7-60 输入文本

图 7-61 输入剩余文本

7.3.2　设置表格文本方向、对齐方式

在表格内输入文本之后，还需要对单元格内的文本进行格式调整，包括对文字的方向和对齐方式进行设置。表格内的文字方向通常有两种：横向和纵向。在制作和编辑表格的过程中，根据实际情况可以灵活转换设置。随着表格内的文字方向的转变，其对齐方式也随之改变。

1. 表格文本方向

多数情况下，表格文本都采用常规的横向文本方式，有时需要在表格中输入纵向文本，可以按照以下操作方式自由选择文本方向。

（1）将光标定位在需要设置文本方向的单元格中。

（2）单击"表格工具 | 布局"选项卡，在"对齐方式"功能组中，单击"文字方向"按钮即可在横向与纵向之间转换，如图 7-62 所示。

　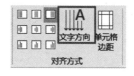

(a)　"横向"文字方向　　　　　(b)　"纵向"文字方向

图 7-62　"文字方向"按钮

（3）如果需要更多横向和纵向文本格式，可以在选取文本单元格后右击，从弹出的快捷菜单中选择图 7-63 所示的"文字方向"选项，打开图 7-64 所示的"文字方向 - 表格单元格"对话框，从中选择需要的文字方向样式，在"预览"框中查看设置效果。然后单击"确定"按钮即可完成设置。

图 7-63　快捷菜单　　　　　　　　　　图 7-64　"文字方向 - 表格单元格"对话框

2. 文本对齐方式

Word 为单元格内的文本内容提供了多种对齐方式，表格内文字的方向不同，对齐方式也不同。默认情况下，表格内横向文字对齐方式为靠上两端对齐，纵向文字对齐方式为靠右两端对齐，可以根据实际需要进行更改。操作方法如下。

（1）选择需要更改文本对齐方式的单元格区域或整个表格。

（2）打开"表格工具 | 布局"选项卡，选择如图 7-65 所示的"对齐方式"功能组。

(a) 横向文字 "对齐方式"　　　　(b) 纵向文字 "对齐方式"

图 7-65 "对齐方式" 功能组

（3）单击"对齐方式"功能组中相应的对齐按钮即可设置文本对齐格式。图 7-66 所示为常用的常规横、纵向文字对齐方式。

靠上两端对齐	靠上居中对齐	靠上右对齐
中部两端对齐	水平居中	中部右对齐
靠下两端对齐	靠下居中对齐	靠下右对齐

(a) 横向对齐

两端靠左对齐	中部对齐	两端靠右对齐
左对齐中部	居中中部	右对齐中部
左对齐靠下	居中靠下	右对齐靠下

(b) 纵向对齐

图 7-66 表格文本对齐方式

7.4 设置表格格式

创建表格并输入内容之后，要想使表格更加美观，除了设置表格内容的字体，还可以为表格添加边框和底纹，或直接套用单元格样式和表格样式。

7.4.1 设置单元格边距和间距

单元格边距指的是单元格中正文距上下左右边框线的距离。如果单元格边距设置为零，则正文会挨着边框线。单元格间距则是指单元格与单元格之间的距离，默认为单元格间距等于零。设置单元格边距和间距的操作方法如下。

（1）将光标置于要进行设置的表格中的任意位置。

（2）选择"表格工具 | 布局"选项卡，单击"单元格大小"功能组右下角的功能扩展按钮，或者右击，从弹出的快捷菜单中选择"表格属性"选项，打开"表格属性"对话框。

（3）在"表格"选项卡中，单击图 7-67 所示的"选项"按钮，弹出"表格选项"对话框，如图 7-68 所示。

❖ 在其中的"上""下""左""右"文本框中分别输入要设置的单元格边距。

❖ 选中"允许调整单元格间距"复选框后在右边输入要设置的单元格间距。

（4）最后，单击"确定"按钮完成操作。

设置了单元格边距和间距的表格如图 7-69 所示。图中表格分别设置了 0.25 厘米的上、下、左、右单元格边距和 0.1 厘米的单元格间距。

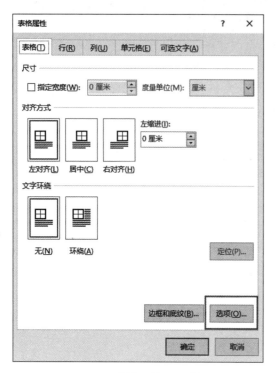

图 7-67　单击"选项"按钮

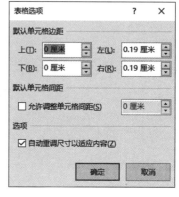

图 7-68　"表格选项"对话框

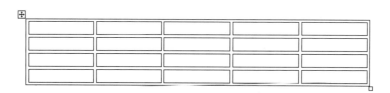

图 7-69　单元格边距和间距示例

7.4.2　设置表格跨页断行

在同一页面中,当表格最后一行的内容超过单元格的内容时,会在下一页以另一行的形式出现设置表格的跨页断行属性,可以允许或禁止表格断开出现在不同的页面中。若要求表格可以跨页断行,可以按照以下步骤操作。

(1)将光标置于表格中的任意位置。

(2)选择"表格工具 | 布局"选项卡,单击"单元格大小"功能组右下角的功能扩展按钮,或者右击,从弹出的快捷菜单中选择"表格属性"选项,打开"表格属性"对话框。

(3)选择"行"选项卡,在"选项"区域选中"允许跨页断行"复选框,如图 7-70 所示。

7.4.3　设置表格表头跨页

默认情况下,同一表格占用多个页面时,表头即标题行只在首页显示,而其他页面均不显示,从而影响阅读。当表格分页后,如果我们希望每页的表格都有标题行,可以进行如下操作。

图 7-70　选中"允许跨页断行"复选框

（1）将光标置于表格的标题行中。

（2）选择"表格工具 | 布局"选项卡，单击"单元格大小"功能组右下角的功能扩展按钮，或者右击，从弹出的快捷菜单中选择"表格属性"选项，打开"表格属性"对话框。

（3）在"表格属性"对话框中选择"行"选项卡，并选中"在各页顶端以标题行形式重复出现"复选框，如图 7-71 所示。

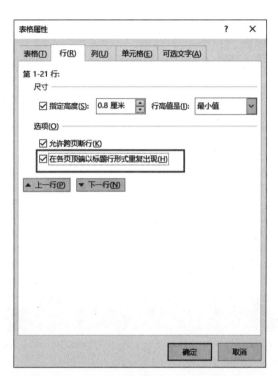

图 7-71　选中"在各页顶端以标题行形式重复出现"复选框

提示：　标题行重复只能用于 Word 自动插入的分页符，对于自己手动插入的分页符设置这个属性不会有预期的效果。

7.4.4　设置表格的对齐、缩进和文字环绕

表格中的文本对齐和缩进操作与设置段落类似，也可以使用"常用"工具栏中的对齐和缩进按钮进行设定。对于整个表格也可以设置它的对齐和缩进属性。如果希望文档中的文字环绕在表格周围，可以通过设定表格的文字环绕属性而实现。

1. 设置表格的对齐和缩进

（1）将光标置于表格中的任意位置。

（2）选择"表格工具 | 布局"选项卡，单击"单元格大小"功能组右下角的功能扩展按钮，或者右击，从弹出的快捷菜单中选择"表格属性"选项，打开"表格属性"对话框。

（3）选择"表格"选项卡，在"对齐方式"区域中选择"左对齐""居中"或"右对齐"选项。在"左缩进"文本框中输入左缩进距离，如图 7-72 所示。

（4）最后，单击"确认"按钮，完成操作。图 7-73 所示为表格的不同对齐方式。

2. 设置表格的文字环绕属性

（1）将光标置于表格中的任意位置。

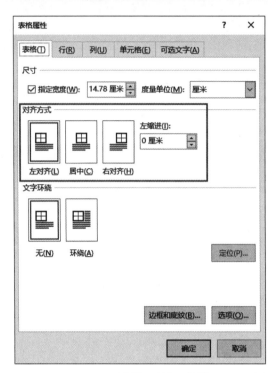

图 7-72 "表格属性"对话框

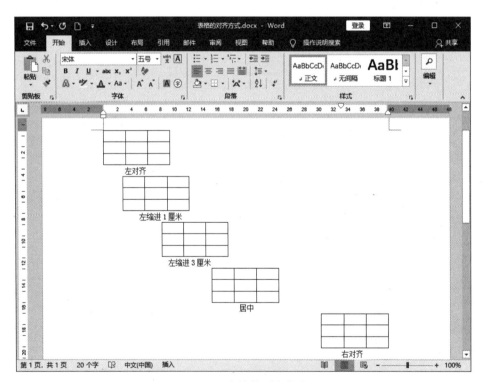

图 7-73 表格的对齐方式

（2）选择"表格工具|布局"选项卡，单击"单元格大小"功能组右下角的功能扩展按钮，或者右击，从弹出的快捷菜单中选择"表格属性"选项，打开"表格属性"对话框。

（3）选择"表格"选项卡，在"文字环绕"区域中选择"环绕"选项，并单击"定位"按钮，弹出"表格定位"对话框，如图 7-74 所示。

（4）在"表格定位"对话框中设置表格相对位置和距正文的距离等属性后，单击"确定"按钮完成操作。设置了文字环绕效果的表格如图 7-75 所示。

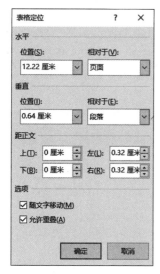

图 7-74 "表格定位"对话框

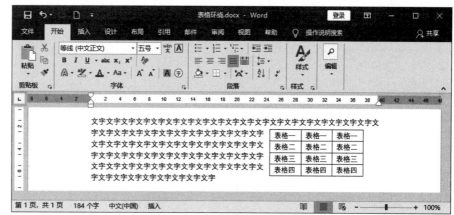

图 7-75 文字环绕效果示例

7.4.5 设置边框和底纹

制作好表格后,往往需要对表格进行美化。一般情况下,Word 2019 会自动设置表格使用 0.5 磅的单线边框。在制作表格时,可以对表格的边框颜色、粗细等参数进行设置。另外,还可以给表格中的单元格设置不同颜色或图案的底纹。用户可以通过"表格工具 | 设计"选项卡设置适合的表格边框和底纹。

1. 设置表格边框

表格的边框包括整个表格的外边框和内部单元格的边框线,对这些边框线设置不同的样式和颜色可以让表格更为美观。设置表格边框的具体操作步骤如下:选中表格,切换到"表格工具 | 设计"选项卡的"边框"功能组,如图 7-76 所示。单击"边框"功能组中的各项按钮,可以快速设置表格边框。

❖ **"边框样式"按钮**:单击"边框样式"按钮可以弹出"边框样式"下拉列表框,如图 7-77 所示。从下拉列表框中可以选择表格边框的颜色、线型和粗细,还可以直接利用"边框取样器"快速为边框应用设置好的边框效果。

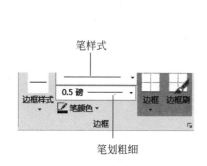

图 7-76 "边框"功能组

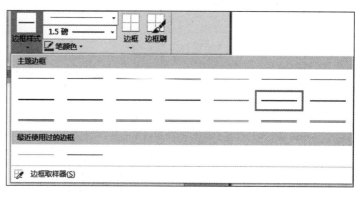

图 7-77 "边框样式"下拉列表框

❖ **"笔样式"命令按钮**:单击此按钮,从弹出的下拉列表中可以选择一种笔样式,如图 7-78 所示。此时鼠标指针变成笔状,按住鼠标左键不放,同时在需要修改样式的表格框线上划动,松开鼠标左键后表格的线条样式就修改了。

❖ **"笔划粗细"命令按钮**:单击此按钮,从弹出的下拉列表中可以选择不同磅值的笔划,如图 7-79 所示。此时鼠标指针变成笔状,按住鼠标左键不放,同时在需要修改的表格框线上划动,松开鼠标左键后表格边框的框线宽就修改了。

❖ **"笔颜色"命令按钮**：单击此按钮，在弹出的下拉色块中可以选择一种边框颜色，如图 7-80 所示。

❖ **"边框"命令按钮**：单击此按钮，在弹出的下拉列表框中可以为表格设置不同需求的边框，如图 7-81 所示。

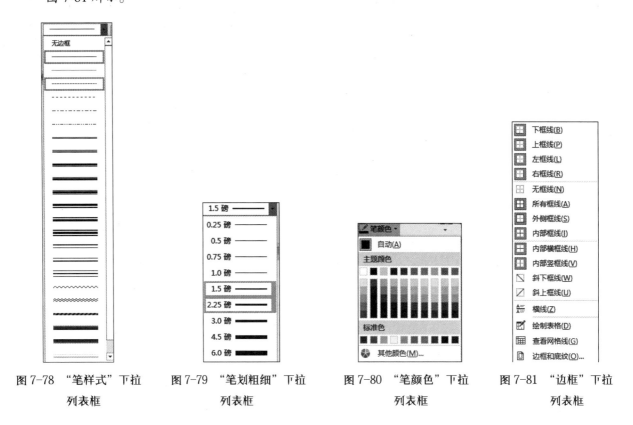

图 7-78 "笔样式"下拉　　图 7-79 "笔划粗细"下拉　　图 7-80 "笔颜色"下拉　　图 7-81 "边框"下拉
　　列表框　　　　　　　　　列表框　　　　　　　　　列表框　　　　　　　　　列表框

也可以通过"边框和底纹"对话框设置表格的边框，具体操作步骤如下。

选中表格，切换到"表格工具|设计"选项卡的"边框"功能组，单击"边框"功能组右下角的扩展按钮，打开"边框和底纹"对话框，选择"边框"选项卡，如图 7-82 所示。

图 7-82 "边框"选项卡

❖ 在"设置"选项区中可以选择表格边框的样式。

❖ 在"样式"下拉列表框中可以选择边框线条的样式。

❖ 在"颜色"下拉列表框中可以选择边框的颜色。

❖ 在"宽度"下拉列表框中可以选择边框线条的宽度。

❖ 在"应用于"下拉列表框中可以设定边框应用的对象，如图 7-83 所示。

2. 设置表格底纹

设置表格底纹的具体操作步骤如下。

选中表格，切换到"表格工具 | 设计"选项卡，在"表格样式"功能组中单击"底纹"下拉按钮，在弹出的下拉列表中选择一种底纹颜色，如图 7-84 所示。选择"其他颜色"命令，打开"颜色"对话框，如图 7-85 所示，在该对话框中可以选择标准色或者自定义颜色。

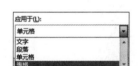
图 7-83　"应用于"下拉列表框

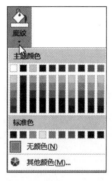
图 7-84　"底纹"下拉列表框

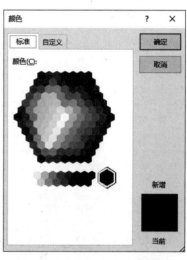
图 7-85　"颜色"对话框

通过"边框和底纹"对话框也可以设置表格的底纹，具体操作步骤如下。

选中表格，切换到"表格工具 | 设计"选项卡的"边框"功能组，单击右下角的扩展按钮，打开"边框和底纹"对话框，切换到"底纹"选项卡，如图 7-86 所示。在"填充"下拉列表框中可以设置表格底纹的填充颜色，在"图案"选项区中的"样式"下拉列表框中可以选择图案的其他样式，在"应用于"下拉列表框中可以设定底纹应用的对象。

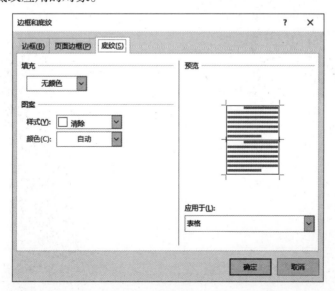
图 7-86　"底纹"选项卡

7.4.6 套用表格样式

Word 2019 为表格提供了 100 多种内置的表格样式，这些内置的表格样式提供了多种现成的边框和底纹设置，通过选择这些表格样式，可以迅速达到美化表格的目的。

打开"表格工具|设计"选项卡，在"表格样式"功能组中，单击"表格样式"列表框右下角的"其他"下拉按钮，在弹出的下拉列表中选择需要的外观样式，即可在表格中应用表格样式。图 7-87 所示为选择了"网格表 5- 着色 6"的样式。

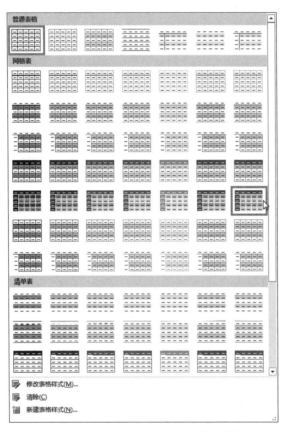
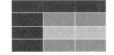

图 7-87 使用表格样式

上机练习——设置员工人事数据表格式

> 本节练习设置员工人事数据表格式。通过对操作步骤的讲解，可以使读者进一步熟悉表格内文字格式的设置，熟练掌握文本方向、对齐方式、单元格边框底纹等设置，使表格更加美观。

> 首先启动 Word 2019，打开"员工人事数据表"文档，为文本添加项目符号，并设置对齐方式和底纹颜色，接着改变单元格文字方向，并设置对齐方式，为其设置有颜色、有图案样式的底纹。最后设置剩余文本的对齐方式，效果如图 7-88 所示。

7-3 上机练习——设置员工人事数据表格式

操作步骤

（1）启动 Word 2019，打开"员工人事数据表"文档。

（2）选中表格内的"个人资料"文字，切换到"表格工具|布局"选项卡，在"对齐方式"功能组中，

单击"中部两端对齐"按钮，使表格内的文字垂直居中，并靠单元格左端对齐，如图 7-89 所示。

员 工 人 事 数 据 表

个人资料						
照片粘贴处	姓名		性别		民族	
	身高		籍贯		学历	
	联系电话		微信号		婚姻状况	
	身份证号码					
	紧急联系人		关系		联系电话	
联系地址						
教育程度						
学校		专业		时间		
工作经历						
公司		职务		时间		
特长						
语言						
计算机						
其他						

图 7-88　员工入事数据表效果图

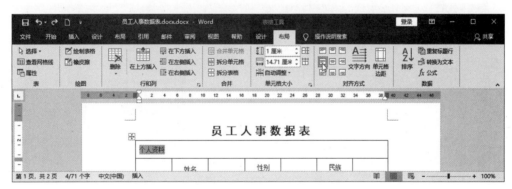

图 7-89　设置表格内文字对齐方式

（3）按照相同的方法，设置"教育程度""工作经历""特长"等文字在单元格中的对齐方式。

（4）选中"个人资料""教育程度""工作经历""特长"这 4 行文字，在"开始"选项卡的"段落"功能组中单击"项目符号"按钮，选择▶，文本效果如图 7-90 所示。

（5）选中"个人资料""教育程度""工作经历""特长"这 4 行文字,在"表格工具 | 设计"选项卡的"表格样式"功能组中单击"底纹"下拉按钮，在弹出的下拉列表中选择一种底纹颜色，如图 7-91 所示。

（6）选择文字"照片粘贴处"所在的单元格，单击"表格工具 | 布局"选项卡，在"对齐方式"功能组中单击"文字方向"按钮，选择"纵向"文字方向，"中部居中"对齐方式，结果如图 7-92 所示。

（7）选择文字"照片粘贴处"所在的单元格，单击"表格工具 | 设计"选项卡中"边框"功能组右下方的功能扩展按钮，打开"边框和底纹"对话框，选择"底纹"选项卡，并设置"填充"为"浅灰色，背景 2"，"图案"为"15%""蓝色"，"应用于"选择"单元格"即可，如图 7-93 所示。最后单击"确定"

按钮，完成单元格底纹设置，效果如图 7-94 所示。

图 7-90　添加项目符号文本效果

图 7-91　设置单元格底纹

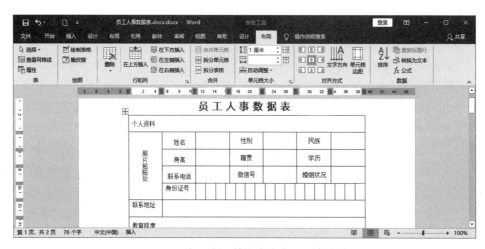

图 7-92　设置单元格文字方向和对齐方式

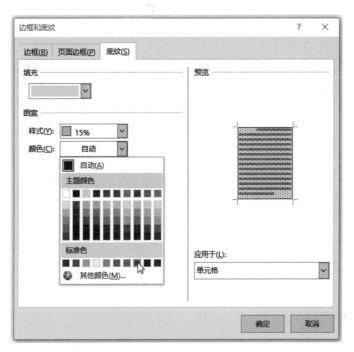

图 7-93 设置"底纹"选项卡

图 7-94 添加底纹效果

（8）将剩余其他文本设置为"水平居中"对齐方式，最终的"员工人事数据表"格式效果如图7-88
所示。

7.5 转换表格和文档

在 Word 2019 中，可以将输入好的文本转换成表格，也可以把编辑好的表格转换成文本。

7.5.1 把文本转换成表格

将文本转换为表格，首先将需要进行转换的文本格式化，即把文本中的每一行用段落标记隔开，每
一列之间要用分隔符（逗号、空格、制表符等其他特定字符）分开，否则系统将不能正确识别表格的行
列分隔，从而发生错误转换。例如，要将格式化以后的文本转换成表格，可以按照如下步骤操作。

（1）选定要转换为表格的文本。这里我们选择示例文本如图7-95所示，文本的每行之间已经用段落

标记符隔开，列之间用空格分隔开。

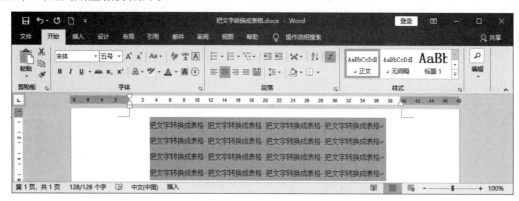

图 7-95　"文字转换成表格"示例文本

（2）单击"插入"选项卡，在"表格"功能组中单击"表格"按钮，在弹出的下拉菜单中选择"文本转换成表格"选项，如图 7-96 所示。

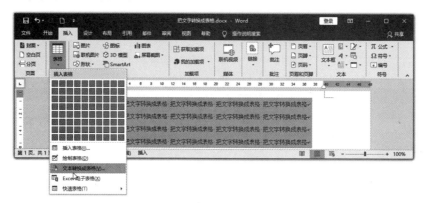

图 7-96　选择"文本转换成表格"选项

（3）此时系统弹出"将文字转换成表格"对话框，并根据所选文本自动填充相应的参数，如图 7-97 所示。

- ❖ **"表格尺寸"选项区**："行数"和"列数"文本框中的数值都是根据段落标记符和文字间的分隔符来确定的，也可以根据用户自身需要进行修改。

- ❖ **"'自动调整'操作"选项区**：用户可以选择"固定列宽"单选按钮为所有列指定宽度，选择"根据内容调整表格"单选按钮用以调整列的大小以适应每列中的文本宽度，选择"根据窗口调整表格"单选按钮用以在可用空间的宽度发生更改时自动调整表格。

- ❖ **"文字分隔位置"选项区**：选择将文本转换成行或列的位置。选择段落标记指示文本要开始的新行的位置。选择逗号、空格、制表符等特定的字符指示文本分成列的位置。

（4）单击"确定"按钮，返回文档，可见所选文字转换成了表格，如图 7-98 所示。

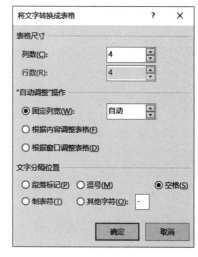

图 7-97　"将文字转换成表格"对话框

> **提示：** 在输入文本内容时，若要以逗号为特定符号对文字内容进行间隔，则逗号必须在英文状态下输入。此外，在输入文本时，如果连续的两个分隔符之间没有输入内容，则转换成表格后，两个分隔符之间的空白部分就会形成一个空白的单元格。

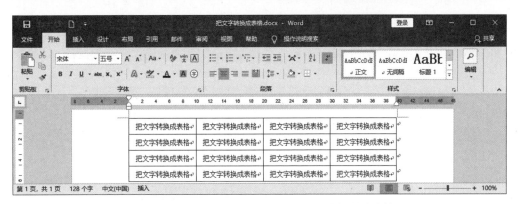

图 7-98　用空格、段落标记符分隔的文字转换成表格

7.5.2　把表格转换为文本

　　将表格转换为文本，可以去除表格线，仅将表格中的内容按原来的顺序提取出来，但是会丢失一些特殊的格式。

　　（1）在表格中选定要转换成文本的部分单元格，也可以选定整个表格。

　　（2）选择"表格工具|布局"选项卡，在"数据"功能组中，单击"转换为文本"按钮，如图 7-99 所示。

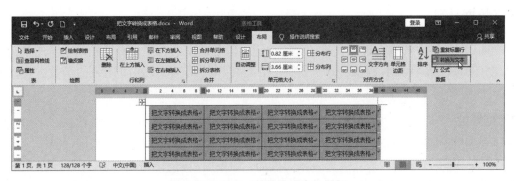

图 7-99　单击"转换为文本"按钮

　　（3）此时系统打开如图 7-100 所示的"表格转换成文本"对话框，在该对话框的"文字分隔符"选项区中，选择合适的分隔符选项。

图 7-100　"表格转换成文本"对话框

　　❖ **段落标记**：把每个单元格的内容转换成一个段落。

　　❖ **制表符**：把每个单元格的内容转换成文本后以制表符作为间隔，每行单元格的内容为一个段落。

　　❖ **逗号**：把每个单元格的内容转换成文本后以逗号作为间隔，每行单元格的内容为一个段落。

　　❖ **其他字符**：选中此项后，可以在后面的文本框内输入用作分隔的字符，如符号"/"、符号"："、符号"–"等，当单元格内的内容转换成文本后将以所输入的字符作为间隔。

　　❖ 选中"转换嵌套表格"复选框，可以将嵌套表格中的内容同时转换为文本。

　　（4）单击"确定"按钮，返回文档，就可以看到把表格转换成了文本。

图 7-101 所示的结果分别是：选中段落标记、制表符、逗号和其他字符（–）。

提示：　　将光标置于表格中的任意位置后进行转换则和选定整个表格的效果相同，都会将整个表格转换为文本。

文字转换成表格↵	文字转换成表格	文字转换成表格	文字转换成表格	文字转换成表格↵
文字转换成表格↵	文字转换成表格	文字转换成表格	文字转换成表格	文字转换成表格↵
文字转换成表格↵	文字转换成表格	文字转换成表格	文字转换成表格	文字转换成表格↵

(b)"制表符"分隔格式

文字转换成表格↵
文字转换成表格↵
文字转换成表格↵

文字转换成表格，文字转换成表格，文字转换成表格，文字转换成表格↵
文字转换成表格，文字转换成表格，文字转换成表格，文字转换成表格↵
文字转换成表格，文字转换成表格，文字转换成表格，文字转换成表格↵
文字转换成表格，文字转换成表格，文字转换成表格，文字转换成表格↵

(c)"逗号"分隔格式

文字转换成表格↵
文字转换成表格↵
文字转换成表格↵
文字转换成表格↵
文字转换成表格↵

文字转换成表格-文字转换成表格-文字转换成表格-文字转换成表格↵
文字转换成表格-文字转换成表格-文字转换成表格-文字转换成表格↵
文字转换成表格-文字转换成表格-文字转换成表格-文字转换成表格↵

(a)"段落标记"分隔格式   (d)"其他字符"分隔格式

图 7-101　不同分隔符文本效果

7.6　表格的高级功能

在 Word 2019 中，还可以对表格进行一些高级操作，如对表格数据进行计算与排序。

7.6.1　表格数据计算

Word 提供了对表格中的数据进行公式计算的功能，但是这里的公式计算比较简单。通常情况下，可以通过输入含有加减乘除等运算符的公式进行计算，也可以使用 Word 2019 附带的函数进行较为复杂的计算。

1. 单元格地址

在利用公式进行计算时 Word 对于表格的引用有自己的编址方式（实际上为域代码）。对于列用 A、B、C、D 等标示，对于行用 1、2、3、4 等标示。例如，如果用户要引用的单元格位置为第 3 行、第 2 列，则单元格的地址为 B3，即用"列编号 + 行编号"的形式为单元格进行命名。单元格编址如图 7-102 所示。

如果合并表格中的单元格，则该单元格以合并前包含的所有单元格中的左上角单元格的地址进行命名，表格中的其他单元格的命名不受合并单元格的影响，图 7-103 所示为有合并单元格的命名方式。

	A	B	C	D	
1	A1	B1	C1	D1	⋯
2	A2	B2	C2	D2	⋯
3	A3	B3	C3	D3	⋯
4	A4	B4	C4	D4	⋯
5	A5	B5	C5	D5	⋯
	⋮	⋮	⋮	⋮	⋮

图 7-102　单元格编址示例

	A	B	C	D	
1	A1	B1	C1	D1	⋯
2	A2	B2	C2		⋯
3	A3	B3			⋯
4	A4	B4			
5	A5	B5	C5	D5	⋯
	⋮	⋮	⋮	⋮	

图 7-103　合并单元格编址示例

2. 计算数据

使用公式计算前应确保表格中有用来存放结果的单元格，如果没有则结果将会存放在光标所在的单元格中。对表格进行公式计算的步骤如下。

（1）将光标置于存放结果的单元格中。

（2）选择"表格工具|布局"的选项卡，在"数据"功能组中单击"公式"按钮 fx，弹出图 7-104 所

示的"公式"对话框。

❖ 在"公式"文本框中输入要进行计算的公式，也可以从"粘贴函数"下拉列表框中选择需要的函数。对于公式中引用的单元格使用它的地址即域代码表示。作为公式的参数的单元格地址之间应该用逗号分隔开，例如"=SUM(A2，B3)"为 A2 单元格与 B3 单元格求和。而对于连续的单元格则用冒号分隔开首尾的两个单元格即可，例如"=SUM(B2：B4)"表示 B2、B3 和 B4 三个单元格求和。

图 7-104 "公式"对话框

❖ 结果的格式可以利用"编号格式"下拉列表框进行设置。

（3）最后单击"确定"按钮完成操作。

注意 使用公式计算得到的结果实际上是"域"的方式，所以如果表格中的数据发生了变化时不需要重新进行计算，只要更新域即可得到正确的结果。更新域的方法是，选定要更新的计算结果，按 F9 键。

Word 提供的表格计算函数及意义见表 7-1。数字格式及意义见表 7-2。

表 7-1　表格计算函数及意义

函　数	函　数　意　义
ABS(x)	求绝对值
AND(x，y)	求"与"，如果 x、y 均为 1 则结果为 1，否则结果为 0
AVERAGE( )	返回一组数的平均值
COUNT( )	返回一组数的个数
DEFINED(x) FALSE IF(x，y，z)	求表达式 x 是否合法，如果合法则结果为 1，否则为 0 返回结果 0 如果 x 为 1 则返回结果 y，若为 0 返回结果 z
INT(x)	对 x 进行取整操作
MAX( )	返回一组数的最大值
MIN( )	返回一组数的最小值
MOD(x，y)	求 x 被 y 整除后的余数
NOT(x)	对 x 进行取反操作，如果 x 为 1 则返回 0，若 x 为 0 则返回 1
OR(x，y)	求"或"操作，如果 x、y 均为 0 则结果为 0，否则结果为 1
PRODUCT( )	返回一组值的乘积
ROUND(x，y)	返回对 x 进行舍入操作的结果，y 为规定的小数位
SIGN(x)	如果 x 为正则返回 1，若 x 为负则返回 − 1
SUM( )	返回一组数的和
TRUE	1 表示逻辑为真，返回逻辑值 TRUE

表 7-2　数字格式及意义

数　字　格　式	数　字　格　式　意　义
#，##0	每三位整数添加一逗号分隔，例如：1000000 显示为 1，000，000
#，##0.00	每三位整数添加一逗号分隔，并保留两位小数，例如：1000000 显示为 1，000，000.00，1000.111 显示为 1，000.11
¥#，##0.00	货币显示，例如：1000000 显示为 ¥1，000，000.00

续表

数 字 格 式	数字格式意义
0	保留到整数位,例如:123.45 显示为 123
0%	以百分数形式显示,例如:100 显示为 100%
0.00%	以百分数显示并保留两位小数,例如:100.111 显示为 100.11%
0.00	保留到小数点后两位,例如:100.111 显示为 100.11

提示: 在使用 LEFT、RIGHT、ABOVE 函数求和时,如果对应的左侧、右侧、上面的单元格有空白单元格,Word 将从最后一个不为空且是数字的单元格开始计算。如果要计算的单元格内存在异常的对象如文本,Word 进行公式计算时会忽略这些文本。

7.6.2 表格数据排序

Word 2019 提供了对表格中的数据进行排序的功能,可以依据"笔划""数字""日期"或"拼音"等对表格内容以升序或降序进行列的排序。在排序中,Word 2019 允许用户至多可以使用三重条件。数据排序的具体操作步骤如下。

(1)将光标置于需要排序的表格或单元格区域。

(2)打开"表格工具|布局"的选项卡,在"数据"功能组中单击"排序"按钮 ↓ ,如图 7-105 所示,打开"排序"对话框,如图 7-106 所示。

图 7-105 "排序"按钮

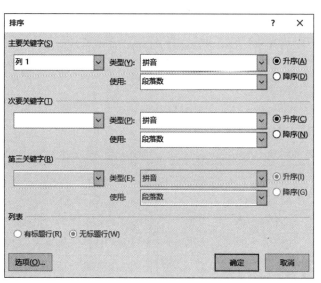

图 7-106 "排序"对话框

(3)在"列表"选项区中选择有"无标题行"选项。

在"列表"选项区中选择"有标题行"单选按钮。如果选择"无标题行"单选按钮,则 Word 表格中的标题也会参与排序。

❖ 选择"有标题行"单选按钮,则会在关键字区域的下拉列表框中显示该表格的相应标题行作为可选选项。

❖ 选择"无标题行"单选按钮,则会在关键字区域的下拉列表框中显示该表格的列号作为可选选项。即分别以列 1、列 2、列 3、……表示表格中每个字段列,且 Word 表格中的标题也会参与排序。

(4)在"排序"对话框中首先需要设置关键字及其类型和升降序等属性。

❖ 在"排序"对话框中共有 3 种关键字,分别为"主要关键字""次要关键字""第三关键字"。

Word 在排序时将优先依据"主要关键字"进行排序，如果有相同项记录时，则依据"次要关键字"进行排序，如还有相同项记录时，再依据"第三关键字"进行排序。

❖ 在每个关键字后的"类型"下拉列表框中可选择"笔划""数字""日期""拼音"等排序类型。如果参与排序的数据是文字，则可以选择"笔划"或"拼音"选项；如果参与排序的数据是日期类型，则可以选择"日期"选项；如果参与排序的只是数字，则可以选择"数字"选项。

❖ 通过选择"升序"或"降序"单选按钮来设置排序的顺序类型。

（5）最后，单击"确定"按钮完成操作。

提示:

如果当前表格已经启用"重复标题行"设置,则"有标题行"或"无标题行"单选按钮无效。

上机练习——处理"一季度销售表"中的数据

本节练习使用 Word 2019 附带的函数对表格内数据进行计算，并按降序排列结果。通过对操作步骤的讲解，可以使读者进一步掌握命名单元格，熟悉表格计算函数、数字格式的意义以及对表格中的数据进行排序。

7-4 上机练习——处理"一季度销售表"中的数据

首先打开"一季度销售表"文档，定位插入点，打开"表格工具|布局"选项卡，在"数据"功能组中单击"公式"按钮，打开"公式"对话框，利用 SUM 函数计算出总的销售量，用 AVERAGE 函数计算出每月平均销售量，最后将计算出的季度总销售额降序排列，结果如图 7-107 所示。

编号	姓名	一月	二月	三月	季度总销售额
006	吴萌	222000	189990	320000	¥731,990.00
005	赵华明	190000	222444	300017	¥712,461.00
004	王晓	200100	255200	256255	¥711,555.00
007	张丽	26240	300000	330000	¥656,240.00
001	李晓东	100000	235888	300000	¥635,888.00
003	陈莹莹	160000	175000	282000	¥617,000.00
002	张盼	156000	126900	310230	¥593,130.00
每月平均销售额	¥150,620.00	¥215,060.29	¥299,786.00		

图 7-107 一季度销售表

操作步骤

（1）启动 Word 2019，打开创建好的"一季度销售表"文档，如图 7-108 所示。

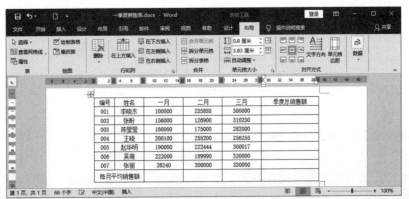

图 7-108 打开文档

（2）将插入点定位在需要显示运算结果的第2行第6列的单元格内,打开"表格工具|布局"选项卡,在"数据"功能组中单击"公式"按钮 fx ,如图7-109所示。

（3）此时打开如图7-110所示的"公式"对话框,在"公式"文本框中输入运算公式"=SUM(LEFT)",在"编号格式"下拉列表框中选择一种编号格式。

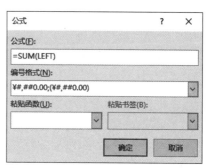

图7-109　单击"公式"按钮

图7-110　"公式"对话框

（4）完成设置后单击"确定"按钮,返回文档,结果如图7-111所示。

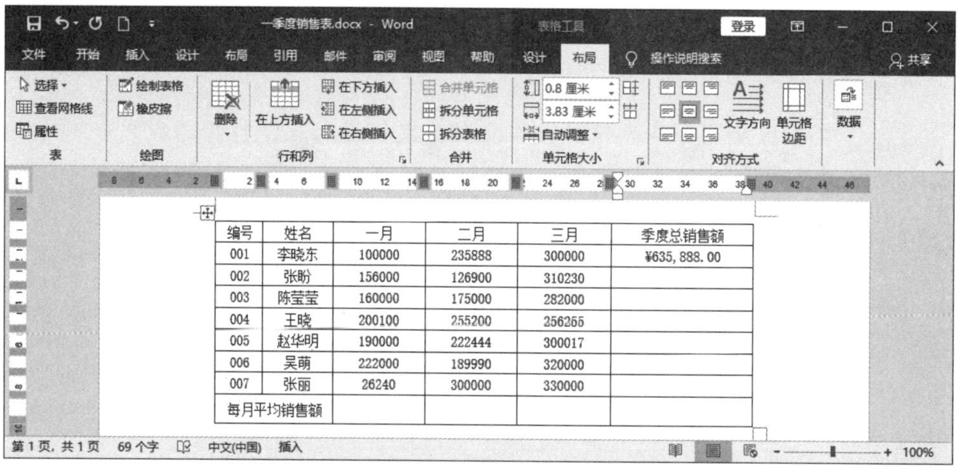

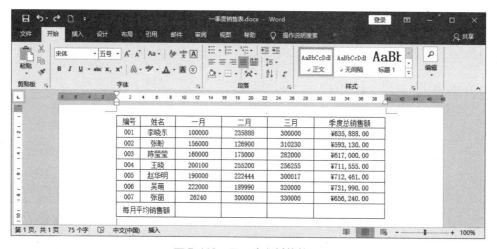

图7-111　计算"季度总销售额"结果

（5）使用同样的方法,计算出其他人的季度总销售额,结果如图7-112所示。

图7-112　显示求和计算结果

（6）将插入点定位在第9行第3列的单元格内,打开"表格工具|布局"选项卡,在"数据"功能

组中单击"公式"按钮，在弹出的"公式"文本框中输入运算公式"=AVERAGE(ABOVE)"，在"编号格式"下拉列表框中选择一种编号格式，如图 7-113 所示。完成设置后单击"确定"按钮，返回文档，可以看到图 7-114 所示的运算结果。使用同样的方法，计算出剩余的每月平均总销售额，结果如图 7-115 所示。

图 7-113　"公式"对话框

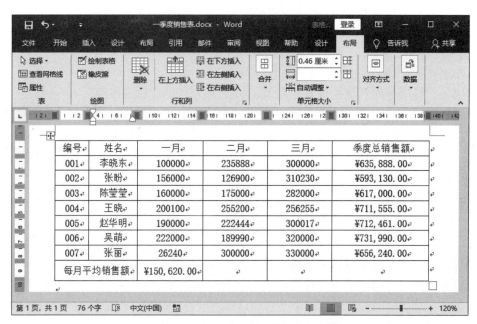

图 7-114　计算"每月平均销售额"结果

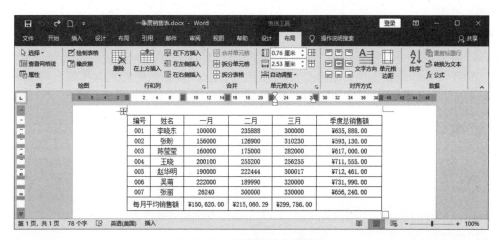

图 7-115　计算剩余表格数据

（7）将插入点定位在表格任意单元格中，打开"表格工具|布局"选项卡，在"数据"功能组中单击排序按钮 ↕️，弹出"排序"对话框，如图 7-116 所示。

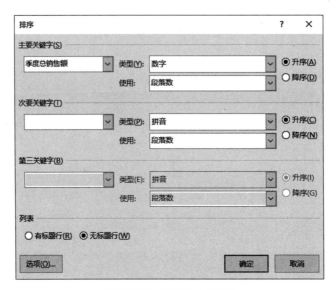

图 7-116 "排序"对话框

（8）在弹出的"排序"对话框中设置"主要关键字"为"季度总销售额"，也可打开"主要关键字"下拉列表框中选择"列表 6"。在"类型"下拉列表框中选择"数字"并选择"降序"及"有标题行"单选按钮。

（9）单击"确定"按钮返回文档，可见表格中的数据按季度总销售额从高到低的顺序进行排序，效果如图 7-107 所示。

7.7 答 疑 解 惑

1. 怎样将某表格尺寸设置为默认的表格大小？

答：在"插入表格"对话框中设置好表格大小参数后，选中"为新表格记忆此尺寸"复选框，则再次打开"插入表格"对话框时，该对话框中会自动显示之前设置的尺寸参数。

2. 使用文本创建的表格与直接创建的表格一样吗？

答：使用文本创建的表格与直接创建的表格一样，都可以套用表格样式、编辑表格、设置表格的边框和底纹等相关操作。

3. 怎样在表格的顶端添加空行？

答：要在表格顶端加一个非表格的空白行，可以使用 Ctrl+Shift+Enter 组合键通过拆分表格来完成。但是，当表格位于文档的最顶端时，有一个更为简捷的方法，就是先把插入点移到表格的第一行的第一个单元格的最前面，然后按 Enter 键，就可以添加一个空白行。

7.8 学习效果自测

选择题

1. 在 Word 文档中进行插入表格的操作时，以下哪种说法最正确？（　　　）

　　A. 可以调整每列的宽度，但是不能调整高度

　　B. 可以调整每行和每列的宽度和高度，但是不能随意修改表格线

C. 不能划斜线

D. 以上都不正确

2. 下列有关表格的说法中，错误的是（　　　）。

A. 利用"表格"命令按钮，在弹出的网格中能创建最大 8 行 10 列的表格

B. 利用"插入表格"选项，可以插入指定行数和列数的表格

C. 按住 Alt 键不放再拖动表格右边线或者下边线，可以精确调整表格的列宽和行高

D. 拖动表格左上角的十字形小方框 ⊞，可以改变表格大小

3. 在 Word 2019 表格中，想要统计函数（如平均、最大、差等）的值有效排序，应该选择排序的类型是（　　　）。

A. 按照"笔划"排序 　　　　　　　　B. 按照"数字"排序

C. 按照"日期"排序 　　　　　　　　D. 以上都不正确

4. 选择某个单元格后，按 Delete 键，将（　　　）。

A. 删除该单元格中的内容 　　　　　B. 删除整个表格

C. 取消表格的操作 　　　　　　　　D. 会出现删除表格的对话框

第 8 章

图表的应用

图表是将表格中的数据以图形的方式呈现出来，使表格数据可视化。Word 2019 提供了创建图表的功能，用来组织和显示数据信息，在文档中使用恰当的图表可以使文档更加直观、形象。

本章将介绍如下内容：

- ❖ 创建图表
- ❖ 修改图表的格式
- ❖ 编辑图表数据
- ❖ 设置图表元素的格式

8.1　认识与创建图表

Word 2019 提供了大量的预设图表，使用它们可以快速创建所需图表。在开始学习创建图表之前，有必要先对图表的结构和类型有一个初步的认识。

8.1.1　图表的类型

在"插入"选项卡的"插图"功能组中，单击图表按钮 ，弹出"插入图表"对话框，在"所有图表"列表中，列出了丰富的图表类型，每种图表类型又有多种子类型，如图 8-1 所示。

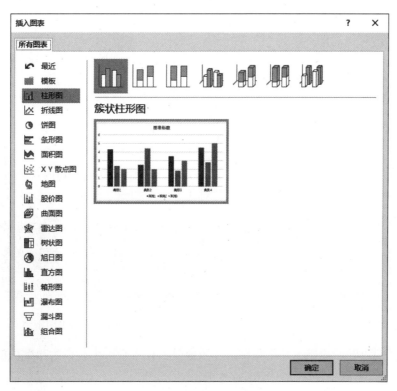

图 8-1　"插入图表"对话框

下面简要介绍 Word 2019 内置的图表类型。

1. 柱形图

柱形图是以宽度相等的垂直矩形的高度差异来显示统计指标数值多少或大小的一种图形。柱形图可以显示一段时间内数据的变化，或者描述各项数据之间的差异；可以更加直观地对数据进行对比分析以得出结果。柱形图具有一些子类型，如图 8-2 所示。

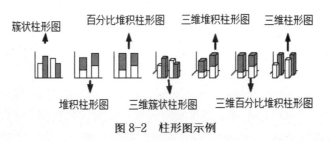

图 8-2　柱形图示例

在柱形图中，通常沿水平轴（即 X 轴）组织类别，沿垂直轴（即 Y 轴）组织数值。

2. 折线图

折线图以等间隔显示数据的变化趋势，可直观地显示数据的走势情况，如图 8-3 所示。在折线图中，类别数据沿水平轴均匀分布，数值数据沿垂直轴均匀分布。

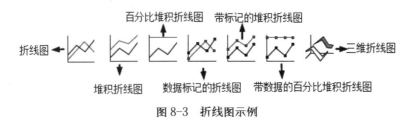

图 8-3　折线图示例

3. 饼图

饼图以圆心角不同的扇形显示某一数据系列中每一项数值与总和的比例关系，在需要突出某个重要项时十分有用，能直观地显示数据所占的比例，而且比较美观，如图 8-4 所示。

如果要使一些小的扇区更容易查看，可以在紧靠主图表的一侧生成一个较小的饼图或条形图，用来放大较小的扇区。

4. 条形图

条形图就是横向的柱形图，其作用也与柱形图一样，用于显示特定时间内各项数据的变化情况，或者比较各项数据之间的差别，可直观地对数据进行对比分析，如图 8-5 所示。

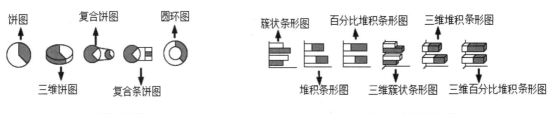

图 8-4　饼图示例　　　　　　　图 8-5　条形图示例

在条形图中，类别数据通常显示在垂直轴上，数值显示在水平轴上，以突出数值的比较。

5. 面积图

面积图强调幅度随时间的变化量，能直观地显示数据的人小与走势范围，如图 8-6 所示。在面积图中，类别数据通常显示在水平轴上，数值数据显示在垂直轴上。

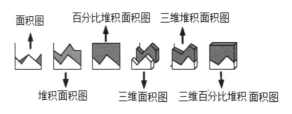

图 8-6　面积图示例

6. XY 散点图

散点图（如图 8-7 所示）有两个数值轴，沿水平轴（X 轴）方向显示一组数值数据，沿垂直轴（Y 轴）方向显示另一组数值数据。它可以按不等间距显示出数据，有时也称为簇。XY 散点图多用于科学数据，可以直观地显示图表数据点的精确值，帮助用户对图表数据进行统计计算。

7. 地图

在地图上可以用深浅不同的颜色标识地理位置，从而实现跨地理区域分析和对比数据，如图 8-8 所示。

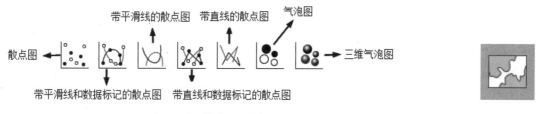

图 8-7　XY 散点图示例

图 8-8　地图示例

8. 曲面图

曲面图与拓扑图形类似，它在寻找两组数据之间的最佳组合时很有用。曲面图的颜色和图案用来指示在同一个取值范围内的区域，如图 8-9 所示。

9. 雷达图

雷达图中的每个分类都拥有自己的数值坐标轴，这些坐标轴由中点向外辐射，并由折线将同一系列中的值连接起来，如图 8-10 所示。它可以用来比较若干数据系列的总和值。

10. 树状图

树状图提供数据的分层视图，方便比较分类的不同级别。树状图按颜色和接近度显示类别，并可以轻松显示大量数据，清晰明了，如图 8-11 所示。

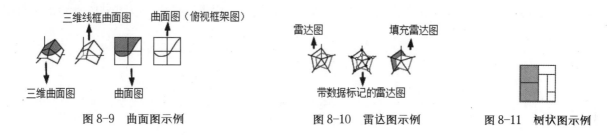

图 8-9　曲面图示例

图 8-10　雷达图示例

图 8-11　树状图示例

11. 旭日图

旭日图也称为太阳图，是一种圆环镶接图，可以清晰地表达层级和归属关系，便于进行细分溯源分析，了解事物的构成情况，如图 8-12 所示。

每一个圆环代表同一级别的比例数据，离原点越近的圆环级别越高，最内层的圆表示层次结构的顶级。除了圆环外，旭日图还有若干从原点放射出去的"射线"，用于展示不同级别数据之间的脉络关系。

12. 直方图

直方图是用于展示数据的分组分布状态的一种图形，常用于分析数据分布比重和分布频率。使用方块（称为"箱"）代表各个数据区间内的数据分布情况，如图 8-13（a）所示。

此外，还可以为已经生成的直方图增加累积频率排列曲线，代表各个数据区间所占比重逐级累积上升的趋势，如图 8-13（b）所示。该图也称为排列图。

13. 箱形图

利用箱形图可以很方便地一次看到一批数据的最大值、3/4 四分值、1/2 四分值、1/4 四分值、最小值和离散值，这是一种查看数据分布的有效方法，如图 8-14 所示。

14. 瀑布图

瀑布图采用绝对值与相对值相结合的方式，用于展示多个特定数值之间的数量变化关系，如图 8-15 所示，它适用于分析财务数据。

图 8-12　旭日图示例

(a) 直方图　(b) 排列图

图 8-13　直方图示例

图 8-14　箱形图示例

图 8-15　瀑布图示例

15. 组合图

组合图是将两个或两个以上的数据系列用不同类型的图表显示，如图 8-16 所示。因此要创建组合图，必须至少选择两个数据系列。

图 8-16　组合图示例

8.1.2　图表的结构

图表由许多图表元素构成，在编辑图表时，其实是在对这些元素进行操作。以图 8-17 所示的柱形图图表为例，图表的各组成元素如下。

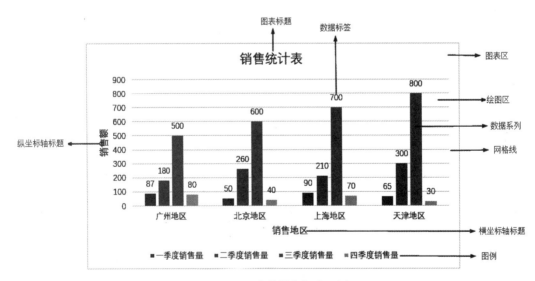

图 8-17　图表的基本组成示例

❖ **图表区**：图表中最大的白色区域，用于容纳图表中其他元素。一般来说，选中整个图表，便能选中图表区。

❖ **绘图区**：图表中的整个绘制区域。二维图表和三维图表的绘图区有所区别。在二维图表中，绘图区是以坐标轴为界并包含全部数据系列的区域；而在三维图表中，绘图区是以坐标轴为界并包含数据系列、分类名称、刻度线和坐标轴标题的区域。

- ❖ **图表标题**：图表上方的文字，一般用来描述图表的功能或作用，诸如"销售统计表"。
- ❖ **网格线**：可添加到图表中以易于查看和计算数据的线条，是坐标轴上刻度线的延伸，并贯穿绘图区。主要网格线标出了轴上的主要间距，用户还可在图表上显示次要网格线，用以标示主要间距之间的间隔。
- ❖ **数据标签**：数据系列外侧的数字，标示数据系列代表的具体数值。
- ❖ **数据系列**：源自数据表的行或列的相关数据点。图表中的每个数据系列具有唯一的颜色或图案，并且在图表的图例中表示。例如，图 8-17 中的图表有 4 个数据系列，蓝色的条形代表一季度销售量，橙色的条形代表二季度销售量，灰色的条形代表三季度销售量，黄色的条形代表四季度销售量。
- ❖ **图例**：图表中最底部带有颜色块的文字，用于标识不同数据系列表示的内容。
- ❖ **横坐标轴**：数据系列下方的诸如"广州地区""北京地区"等内容便是横坐标轴，用于显示数据的分类信息。
- ❖ **横坐标轴标题**：横坐标轴下方的文字，用于说明横坐标轴的含义，如"销售地区"。
- ❖ **纵坐标轴**：数据系列左侧的诸如 100、200 等内容便是纵坐标轴，用于显示数据的数值。
- ❖ **纵坐标轴标题**：纵坐标轴左侧的文字，用于说明纵坐标轴的含义，如"销售额"。

8.1.3　创建图表

要创建图表，可以切换到"插入"选项卡，单击"插图"功能组中的"图表"按钮，弹出"插入图表"对话框。在该对话框的左侧列表中选择一种需要的图表类型，在右侧栏中选择需要的图表样式后，单击"确定"按钮，即可在文档中插入图表，同时会启动 Excel 2019 应用程序，用于编辑图表中的数据，如图 8-18 所示。

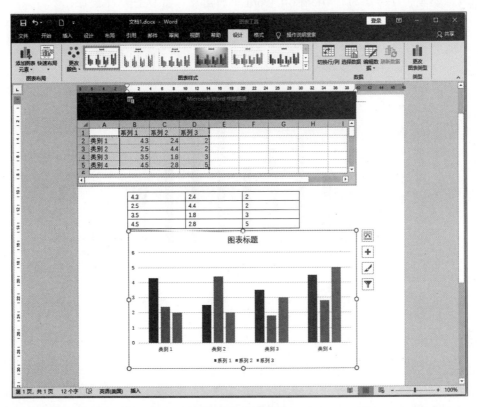

图 8-18　创建图表

将光标停在某个数据标志上，就会显示该数据标志代表的值及有关信息，如图 8-19 所示。

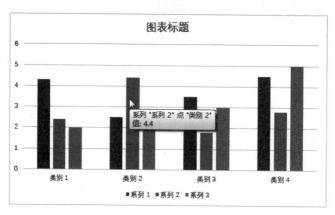

图 8-19　显示数据标志的值及有关信息

上机练习——创建"甲城市月降水量"图表

　　本节练习使用图表直观地展示甲城市月平均降水量，以方便人们了解每月降水量的多少。通过对操作步骤的详细讲解，可以使读者掌握创建图表的操作方法。

　　首先新建一个名为"甲城市月平均降水量"的空白文档，选择"插入"选项卡，单击"插图"功能组中的"图表"按钮，打开"插入图表"对话框，选择"柱形图"图表中的"簇状柱形图"类型，在弹出的"Microsoft Word 中的图表"窗口中修改数据，然后删除多余行或列中的内容。最后单击 Excel 窗口的"关闭"按钮即可。效果如图 8-20 所示。

8-1　上机练习——创建
"甲城市月降水量"
图表

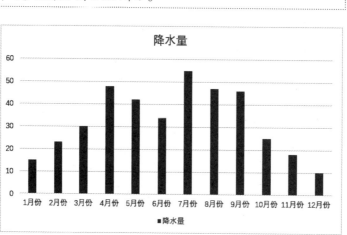

图 8-20　"甲城市月平均降水量"图表效果图

操作步骤

　　（1）新建一个名为"甲城市月平均降雨量"的空白文档。

　　（2）切换到"插入"选项卡，单击"插图"功能组中的"图表"按钮📊，如图 8-21 所示。

　　（3）此时系统弹出"插入图表"对话框，选择"柱形图"选项卡中的"簇状柱形图"选项，如图 8-22 所示，然后单击"确定"按钮。

　　（4）此时文档中插入所选样式的图表，同时自动打开一个名为"Microsoft Word 中的图表"的 Excel 窗口，该窗口中显示了图表所使用的默认预置数据，如图 8-23 所示。

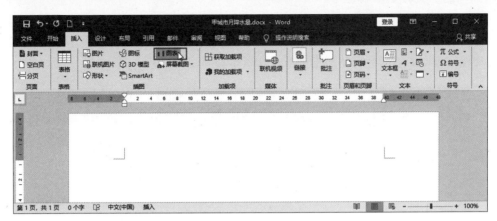

图 8-21　单击"图表"按钮

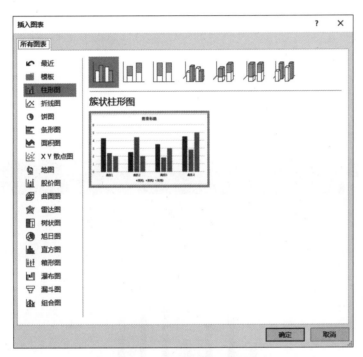

图 8-22　"插入图表"对话框

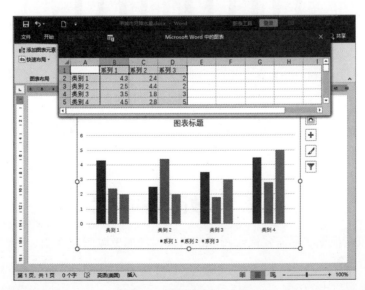

图 8-23　插入所选类型图表

（5）在 Excel 窗口中输入需要的行列名称和对应的数据内容，如将"系列 1"改为"降水量"，将"类别 1"改为"1 月份"，然后将剩余数据根据需要进行修改，并删除多余行（或列）中的内容，如图 8-24 所示。Word 文档图表中的数据会自动同步更新，如图 8-25 所示。

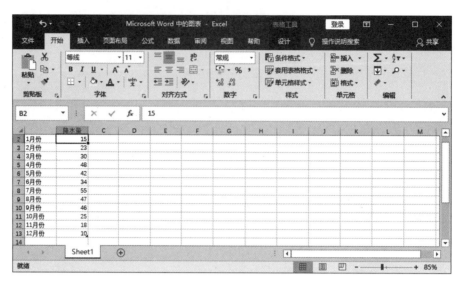

图 8-24　修改表格数据

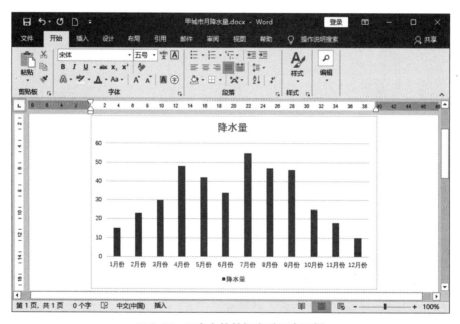

图 8-25　图表中的数据自动同步更新

（6）编辑完成后，单击"关闭"按钮关闭 Excel 窗口，在 Word 文档中显示更改数据后的图表，效果如图 8-20 所示。

8.2　修改图表的格式

创建好图表后，可以根据实际需要修改图表的格式，例如更改图表类型、调整图表尺寸大小，还可以为图表添加背景和边框等。

8.2.1　更改图表类型

图表类型的选择很重要，根据需要选择一个能很好地表现数据的图表类型，有助于更清晰、更直观、更形象地反映出数据的差异和变化。若图表不符合实际需求，可以更改图表的类型。具体操作步骤如下。

（1）选中需要更改类型的图表。

（2）在"图表工具|设计"选项卡的"类型"功能组中，单击"更改图表类型"按钮 ，如图 8-26 所示。

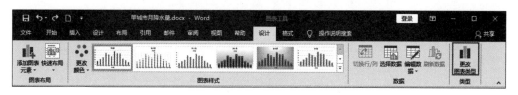

图 8-26　"图表工具|设计"选项卡

（3）此时系统弹出"更改图表类型"对话框，如图 8-27 所示，重新选择图表类型及所需样式。

（4）单击"确定"按钮，返回文档，可见图表的类型已经发生改变。

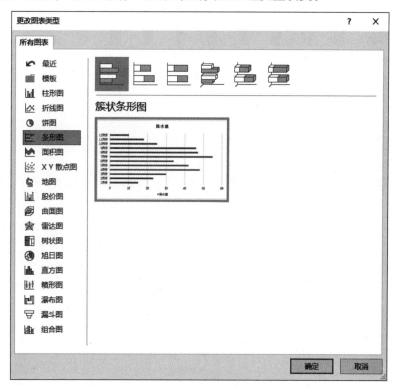

图 8-27　"更改图表类型"对话框

> **提示：**
> 选中图表以后右击，在弹出的快捷菜单中选择"更改图表类型"选项，也可以打开"更改图表类型"对话框。

8.2.2　调整图表尺寸

图表可以采用默认大小，也可以按需要对图表大小进行调整，可采用以下几种方法调整。

方法一：使用鼠标拖动调整。首先选中该图表，如图 8-28 所示，待图表四周出现控制点后，将鼠标指针移至控制点上，当鼠标指针变为双向箭头 时，按下鼠标左键拖动，即可调整图表的大小，同时在拖动过程中鼠标指针变成"十"形，如图 8-29 所示，拖动到合适的大小后松开鼠标即可。

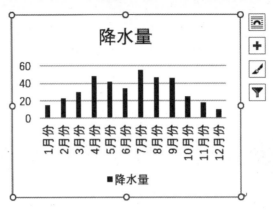

图 8-28　选中图表

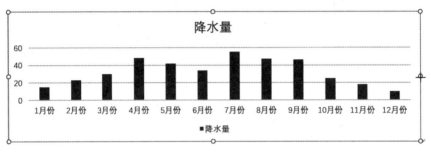

图 8-29　拖动鼠标

　　方法二：使用功能区调整。选中图表，切换到"图表工具|格式"选项卡，在"大小"功能组中设置所需高度值和宽度值即可，如图 8-30 所示。

　　方法三：使用对话框调整。选中图表，切换到"图表工具|格式"选项卡，单击"大小"功能组右下角的"功能扩展"按钮，弹出图 8-31 所示的"布局"对话框，切换到"大小"选项卡设置更加精确的图表尺寸，设置完成后单击"确定"按钮即可。

图 8-30　"大小"功能组

图 8-31　"布局"对话框

8.2.3　设置图表背景和边框

默认情况下，Word 的图表都是中规中矩的白色，用户可以根据自己的需要重新设置图表的背景和边框，具体操作步骤如下。

（1）双击图表的空白区域，打开"设置图表区格式"面板，如图 8-32 所示。

图 8-32　"设置图表区格式"面板

（2）在"填充"区域可以设置图表背景的填充样式。例如，将图表区的填充设置渐变的效果，如图 8-33 所示。

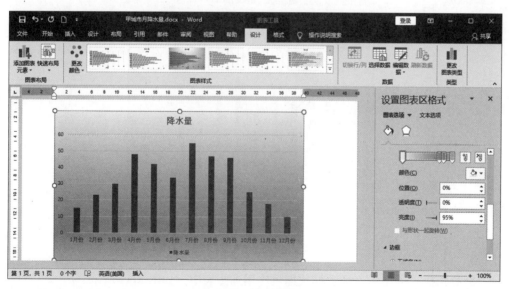

图 8-33　填充图表区

（3）在"边框"区域可以详细设置图表边框的样式，如将图表边框线设置成"颜色"为"蓝色"，"宽度"为"3.25 磅"，"复合类型"为"双线"，效果如图 8-34 所示。

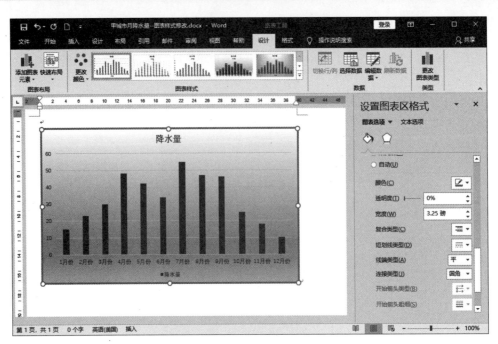

图 8-34　设置图表边框

8.2.4　使用图表样式

Word 提供了许多内置的图表样式，利用这些样式可迅速对图表进行美化，具体操作方法如下。

（1）选中需要改变样式的图表，如图 8-35 所示。

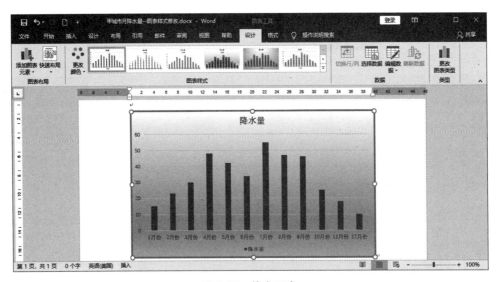

图 8-35　选中图表

（2）切换到"图表工具 | 设计"选项卡，在"图表样式"功能组的列表框中选择需要的图表样式，如图 8-36 所示，此处选择"样式 9"，所选样式即可应用到图表中，如图 8-37 所示。

（3）在"图表样式"功能组中单击"更改颜色"按钮，在弹出的下拉列表中可以为数据系列选择需要的颜色方案，如图 8-38 所示。

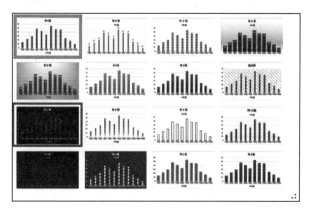

图 8-36　选择样式 9

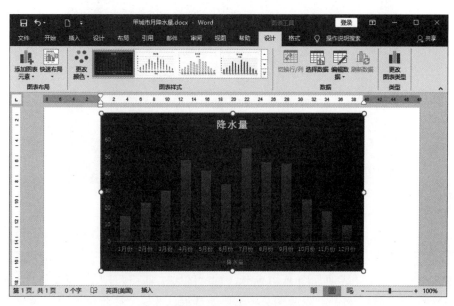

图 8-37　更改图表样式

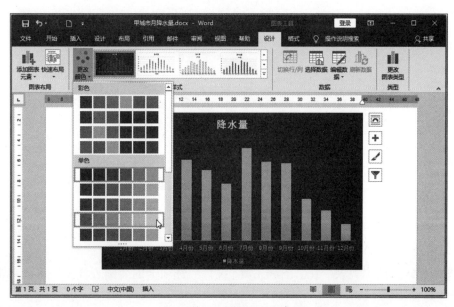

图 8-38　更改数据系列颜色

上机练习——格式化电脑配件销售额示意图

练习目标

本节练习格式化电脑配件销售额示意图，通过对操作步骤的详细讲解，可以使读者掌握使用"图表工具 | 设计"选项卡更改图表类型、应用图表样式、改变图表布局和设置图表的图案填充等操作方法。

设计思路

首先选中图表，然后使用内置的样式和图表布局快速格式化图表，最后设置图表标题的形状样式和艺术字样式，为图表添加图案填充，使图表更加美观，效果如图8-39所示。

8-2 上机练习——格式化电脑配件销售额示意图

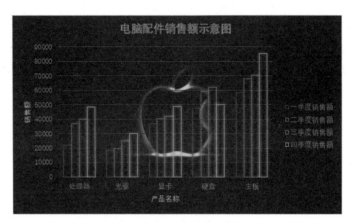

图 8-39　图表的格式化效果

操作步骤

（1）更改图表类型。选中图表，如图8-40所示。在"图表工具 | 设计"选项卡的"类型"功能组中，单击"更改图表类型"按钮，打开"更改图表类型"对话框，选择"簇状柱形图"，单击"确定"按钮，返回文档，效果如图8-41所示。

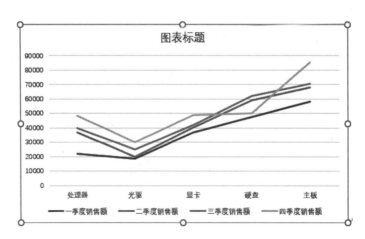

图 8-40　选中图表

（2）改变图表样式。选中图表，在"图表工具 | 设计"选项卡的"图表样式"区域单击选择"样式12"，效果如图8-42所示。

（3）在"图表工具 | 设计"选项卡中的"图表布局"区域单击"快速布局"按钮，在弹出的下拉菜单中选择"布局9"命令，将图例显示在图表右侧，且显示坐标轴标题，如图8-43所示。

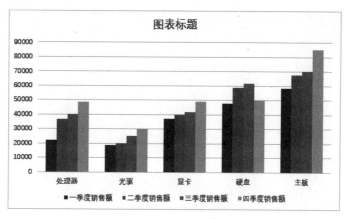

图 8-41 更改图表类型效果图

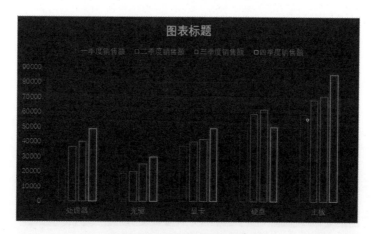

图 8-42 修改图表样式的结果

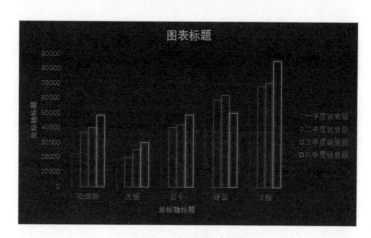

图 8-43 修改图表布局

（4）选中图表标题的占位文本，修改标题名称为"电脑配件销售额示意图"，如图 8-44 所示。

（5）选中横坐标轴标题，并修改标题名称为"产品名称"；选中纵坐标轴标题，修改标题名称为"销售额"，效果如图 8-45 所示。

（6）选中图表标题，在"图表工具 | 格式"选项卡中单击"形状样式"区域的样式列表框右侧的下拉按钮，在弹出的形状样式列表中选择一种样式，如选择"彩色填充 - 黑色，深色 1"选项，效果如图 8-46 所示。

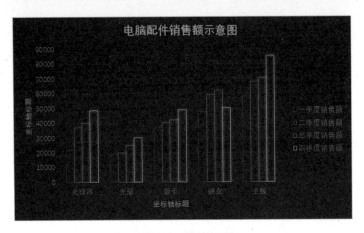

图 8-44　修改标题

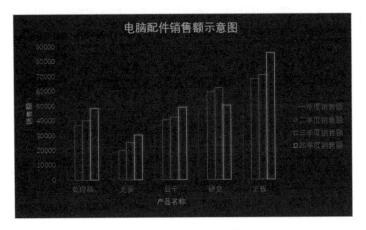

图 8-45　添加横、纵坐标轴标题

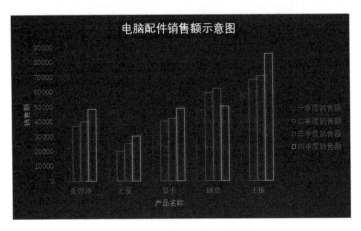

图 8-46　设置标题的形状样式

（7）在"艺术字样式"区域单击"文本填充"按钮，设置填充颜色为"黄色"；单击"文本轮廓"按钮，设置轮廓线为红色，效果如图 8-47 所示。

（8）双击图表打开"设置图表区格式"面板，在"填充"选项区选择"图片或纹理填充"单选按钮，如图 8-48 所示，然后单击"文件"按钮。

（9）在弹出的"插入图片"对话框中选择图表背景，单击"插入"按钮，使用指定的图片填充图表，最终效果如图 8-39 所示。

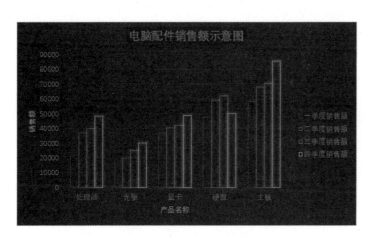

图 8-47　选择艺术字样式　　　　　　　　　　图 8-48　选择填充方式

8.3　编辑图表数据

在创建图表后，可以随时根据需要在图表中添加、更改和删除数据。本节介绍对图表中常用元素的一些常见操作，希望读者能仔细体会，举一反三。

8.3.1　修改图表数据

如果发现图表中出现错误的数据，需要及时修改，可以按照以下步骤操作。

（1）选中需要修改数据的图表，如选中"冰箱销售统计表"图表。

（2）切换到"图表工具 | 设计"选项卡，在"数据"功能组中单击"编辑数据"命令按钮下方的下拉按钮，弹出如图 8-49 所示的下拉列表框。

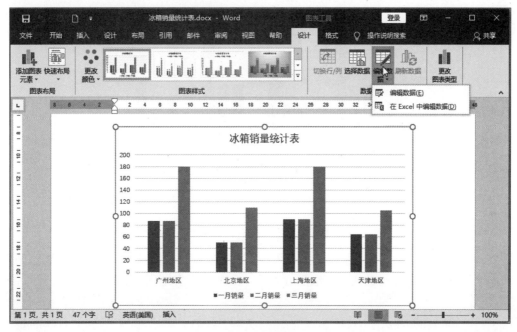

图 8-49　单击"编辑数据"按钮

❖ 选择"编辑数据"选项，则会在图表的下方弹出一个 Excel 窗口，如图 8-50 所示，在该 Excel 窗口中可以看到与当前图表相关联的数据。

❖ 选择"在 Excel 中编辑数据"选项，则会直接打开与图表数据相关联的 Excel 窗口。

（3）直接在 Excel 窗口中修改有误的数据，如将广州地区三月销量修改为"210"，完成修改后，单击 Excel 窗口中的"关闭"按钮即可。

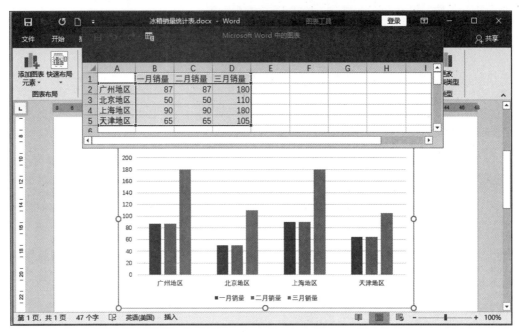

图 8-50　打开的 Excel 窗口

（4）返回文档中，可以看到图表中的数据系列随之更新，如图 8-51 所示。

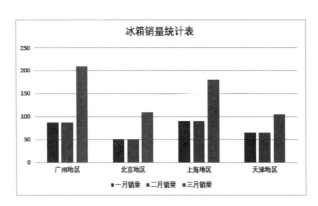

图 8-51　修改图表数据效果

8.3.2　添加或删除数据系列

根据需要，可以通过与图表相关联的工作表为图表添加或删除数据系列。例如在"冰箱销售统计表"的右侧添加一个新的月销量数据系列，在最下方添加一个新的销售地区及其销售数据，可以按照以下操作步骤。

（1）选中"冰箱销售统计表"图表。

（2）切换到"图表工具 | 设计"选项卡，在"数据"功能组中单击"编辑数据"按钮下方的下拉按钮，在弹出的下拉列表框中选择"编辑数据"选项，如图 8-52 所示。

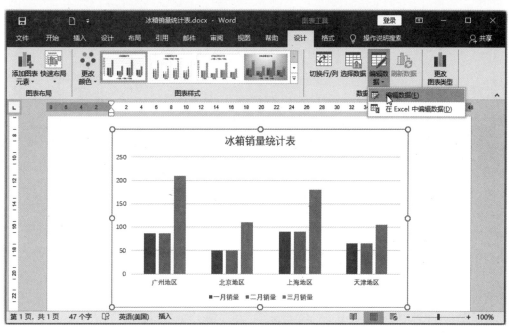

图 8-52　选择"编辑数据"选项

（3）此时系统打开与当前图表相关联的 Excel 窗口，选中"三月销量"单元格后右击，在弹出的快捷菜单中选择"插入"选项，并在级联菜单中选择"在右侧插入表列"命令，如图 8-53 所示。图表中插入的新列如图 8-54 所示。

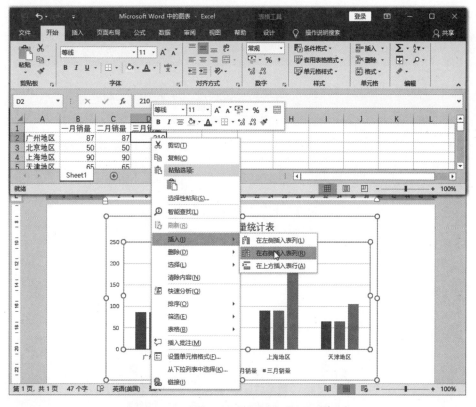

图 8-53　选择"在右侧插入表列"命令

（4）在新列中输入新增的月销量名称及其数据，图表中的数据会同步更新，如图 8-55 所示。

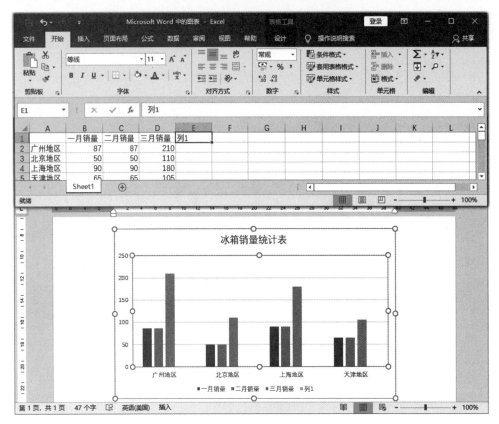

图 8-54 插入新列

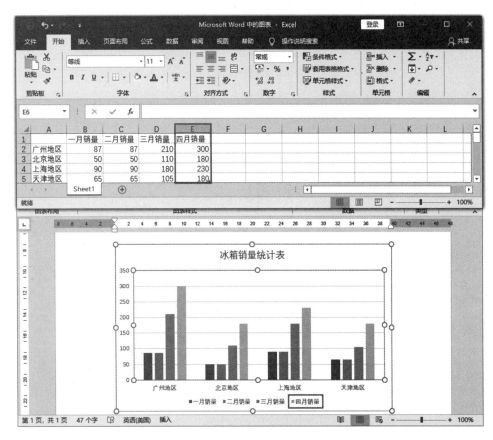

图 8-55 更新数据

（5）选中"天津地区"单元格后右击，在弹出的快捷菜单中选择"插入"选项，并在级联菜单中选择"在下方插入表行"命令，如图 8-56 所示。图表中插入的新行如图 8-57 所示。

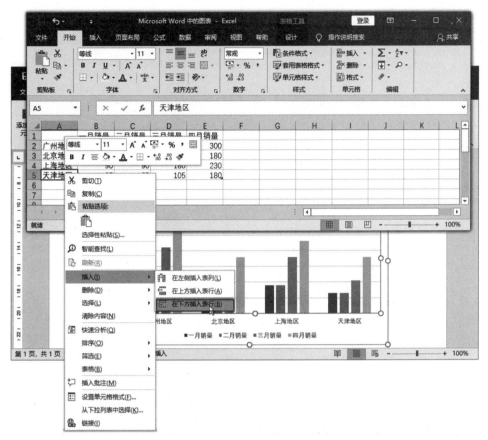

图 8-56 选择"在下方插入表行"命令

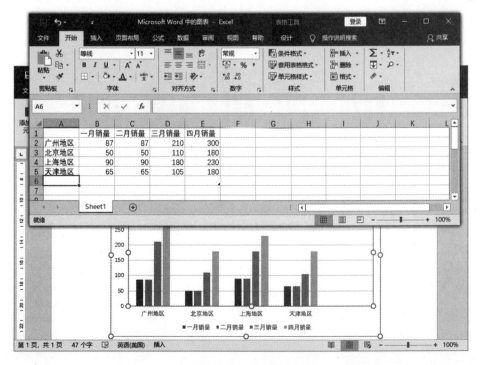

图 8-57 插入新的表行

（6）在新行中输入新增的销售地区名称及其销售数据，图表中的数据会同步更新，如图 8-58 所示。

图 8-58　更新数据

（7）完成编辑后，单击 Excel 窗口中的"关闭"按钮即可。最终效果如图 8-59 所示。

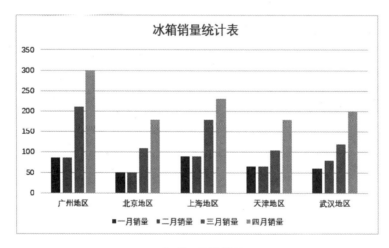

图 8-59　最终效果

如果想要删除数据系列，可以按照以下两种方法操作。

方法一：打开与图表相关联的 Excel 工作表，选中需要删除的列并右击，图 8-60 所示为选中"冰箱销量统计表"图表中的"二月销量"数据系列，在弹出的快捷菜单中选择"删除"命令，即可删除该列数据，同时在图表中对应的数据系列也会被删除，最终结果如图 8-61 所示。

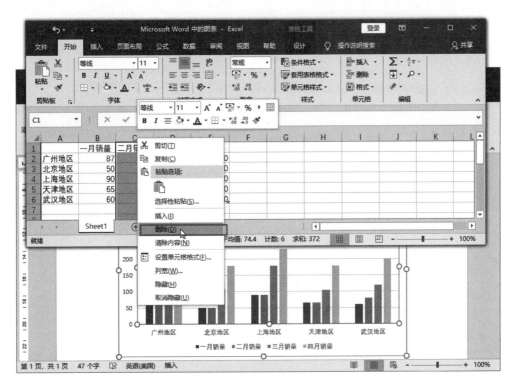

图 8-60　选中"二月销量"数据系列

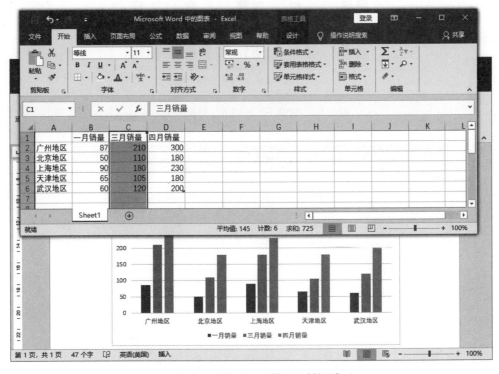

图 8-61　删除"二月销量"数据系列

方法二：直接在图表中选择要删除的数据系列并右击，如选中"冰箱销量统计表"图表中的代表"一月销量"的蓝色数据系列，在弹出的快捷菜单中选择"删除"命令，如图 8-62 所示，即可删除该数据系列，结果如图 8-63 所示。在打开 Excel 窗口时，仍然可以看到通过此方法删除的数据系列所对应的数据，如图 8-64 所示。

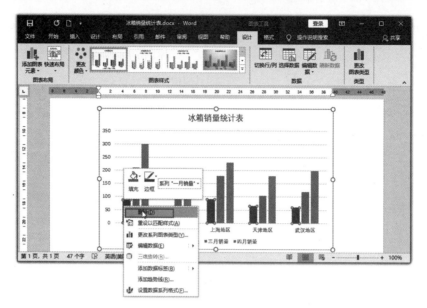

图 8-62　选择"删除"命令

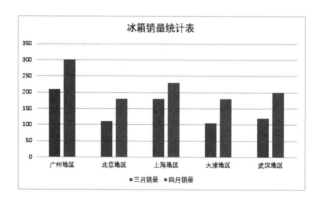

图 8-63　删除"一月销量"数据系列

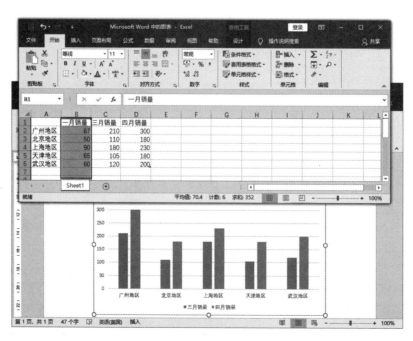

图 8-64　Excel 窗口

> **提示：** 在默认情况下，对 Excel 工作表中的列进行添加或删除，便是对图表中的数据系列进行增加或删除；对 Excel 工作表中的行进行添加或删除，便是对图表坐标轴中的分类信息进行增加或删除。

8.3.3　隐藏或显示图表数据

在不删除数据的情况下，通过对数据表中的行或者列进行隐藏或显示操作，可以实现对图表中数据的隐藏或显示。如将"冰箱销量统计表"图表中的"三月销量"隐藏起来，可以按照以下步骤操作。

（1）选中"冰箱销量统计表"图表。

（2）切换到"图表工具 | 设计"选项卡，在"数据"功能组中单击"编辑数据"按钮下方的下拉按钮，在弹出的下拉列表框中选择"编辑数据"选项，如图 8-65 所示。

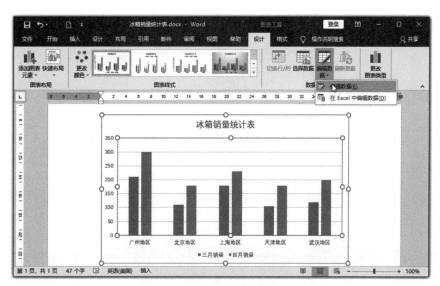

图 8-65　选择"编辑数据"选项

（3）此时系统打开与当前图表相关联的 Excel 工作表，选中"三月销量"所在的整个 C 列并右击，

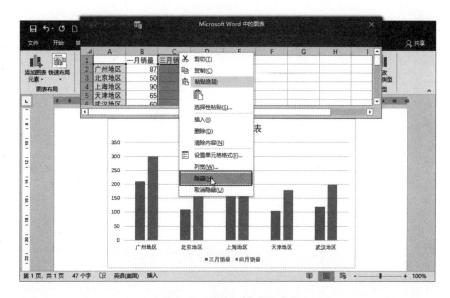

图 8-66　选择"隐藏"命令

在弹出的快捷菜单中选择"隐藏"命令，如图 8-66 所示。当 C 列被隐藏以后，B 列和 D 列之间的网格线显示为，同时图表中的代表"三月销量"的橙色数据系列不再显示，如图 8-67 所示。

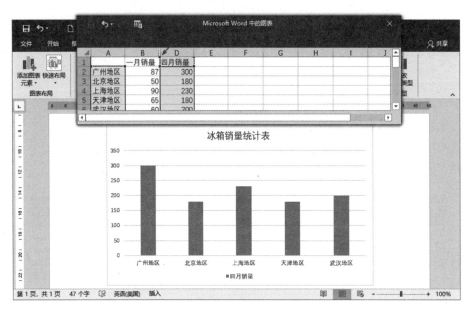

图 8-67　隐藏效果

如果想把与图表关联的工作表中的列（或行）再次显示出来，可以将鼠标指针指向被隐藏的列所在位置的标记（或行所在位置的标记），当鼠标指针显示为（或）形状时，双击即可，如图 8-68 所示。

图 8-68　显示列和行的标记

8.4　设置图表元素的格式

用户可以根据自己的实际情况设置图表元素的格式，只需在选中图表后，利用图 8-69 所示的图表右侧的"图表元素"按钮和"图表样式"按钮，就可以很便捷地设置图表元素的格式了。

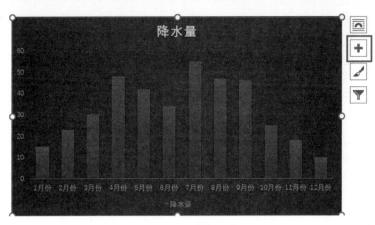

图 8-69　选中图表

8.4.1　设置坐标轴

在 Word 图表中，坐标轴是一个重要元素，用户可以根据需要对坐标轴进行设置。双击图表中的横坐标轴或纵坐标轴，即可打开图 8-70 所示的"设置坐标轴格式"面板。在这里，用户可以设置坐标轴的相关选项，还可以设置坐标轴上的文本选项。

在"坐标轴选项"区域可以修改坐标轴的类型、位置。在"刻度线"选项区中可以调整刻度线间隔，还可以选择主（次）刻度线类型；在"标签"选项区中调整标签与坐标轴的距离和位置；在"数字"选项区中为坐标轴中的数字选择不同的类别，如货币、分数等。

如果要设置坐标轴的文本格式，可以切换到"文本选项"选项卡，如图 8-71 所示。在这里可以设置沿坐标轴文本的填充方式以及文字效果，设置文本边框的线条颜色、线型等。

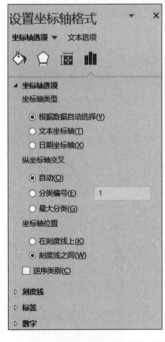

图 8-70　"设置坐标轴格式"面板

图 8-71　设置文本选项

通过单击"布局属性"按钮，还可以设置文本框的垂直对齐方式、文字方向以及自定义文本框的旋转角度等，例如，旋转坐标轴文本后的效果如图 8-72 所示。

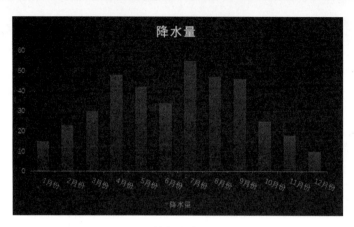

图 8-72　旋转文本后的效果

> **提示：** 一般情况下，单击某元素对象即可将其选中，但是，当图表内容过多时，用单击的方法去选择很不方便，有可能会出现错误。这时可以在选中图表后，切换到"图表工具 | 格式"选项卡中的"当前所选内容"功能组，在"图表元素"下拉列表框中，选择需要的元素选项。

8.4.2　设置数据系列

（1）在图表中右击要修改的数据系列，弹出图 8-73 所示的快捷菜单，从中选择"设置数据系列格式"命令，打开图 8-74 所示的"设置数据系列格式"面板。

（2）通过"系列重叠"微调框设置数据系列的位置，通过"间隙宽度"微调框设置分类间隔。

（3）切换到"填充与线条"选项卡，可以设置数据系列的填充效果和边框样式，如图 8-75 所示。例如，设置图表中降水量数据系列的填充方式为水滴形"纹理填充"，效果如图 8-76 所示。

图 8-73　快捷菜单

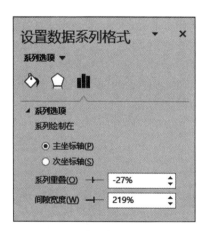

图 8-74　"系列选项"设置面板

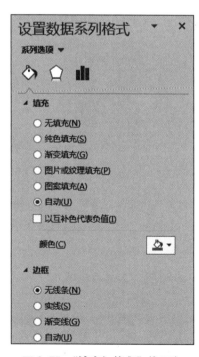

图 8-75　"填充与线条"选项卡

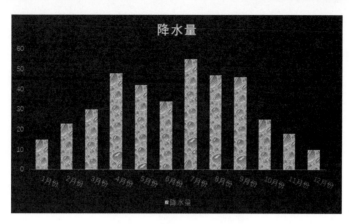

图 8-76　图案填充的效果

8.4.3　设置数据标签

默认情况下，创建的图表中不显示数据标签。在有些实际应用中，显示数据标签可以使图表数据更直观。可以通过以下操作方法设置数据标签。

（1）选中图表，单击"图表元素"按钮 ⊞，显示图 8-77 所示的"图表元素"列表。

（2）选中"数据标签"复选框，图表中将显示数据标签。如果只选中了一个数据系列，则只在指定的数据系列上显示数据标签。

（3）将鼠标指针指向"数据标签"选项，右侧会出现一个 ▶ 按钮，单击此按钮弹出如图 8-78 所示的列表，从中可以选择数据标签的显示位置。

（4）如果默认的数据标签不能满足设计需要，可以在"数据标签"的下拉菜单中选择"更多选项"命令，弹出图 8-79 所示的"设置数据标签格式"面板。

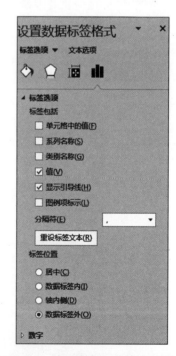

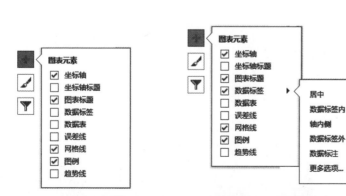

图 8-77　图表元素列表　　　　图 8-78　显示数据标签　　　　图 8-79　"设置数据标签格式"面板

在这里，用户可以设置数据标签的填充和边框样式、效果、大小、对齐属性、标签选项以及数字格式。

8.4.4 设置图例

图例用于标识图表中的数据系列或者分类指定的图案或颜色。

双击图表中的图例，即可打开图 8-80 所示的"设置图例格式"面板。在这里可以设置图例的填充、边框、效果以及图例位置。

图 8-80 "设置图例格式"面板

8.5 实例精讲——员工学历统计示意图

如果单用数据展示公司员工的学历情况，不仅枯燥，而且很难看出数据的变化，使用图表来组织和显示这些数据则更加直观、形象。本节练习使用图表展示员工的学历统计表。通过对操作步骤的详细讲解，可以使读者掌握创建和美化图表的方法。

8-3 实例精讲——员工学历统计示意图

首先基于选定区域创建二维簇状柱形图，根据需要使用"图表元素"按钮，添加图表元素，通过"图表布局"功能组来快速设置图表布局，通过"设置图表区格式"面板设置图表区的背景图像；最后添加本科学历的趋势线，设置趋势线名称及颜色，结果如图 8-81 所示。

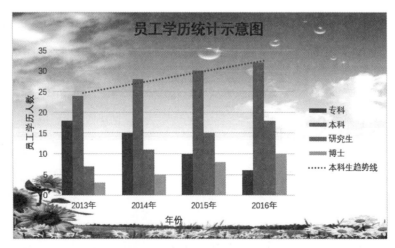

图 8-81 员工学历统计示意图

操作步骤

1. 创建图表

（1）启动 Word 2019，新建一个名为"员工学历统计示意图"的空白文档，选择"插入"选项卡，在"插图"功能组中单击"图表"按钮 。

（2）在打开的"插入图表"对话框中，选择"柱形图"选项卡中的"簇状柱形图"选项，如图 8-82 所示，然后单击"确定"按钮，文档中将插入所选样式的图表，同时在打开的 Excel 窗口中显示了图表所使用的预置数据，如图 8-83 所示。

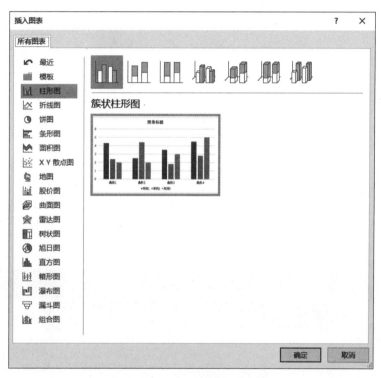

图 8-82   "插入图表"对话框

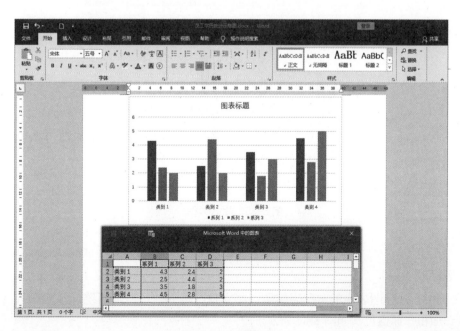

图 8-83   创建图表

（3）选中"系列3"单元格并右击，在弹出的快捷菜单中选择"插入"选项，并在级联菜单中选择"在右侧插入表列"命令，图表中会插入新列，如图8-84所示。

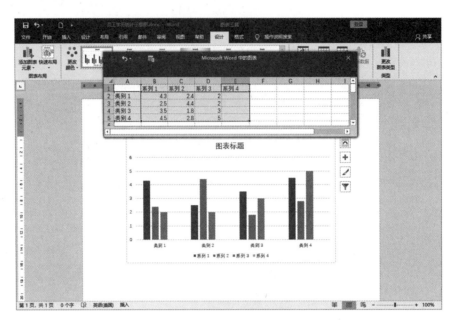

图8-84　插入新列

（4）在Excel窗口中输入需要的行列名称和对应的数据内容，Word文档图表中的数据会自动同步更新，如图8-85所示。

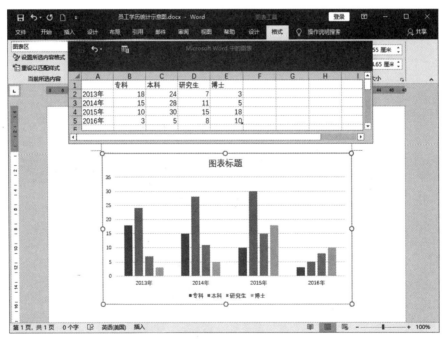

图8-85　输入数据

（5）数据内容编辑完成后，单击Excel窗口的"关闭"按钮，关闭Excel窗口。

2. 修改图表标题

在Word文档中，选择图表中的"图表标题"文本框，输入"员工学历统计示意图"，设置文本为黑体、16号字体、加粗、深蓝色，如图8-86所示。

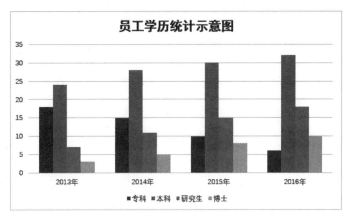

图 8-86 修改图表标题效果

3. 添加坐标轴

选中图表，单击图表右侧出现的"图表元素"按钮 +，打开"图表元素"窗口，选中"坐标轴标题"复选框，为图表添加相应的坐标轴，并在各个坐标轴标题框中输入标题内容，设置坐标轴标题为宋体、10 号字体、黑色，如图 8-87 所示。

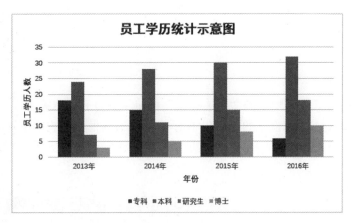

图 8-87 添加坐标轴效果

4. 更改图表布局

选中图表，在"图表工具 | 设计"选项卡的"图表布局"区域单击"快速布局"命令按钮，在弹出的下拉列表中选择"布局 9"，此时的图表如图 8-88 所示，图例文本框显示在图表的右侧。

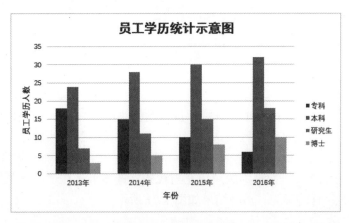

图 8-88 快速布局图表

5. 添加图表背景

（1）双击图表，打开"设置图表区格式"面板，在"填充"选项区选择"图片或纹理填充"单选按钮，如图 8-89 所示，然后单击"文件"按钮。

（2）在弹出的"插入图片"对话框中选择图表背景，单击"插入"按钮，使用指定的图片填充图表，效果如图 8-90 所示。

图 8-89　选择填充方式

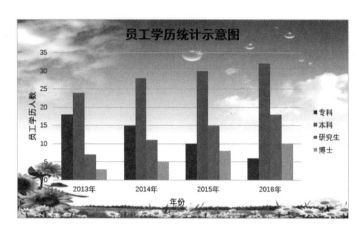

图 8-90　填充图表背景效果图

6. 添加趋势线

（1）选中图表，单击图表右侧出现的"图表元素"按钮 +，打开"图表元素"窗口，选中"趋势线"复选框，弹出"添加趋势线"对话框，如图 8-91 所示。在该对话框的列表框中选择要添加趋势线的数据系列，此处选择"本科"选项，单击"确定"按钮，即可为"本科"数据系列添加趋势线，效果如图 8-92 所示。

图 8-91　"添加趋势线"对话框

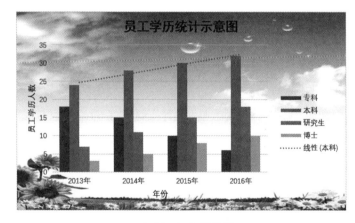

图 8-92　添加趋势线

（2）右击趋势线，在弹出的快捷菜单中选择"设置趋势线格式"命令，如图 8-93 所示，打开"设置趋势线格式"面板，在"趋势线名称"区域选择"自定义"单选按钮，然后在文本框中输入"本科生趋势线"，如图 8-94 所示。

（3）选择"设置趋势线格式"面板中的"填充与线条"选项卡，在"线条"组中单击"颜色"右侧的下拉按钮，选择"红色"作为填充，最终结果如图 8-81 所示。

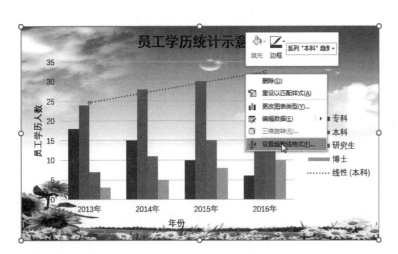

图 8-93　快捷菜单

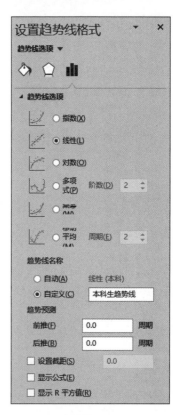

图 8-94　"设置趋势线格式"面板

8.6　答 疑 解 惑

1. 怎样在与图表相关联的 Excel 窗口中调整数据区域的范围？

答：在 Excel 窗口的预置数据区域中，可以在右下角看到一个蓝色的标记，该标记的位置标示绘制图表中的数据范围，将鼠标指针指向蓝色标记，当指针变为双向箭头形状时，拖动鼠标，可调整数据区域的范围。

2. 怎样在图表中增加横坐标轴的分类信息？

答：选中要在其上方插入新行的单元格并右击，在弹出的快捷菜单中选择"插入"选项，并在弹出的级联菜单中选择"在上方插入表行"命令，然后在插入的新行中输入相应的数据即可。

3. 怎样更改趋势线的类型？

答：添加趋势线后，若要更改其类型，可右击趋势线，在弹出的快捷菜单中选择"设置趋势线格式"命令，打开"设置趋势线格式"面板，在"趋势线"选项卡中选择趋势线类型即可。

8.7　学习效果自测

一、判断题

1. 直方图是以宽度相等的垂直矩形的高度差异来显示统计指标数值多少或大小的一种图形，利用它可以更加直观地对数据进行对比分析以得出结果。（　　）

2. 单击"插入"→"插图"→"图表"命令，可以快速启动图表编辑环境。（　　）

3. 在图表中，纵坐标轴用于显示数据的分类信息。（　　）

4. 在不删除数据的情况下，通过对数据表中的行或者列进行隐藏或显示操作，可以实现对图表中数

据的隐藏或显示。（　　）

二、填空题

1. 图表右边的 4 个按钮分别是（　　）按钮、（　　）按钮、（　　）按钮和（　　）按钮，分别单击这些按钮可以弹出菜单对图表进行快捷设置。

2. 柱形图可以显示一段时间内（　　）的变化，或者描述（　　）之间的差异。

3. 利用（　　）可以修改坐标轴的类型、位置。

第 9 章

图形对象的应用

Word 2019 提供了强大的图形对象编辑功能。在 Word 文档中适当配上图片、艺术字、图形、图标、3D 模型、文本框等对象可以使我们制作的文档更加美观、生动，图文并茂，更具吸引力，从而帮助读者更加直观地理解文档内容。

本章将介绍如下内容：

- ❖ 使用图片
- ❖ 使用 3D 模型
- ❖ 使用艺术字
- ❖ 使用形状
- ❖ 使用文本框
- ❖ 使用 SmartArt 图形
- ❖ 使用 SVG 图标
- ❖ 排列组合图形对象

9.1　使用图片

为了使文档更加美观、生动，可以在其中插入图片对象。在 Word 2019 中，不仅可以插入图片，还可以利用相应的图片工具调整图片大小、样式、色彩等格式。

9.1.1　插入图片

在 Word 2019 中，不仅可以插入计算机系统中收藏的图片，还可以从网络提供的联机图片中导入图片，甚至可以利用屏幕截图功能直接从屏幕中截取图片。

1. 插入计算机中的图片

我们可以给文档插入计算机中收藏的图片，以配合文档内容或美化文档，这些图片可以是 Windows 的标准 BMP 位图，也可以是其他应用程序创建的图片，如 jpg、jpeg、wmf、png、bmp、gif、tif、eps、wpg 格式的图片等。

将光标插入点定位到需要插入图片的位置，切换到"插入"选项卡，单击"插图"功能组中的"图片"按钮　，打开"插入图片"对话框，如图 9-1 所示。在其中选择要插入的图片，单击"插入"按钮，即可将图片插入到文档中。

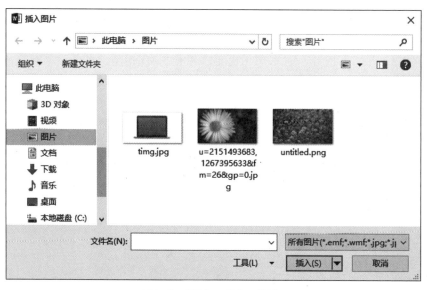

图 9-1　"插入图片"对话框

2. 插入联机图片

Word 2019 提供了联机图片功能，利用该功能，可以从网络提供的联机图片中查找和插入各种设计精美、构思巧妙，能够表达不同主题的图片。

在 Word 2019 中插入联机图片时，可以在将光标插入点定位到需要插入图片的位置后，切换到"插入"选项卡，在"插图"功能组中单击"联机图片"按钮　，打开"在线图片"对话框，如图 9-2 所示。

用户可以直接在"在线图片"对话框中单击所需的图片分类，如单击"飞机"，将弹出相应的可供选择的图片，如图 9-3 所示，单击"筛选"按钮 ▽，在弹出的下拉列表框中设置图片的格式，如图片的大小、类型、布局、颜色，如图 9-4 所示。在显示的搜索出来的联机图片中选择一张或多张，单击"插入"按钮即可将图片插入到 Word 文档中去。

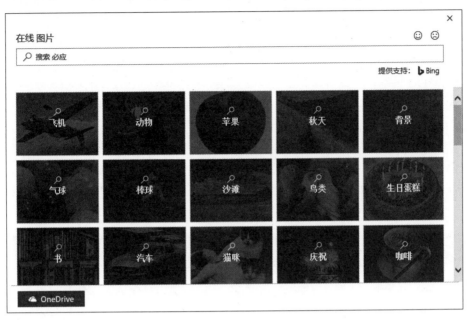

图 9-2 "在线图片"对话框

图 9-3 "飞机"分类图片

图 9-4 "筛选"下拉列表框

　　如果用户在"在线图片"对话框内置的图片分类中找不到合适的图片，还可以通过"必应"（Bing）搜索引擎选择，在搜索框中输入所需图片的关键字，然后按 Enter 键，根据需要选择合适的图片，单击"插入"按钮即可将图片插入到 Word 文档中去。

提示：　　插入保存在 OneDrive 中的图片是 Office 组件提供的新功能，用户首先需要注册一个 Microsoft 账号，然后登录 OneDrive 再执行此操作。

3. 插入屏幕截图

如果需要在 Word 文档中使用网页中的某个图片或是图片的一部分，则可以使用 Word 提供的"屏幕截图"功能来实现。利用该功能，可以迅速截取屏幕图像，并直接插入文档中。

1）截取活动窗口

可以利用 Word 提供的"屏幕截图"功能智能监视活动窗口（打开且没有最小化的窗口），同时可以很方便地截取活动窗口的图片并插入当前文档中。

将光标插入点定位在要插入图片的位置后，切换到"插入"选项卡，在"插图"功能组中单击"屏幕截图"按钮，在弹出的下拉列表框中的"可用的视窗"选项栏中，将以缩略图的形式显示当前所有的活动窗口。单击要插入的窗口图，如图 9-5 所示，Word 2019 会自动截取该窗口图片并插入文档中，如图 9-6 所示。

图 9-5 "屏幕截图"下拉列表框

图 9-6 截取活动窗口

2）截取屏幕区域

使用 Word 2019 的截取屏幕区域功能，可以截取计算机屏幕上的任意图片，并将其插入文档中。具体操作方法如下。

（1）将光标插入点定位在要插入图片的位置后，切换到"插入"选项卡，在"插图"功能组中单击"屏幕截图"按钮，在弹出的下拉列表框中选择"屏幕剪辑"选项，如图 9-7 所示。

（2）此时当前文档窗口自动缩小，整个屏幕将朦胧显示，进入屏幕剪辑状态，按住鼠标左键不放，拖动鼠标选择截取区域，被选中的区域将呈高亮显示，如图 9-8 所示。

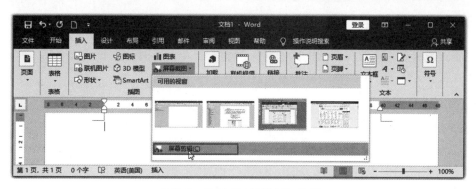

图 9-7　选择"屏幕剪辑"选项

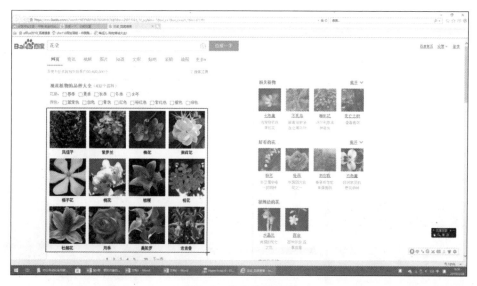

图 9-8　选中截取区域

（3）截取好区域之后，松开鼠标左键，Word 会自动将截取的屏幕图像插入到文档之中，结果如图 9-9 所示。

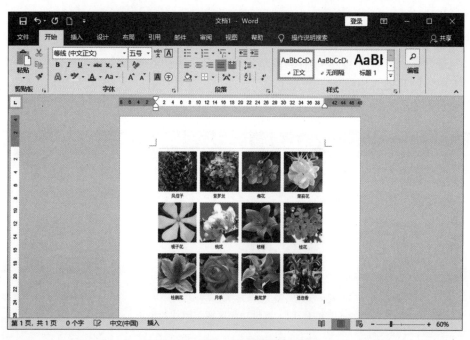

图 9-9　插入"屏幕截图"效果

9.1.2 调整图片大小和角度

在文档中插入图片后，需要对图片的大小进行调整，以免图片过大占据太大文档空间。为了满足实际需要，还可以通过旋转图片来调整图片的角度。

1. 使用鼠标调整

使用鼠标可以快速、便捷地调整图片的大小和角度。

1）调整图片大小

选中图片，当图片四周出现控制点φ时，将鼠标指针停放在控制点上。当指针变成双向箭头形状↖时，按住鼠标左键并任意拖动，即可改变图片的大小。拖动时，鼠标指针显示为十形状，如图 9-10 所示。

2）调整图片角度

选中图片，将鼠标指针指向旋转手柄↻，此时指针显示为⇖形状，然后按住鼠标左键并进行拖动，可以旋转该图片。旋转时，鼠标指针显示为↻形状，如图 9-11 所示，当拖动到合适角度后释放鼠标即可。

图 9-10　调整图片大小

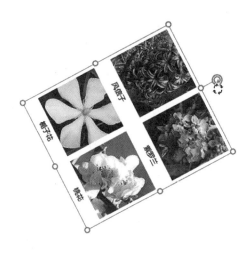

图 9-11　调整图片角度

2. 通过功能区调整

如果希望对图片的大小和角度进行精确调整，就需要通过功能区来完成。当需要精确调整图片的大小时，可以在选中该图片后，切换到"图片工具 | 格式"选项卡，在"大小"功能组中的"高度"和"宽度"文本框中输入数值，如图 9-12 所示。

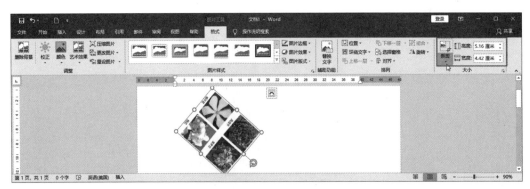

图 9-12　通过功能区调整图片大小

　　当需要精确调整图片的旋转角度时，可以在选中该图片后，切换到"图片工具 | 格式"选项卡，在"排列"功能组中单击"旋转"按钮，在弹出的下拉列表框中选择需要的旋转角度即可，如图 9-13 所示。

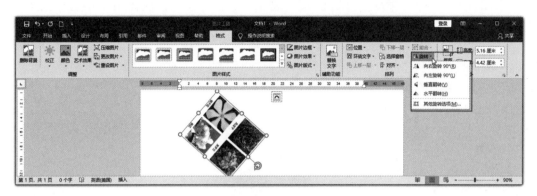

图 9-13　通过功能区调整图片旋转角度

3. 通过对话框调整

　　还可以通过对话框来实现精确调整图片的大小和角度，具体操作如下。

　　（1）选中需要调整的图片，切换到"图片工具 | 格式"选项卡，单击"大小"功能组右下角的"扩展按钮"。

　　（2）此时弹出图 9-14 所示的"布局"对话框，在"大小"选项卡的"高度"或者"宽度"栏中设置图片高度值和宽度值，在"旋转"栏中设置图片旋转角度。

　　（3）设置完成后，单击"确定"按钮，返回文档。

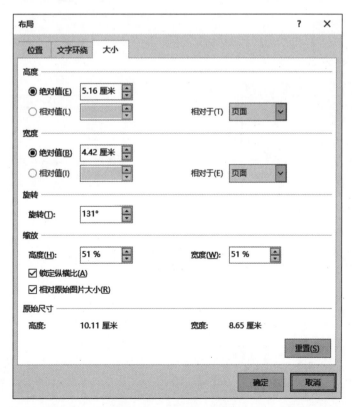

图 9-14　"布局"对话框

9.1.3　裁剪图片

　　Word 提供了图片裁剪功能，利用该功能，可以方便地对图片进行裁剪操作。具体操作方法如下。

　　（1）选中图片，切换到"图片工具 | 格式"选项卡，在"大小"功能组中单击"裁剪"按钮 ，图片就变成了可裁剪状态，如图 9-15 所示。将光标指向图片的某个裁剪标志，鼠标指针将变成裁剪状态。

　　（2）鼠标指针呈裁剪状态时，拖动鼠标可以进行裁剪，当拖动至合适的位置时释放鼠标即可，此时阴影部分表示将要裁剪掉的部分，如图 9-16 所示。

　　（3）确认无误后按 Enter 键完成裁剪，效果如图 9-17 所示。

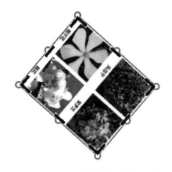  

图 9-15　可裁剪状态的图片　　　　　图 9-16　裁剪图片　　　　　图 9-17　裁剪效果

　　（4）如果需要更多的图片裁剪效果，可以单击"裁剪"按钮右下角的下拉按钮，在弹出的下拉列表框中选择"裁剪为形状""纵横比"两种裁剪方式，通过这两种方式，可以直接选择预设好的裁剪方案。图 9-18 所示为"裁剪为形状"级联菜单，图 9-19 所示为"纵横比"级联菜单。

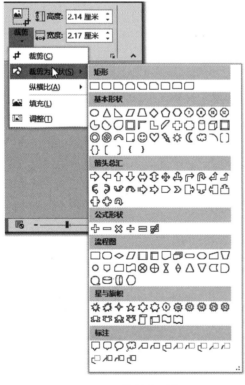 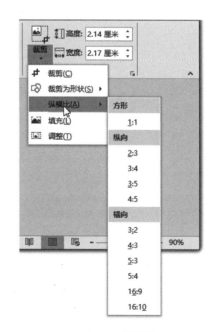

图 9-18　裁剪为形状　　　　　　　　　　　　图 9-19　纵横比

9.1.4 设置图文环绕方式

Word 提供了多种图文环绕方式，通过设置不同的环绕方式能够得到不同的环绕效果和视觉感受。默认情况下，图片是以嵌入方式插入到文档中的，此时图片的移动范围受到限制。若要自由移动或对齐图片等，需要将图片的文字环绕方式设置为非嵌入型。

设置图文环绕方式的操作方法如下。

（1）选中需要调整的图片。

（2）切换到"图片工具 | 格式"选项卡，单击"排列"功能组中的"文字环绕"按钮，在弹出的下拉列表框中可以选择需要的环绕方式，如图 9-20 所示。

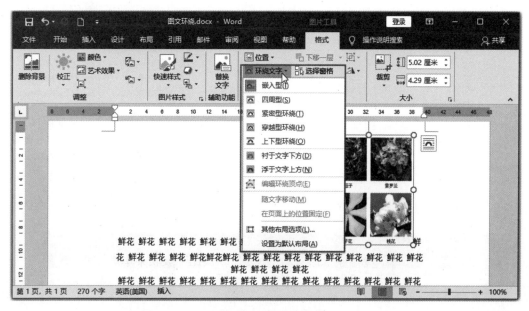

图 9-20　环绕文字方式

各环绕方式的效果说明如下。

❖ **嵌入型**：嵌到某一行里面。

❖ **四周型**：不管图片是否为矩形，文字以矩形方式环绕在图片四周。

❖ **紧密型环绕**：如果图片是矩形，则文字以矩形方式环绕在图片周围；如果图片是不规则图形，则文字将紧密环绕在图片四周。

❖ **穿越型环绕**：文字可以穿越不规则图片的空白区域环绕图片。

❖ **上下型环绕**：文字环绕在图片上方和下方，图片的左右不会出现文字。

❖ **衬于文字下方**：图片在下、文字在上分为两层，文字将覆盖图片。

❖ **浮于文字上方**：图片在上、文字在下分为两层，图片将覆盖文字。

❖ **编辑环绕顶点**：用户可以编辑文字环绕区域的顶点，实现更个性化的环绕效果。

（3）如需更多环绕效果，可在打开的"文字环绕"下拉列表框中选择"其他布局选项"选项，打开如图 9-21 所示的"布局"对话框，在"文字环绕"选项卡中对环绕方式进行精确设置。

除了上述操作方法以外，还可以通过以下方法设置图片的环绕方式。

❖ 右击图片，在弹出的快捷菜单中选择"环绕文字"命令，然后在弹出的级联菜单中选择相应的环绕方式即可，如图 9-22 所示。

❖ 选中图片，图片右上角会出现"布局选项"按钮，单击该按钮，可以在打开的"布局选项"面板中选择需要的环绕方式，如图 9-23 所示。

图 9-21 "布局"对话框

图 9-22 快捷菜单

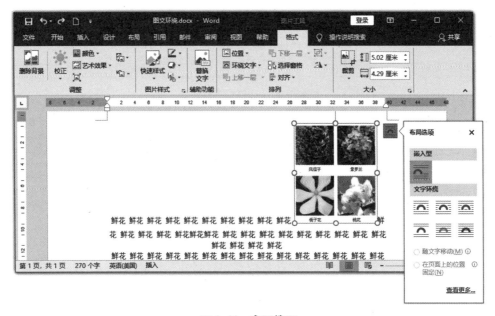

图 9-23 布局选项

9.1.5 美化图片

插入图片后，自动打开"图片工具|格式"选项卡。用户只需在选中图片后使用相应的功能按钮，就可以很方便地对图片进行进一步的编辑和美化处理。利用"调整"功能组中的工具按钮可以对所选图片的颜色、亮度、对比度等进行调整，利用"图片样式"功能组中的工具按钮，可以对所选图片快速设置样式、边框、特殊效果以及版式等。此处主要介绍以下几种方法。

1. 删除图片背景

　　每一张图片都或多或少存在背景，如果背景的风格或颜色与文档的主体风格不符，则用户只需要保留图片中主要图像，就可以利用"删除背景"功能来将图片中的背景删除掉。但是，在删除背景的时候，需要用户自己来标识要保留的位置，以防误删除了需要的图像。具体操作方法如下。

　　（1）选中需要删除背景的图片。

　　（2）在"图片工具|格式"选项卡中，单击"调整"功能组中的"删除背景"按钮，如图 9-24 所示。

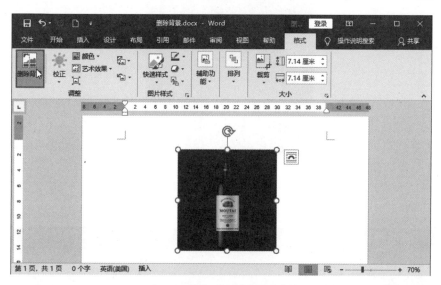

图 9-24　单击"删除背景"按钮

　　（3）此时系统自动切换到"图片工具|格式|背景消除"选项卡，在图片中有颜色的部位表示要删除的背景部分，如图 9-25 所示。

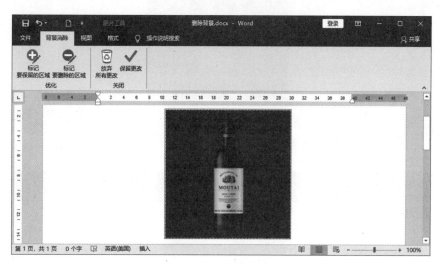

图 9-25　删除背景

❖ 如果需要保留图片中的某区域，可以单击"优化"功能组中的"标记要保留的区域"按钮，此时鼠标指针呈铅笔形，利用绘图方式标记出需要保留的背景区域，如图 9-26 所示。

❖ 如果需要删除图片中的某区域，可以单击"优化"功能组中的"标记要删除的区域"按钮，此时鼠标指针呈铅笔形，利用绘图方式标记出需要删除的背景区域，如图 9-27 所示。

　　（4）绘制完毕后，在"背景消除"选项卡的"关闭"功能组中单击"保留更改"按钮，完成背景删除，效果如图 9-28 所示。

图 9-26 标记要保留的区域

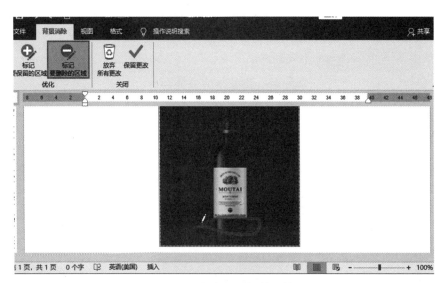

图 9-27 标记要删除的区域

图 9-28 删除背景效果

2. 调整图片色彩

在 Word 2019 中，可以对图片的亮度、对比度，以及图片颜色的饱和度、色调进行调整。这些功能原本是图片处理软件才有的功能，Word 2019 把它们全都吸收了进来，使其图片处理功能变得越来越强大。

1）图片校正（锐化/柔化、亮度/对比度）调整

在选中需要调整色彩的图片后，选择"图片工具|格式"选项卡中的"调整"功能组，单击"校正"按钮 ✳，如图 9-29 所示，在弹出的下拉列表框中选择需要的效果选项即可。

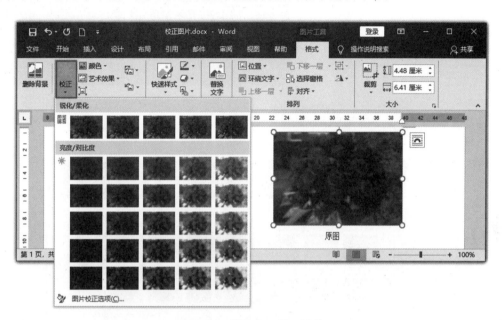

图 9-29 "校正"下拉列表框

在 Word 2019 中，图片的"校正"调整包含 3 项内容，分别为"锐化/柔化""亮度/对比度"，以及可以自定义设置校正的"图片校正选项"。

❖ **锐化/柔化**：图像锐化就是补偿图像的轮廓，增强图像的边缘及灰度跳变的部分，即增加图像细节边缘的对比度，从而使图像显得棱角分明、清晰。与锐化相反，图像柔化是使图片看起来更柔滑。

❖ **亮度/对比度**：图像的亮度是指画面的明亮程度；图像的对比度是指图片中各种不同颜色最亮处和最暗处之间的差别，差别越大对比度越高。

❖ **图片校正选项**：单击此选项可以在文档右侧弹出的"设置图片格式|图片更正"窗口中自定义图像的清晰度和亮度/对比度，如图 9-30 所示。

把图片调亮后，清晰度会相应地随之提高，一般来说，调了亮度也要相应地调整对比度，否则图片同样不会清晰。此处将图 9-30 中所示文档内的图片调整为"锐化 50%""亮度：0%（正常），对比度 0%（正常）"，设置后的效果如图 9-31 所示。

2）调整颜色

在选中需要调整颜色的图片后，选择"图片工具|格式"选项卡中的"调整"功能组，单击"颜色"按钮 ▨，如图 9-32 所示，在弹出的下拉列表框中选择需要的效果选项即可。

在 Word 2019 中，图片的"颜色"调整包含 6 项内容，分别为"颜色饱和度""色调""重新着色""其他变体""设置透明色"和"图片颜色选项"。

❖ **颜色饱和度**：调整饱和度是指在保持图片颜色不变的情况下增加色彩，饱和度越大图片色彩越鲜亮。

图9-30 "设置图片格式|图片更正"窗口

(a) 原图   (b) 校正图片

图9-31 校正图片效果

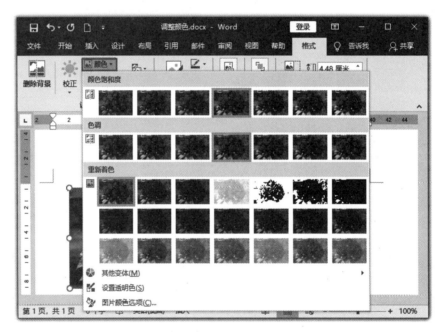

图9-32 "颜色"下拉列表框

- ❖ **色调**：指图片色彩外观的基本倾向。总体倾向是偏蓝或偏红，偏暖或偏冷等。调整色调主要是调色温，色温高时，图片会变红；色温低时，图片偏蓝。
- ❖ **重新着色**：重新给图片加上颜色，创建各种风格效果，例如灰度或褪色效果。
- ❖ **其他变体**：单击此选项可以在弹出的色板中为图像自定义设置颜色。
- ❖ **设置透明色**：单击此选项可以把当前图片透明化，即单击图像中的像素时，该特定颜色的所有像素都会变得透明。
- ❖ **图片颜色选项**：单击此选项可以在文档右侧弹出的"设置图片格式|图片颜色"窗口中自定义图像的颜色，如图 9-33 所示。

在图9-34中，将图（a）调整为"饱和度33%"，重新着色"蓝色，个性色1浅色"后，呈现出图（b）中的效果。

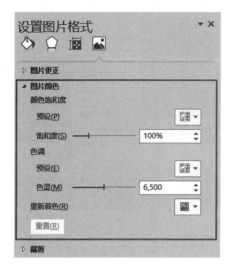

图 9-33 "设置图片格式 | 图片颜色"窗口

(a) 原图   (b) 调整颜色

图 9-34 调整颜色图片

3. 设置艺术效果

在 Word 2019 中，可以轻松地为图片添加艺术效果。在选中需要设置艺术效果的图片后，选择"图片工具 | 格式"选项卡中的"调整"功能组，单击"艺术效果"按钮，在弹出的下拉列表框中选择需要的艺术效果选项即可，如图 9-35 所示。在 Word 2019 中提供了 23 种艺术效果，如铅笔灰度、铅笔素描、胶片颗粒、玻璃、塑封、影印等。如将图片设置成"铅笔灰度"样式的艺术效果如图 9-36（b）所示。

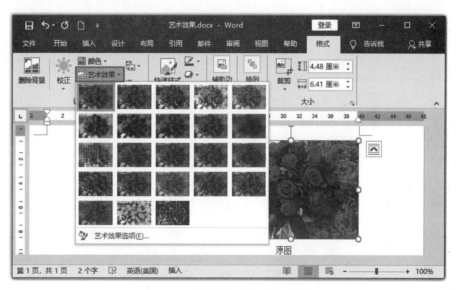

图 9-35 "艺术效果"下拉列表框

此外，我们还可以对 Word 2019 中提供的这 23 种艺术效果按照实际需要进行自定义设置。具体操作方法如下。

（1）选中图片，如选择图 9-36（b）的"铅笔灰度"艺术效果的图片。

（2）单击"图片工具 | 格式"选项卡中的"艺术效果"按钮，从下拉列表框中选择"艺术效果选项"选项，打开文档右侧的"设置图片格式"窗口，如图 9-37 所示。在"艺术效果"选项区中可以对图片的"铅笔灰度"效果进行进一步的设置，比如将"透明度"改为 43%，"裂缝间距"改为 71，效果如图 9-38（b）所示。

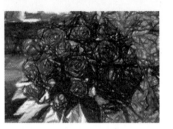

(a) 原图　　　　　　　　(b) "铅笔灰度" 艺术效果

图 9-36　使用 "铅笔灰度" 艺术效果

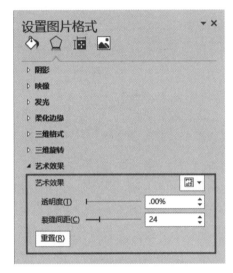

图 9-37　"设置图片格式" 窗口

(a) "铅笔灰度" 艺术效果　　(b) 调整 "铅笔灰度" 艺术效果

图 9-38　自定义 "铅笔"

4. 应用图片样式

在 Word 2019 中,应用图片样式可以快速制作出造型各异的图片。在选中需要应用图片样式的图片后,切换到 "图片工具 | 格式" 选项卡,打开 "图片样式" 功能组的列表框,如图 9-39 所示。可以看到图片样式包含有 28 种内置样式,这些样式中既有平面型的又有立方体型的,既有方正的又有倾斜的,即有矩形的又有椭圆形的,既有带阴影的又有不带阴影的,既有边缘柔化的又有边缘直硬的,等等,需要什么类型,直接单击选择即可。

此处将图 9-39 中文档右边的一张图片应用 "金属椭圆" 样式,图片效果如图 9-40 所示。

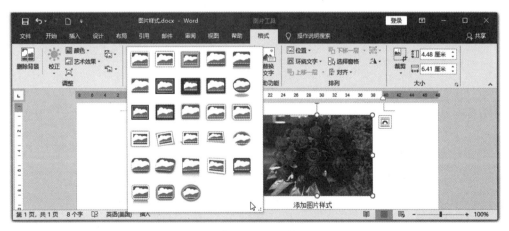

图 9-39　"图片样式" 功能组列表框

(a) 原图　　　　　　　　(b) 添加 "金属椭圆" 图片样式

图 9-40　"图片样式" 效果图

如果用户对内置的图片样式效果不满意，还可以利用 "图片工具|格式" 选项卡中的 "图片边框" 按钮 ✎、"图片效果" 按钮 ◯、"图片版式" 按钮 ▦ 对图片样式进行修改。单击 "图片工具|格式" 选项卡右下角的功能扩展按钮 ⌐（或者选中图片并右击，在弹出的快捷菜单中选择 "设置图片格式" 命令），可在文档工作区右侧显示 "设置图片格式" 窗口，来设置更多图片样式。

上机练习——制作摄影培训班宣传海报

> 本节练习在文档中使用图片，让一份只有文字的摄影培训班宣传海报变得更加美观、具有吸引力。通过对操作步骤的详细讲解，可以使读者掌握插入图片和美化图片的相关操作方法。

9-1　上机练习——制作摄影培训班宣传海报

> 首先打开名为 "摄影培训班宣传海报" 的文档，选择 "插入" 选项卡，单击 "插图" 功能组中的 "图片" 按钮，打开 "图片" 对话框，从计算机收藏的图片中选择相关图片，并对图片设置文字环绕方式，通过调整图片大小及位置、应用图片样式等使得整个摄影培训班宣传海报变得图文并茂，更具吸引力。最终效果如图 9-41 所示。

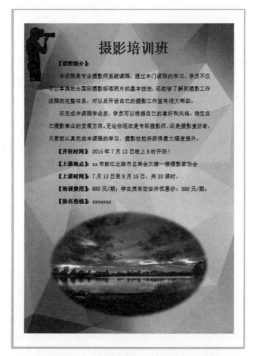

图 9-41　摄影培训班宣传海报

操作步骤

（1）启动 Word 2019，打开名为"摄影培训班宣传海报"的文档，定位图片插入点，如图 9-42 所示。

图 9-42　定位插入点

（2）切换到"插入"选项卡，单击"插图"功能组中的"图片"按钮，打开"插入图片"对话框，在其中选择"背景"图片，单击"插入"按钮，如图 9-43 所示。

图 9-43　选择图片插入

（3）选中"背景"图片，打开"图片工具|格式"选项卡，在"排列"功能组中单击"环绕文字"按钮，从弹出的菜单中选择"衬于文字下方"命令，如图 9-44 所示。

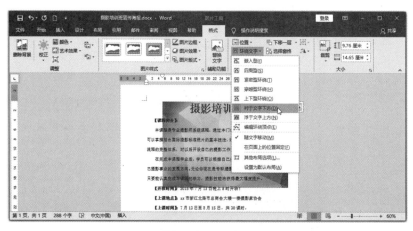

图 9-44　选择"衬于文字下方"命令

（4）选中"背景"图片，单击"图片工具 | 格式"选项卡，在"排列"功能组中单击"旋转"按钮，在弹出的下拉列表框中选择"向右旋转 90°"，结果如图 9-45 所示。

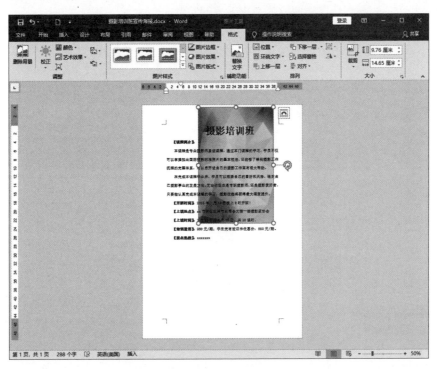

图 9-45　旋转图片角度

（5）选中"背景"图片，单击"图片工具 | 格式"选项卡，在"大小"功能组中，设置其大小为：高 19 厘米，宽 27.21 厘米。

（6）选中"背景"图片，单击"图片工具 | 格式"选项卡，在"排列"功能组中单击"对齐"按钮，在弹出的下拉列表框中选择"水平居中"和"垂直居中"，效果如图 9-46 所示。

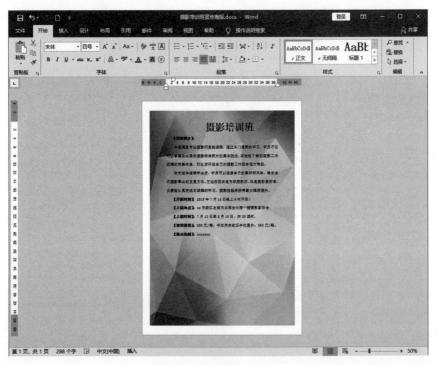

图 9-46　调整图片对齐方式

（7）用鼠标定位到合适的图片插入点后，重复步骤（2），插入"剪影"图片，如图9-47所示。

图 9-47　插入图片

（8）选中"剪影"图片，打开"图片工具 | 格式"选项卡，单击"调整"功能组中的"删除背景"按钮，进入"背景消除"编辑状态，将图片背景删除。在"关闭"功能组中单击"保留更改"按钮，完成删除图片背景操作，效果如图9-48所示。

图 9-48　删除图片背景

（9）选中"剪影"图片，重复步骤（3），将图片设置为"衬于文字下方"。

（10）选中"剪影"图片，重复步骤（4），将图片设置为"水平翻转"。

（11）选中"剪影"图片，重复步骤（5），设置图片大小为高 5.5 厘米，宽 3.5 厘米，并将其用鼠标移动到合适的位置，效果如图9-49所示。

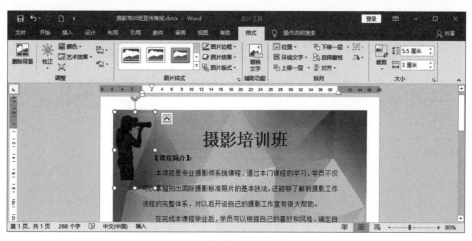

图 9-49　调整图片大小和位置

（12）重复步骤（2），选择"风景"图片，如图 9-50 所示，单击"插入"按钮。

图 9-50　插入图片

（13）重复步骤（3），将"风景"图片设置为"衬于文字下方"。

（14）重复步骤（5），将"风景"图片大小设置为高 9.7 厘米，宽 14.61 厘米。

（15）选中"风景"图片，在"图片工具 | 格式"选项卡的"图片样式"功能组中单击"其他"按钮▼，从弹出的下拉列表框中选择"柔化边缘椭圆"样式，如图 9-51 所示。

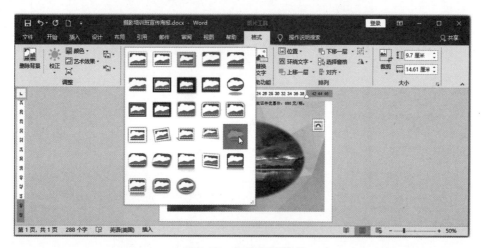

图 9-51　设置图片样式

（16）选中"风景"图片，重复步骤（6），将其设置为"水平居中"，最终效果如图 9-41 所示。

9.2 使用 3D 模型

Word 2019 支持 3D 模型。3D 模型是用三维软件建造的立体模型，能够给人以更强烈的视觉刺激，其震撼程度远远高于二维画面。目前 Office 系列所支持的 3D 格式为 fbx、obj、3mf、ply、stl、glb 等几种。

9.2.1 插入 3D 模型

在 Word 2019 中，可以插入计算机中收藏的 3D 模型，从而使文档更具视觉冲击效果和趣味。插入 3D 图片的具体操作如下。

（1）将光标插入点定位到需要插入图片的位置。

（2）切换到"插入"选项卡，单击"插图"选项卡功能组中的"3D 模型"按钮，如图 9-52 所示。

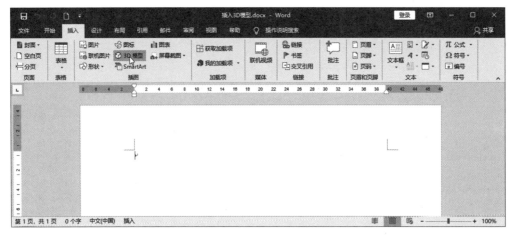

图 9-52 单击"3D 模型"按钮

（3）此时系统弹出"插入 3D 模型"对话框，选择需要插入的 3D 模型，单击"插入"按钮，如图 9-53 所示。

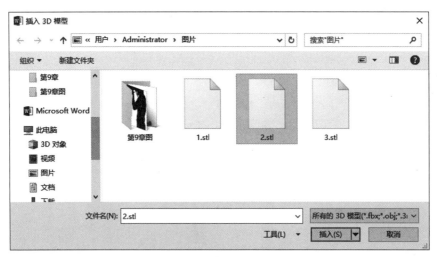

图 9-53 单击"插入"按钮

（4）返回文档，选择的 3D 模型即可插入到光标插入点所在位置，如图 9-54 所示。

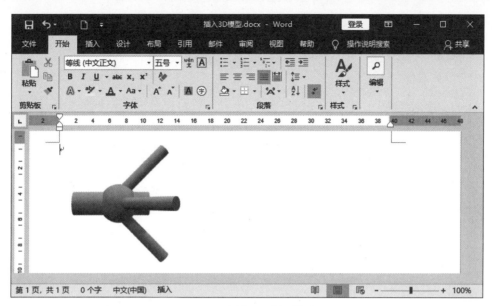

图 9-54 插入 3D 模型效果

9.2.2 调整 3D 模型的大小和角度

在文档中插入 3D 模型后,可以对 3D 模型的大小和角度进行调整。

1. 使用鼠标调整

1)调整 3D 模型大小

选中 3D 模型时,模型四周出现控制点φ,将鼠标指针停放在控制点上,如图 9-55 所示,当指针变成双向箭头形状↖时,按住鼠标左键并任意拖动,即可改变 3D 模型的大小。拖动时,鼠标指针显示为十形状,如图 9-56 所示。

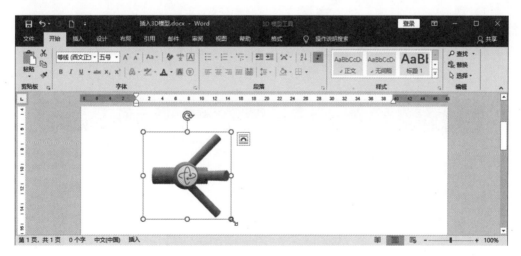

图 9-55 选中 3D 模型,改变指针形状

2)调整 3D 模型角度

选中 3D 模型,在 3D 模型中间会出现一个"旋转"按钮⊕,同时鼠标指针变成形,如图 9-57 所示。按住鼠标左键拖动"旋转"按钮就可以 360° 旋转 3D 模型了,旋转时,鼠标指针显示为 形状,如图 9-58 所示。

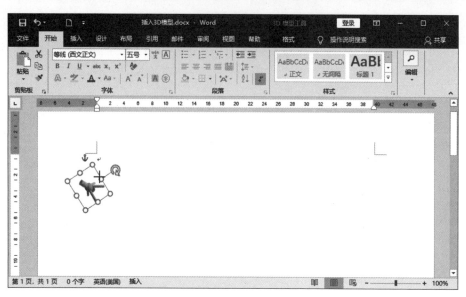

图 9-56　调整 3D 模型大小

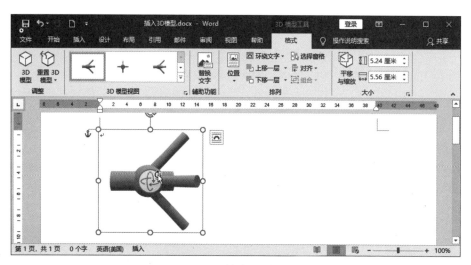

图 9-57　选中 3D 模型

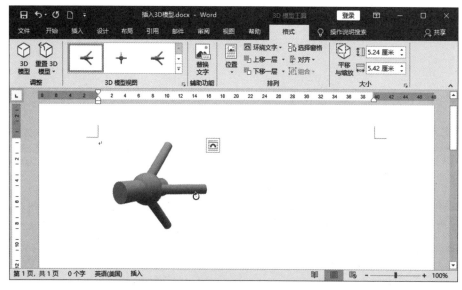

图 9-58　使用旋转按钮旋转 3D 模型

此外，选中 3D 模型时，还会出现一个旋转手柄⊘，按住鼠标左键并进行拖动，可以对该 3D 模型进行旋转。旋转时鼠标指针显示为⊙形状，如图 9-59 所示，当拖动到合适角度后释放鼠标即可。

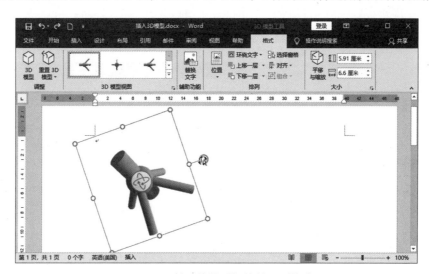

图 9-59　使用旋转手柄旋转 3D 模型

2. 通过功能区调整

在文档中插入 3D 模型后，"3D 模型工具 | 格式"选项卡自动被激活，如图 9-60 所示。

1）调整 3D 模型大小

选中 3D 模型，在"3D 模型工具 | 格式"选项卡"大小"功能组中的"形状高度"和"形状宽度"文本框中输入数值，如图 9-61 所示，可以精确调整 3D 模型在文档中的大小。

图 9-60　"3D 模型工具 | 格式"选项卡　　　　　　　　　图 9-61　"大小"功能组

此外，选中 3D 模型，单击图 9-62 所示的"3D 模型工具 | 格式"选项卡"大小"功能组中的"平移与缩放"

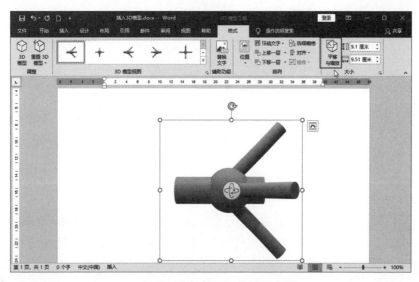

图 9-62　单击"平移与缩放"按钮

按钮，3D 模型四周会多出一个控制点。将鼠标指针停放在此控制点上，鼠标指针变成双向箭头形状，按住鼠标左键向上拖动，3D 模型会放大，向下拖动，3D 模型会缩小，可用以聚焦 3D 模型的某个区域，如图 9-63 所示。将鼠标指针移动到 3D 模型定位框中，当鼠标指针变为形时，可平移 3D 模型，如图 9-64 所示，阴影部分表示将要移除可视框的部分。

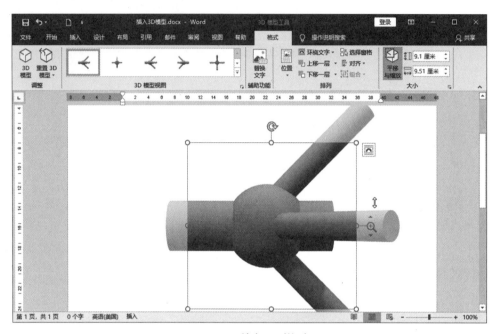

图 9-63　放大 3D 模型

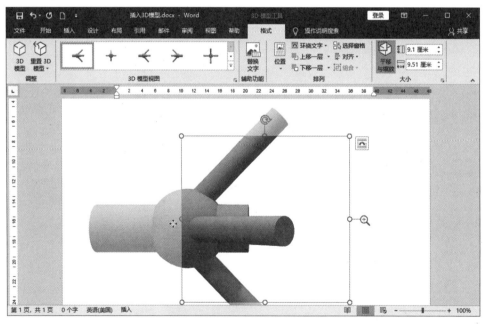

图 9-64　平移 3D 模型

2）调整 3D 模型角度

在"3D 模型视图"功能组中提供了 30 种视图样式，可以直接单击选择，如图 9-65 所示。如果需要更多 3D 模型视图样式，可以单击"3D 模型视图"功能组右下角的功能扩展按钮 ，在文档右侧弹出的"设置 3D 模型格式"窗口中进行自定义设置，如图 9-66 所示。

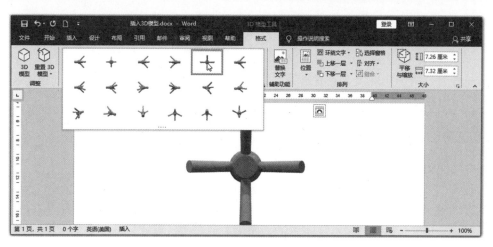

图 9-65 "3D 模型视图"下拉列表框

3. 通过对话框调整

要想精确调整 3D 模型的大小和角度，还可以通过对话框来设置，具体操作如下。

（1）选中需要调整的 3D 模型，单击"3D 模型工具|格式"选项卡"大小"功能组右下角的"扩展按钮"⌐。

（2）此时系统弹出如图 9-67 所示的"布局"对话框，在"大小"选项卡的"高度""宽度"栏中设置图片高度值和宽度值，在"旋转"栏中设置 3D 模型旋转角度。

（3）设置完成后，单击"确定"按钮，返回文档。

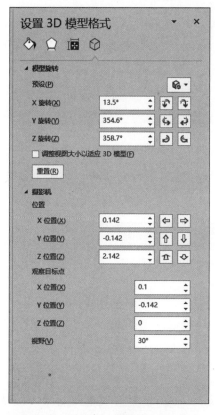

图 9-66 "设置 3D 模型格式"窗口

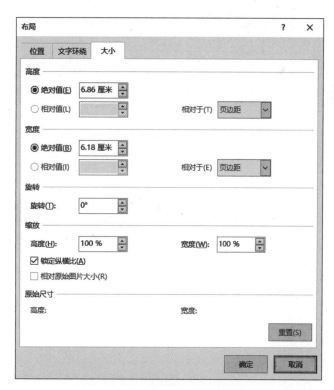

图 9-67 "布局"对话框

9.3 使用艺术字

艺术字是一种通过特殊效果使文字突出显示的快捷方法。使用 Word 2019 可以创建出各种文字的艺术效果，给文档增加强烈、醒目的外观效果。

9.3.1 创建艺术字

在制作一些特殊文档时，如海报、广告宣传册、贺卡等，通常会使用艺术字作为标题，使文档更加生动。从本质上讲，形状、文本框、文字都具有相同的功能。

艺术字共有两种来源，一种是为已经输入的文字选择一种艺术字效果，另一种是直接插入艺术字。前者由普通文字变换而来，后者已经默认使用了一种艺术字样式，也就是已经是艺术字。

1. 由文本创建

如果想将文本中已有的文字制作成艺术字，可以按照以下步骤操作。

（1）选中需要制作成艺术字的文字。

（2）选择"插入"选项卡，在"文本"功能组中单击"艺术字"按钮 𝐀，打开艺术字列表框，在其中选择一种艺术字的样式，如选择"渐变填充，金色，主题色 4，边框；金色，主题色 4"样式，如图 9-68 所示。

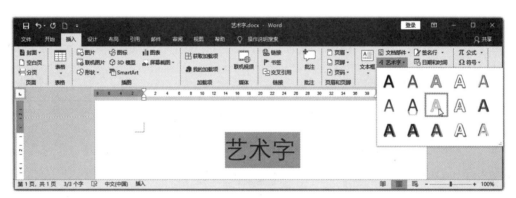

图 9-68 选择艺术字样式

（3）艺术字效果如图 9-69 所示。除了此样式外，还有其他多种艺术字样式，可以根据需要进行选择。

图 9-69 艺术字效果图

2. 插入艺术字

我们也可以先选择一种艺术字样式，再输入需要的艺术字文本。具体操作步骤如下。

（1）把光标定位到要插入艺术字的位置，如图 9-70 所示。

（2）选择"插入"选项卡，在"文本"功能组中单击"艺术字"按钮**A**，打开艺术字列表框，在其中选择一种需要的艺术字样式，如选择"填充 - 金色，主题 4，软棱台"样式，如图 9-71 所示。

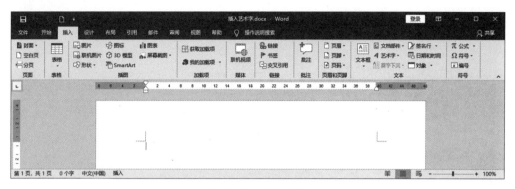

图 9-70　光标定位

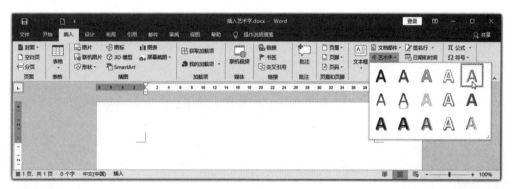

图 9-71　选择艺术字样式

（3）在文档的光标插入点所在位置将出现一个艺术字编辑框，占位符"请在此放置您的文字"为选中状态，如图 9-72 所示。

图 9-72　艺术字编辑框

（4）输入文字替换掉"请在此放置您的文字"，例如输入"插入艺术字"几个字，并在"开始"选项卡中调整字体和字号，效果如图 9-73 所示。

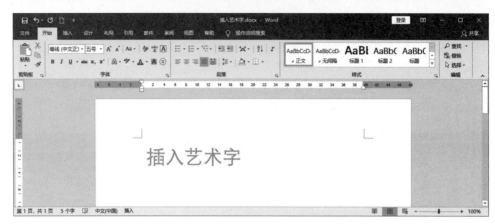

图 9-73　插入艺术字效果

9.3.2　设置艺术字文字效果

创建艺术字后，系统自动打开"绘图工具 | 格式"选项卡。用户只需在选中艺术字后，使用相应的功能按钮，就可以很方便地对艺术字进行进一步的编辑处理。艺术字也是形状中的一种，因而也可以应用形状效果，此外还可以设置艺术字的文字效果，如图 9-74 所示。设置艺术字文字效果可以按照以下步骤操作。

（1）选中需要设置文字效果的艺术字。

（2）切换到"绘图工具 | 格式"选项卡，在"艺术字样式"功能组中选择相应的功能按钮就可以对艺术字进行更多的样式设置，如图 9-75 所示。其中各个命令按钮的作用说明如下。

图 9-74　艺术字的形状样式和文字样式

图 9-75　艺术字样式

❖ "文本填充"按钮 A：修改艺术字的填充颜色和效果，与修改形状填充的方法相同。

❖ "文本轮廓"按钮 A：修改艺术字的轮廓颜色和线条效果，与修改形状轮廓的方法相同。

❖ "文本效果"按钮 A：为文本添加阴影、发光、映射、三维旋转等视觉效果，如图 9-76 所示。

图 9-76　添加发光效果

该下拉菜单中的命令效果与形状效果基本相同。使用"转换"命令可以使艺术字按弧形排列，或跟随路径、弯曲排列，操作方法如下。

① 选中要转换形状的艺术字。

② 切换到"绘图工具 | 格式"选项卡，在"艺术字样式"功能组中单击"文本效果"按钮，从下拉菜单中选择"转换"命令，即可弹出图 9-77 所示的文字转换效果列表。

③ 单击需要的转换样式，即可将指定的样式应用到选中的文本。例如，选中"跟随路径"选项中的"拱形"样式前后的艺术字效果如图 9-78 所示。

如果用户对内置的艺术字样式效果不满意，还可以自定义艺术字样式。方法为：选中艺术字，单击"艺术字样式"选项卡右下角的功能扩展按钮 ，即可在文档工作区右侧显示"设置形状格式"窗口，然后利用"形状选项"和"文本选项"设置更多的艺术字样式。

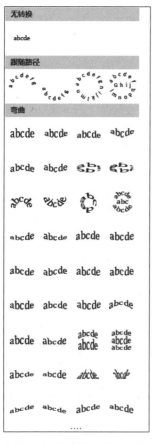

图 9-77　文字转换效果列表

艺术字之文本转换效果

艺术字之文本转换效果

图 9-78　艺术字文本转换

上机练习——为"摄影培训班宣传海报"创建艺术字

本节练习在文档中插入艺术字，让摄影培训班宣传海报的标题变得更加具有吸引力。通过对操作步骤的详细讲解，可以使读者掌握插入艺术字的操作方法。

首先打开名为"摄影培训班宣传海报"的文档，选中标题"摄影培训班"，对其应用一种艺术字样式，然后再选择一种新的艺术字样式，输入需要添加的艺术字文本，最终效果如图 9-79 所示。

9-2　上机练习——为"摄影培训班宣传海报"创建艺术字

图 9-79　创建艺术字

操作步骤

（1）打开"摄影培训班宣传海报"文档。

（2）选中标题"摄影培训班"，切换到"插入"选项卡，在"文本"功能组中单击"艺术字"按钮，打开艺术字列表框，选择图 9-80 所示的艺术字样式即可。

（3）选中图 9-81 所示的艺术字编辑框，单击其右侧的"布局"按钮，在其下拉列表框中选择"嵌入型"选项。

（4）选中艺术字编辑框，打开"绘图工具 | 格式"选项卡，在"排列"功能组中单击"对齐"按钮，从弹出的下拉菜单中选择"水平居中"选项，如图 9-82 所示。

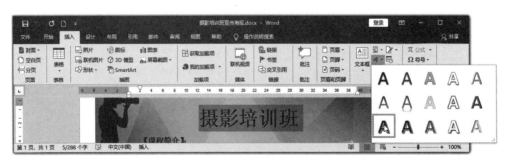

图 9-80　选择艺术字样式

图9-81 调整图片布局

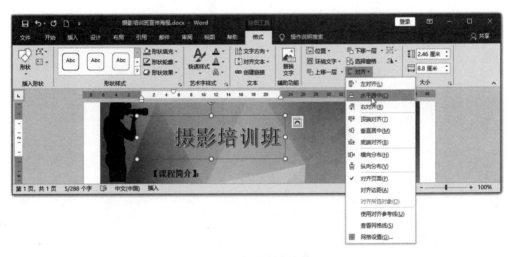

图9-82 调整艺术字位置

（5）打开"插入"选项卡，在"文本"功能组中单击"艺术字"按钮，打开艺术字列表，选择图9-83所示的艺术字样式，在图9-84所示的提示文本"请在此放置您的文字"处输入文本"欢迎您"，设置字体为"方正姚体"，字号为"初号"，结果如图9-85所示。

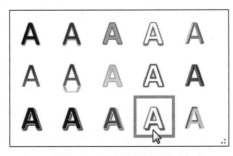

图9-83 选择艺术字样式

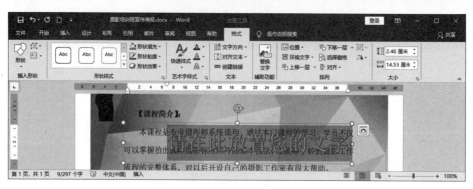

图 9-84 提示文本框

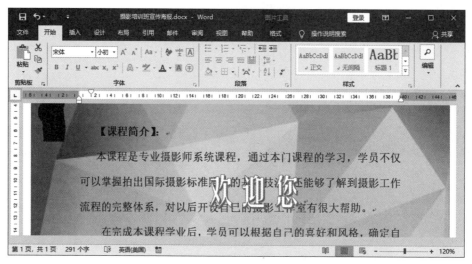

图 9-85 插入艺术字

（6）选中艺术字"欢迎您"，切换到"绘图工具 | 格式"选项卡，在"艺术字样式"功能组中单击"文本效果"命令按钮，从下拉菜单中选择"发光"选项，在弹出的下拉列表框中的"发光变体"区域选中"18 磅；橙色，主题色 2"；然后再次单击"文本效果"按钮，在下拉菜单中选择"转换"选项，设置转换样式为"拱形"，结果如图 9-86 所示。

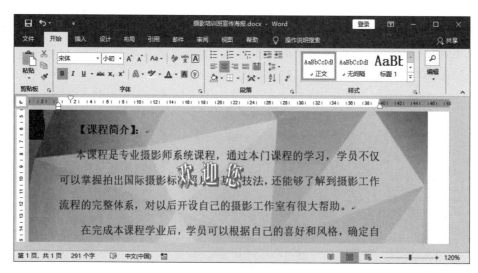

图 9-86 设置艺术字效果

（7）设置完成后，将艺术字"欢迎您"调整到合适位置，结果如果 9-79 所示。

9.4 使 用 形 状

Word 2019 提供了一套可以绘制的现成形状，如线条、矩形、基本形状、箭头、流程图等，利用这些形状图形可以绘制出各种复杂图形，也可以选择"线条"区域的"曲线""任意多边形""自由曲线"等绘制出任意图形，使文档内容更加丰富。

9.4.1 形状列表

在开始绘制各种形状之前，先来了解一下 Word 内置的形状列表。选择"插入"选项卡，单击"插图"功能组中的"形状"按钮，即可打开形状列表，如图 9-87 所示。

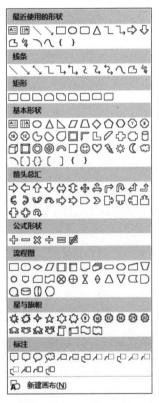

图 9-87 "形状"列表

在 Word 2019 中，图形形状有 8 种类型，分别为线条、矩形、基本形状、箭头总汇、公式形状、流程图、星与旗帜和标注，每类下面又有若干种形状，它们几乎囊括了常用的图形，用户需要什么图形，选择后就能插入到文档中，不需要用笔绘制。

图形形状既可以独立地插入到文档中，又可以插入到绘图画布中，如果在文档的一处要插入多个图形，最好把它们插入到一个绘图画布中，这样可以方便排版和整体删除。如果只插入一个图形，直接插入到文档中即可。

9.4.2 绘制形状

1. 把图形形状独立插入到文档中

（1）在"插入"选项卡中单击"插图"功能组中的"形状"按钮，弹出"形状"下拉列表框。

（2）在"形状"下拉列表框的"基本形状"选项组中选择"心形" ♡ 形状，鼠标指针将变为十字型。

（3）将十字光标移到要绘制的起点处，按下鼠标左键拖动，拖到终点时释放鼠标，即可绘制指定的形状，如图 9-88 所示。

> **提示：** 拖动的同时按住 Shift 键，可以限制形状的尺寸，或创建规范的正方形或圆形。如果要反复添加同一个形状，可以在形状列表中需要的形状上右击，在弹出的快捷菜单中选择"锁定绘图模式"命令，如图 9-89 所示，在工作区单击即可多次绘制同一形状，而不必每次都选择形状。按 Esc 键可以取消锁定。

图 9-88　绘制图形

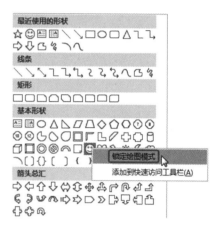

图 9-89　锁定绘图模式

2. 把图形形状插入到绘图画布

（1）把光标定位到要绘制画布的位置，单击"插入"选项卡中的"形状"⚪按钮，在弹出的菜单中选择最下面的"新建绘图画布"选项。

（2）此时文档中插入一块绘图画布，如图 9-90 所示，画布恰好与文档编辑区一样宽。

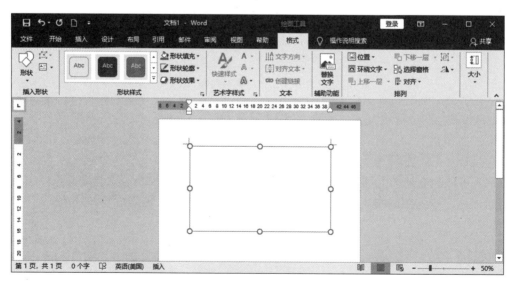

图 9-90　插入画布

（3）接下来就可以在里面插入形状了。如，先插入一条直线。绘制好一条直线后，Word 2019 自动切换到"格式"选项卡，此时，屏幕左上角也有"插入形状"功能组，如图 9-91 所示。

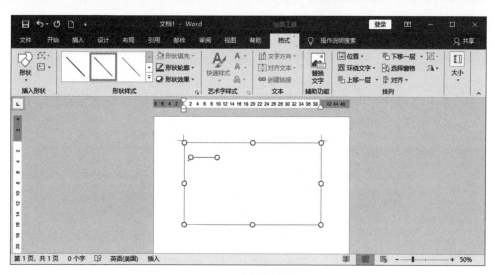

图 9-91　绘制直线

（4）在"插入形状"下拉列表框中也可以选择现成形状添加到画布，如图 9-92 所示。

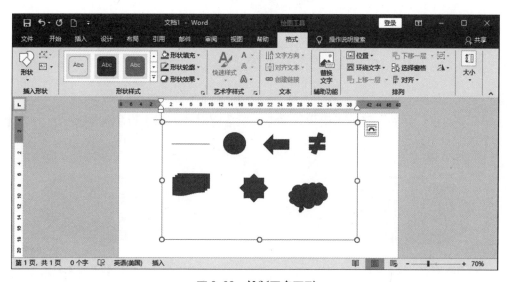

图 9-92　绘制更多图形

3. 绘制任意图形

在 Word 2019 中，可利用 3 种"形状"绘制任意图形，分别为曲线、任意多边形和自由曲线，如图 9-93～图 9-95 所示。无论选择哪一种，鼠标指针都会变为十字架的形状，然后就可以自由绘制。只要把鼠标指针移到绘制图形的起点处，按住左键拖动就会拖出一条直线，放开左键则绘制出一条直线，继续移动鼠标，在要停止的位置单击，又绘制出一条线条，如此反复直到绘制结束，从而绘制出任意图形。

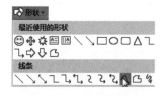

图 9-93　"曲线"选项

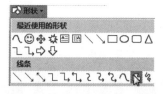

图 9-94　"任意多边形"选项

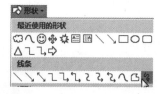

图 9-95　"自由曲线"选项

9.4.3 在形状中添加文本

在工作表中插入的形状中是不包含文字内容的，通常还需要在形状中添加文本，具体操作步骤如下。

（1）绘制一个形状，或选中现有形状。

（2）在形状上右击，在弹出的快捷菜单中选择"添加文字"命令。此时，光标将显示在形状中，如图 9-96 所示。

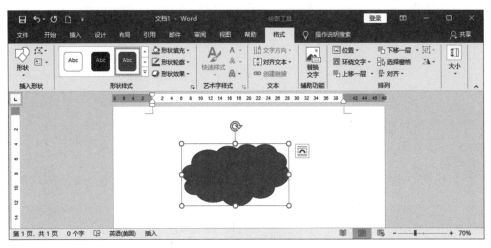

图 9-96 定位光标

（3）输入文本，如图 9-97 所示。

（4）选中文本，在"开始"选项卡中设置字体、段落或对齐方式。设置文本格式后的效果如图 9-98 所示。

图 9-97 输入文本

图 9-98 设置文本格式

 注意　添加的文字将与形状组成一个整体，如果旋转或翻转形状，文字也会随之旋转或翻转。

9.4.4 设置形状效果

对于已经绘制好的形状对象，还可以自定义形状的填充颜色、线条类型、阴影效果、三维效果等。选中绘制的形状，可以看到"绘图工具 | 格式"选项卡中的"形状样式"功能组，如图 9-99 所示，在这里，用户单击该功能组中相应的命令按钮就可以很便捷地自定义形状图形的效果。其中各个命令按钮的作用说明如下。

图 9-99 "形状样式"功能组

❖ **"形状样式"下拉列表框**：可以在77种内置形状样式中选择一种，也可以利用"其他主题填充"选项选择更多填充样式，如图9-100所示。

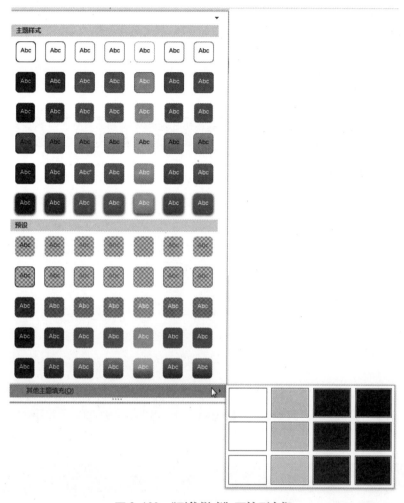

图9-100　"形状样式"下拉列表框

❖ **"形状填充"下拉列表框**：可以给形状填充纯色、渐变、图片或纹理。
❖ **"形状轮廓"下拉列表框**：可以给形状轮廓选择颜色、宽度、线型，以及箭头线样式。
❖ **"形状效果"下拉列表框**：可以给形状应用外观效果，如阴影、发光、映像或三维旋转。

如我们将图9-101（a）中原图的填充纹理设置为"纸袋"；形状轮廓颜色设置为绿色，粗细为5磅；形状效果为"圆形棱台"，就变成了图（b）的效果。

(a) 原图　　　　　　　(b) 设置形状效果

图9-101　设置形状效果

如果用户对内置的形状样式效果不满意，还可以自定义形状样式。选中形状，单击"绘图工具|格式"选项卡右下角的功能扩展按钮 ☞（或者选中图片并右击，在弹出的快捷菜单中选择"设置形状格式"命令），即可在文档工作区右侧显示"设置形状格式"窗口，用于自定义形状样式。

9.4.5 修改形状外观

在 Word 2019 中提供了编辑形状的功能，它包含两项功能，一项是更改形状，另一项是编辑顶点。更改形状是另外选择一个形状；编辑顶点是使原图形进入可编辑状态，通过调整顶点来改变其形状。

1. 更改形状

（1）单击要更改的形状，如图 9-102 所示。如果要同时更改多个形状，则按住 Ctrl 键选择要更改的形状。

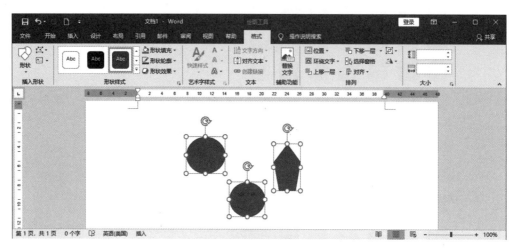

图 9-102　选中形状

（2）切换到"绘图工具 | 格式"选项卡，在"插入形状"功能组中单击"编辑形状"按钮，在弹出的下拉菜单中选择"更改形状"选项，再从弹出的下拉列表框中选择需要更改的图形即可更改，如图 9-103 所示。

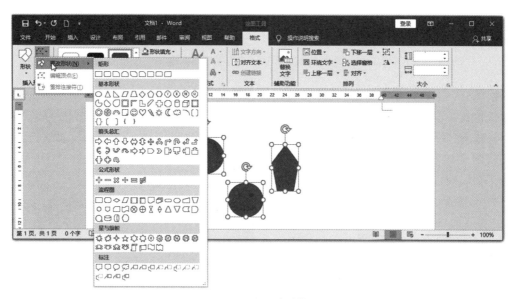

图 9-103　更改形状

2. 编辑顶点

（1）选中要编辑顶点的形状。

（2）切换到"绘图工具 | 格式"选项卡，在"插入形状"功能组中单击"编辑形状"按钮，在弹

出的下拉列表框中选择"编辑顶点"选项，如图 9-104 所示。

（3）此时图形进入编辑状态，如图 9-105 所示。

（4）图形的每个顶点都出现一个黑色的小正方形■样式的控制手柄，它们就是编辑顶点。把鼠标指针移到这些编辑顶点上，指针变为✥图形，此时，按住鼠标左键并移动，就可以改变形状。拖动过程中，形状的轮廓线上会显示白色的方形控制手柄，拖动白色方形手柄可以调整轮廓线的弯曲度，如图 9-106 所示。

图 9-104　选择"编辑顶点"选项

（5）释放鼠标，即可调整形状，如图 9-107 所示。

图 9-105　进入编辑状态

图 9-106　编辑图形顶点

图 9-107　修改形状外观效果图

上机练习——制作夜空图形

本节练习制作简单的夜空图形，通过对操作步骤的详细讲解，可以使读者掌握使用"插入"选项卡"插图"功能组中的"形状"按钮工具来绘制形状的方法，以及掌握使用"绘图工具 | 格式"选项卡填充形状轮廓和填充区域的操作，学会对形状填充渐变效果的方法。

9-3　上机练习——制作夜空图形

首先使用"插入"选项卡"插图"功能组"形状"按钮工具里的"新月形"形状绘制一个"月亮"，使用"云形"形状绘制一朵"云朵"，再选中"月亮"形状，使用"绘图工具格式"选项卡中的"形状填充""形状轮廓"命令以及"形状效果"命令来填充月亮的颜色和轮廓线，以及添加"发光"效果；然后选中"云朵"形状，在"形状填充"下拉列表框中选择填充的主题颜色，再设置渐变效果。结果如图 9-108 所示。

图 9-108　填充效果

操作步骤

（1）选择"插入"选项卡，单击"插图"功能组中的"形状"按钮，打开形状列表，在"基本形状"选项区中选中"新月形"，如图 9-109 所示。

（2）当鼠标指针变为十字形时，将指针移到要绘制的起点处，按下鼠标左键拖动，拖到终点时释放鼠标，即可绘制一个"月亮"，如图 9-110 所示。

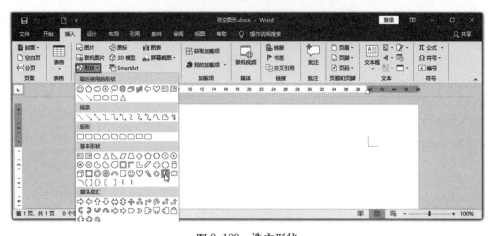

图 9-109　选中形状

（3）重复步骤（1）和（2），绘制一朵"云朵"，如图 9-111 所示。

图 9-110　绘制"月亮"　　　　　　　　　　　图 9-111　绘制"云朵"

（4）选中"月亮"图形，在"绘图工具 | 格式"选项卡的"形状样式"功能组中单击"形状填充"下拉按钮，在弹出的下拉列表框中选择填充颜色为"黄色"；单击"形状轮廓"下拉按钮，在弹出的下拉列表框中选择轮廓线颜色为"深蓝色"，"粗细"为"1 磅"，如图 9-112 所示。

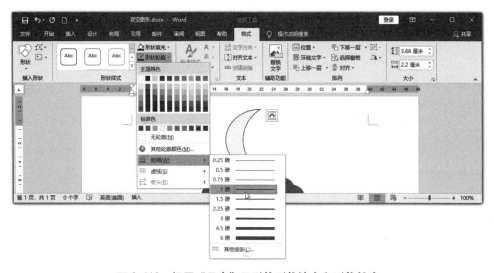

图 9-112　设置"月亮"图形的形状填充和形状轮廓

（5）选中"月亮"图形，在"绘图工具 | 格式"选项卡的"形状样式"功能组中单击"形状效果"下拉按钮，在弹出的下拉列表框中选择"发光"选项中的"发光：18 磅；金色，主题色 4"，如图 9-113 所示。

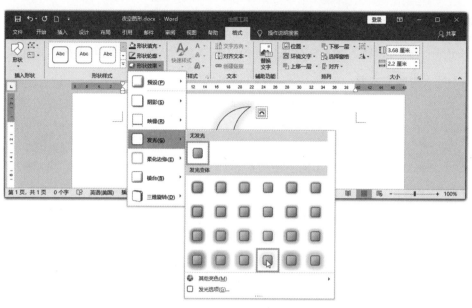

图 9-113　设置形状样式

（6）选中"云朵"图形，在"绘图工具 | 格式"选项卡的"形状样式"功能组中单击"形状填充"
下拉按钮，在弹出的下拉列表框中选择填充的主题颜色，然后设置填充效果为"渐变"，如图 9-114 所示。
填充效果如图 9-108 所示。

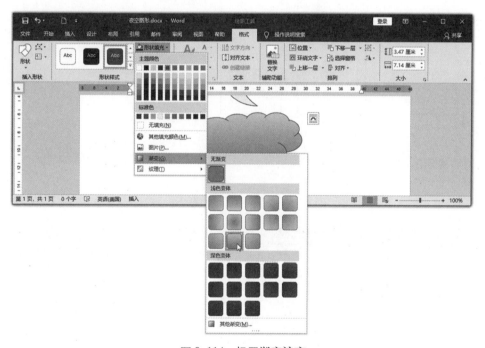

图 9-114　设置渐变填充

9.5　使用文本框

文本框也是一种图形对象，可以将文字和其他各种图形、图片、表格等对象在页面中独立于正文放
置并方便地定位。在 Word 软件中，文本框用来建立特殊的文本，并且可以对其进行一些特殊的处理，
例如设置边框、颜色、版式格式。

9.5.1 插入文本框

在 Word 2019 中，既可以插入文本框又可以绘制文本框，插入文本框时有多种内置样式供选择。

1. 在文档中插入内置文本框

Word 2019 提供了多种内置文本框，通过插入这些内置文本框，可以便捷地制作出美观实用的文档。具体操作方法如下。

（1）打开"插入"选项卡，在"文本"功能组中单击"文本框"按钮，从弹出的下拉列表框中选择一种内置的文本框样式，即可快速将其插入到文档的指定位置，如图 9-115 所示。此处选择"花丝引言"选项，结果如图 9-116 所示。

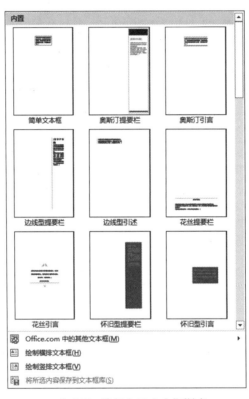

图 9-115　选择内置文本框样式

图 9-116　插入"花丝引言"内置文本框效果图

（2）插入内置文本框以后，可以在其中编辑内容。选中文本框中的占位符，按 Delete 键将其删除，然后可以输入文本或者插入图片、图形、艺术字等对象，并可以利用前文所述的各种方法设置字符格式和图片、图形、艺术字格式，编辑和格式化的方法与文档正文相同，如图 9-117 所示。

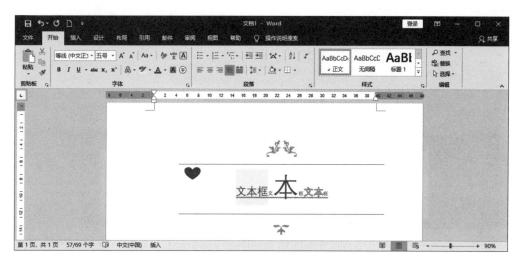

图 9-117　编辑文本框文本内容

提示：
当某个文本框处于选中状态时，再单击"文本框"按钮，在弹出的菜单中没有可以选择的内置样式，需单击选中文本框外的任意处释放选中的文本框，这样就有内置样式可供选择了。

2. 绘制文本框

除了插入内置的文本框外，还可以根据实际需要手动绘制横排或者竖排文本框，该文本框多用于插入图片和文本等。具体操作方法如下。

（1）打开"插入"选项卡，在"文本"功能组中单击"文本框"下拉按钮，从弹出的下拉列表框中选择"绘制文本框"选项。

（2）当鼠标指针变为十字形状时，把它移到要绘制文本框的起点处，按住鼠标左键并拖动到目标位置，然后释放鼠标，即可绘制出以拖动的起始位置和终止位置为对角顶点的空白文本框，如图 9-118 所示。

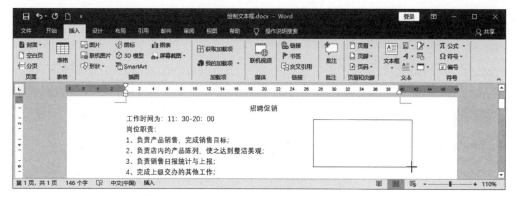

图 9-118　绘制文本框

（3）绘制空白文本框后，就可以在其中输入文本和插入图片了，效果如图 9-119 所示。

提示：
绘制竖排文本框与绘制上面的文本框（即横排文本框）的区别在于文字是竖排的，其绘制方法相同。

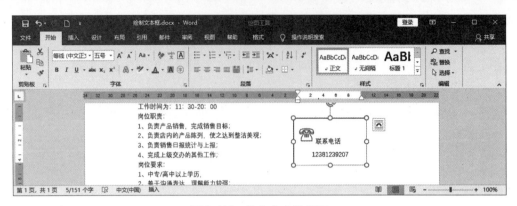

图 9-119　输入文本效果图

9.5.2　设置文本框

绘制文本框以后，"绘图工具 | 格式"选项卡自动被激活，如图 9-120 所示。

❖ **插入形状**：单击形状列表可以直接在文档中绘制各种形状的文本框，利用"编辑形状"按钮可以改变文本框的形状或将其转变成任意多边形。利用"文本框"按钮，可以绘制横排或竖排的文本框。

❖ **形状样式**：用于设置文本框的形状样式，包括文本框的形状填充、形状轮廓和形状效果。

❖ **艺术字样式**：用于设置文本框内的艺术字样式。

❖ **文本**：用于设置文本框中文本的文字方向以及文本对齐方式。

❖ **排列**：用于设置文本框的位置、文本框与文字的环绕方式、文本框的放置层级、文本框的对齐方式等。

❖ **大小**：用于设置文本框的大小。

图 9-120　"绘图工具 | 格式"选项卡

9.6　使用 SmartArt 图形

SmartArt 图形是一种信息和观点的视觉表示形式，是一系列已经成型的表示某种关系的逻辑图、组织结构图。Word 2019 提供了 SmartArt 图形功能，利用该功能，可以轻松制作各种逻辑图或组织结构图，从而使文档更加形象生动。

9.6.1　插入 SmartArt 图形

（1）选择"插入"选项卡，在"插图"功能组中单击 SmartArt 按钮，弹出图 9-121 所示的"选择 SmartArt 图形"对话框。

Word 2019 中的 SmartArt 图形库中共提供了八大类图形类型，简单说明如下。

❖ **列表**：用于显示非有序信息块或者分组信息块。

❖ **流程**：用于显示行进，或者任务、流程或工作流中的顺序步骤。

❖ **循环**：用于显示具有连续循环过程的流程。

❖ **层次结构**：用于显示层次递进或上下级关系。

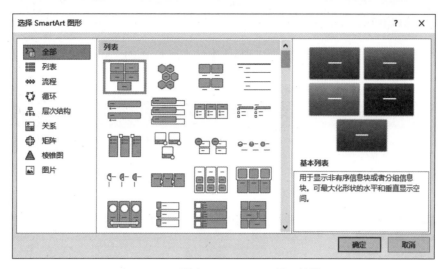

图 9-121 "选择 SmartArt 图形"对话框

❖ **关系**：对连接进行图形解释，显示彼此之间的关系。

❖ **矩阵**：用于显示各部分与整体之间的关系。

❖ **棱锥图**：用于显示比例、互连、层次或包含关系。

❖ **图片**：用于显示以图片表示的构思。

（2）在对话框左侧选择要插入的图示类型，然后在中间的"列表"区域单击需要的布局。例如，选择"层次结构"分类中的"组织结构图"，单击"确定"按钮，即可在工作区插入图示布局，如图 9-122 所示。

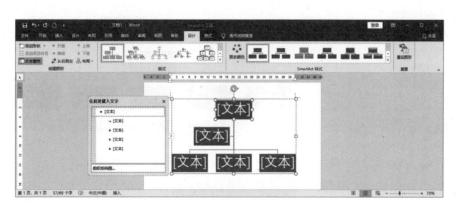

图 9-122 插入图示布局

（3）在文本框中输入图示文本，或者单击 SmartArt 工具的"设计"选项卡中的"文本窗格"按钮 📖 文本窗格，打开图 9-123 所示的文本窗格输入文本。输入文本后的效果如图 9-124 所示。

图 9-123 文本窗格

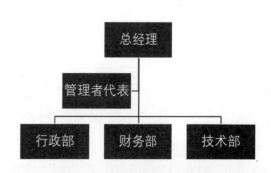

图 9-124 输入文本后的效果

9.6.2 编辑 SmartArt 图形

在文档中插入 SmartArt 图形后,可以在图 9-125 和图 9-126 所示的"SmartArt 工具"的"设计"和"格式"选项卡中对其进行相关编辑操作。

图 9-125 SmartArt 工具的"设计"选项卡

图 9-126 SmartArt 工具的"格式"选项卡

1. 添加或删除形状

根据需要,可以在 SmartArt 图形中添加或删除形状。单击最靠近要添加新形状的位置的现有形状,在 SmartArt 工具"设计"选项卡的"创建图形"选项组中单击"添加形状"按钮,在弹出的下拉菜单中选择形状添加的位置,如图 9-127 所示。如我们选择在"技术部"后边添加 3 个形状,并输入相关文本,效果如图 9-128 所示。

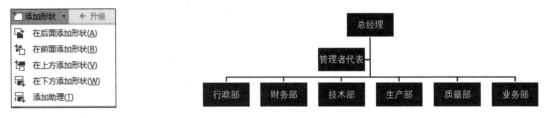

图 9-127 "添加形状"下拉菜单　　　　　　图 9-128 "添加形状"效果图

如果要删除 SmartArt 图形中的形状,可单击要删除的形状,然后按 Delete 键;如果要删除整个 SmartArt 图形,则单击 SmartArt 图形的边框,然后按 Delete 键。

2. 更改颜色和 SmartArt 样式

选中图示,在 SmartArt 工具的"设计"选项卡中更改图示的主题颜色和 SmartArt 样式,效果如图 9-129 所示。在 SmartArt 工具的"格式"选项卡中可以更改形状的效果和文本的效果。

图 9-129 图示效果

在 SmartArt 工具的"设计"选项卡中,用户可以轻松地切换 SmartArt 图形的布局。切换布局时,大部分文字和其他内容、颜色、样式、效果和文本格式会自动带入新布局中。

9.7 使用 SVG 图标

我们都知道图像化表达比纯文本能更快、更好地展示信息，使文档更加生动，具有吸引力。在最新版的 Word 2019 中，提供了大量的 SVG 图标。SVG 图标是一种可缩放矢量图形，可任意缩放，而不会破坏图像的清晰度、细节等。

9.7.1 插入 SVG 图标

打开"插入"选项卡，在"插图"功能组中单击"图标"按钮，打开图 9-130 所示的"插入图标"对话框，其中囊括了"人物""技术和电子""通讯""商业""分析"等 26 个类别的图标，种类非常齐全。

滚动浏览图标或通过单击左侧的导航窗格中的名称，即可跳转到某个类别。在其中选择所需插入的图标，可以是一个也可以是多个图标，单击右下方的"插入"按钮即可将图标插入到文档中。如选择"天气和季节"选项中的"雪人"形状图标插入文档中的效果如图 9-131 所示。

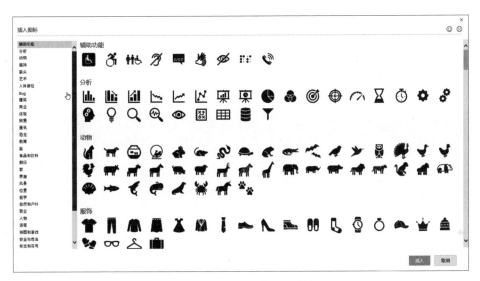

图 9-130 "插入图标"对话框

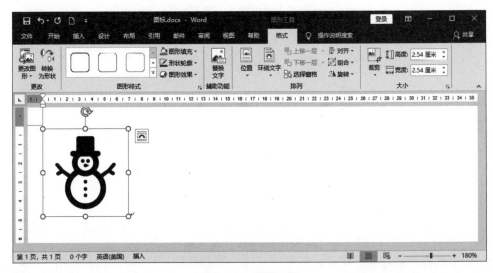

图 9-131 插入图标

9.7.2 编辑 SVG 图标

在文档中插入 SVG 图标后，"图形工具 | 格式"选项卡自动被激活，如图 9-132 所示。借助 Word 文档"图形工具 | 格式"选项卡中的相关命令，可以根据需要对图标进行编辑和修改。

图 9-132 "图形工具 | 格式"选项卡

1. 更改 SVG 图标外观

默认插入的 SVG 图标轮廓和填充色均为黑色，用户可以根据自身需要对其轮廓和填充色进行编辑修改。操作方法如下。

（1）选中 SVG 图标。

（2）单击"图形工具 | 格式"选项卡"图形样式"功能组中的"图形样式"下拉按钮，如图 9-133 所示。

（3）此时系统弹出图 9-134 所示的"预设"图形样式下拉列表，用户可以从中选择合适的样式，将 SVG 图标转换为线条图或更改其填充色。图 9-135 所示为使用 浅色 1 填充、彩色轮廓 - 强调颜色 6 和 彩色填充 - 强调颜色 4、深色 1 轮廓 后的效果图。

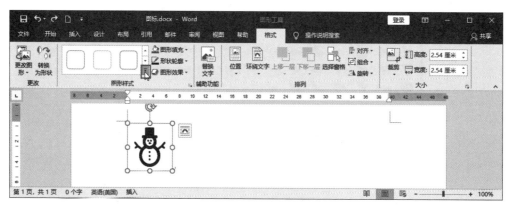

图 9-133 选中 SVG 图标并单击"图形样式"下拉按钮

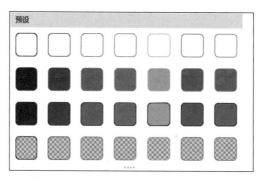

图 9-134 图形样式

如果用户对样式库中的样式不满意，还可以在选中要修改的 SVG 图标后，单击"图形工具 | 格式"选项卡"图形样式"功能组中的"图形填充""形状轮廓""图形效果"按钮自定义设置所需样式。

(a) 原图　　(b) "浅色1填充、彩色轮廓-强调颜色6 "　　(c) "彩色填充、强调颜色4、深色1轮廓 "

图 9-135　应用图形样式的效果

❖ **图形填充**：更改整个 SVG 图标的颜色。

❖ **形状轮廓**：更改所选 SVG 图标轮廓线的颜色、宽度和线型。

❖ **图形效果**：更改所选 SVG 图标的应用视觉效果，如阴影、发光、映像或三维旋转。

此外，还可以在选中要修改的 SVG 图标后，单击"图形样式"功能区右下角的功能扩展按钮 ，打开"设置图形格式"窗口，利用其中的命令按钮选项卡自定义所需的 SVG 图标样式，如图 9-136 所示。

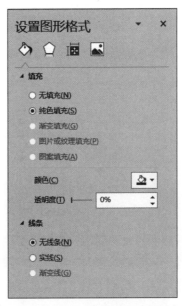

图 9-136　"设置图形格式"窗口

2. 将 SVG 图标转化为形状

我们还可以把插入的 SVG 图标转化为形状，并将其拆解开来，分别编辑图标中每一部分的大小、形状和颜色。操作方法如下。

（1）选中 SVG 图标。

（2）单击"图形工具 | 格式"选项卡"更改"功能组中的"转换为形状"按钮 ，如图 9-137 所示。

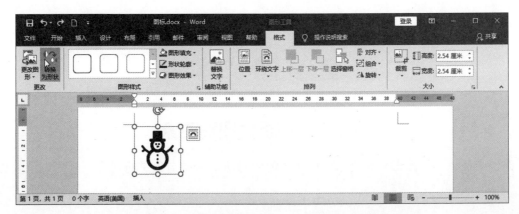

图 9-137　选中图标并单击"转换为形状"按钮

（3）在弹出的 Microsoft Word 对话框中单击"是"按钮，如图 9-138 所示。

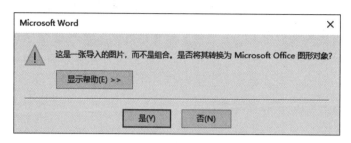

图 9-138 Microsoft Word 对话框

（4）返回文档，可以看到之前的"图形工具 | 格式"选项卡变成了"绘图工具 | 格式"选项卡，如图 9-139 所示。单击由 SVG 图标转化而来的形状图形，利用"绘图工具 | 格式"选项卡上的不同功能组中的命令按钮，可以设计出更多的效果图。

图 9-139 将 SVG 图标转化为形状效果

如单击"绘图工具 | 格式"选项卡"排列"功能组中的"组合"按钮，在下拉列表框中选择"取消组合"选项，将 SVG 图标转化而来的形状图形拆解开来，分别编辑图标每一部分的大小、形状和颜色，如图 9-140 所示。

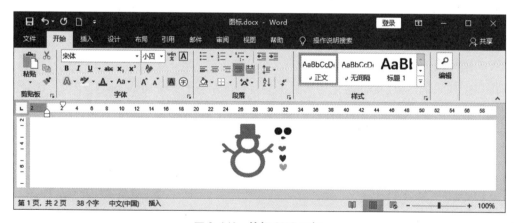

图 9-140 编辑 SVG 图标

9.8 排列组合图形对象

在工作表中插入多个图形对象之后，往往还需要对所插入的对象进行对齐、排列以及叠放次序等操作。

9.8.1　组合图形对象

组合图形是指把两个或多个图形结合起来作为单个对象。将多个对象组合在一起，就可以对它们进行统一的操作，也可以同时更改对象组合中所有对象的属性。

（1）按住 Shift 键或 Ctrl 键单击要组合的对象，可以同时选中文档中的多个对象，如将图 9-141 中的三角形和长方形同时选中。

（2）在"绘图工具 | 格式"选项卡中，单击"排列"功能组中的"组合"命令按钮 组合，从弹出的下拉菜单中选择"组合"命令，如图 9-142 所示。被组合的图形如图 9-143 所示。

（3）如果要撤销组合，则选中图形后，在"绘图工具 | 格式"选项卡中单击"排列"功能组中的"组合"命令按钮 组合，在弹出的下拉菜单中选择"取消组合"命令即可，如图 9-144 所示。

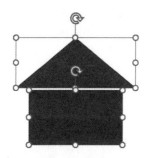

图 9-141　选中多个对象

图 9-142　选择"组合"命令

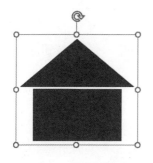

图 9-143　组合后的图形

图 9-144　选择"取消组合"命令

此外，在选中图形后，右击任意一个图形，在弹出的快捷菜单中选择"组合"选项中的"组合"命令，也可以组合图形，如图 9-145 所示。如需解除组合，可以右击组合后的图形，在弹出的快捷菜单中选择"组合"选项中的"取消组合"命令即可，如图 9-146 所示。

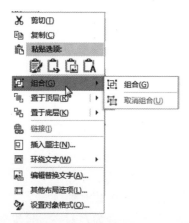

图 9-145　选择"组合"命令

图 9-146　选择"取消组合"命令

9.8.2 对齐与分布

图形对齐主要有两类，一类是图形与页面对齐，另一类是多个图形对齐。图形与页面对齐有两种参照物，一种是页面，另一种是页边距，它们的区别主要体现在图形与页面四边对齐时；图形对齐方式也像文字一样，有左对齐、居中、右对齐，还有顶端对齐、垂直居中和底端对齐等。

另外，图形还有分布方式，分为横向分布和纵向分布两种。所谓分布图形就是平均分配各个图形之间的间距，用户可以分布三个或三个以上图形之间的间距，或者分布两个或两个以上图形相对于页面边距之间的距离。

在 Word 2019 文档中设置图形对齐与分布方式的操作方法如下。

（1）按住 Ctrl 键或 Shift 键选中要对齐的多个图形对象，如图 9-147 所示。

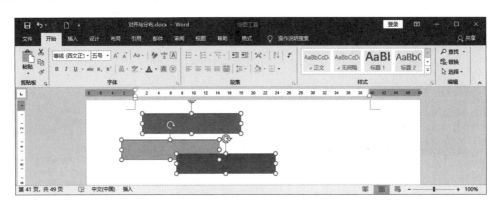

图 9-147 选择对齐对象

（2）在"绘图工具|格式"选项卡中，单击"排列"功能组中的"对齐"命令按钮，弹出图 9-148 所示的下拉菜单，其中各个选项的作用说明如下。

图 9-148 对齐和分布子菜单

❖ **左对齐**：将所有选中的图形对象按最左侧一个对象的左边界对齐。

❖ **水平居中**：将所有选中的图形对象横向居中对齐。

❖ **右对齐**：将所有选中的图形对象按最右侧一个对象的右边界对齐。

❖ **顶端对齐**：将所有选中的图形对象按最顶端一个对象的上边界对齐。

❖ **垂直居中**：将所有选中的图形对象纵向居中对齐。

❖ **底端对齐**：将所有选中的图形对象按最底端一个对象的下边界对齐。

❖ **横向分布**：将选定的三个或三个以上的图形对象在页面水平方向等距离排列。

❖ **纵向分布**：将选定的三个或三个以上的图形对象在页面垂直方向等距离排列。

（3）单击需要的对齐或分布命令即可。图 9-149 所示为将所选图像设置为左对齐，且纵向分布后的效果图。

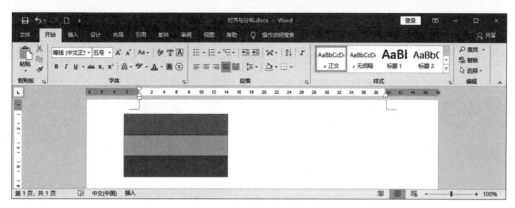

图 9-149 设置左对齐，且纵向分布效果图

 提示：

对齐和分布操作只能针对同一页内的图形对象进行。

9.8.3 叠放图形对象

Word 文档中的图形对象发生重叠时，在默认情况下，后添加的图形总是在先添加的图形的上方，从而挡住下方图形。用户可以根据需要改变它们的层次关系，具体操作方法如下。

（1）选择要改变层次的绘图对象。

（2）打开"绘图工具 | 格式"选项卡，在"排列"功能组中选择"上移一层"或"下移一层"按钮灵活设置。

（3）单击"上移一层"按钮右下角的下拉按钮，弹出图 9-150 所示的下拉列表框，其中有"上移一层""置于顶层""浮于文字上方"3 种排列方式，各个排列方式的作用说明如下。

❖ **上移一层**：将选中的图形移动到与其相邻的上方图形的上面。

❖ **置于顶层**：将选中的图形移动到所有图形的最上面。

❖ **浮于文字上方**：将选中的图形移动到文字的上方。

（4）单击"下移一层"按钮右下角的下拉按钮，弹出如图 9-151 所示的下拉列表框，其中有"下移一层""置于底层""衬于文字下方"3 种排列方式，各个排列方式的作用说明如下。

图 9-150 "上移一层"下拉列表框

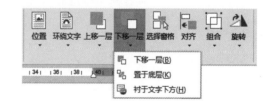

图 9-151 "下移一层"下拉列表框

❖ **下移一层**：将选中的图形移动到与其相邻的上方图形的下面。

❖ **置于底层**：将选中的图形移动到所有图形的最下面。

❖ **衬于文字下方**：将选中的图形移动到文字的下方。

改变层次后的效果如图 9-152 所示。

除了前面介绍的操作方法之外，还可以通过以下两种方式设置图形的叠放位置。

图 9-152 改变层次后的效果

❖ **"选择"窗格**：选中图形，在"排列"功能组中单击"选择窗格"命令按钮 ，将打开图 9-153 所示的"选择"窗格，在这里，用户可以查看当前工作表中所有对象的列表，从而可以更轻松地选择对象，单击"上移一层"按钮▲或"下移一层"按钮▼更改对象排列顺序，以及单击按钮 修改对象的可见性。

❖ **右键菜单**：选中图形后右击，在弹出的快捷菜单中通过"置于顶层"或"置于底层"命令设置排列方式，如图 9-154 所示。

图 9-153 "选择"窗格

图 9-154 快捷菜单

提示：

如果图形的环绕方式为"嵌入型"，则无法在"选择"窗格中进行隐藏操作。

上机练习——制作员工工作牌

本节练习使用 Word 2019 的基本图形绘制员工工作牌，通过对操作步骤的详细讲解，可以使读者掌握插入图形、艺术字和绘制文本框的操作方法，进一步熟悉"绘图工具 | 格式"选项卡中不同功能组的使用。

9-4 上机练习——制作员工工作牌

首先绘制一个矩形，并按住 Ctrl 键复制一个矩形，再绘制一个文本框；其次利用"绘图工具 | 格式"选项卡"大小"功能组调整其大小；接下来使用"绘图工具 | 格式"选项卡设置大矩形的形状填充；再次在文本框中输入文本并设置格式，在小矩形中添加文本并设置格式，插入艺术字并自定义格式；最后分别设置每个图形的边框样式，并用鼠标拖动调整其位置。结果如图 9-155 所示。

图 9-155 工作牌

操作步骤

（1）启动 Word 2019，新建一个空白文档，并将其以"物业服务证"为名保存。

（2）打开"插入"选项卡，单击"插图"功能组中的"形状"按钮，在弹出的下拉列表框中选择"矩形"绘图工具，按下鼠标左键拖动，绘制一个矩形形状，然后按住 Ctrl 键，复制一个矩形，如图 9-156 所示。

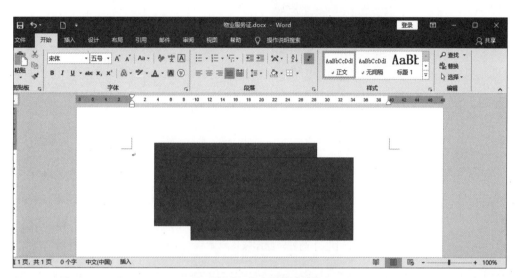

图 9-156　绘制并复制矩形

（3）选中其中的一个矩形，在"绘图工具 | 格式"选项卡的"大小"功能组中，设置矩形的高度为 6 厘米，宽度为 8 厘米，如图 9-157（a）所示。采用同样的方法设置另一个矩形的高度为 2 厘米，宽度为 1.5 厘米，如图 9-157（b）所示，设置的矩形如图 9-158 所示。

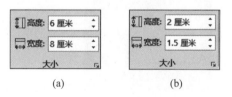

(a)   (b)

图 9-157　设置矩形大小

图 9-158　设置完成的矩形

（4）打开"插入"选项卡，在"文本"功能组中单击"文本框"按钮，从弹出的快捷菜单中选择"绘制横排文本框"选项，如图 9-159 所示。

（5）拖动鼠标绘制一个横排文本框，设置其高度为 2.5 厘米，宽度为 4 厘米，结果如图 9-160 所示。

（6）选中较大矩形，在"绘图工具 | 格式"选项卡的"形状样式"功能组中单击"形状填充"按钮，在弹出的"插入图片"窗口中选择"来自文件"选项，如图 9-161 所示。

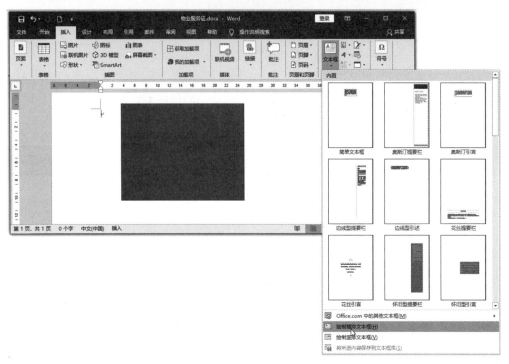

图 9-159　选择"绘制横排文本框"选项

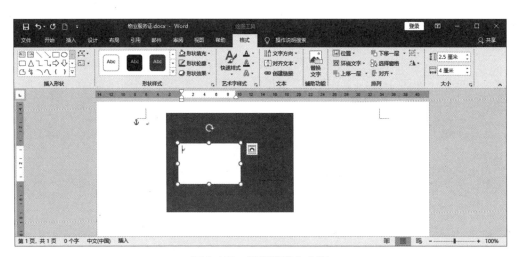

图 9-160　绘制横排文本框

图 9-161　选择"来自文件"选项

（7）在弹出的"插入图片"对话框中，选择需要的图片，如图 9-162 所示，单击"插入"按钮，即可将选中的图形填充到"矩形"图形内，如图 9-163 所示。

图 9-162　"插入图片"对话框

（8）选中文本框，在其中输入文本内容，并设置字体为"黑色""宋体""五号""加粗"，结果如图 9-164 所示。

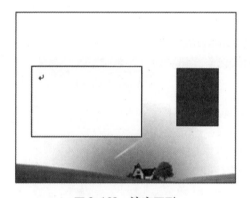

图 9-163　填充图形

图 9-164　输入并设置文本格式

（9）选中小矩形并右击，在弹出的快捷菜单中选择"添加文字"选项，如图 9-165 所示，为矩形添加文本，设置字体为"黑色""宋体""五号"，结果如图 9-166 所示。

图 9-165　快捷菜单

图 9-166　输入并设置文本

（10）选择"插入"选项卡，在"文本"功能组中单击"艺术字"按钮 **A**，打开艺术字列表框，在其中选择一种艺术字的样式，如图 9-167 所示。

（11）在艺术字文本框中输入文本，设置字体为"华文新魏"，字号为"一号"，然后单击"绘图工具 | 格式"选项卡，在"艺术字样式"功能组中设置艺术字的"文本填充"为红色，"文本轮廓"为黑色，结果如图 9-168 所示。

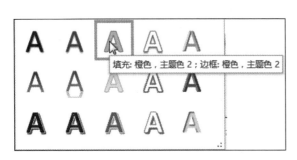

图 9-167　选择艺术字样式

图 9-168　修改艺术字样式

（12）选中艺术字，在"绘图工具 | 格式"选项卡的"艺术字样式"功能组中单击"文字效果"按钮，在弹出的下拉列表框中，选择"转换"选项，在展开的列表框的"跟随路径"选项区中选择"拱形"，如图 9-169 所示。

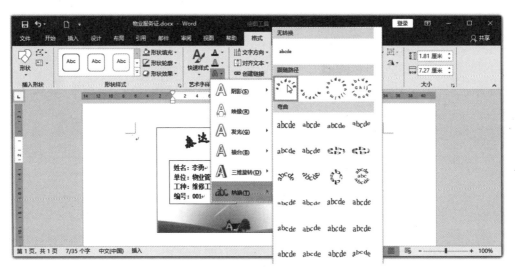

图 9-169　设置艺术字文字效果

（13）选中大矩形，在"绘图工具 | 格式"选项卡的"形状样式"功能组中单击"形状轮廓"按钮，在弹出的下拉列表框中选择"深蓝色"，单击"虚线"选项，在打开的下拉列表框中选择"其他线条"选项，如图 9-170 所示。在弹出"设置图片格式"面板中，选择宽度为"5 磅"，复合类型"由粗到细"，如图 9-171 所示。设置效果如图 9-172 所示。

（14）选中文本框，在"绘图工具 | 格式"选项卡的"形状样式"功能组中，设置其"形状填充"为"无填充"，设置其"形状轮廓"为"无轮廓"，结果如图 9-173 所示。

（15）选中艺术字、文本框、小矩形，将其拖动到合适的位置，结果如图 9-155 所示。

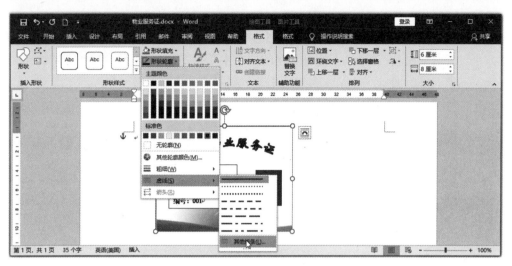

图 9-170　虚线下拉列表框

图 9-171　"设置图片格式"面板

图 9-172　设置矩形边框

图 9-173　设置文本框格式

9.9　答疑解惑

1. 在 Word 2019 中进行截取屏幕截图操作时，进入屏幕剪辑状态后，屏幕中显示的内容是什么？如果想放弃截图该怎么办？

答：在 Word 2019 中进行截取屏幕截图操作时，选择"屏幕剪辑"选项后，屏幕中显示的内容是打开当前文档之前所打开的窗口或对象。进入屏幕剪辑状态后，如果想放弃截图，可以按 Esc 键退出截图状态。图片插入文档之后，需要删除时，可以在选中图片后按 Delete 键。

2. 在利用鼠标调整图片大小时，拖动图片上 4 个角的控制点与拖动图片四边中线处的控制点有什么不同之处？

答：若拖动图片 4 个角上的控制点，则图片会等比例缩放大小，若拖动图片四边中线处的控制点，则只会改变图片的高度或者宽度。

3. 在 Word 2019 中怎样才能在图片调整大小的过程中保持图片的原比例不变?

答: 在"布局"对话框的"大小"选项卡中, 选中"锁定纵横比"复选框, 这样在通过功能区或对话框对图片大小进行调整时,无论是高度还是宽度的值发生变化,另一个值都会按照图片的比例自动更正。此外也可以在"缩放"栏中通过"高度"或者"宽度"微调框设置图片的缩放比列。

9.10　学习效果自测

选择题

1. 如果在文字中插入图片,则图片只能放在文字的( )。

    A. 右边　　　　　　　　B. 中间　　　　　　　　C. 下面　　　　　　　　D. 以上均可

2. 下面有关图片操作的说法错误的是( )。

    A. 按住 Shift 键后再拖动图片角控点,可以按照比例改变图片的大小

    B. 按住 Ctrl 键不放,再拖动图片角控点,可以按照比例改变图片的大小

    C. 可以将多张图片组合在一起进行操作

    D. 对选中的图片,可以裁剪为内置的形状

3. 如果用矩形工具画正方形,应同时按下( )键。

    A. Ctrl　　　　　　　　B. Shift　　　　　　　　C. Alt　　　　　　　　D. Ctrl+Alt

4. 下面有关 Word 2019 中文本框的操作,说法正确的是( )。

    A. 不可与文字叠放　　　　　　　　B. 文字环绕方式多于两种

    C. 随着框内文本内容的增多而增大　　　　　　　　D. 文字环绕方式只有 3 种

5. 在 Word 2019 中,以下关于艺术字的说法正确的是( )。

    A. 在"艺术字"对话框中可以设置其颜色、字形

    B. 插入艺术字编辑框中的艺术字不能再更改文字内容

    C. 对艺术字可以像图片一样设置其与文字的环绕关系

    D. 只能使用给定的艺术字样式,不能自定义

第 10 章

设计文档页面

本章将介绍文档页面的一些主要属性以及设置文档页面的一般方法和步骤。页面直接决定了文档内容的多少以及摆放位置。在处理Word文档的过程中，可以使用默认的页面设置，也可以根据需要对页面进行设置，包括纸张样式、纸张大小、纸张方向、纸张页边距等。如果在文档中需要在不同部分采用不同的页面设置，可以插入"分节符"或"分页符"。

本章将介绍如下内容：

❖ 设置页面格式
❖ 插入页眉、页脚
❖ 插入页码
❖ 插入分页符和分节符
❖ 添加页面背景

10.1　设置页面格式

在 Word 文档中，我们可以根据需要对页面进行设置，包括设置页边距、纸张大小、文档网络、稿纸页面等。

10.1.1　设置页边距

页边距是页面的正文区域和纸张边缘之间的空白距离。页边距的设置在文档排版中是十分重要的，页边距太窄会影响文档的装订，太宽又影响文档的美观且浪费纸张，后文将讲到的页眉、页脚和页码都是在页边距中的图形或文字。一般先设置好页边距再进行文档的排版操作，因为在文档中已存在内容的情况下修改页边距会造成内容及版式的混乱。

设置页边距，包括调整上、下、左、右边距，调整装订线的距离以及纸张的方向。在 Word 2019 中为用户提供了最为常用的几种页边距规格，可以直接套用，此外还可以根据实际需要自定义页边距。

1. 快速套用内置的页边距尺寸

如果要直接、快速套用内置的页边距尺寸，可以使用"页边距"列表来实现，具体操作步骤如下。

（1）打开 Word 文档。

（2）在"布局"选项卡的"页面设置"功能组中单击"页边距"按钮▥，弹出页边距下拉列表，如图 10-1 所示。在页边距列表中，可以看到 Word 2019 提供了"常规""窄""中等""宽""对称"5 种内置页边距尺寸。默认情况下，"常规"页面的上边距、下边距、左边距和右边距分别是 2.54 厘米、2.54 厘米、3.18 厘米和 3.18 厘米。

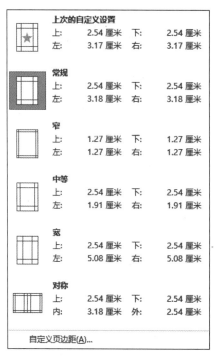

图 10-1　内置页边距尺寸列表

（3）选中需要的页边距样式，即可快速为页面应用该边距样式。图 10-2（a）和（b）所示为同一文档选择"窄"和"宽"两种内置页边距样式的效果对比图。

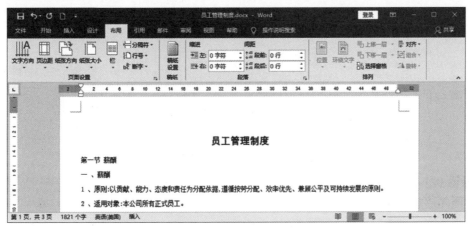

(a) 页边距样式设置为"窄"的效果

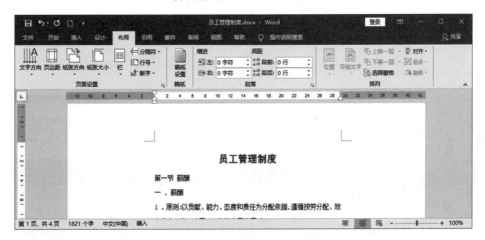

(b) 页边距样式设置为"宽"的效果

图 10-2　内置页边距样式效果对比图

2. 自定义页边距尺寸

如果要自定义页边距尺寸，可以按照下面的具体操作步骤进行。

（1）打开 Word 文档。

（2）在"布局"选项卡的"页面设置"功能组中单击"页边距"按钮，在弹出的页边距下拉列表中选择"自定义页边距"选项，如图 10-3 所示。

（3）此时系统打开"页面设置"对话框。切换至"页边距"选项卡，在"上""下""左""右"微调框中分别设置对应的边距即可，如图 10-4 所示。

当文档需要装订时，为了不遮盖住文档中的文字，需要在文档的两侧或顶部添加额外的页边距空间，这时需要设置装订线边距。可在"装订线"微调框中设置边距，在"装订线位置"下拉列表框中选择"靠左"或者"靠上"选项，在"应用于"下拉列表框中选择"整篇文档"选项。

（4）完成设置后，单击"确定"按钮，即可按照自定义的页边距尺寸设置文档页面边距。图 10-5 所示为同一文档添加了装订线的对比效果图，其中图 10-5（a）中自定义页边距为"上 4 厘米""下 4 厘米""左 3 厘米""右 3 厘米"，图 10-5（b）在图 10-5（a）的基础上增加了一项"靠上位置的 1.5 厘米"的装订线。

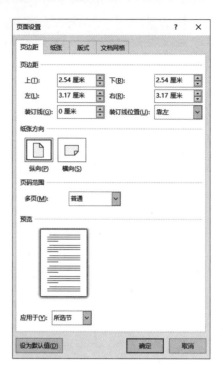

图 10-3　选择"自定义页边距"选项

图 10-4　"页边距"选项卡

(a) 页边距上、下4厘米，左、右3厘米的效果

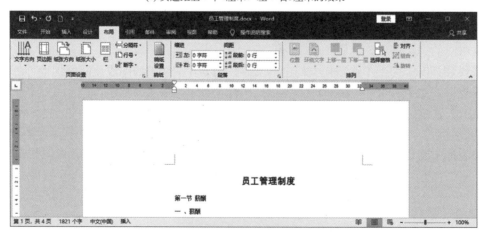

(b) 装订线靠上1.5厘米的效果

图 10-5　自定义页边距效果对比图

10.1.2 设置纸张大小

纸张的大小型号是多种多样的，一般情况下用户应该根据文档内容的多少或打印机的型号设置纸张的大小。Word 2019 提供了多种纸张大小样式，用户可以快速地进行套用，也可以按照实际需要自行设计纸张大小。

1. 快速套用内置的纸张大小

如果要直接套用内置的纸张大小，可以使用"纸张大小"列表来实现，具体操作如下。

（1）打开 Word 文档。

（2）在"布局"选项卡的"页面设置"功能组中单击"纸张大小"按钮，弹出"纸张大小"列表，可以看到 Word 2019 提供的 13 种纸张大小样式，如图 10-6 所示。

（3）默认状态下纸张大小为"A4"，如果想使用其他内置纸张大小样式，只需选中列表中相应选项，即可改变默认的纸张大小。

2. 自定义纸张大小

如果用户要自定义纸张大小，可以按照下面的步骤操作。

（1）打开 Word 文档。

（2）在"布局"选项卡的"页面设置"功能组中单击"纸张大小"按钮，在弹出的"纸张大小"列表中选择"其他页面大小"选项，打开"页面设置"对话框，如图 10-7 所示。

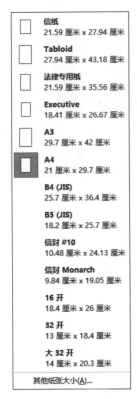

图 10-6 "纸张大小"下拉列表框

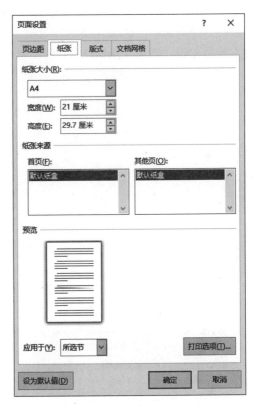

图 10-7 "纸张"选项卡

（3）切换到"纸张"选项卡，在"纸张大小"下拉列表框中选择"自定义大小"选项，在"宽度"和"高度"微调框中输入所需的宽度和高度值。在"应用于"下拉列表框中选择"整篇文档"选项。

（4）单击"确定"按钮，完成设置。

> **提示:** 常用的纸张大小一般有 A4、16 开、32 开和 B5 等几种类型,不同的文档其页面大小也不同,此时就需要对页面大小进行设置,即选择要使用的纸型。每一种纸型的高度与宽度都有标准的规定,也可以根据需要进行修改。

10.1.3 设置纸张方向

纸张的方向分为横向和纵向,系统默认的纸张方向一般为纵向。根据需要可以灵活设置纸张的方向。

1. 通过功能区设置纸张方向

(1)打开 Word 文档。

(2)在"布局"选项卡的"页面设置"功能组中单击"纸张方向"按钮,弹出图 10-8 所示的"纸张方向"下拉列表框。

(3)在"纸张方向"下拉列表框中选择需要的纸张方向即可。

2. 通过"页面设置"对话框设置

(1)打开 Word 文档。

(2)在"布局"选项卡的"页面设置"功能组中,单击右下角的功能扩展按钮,打开"页面设置"对话框。

(3)切换到"页边距"选项卡,在"纸张方向"栏中,选择需要的纸张方向。在"应用于"下拉列表框中选择"整篇文档"选项,如图 10-9 所示。

(4)最后单击"确定"按钮即可。

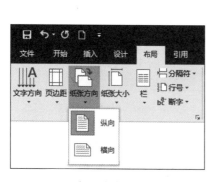

图 10-8 "纸张方向"下拉列表框

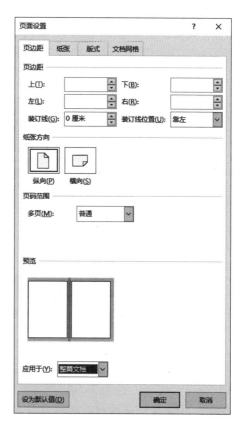

图 10-9 "页边距"选项卡

10.1.4　设置文档网格

文档网格用于设置文档中文字排列的方向、每页的行数、每行的字数等内容。具体操作方法如下。

（1）打开 Word 文档。

（2）在"布局"选项卡的"页面设置"功能组中，单击右下角的功能扩展按钮 ，打开"页面设置"对话框。

（3）切换到"文档网格"选项卡，如图 10-10 所示。主要选项区域说明如下。

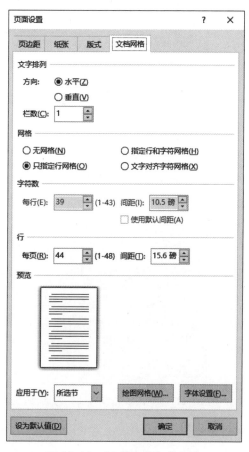

图 10-10　"文档网格"选项卡

❖ **"文字排列"区域**：选择文字排列的方向。可以设置文字排列的方向为水平或垂直，在"栏数"微调框中设定页面的基本分栏。

❖ **"网格"区域**：若选择"只指定行网格"单选按钮，在"每页"微调框中输入行数，或在它后面的"间距"微调框中输入间距，可以设定每页中的行数；若选择"指定行和字符网格"单选按钮，那么除了设定每页的行数，还要在"每行"微调框中输入每行的字符数，或在它后面的"间距"微调框中输入间距，都可以设定每行中的字符数；若选择"文字对齐字符网格"单选按钮，则输入每页的行数和每行的字符数后 Word 严格按照输入的大小设定页面。

❖ **"字符数"区域**：在"每行"微调框中设置每行需要显示的字符数，在"间距"微调框中设置字符之间的距离。

❖ **"行"区域**：在"每页"微调框中设置每页需要显示的行数，在"间距"微调框中设置每行之间的距离。

❖ **"绘图网格"按钮**：用于查看网格的设置效果。单击"绘图网格"按钮，在弹出的"网格线和参考线"对话框（见图 10-11）中设定显示的效果。"网格线和参考线"对话框的使用方法如下：在"对齐参考线"区域中选择一种参考线，再选择对象对齐方式；在"网格设置"区域中输入显示的网格的水平间距和垂直间距；在"网格起点"区域中选中"使用页边距"复选框，则网格线只从正文文档区开始显示，否则从设定的"水平起点"和"垂直起点"开始显示；选中"在屏幕上显示网格线"复选框后，如果要显示水平网格线则设置"水平间隔"，如果要显示垂直网格线则设置"垂直间隔"；最后单击"确定"按钮完成操作。

❖ **"应用于"下拉列表框**：设置更改的设定作用范围为"整篇文档"或"插入点后"。

（4）单击"确定"按钮完成操作。

图 10-11　"网格线和参考线"对话框

10.1.5　设置稿纸页面

Word 2019 提供了稿纸设置功能，利用该功能，可以生成空白的稿纸样式文档，或快速将稿纸网格应用于 Word 文档中的现成文档。在制作一些特殊版式的文档时，比如小学生的作业本、信纸等，就可以通过稿纸设置功能迅速设置纸张样式。

1. 创建空的稿纸文档

打开一个空白的 Word 文档后，使用 Word 2019 自带的稿纸样式可以快速创建方格式稿纸、行线式稿纸和外框式稿纸。具体操作方法如下。

（1）启动 Word 2019，新建一个名为"稿纸"的空白文档。

（2）打开"布局"选项卡，在"稿纸"功能组中单击"稿纸设置"按钮，如图 10-12 所示。

图 10-12　单击"稿纸设置"按钮

（3）此时系统打开"稿纸设置"对话框。在"格式"下拉列表中选择一种稿纸样式，如"方格式稿纸"；在"行数 × 列数"下拉列表框中选择行列数参数，如"20×20"；在"网格颜色"下拉列表框中选择稿纸网格颜色，如"红色"；在"纸张方向"区域选择"纵向"选项；最后选中"允许标点溢出边界"框复选框，如图10-13所示。

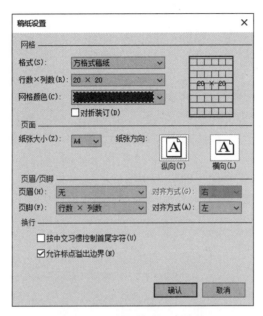

图 10-13　"稿纸设置"对话框

（4）单击"确认"按钮，返回文档，即可按照所设的参数生成方格式稿纸，如图10-14所示。

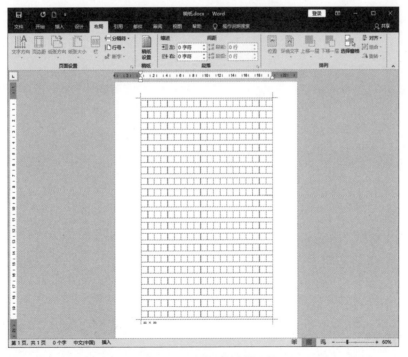

图 10-14　创建空白稿纸文档

提示：　　在"稿纸设置"对话框中选中"网格"选项区中的"对折装订"复选框，可以将稿纸分为两半装订；在"纸张大小"下拉列表框中可选择纸张的大小；在"纸张方向"选项区中可以设置纸张的方向；在"页眉/页脚"选项区中可以设置稿纸的页眉和页脚内容，及其对齐方式。

2. 为现有文档应用稿纸设置

如果在编辑文档时没有事先创建稿纸，为了更方便、清晰地阅读文档，也可以给现有文档应用稿纸设置。具体操作步骤如下。

（1）启动 Word 文档，打开"员工管理制度"文档。

（2）切换到"布局"选项卡，在"稿纸"功能组中单击"稿纸设置"按钮 ，打开"稿纸设置"对话框。在"格式"下拉列表框中选择一种稿纸样式，如"行线式稿纸"；在"行数×列数"下拉列表框中选择行列数参数，如"20×25"；在"网格颜色"下拉列表框中选择稿纸网格颜色，如"红色"；在"纸张方向"选项区选择"纵向"选项；最后选中"允许标点溢出边界"复选框，如图 10-15 所示。

（3）单击"确认"按钮，返回文档，即可为文档应用按照所设的参数生成的稿纸样式，如图 10-16 所示。

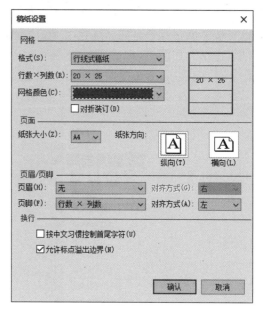

图 10-15 "稿纸设置"对话框

提示：

应用了稿纸样式后的文档中的文本都将与网格对齐，字号将进行适当更改，以确保所有字符都限制在网格内并显示良好，但最初的字体名称和颜色不变。

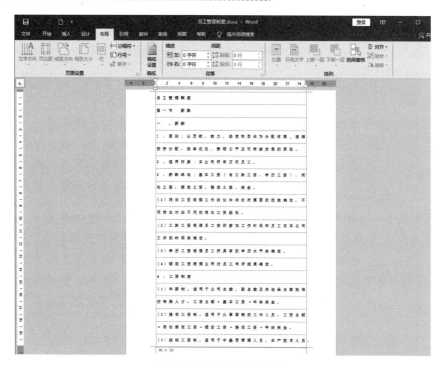

图 10-16 显示稿纸效果

上机练习——制作请柬

练习目标

本节练习如何制作请柬，重点讲解页面的设置，例如页面的大小、边距、纸张方向等，还涉及一些关于图片的操作。通过这些基本的操作，大家可以自行动手设计出更加美观大方的请柬。

10-1 上机练习——制作请柬

![设计思路] 　首先新建一个空白文档，打开"布局"选项卡，单击"页面设置"功能组中的功能扩展按钮，打开"页面设置"对话框，设置页边距、纸张大小以及方向。然后单击"插入"选项卡，利用"插图"功能组中的"图片"按钮，插入一张图片，并设置其文字环绕方式。最后插入请柬的文本内容，并调整其字体和格式，最终效果如图 10-17 所示。

图 10-17　请柬效果图

操作步骤

（1）启动 Word 2019，新建一个名为"请柬"的空白文档。

（2）打开"布局"选项卡，单击"页面设置"功能组右下角的功能扩展按钮 ，打开"页面设置"对话框，切换到"页边距"选项卡，设置页边距大小为"上"2 厘米，"下"2 厘米，"左"3.17 厘米，"右"3.17 厘米，然后选择横向排版，如图 10-18 所示。

（3）切换到"纸张"选项卡，设置请柬的宽度为 21 厘米，高度为 11 厘米，如图 10-19 所示。

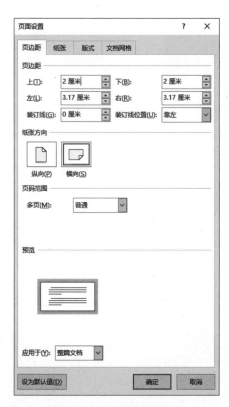

图 10-18　设置页边距

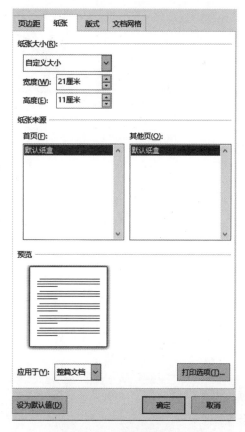

图 10-19　设置纸张大小

（4）切换到"插入"选项卡，在"插图"功能组中单击"图片"按钮，在弹出的"插入图片"对话框中选择一张素材图片，如图 10-20 所示。单击"插入"按钮，将图片插入到文档中去，并将其设置为"衬于文字下方"，结果如图 10-21 所示。

图 10-20 "插入图片"对话框

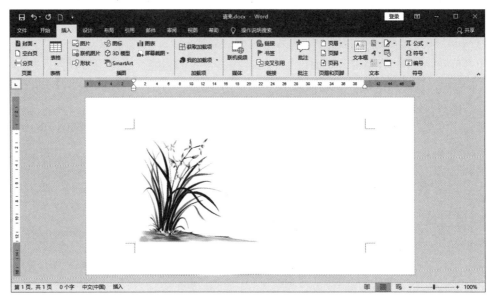

图 10-21 插入图片效果

（5）在"插入"选项卡的"文本"功能组中单击"艺术字"按钮，选择一种艺术字样式，如图 10-22 所示。在艺术字编辑框中输入"诚意邀请"4 个艺术字，并设置其格式为"华文新魏"字体，"小初"字号，然后将艺术字拖动到合适的位置，效果如图 10-23 所示。

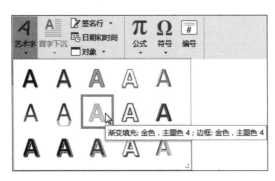

图 10-22 选择艺术字

图 10-23 插入艺术字

（6）绘制一个横排文本框，输入请柬的文本内容，并调整其字体为"宋体"，字号为"小四"，颜色为"褐色"，然后将文本框拖动到合适的位置，效果如图10-24所示。

图10-24　绘制文本框

（7）选中文本框，打开"绘图工具|格式"选项卡，在"形状样式"功能组中单击"形状轮廓"按钮，将形状轮廓设置为"无轮廓"，最终效果如图10-17所示。

10.2　插入页眉、页脚

页眉、页脚分别位于文档页的顶端和底端，通常用来显示文档的附加信息，如书稿名称、章节名称、作者名称、时间及日期或公司徽标等。在Word 2019中提供了20多种页眉、页脚样式以供用户直接套用，如果内置的页眉或页脚样式不能满足用户需要，也可以自行设计页眉或页脚样式。

10.2.1　套用内置页眉和页脚样式

（1）打开Word文档，如"员工管理制度"。

（2）在"插入"选项卡的"页眉和页脚"功能组中，单击"页眉"按钮，展开页眉下拉列表框，可以看到Word 2019提供的多种页眉样式，如图10-25所示。如选中"边线型"页眉样式，即可将其应用到文档页眉中，同时文档自动进入页眉编辑区，效果如图10-26所示。

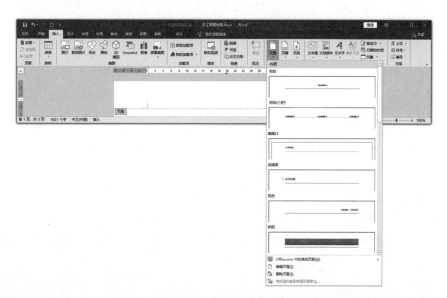

图10-25　页眉样式列表

图 10-26 "边线型"页眉样式效果图

（3）单击页眉中的占位符即"文档标题"，输入并编辑页眉文字。如输入"开拓公司人力资源部"，输入完页眉文字后，选中输入的文字，在"开始"选项卡的"字体"功能组中，设置页眉格式为"宋体、四号、蓝色、加粗"，设置后的效果如图 10-27 所示。

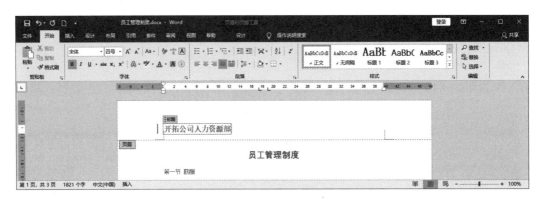

图 10-27 设置页眉文本

（4）完成页眉内容的编辑后，在"页眉和页脚工具 | 设计"选项卡的"导航"功能组中单击"转至页脚"按钮，如图 10-28 所示。

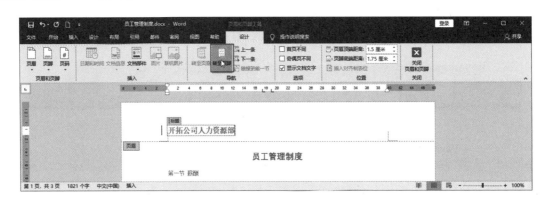

图 10-28 单击"转至页脚"按钮

（5）文档自动转至当前页的页脚，此时，页脚为空白样式，如图 10-29 所示。如果要更改其样式，可在"页眉和页脚工具 | 设计"选项卡的"页眉和页脚"功能组中单击"页脚"按钮，在弹出的图 10-30 所示的页脚下拉列表框中选择需要的样式即可。如选中"空白（三栏）"页脚样式，插入文档后的效果如图 10-31 所示。

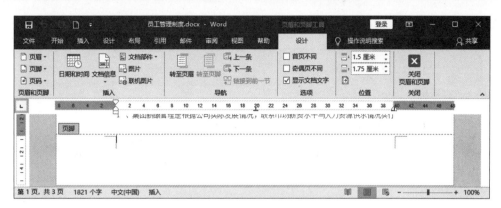

图 10-29　空白样式页脚

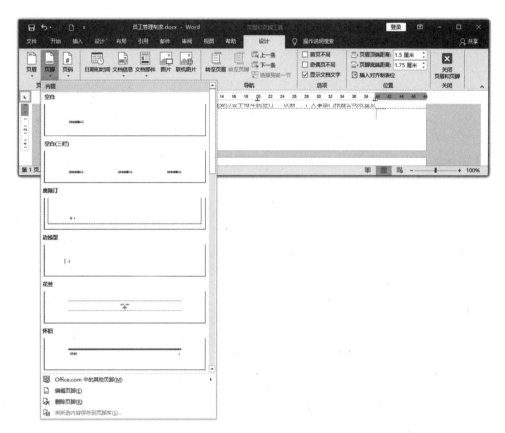

图 10-30　页脚样式列表

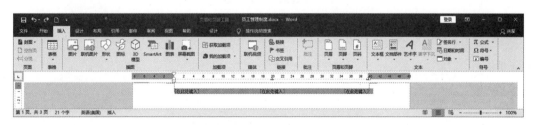

图 10-31　插入空白（三栏）页脚样式

（6）单击页脚中的占位符，输入所需页脚文字并根据需要设置其格式。如输入文字"态度决定一切""细节决定成败""行动始于开始"，并将其按照页眉的字体格式进行设置，效果如图 10-32 所示。

（7）完成所有编辑后，在"页眉和页脚工具 | 设计"选项卡的"关闭"功能组中单击"关闭页眉和页

脚"按钮 ☒ ，完成页眉和页脚的添加，最终效果如图 10-33 所示。

图 10-32　输入并编辑页脚文本格式

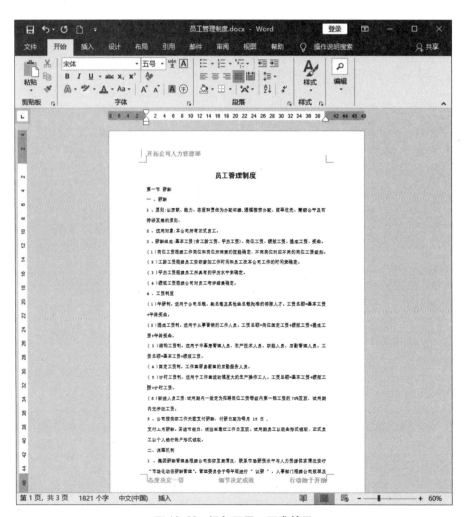

图 10-33　添加页眉、页脚效果

（8）在快速访问工具栏中单击"保存"按钮，保存文档。

提示：

　　编辑页眉、页脚内容时，可对文本对象设置字体、段落等格式，操作方法和正文的操作方法相同。

10.2.2　自定义页眉、页脚样式

如果内置的页眉或页脚样式不能满足用户需要，也可以自行设计页眉或页脚样式。操作步骤如下。

（1）打开 Word 文档，在文档页眉或页脚处双击，即可激活页眉和页脚编辑区域。

（2）进入页眉或页脚编辑区后，根据需要直接单击图 10-34 所示的"页眉和页脚工具 | 设计"选项卡中相关的功能按钮，在页眉或页脚中插入日期和时间、图片等对象，以及插入作者、文件路径等文档信息。编辑页眉、页脚内容时，依然可以对文本对象设置字体、段落等格式，操作方法与正文的操作方法相同。

（3）页眉和页脚添加和编辑完成后，可以单击"设计"选项卡中的"关闭页眉和页脚"按钮退出编辑界面。

图 10-34　页眉和页脚工具的"设计"选项卡

10.2.3　创建首页不同的页眉和页脚

一篇文档的首页常常是比较特殊的，有时需要单独为首页设置不同的页眉、页脚效果。具体操作方法如下。

（1）打开 Word 文档，如"员工管理制度"，在文档页眉或页脚处双击，进入编辑状态。

（2）切换到"页眉和页脚工具 | 设计"选项卡，选中"选项"功能组中的"首页不同"复选框，在文档的页眉、页脚处提示"首页页眉""首页页脚"，如图 10-35 所示。

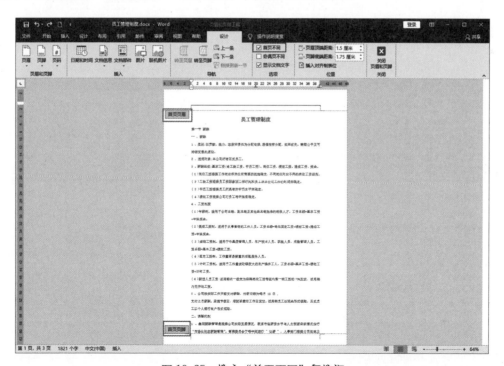

图 10-35　选中"首页不同"复选框

（3）在首页页眉中编辑页眉的内容。

（4）单击"导航"功能组中的"转至页脚"按钮 ，自动转至当前的页脚，编辑首页的页脚内容。

（5）单击"导航"功能组中的"下一条"按钮，跳转到第2页的页脚，编辑页脚内容。

（6）单击"导航"功能组中的"转至页眉"按钮，自动转至当前的页眉，编辑页眉内容。

（7）编辑完成后，在"关闭"功能组中单击"关闭页眉和页脚"按钮，退出页眉页脚编辑状态。
图10-36所示为首页和其他任意一页的页眉、页脚效果。

图10-36　设置首页不同的页眉、页脚效果

10.2.4　创建奇偶页不同的页眉和页脚

在实际应用中，有时需要为奇偶页分别创建不同的页眉和页脚，具体操作步骤如下。

（1）打开Word文档，如"员工管理制度"，双击页眉或页脚处进入编辑状态。

（2）切换到"页眉和页脚工具|设计"选项卡，选中"选项"功能组中的"奇偶页不同"复选框，如图10-37所示。

图10-37　选中"奇偶页不同"复选框

（3）在奇数页页眉中编辑页眉内容。

（4）单击"导航"功能组中的"转至页脚"按钮，自动转至当前页的页脚，可在其中编辑奇数页的页脚内容。

（5）单击"导航"功能组中的"下一条"按钮，自动转至偶数页的页脚，可在其中编辑偶数页的页脚内容。

（6）单击"导航"功能组中的"转至页眉"按钮，自动转至当前页的页眉，可在其中编辑偶数页的页眉内容。

（7）编辑完毕后，单击"关闭"功能组中的"关闭页眉和页脚"按钮，退出页眉、页脚编辑状态。图 10-38 所示为在同一文档中创建的奇偶页页眉和页脚。

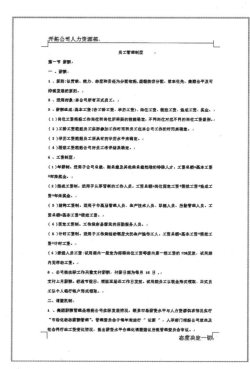

图 10-38　设置奇偶页的页眉和页脚效果

10.3　插 入 页 码

页码是文档的每一页面上标明次序的号码或其他数字，用以统计文档的页数，便于读者阅读和检索。页码一般都被添加在页眉或页脚中，但也有在其他位置添加的特殊情况。

10.3.1　创建页码

Word 提供的页眉、页脚样式中，部分样式具有添加页码的功能，即在插入某些内置的页眉、页脚样式后，页码会随之自动添加到文档中去。若使用的样式不能自动添加页码，也可以自定义添加所需页码。在 Word 2019 中可以将页码插入到"页面顶端""页面底端""页边距"等位置，具体操作步骤如下。

（1）打开需要插入页码的 Word 文档。

（2）切换到"插入"选项卡，单击"页眉和页脚"功能组中的"页码"按钮，弹出"页码"下拉列表框，如图 10-39 所示。

（3）从页码下拉列表框中选择一种所需的页码位置，在弹出的相应级联列表框中选择需要的页码样式即可，如图 10-40 所示。

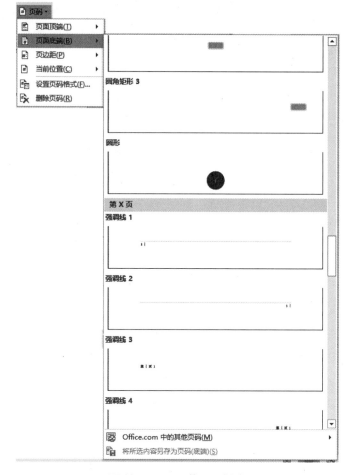

图 10-39 "页码"下拉列表框

图 10-40 页码位置及样式

10.3.2 设置页码

如果需要使用不同于默认格式的页码样式，还可以对页码进行设置。具体操作步骤如下。

（1）打开"插入"选项卡，单击"页眉和页脚"功能组中的"页码"按钮，从弹出的"页码"下拉列表框中选择"设置页码格式"选项，打开"页码格式"对话框，在该对话框中可以进行页码的格式化设置，如图 10-41 所示。各项说明如下。

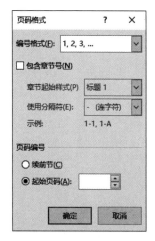

图 10-41 "页码格式"对话框

- ❖ **"编号格式"下拉列表框**：有 11 种不同的页码数字格式可供选择，如"1，2，3，…"，"a，b，c，…"，"甲，乙，丙，…"等；若需要在添加的页码中包含章节号，则选中"包含章节号"复选框，然后在"章节起始样式"下拉列表框中选择包含的章节号的级别，最后在"使用分隔符"下拉列表框中选择分隔符。

- ❖ **"页码编号"区域**：设置页码的起始值。若选择"续前节"单选按钮，则页码与上一节相接续；若选择"起始页码"单选按钮，则可以自定义当前的起始页码。

（2）单击"确定"按钮，完成页码格式的设置。

（3）返回 Word 文档，在"页眉和页脚工具|设计"选项卡的"关闭"功能组中单击"关闭页眉和页脚"按钮，退出页码编辑状态，即可看到设置了页码后的效果。

上机练习——在"员工管理制度"文档中插入和设置页码

练习目标

本节练习如何插入和设置页码，根据实际需要为文档插入合适的页码样式并对页码进行效果设置，如设置页码形状样式、设置页码编号格式，通过这些基本的操作，大家可以自行动手设计出更加适合的页码。

10-2 上机练习——在"员工管理制度"文档中插入和设置页码

设计思路

首先启动 Word 2019，打开需要插入页码的文档。切换到"插入"选项卡，单击"页眉和页脚"功能组中的"页码"按钮，从下拉列表中分别选择页码形状样式，并在"页码格式"对话框中选择合适的页码编号格式。利用"绘图工具|格式"和"页眉和页脚工具|设计"两个选项卡，设计出图 10-42 所示的页码。

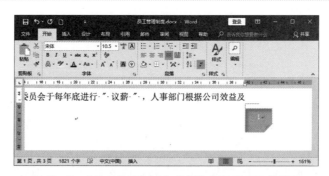

图 10-42 "员工管理制度"中插入和设置页码的效果

操作步骤

（1）启动 Word 2019，打开"员工管理制度"文档。

（2）切换到"插入"选项卡，单击"页眉和页脚"功能组中的"页码"按钮，弹出"页码"下拉列表框，选择页码位置为"页面底端"，在弹出的相应级联列表中选择页码样式"书的折角"，如图 10-43 所示，插入后的效果如图 10-44 所示。

图 10-43 选择页码位置和样式

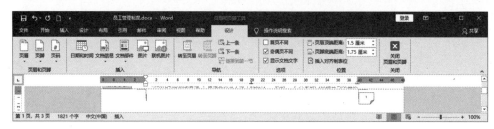

图 10-44 插入"书的折角"样式效果

（3）双击插入页码所在的位置,激活"绘图工具 | 格式"和"页眉和页脚工具 | 设计"两个选项卡。选择"绘图工具 | 格式"选项卡，在"形状样式"选项组中选择"纯色填充，颜色橙色"样式，即可应用到页码形状中，如图 10-45 所示。

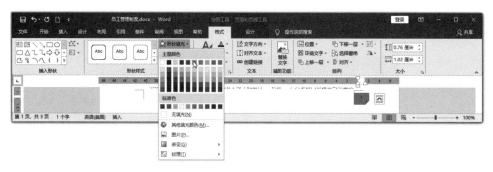

图 10-45 设置页码形状样式

（4）在"形状样式"选项组中单击"形状效果"按钮，在展开的列表中选中阴影，然后在阴影列表中选中"内部左上角"样式，结果如图 10-46 所示。

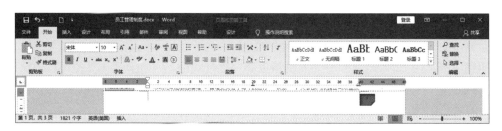

图 10-46 设置页码形状样式效果

（5）双击插入页码所在的位置，激活"绘图工具 | 格式"和"页眉和页脚工具 | 设计"两个选项卡。选中页码文本框中的编号后,单击"页眉和页脚工具 | 设计"选项卡,在"页眉和页脚"功能组中单击"页码"按钮，在展开的文本框样式列表框中选择"设置页码格式"选项，如图 10-47 所示。

图 10-47 选择"设置页码格式"选项

（6）此时系统打开"页码格式"对话框。在"编号格式"下拉列表框中选择"Ⅰ,Ⅱ,Ⅲ,…"选项，在"页码编号"选项区中选择"起始页码"单选按钮，如图 10-48 所示。

图 10-48　设置页码格式

（7）设置完成后，单击"确定"按钮，可以看到页码编号更换为设置的新页码编号，如图 10-49 所示。选中页码编号，在"开始"选项卡的"字体"功能组中单击"字体颜色"按钮▲⁻，在展开的字体颜色列表框中选中"白色"，即可将页码编号的数字颜色设置为统一的白色，如图 10-50 所示。

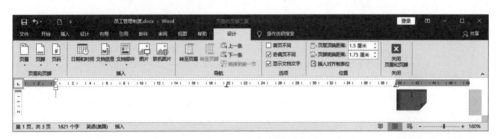

图 10-49　设置页码编号格式

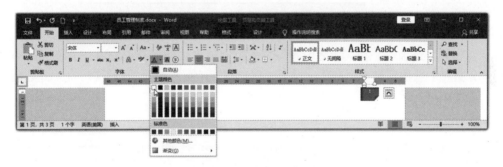

图 10-50　设置页码颜色

（8）设置完成页码效果后，在 Word 文本中双击或在"页眉和页脚工具 | 设计"选项卡中单击"关闭页眉和页脚"按钮，退出页码编辑状态，如图 10-51 所示。

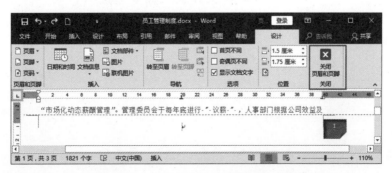

图 10-51　单击"关闭页眉和页脚"按钮

10.4　插入分页符和分节符

分页和分节在 Word 文档排版布局中是很重要的两个方面。分页后前后页面属性参数保持一致，而分节之后，不同的节可以根据需要设置不同的版面格式。

10.4.1　插入分页符

分页符是分隔相邻页之间文档内容的符号，是用来标记一页终止并开始下一页的点。在上一页内容完成之后，插入分页符，光标就会自动跳转到下一页，开始下一页内容的编排。

与手动按 Enter 键跳至下一页的方法相比，插入"分页符"可以大大减少因前一页的内容增减，或者字体大小改变而产生的重复工作量，一键实现页面跳转，精确分页。在 Word 2019 中，可以很方便地为文档插入分页符。具体操作步骤如下。

（1）打开 Word 文档，如"员工管理制度"。将光标插入点定位到需要分页的位置，如定位在文本第二页的"第二节　福利"之前，如图 10-52 所示。

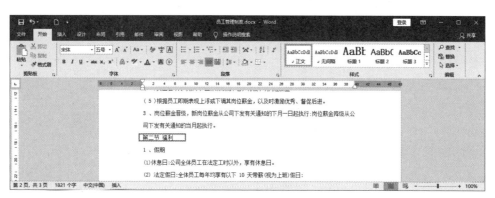

图 10-52　定位插入点

（2）打开"布局"选项卡，在"页面设置"功能组中单击"分隔符"按钮，在弹出的下拉列表框中可以看到"分页符"选项区有 3 个选项，分别是"分页符""分栏符""自动换行符"，此处我们选择"分页符"选项，如图 10-53 所示。

其余两选项说明如下。

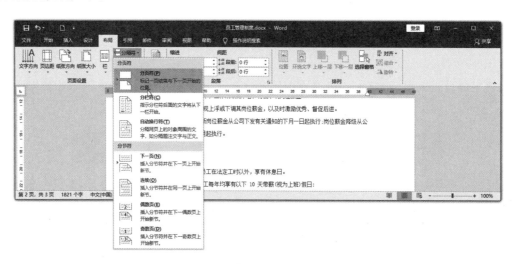

图 10-53　选择"分页符"选项

❖ **分栏符**：在文档分栏状态下，使用分栏符可强行设置内容开始分栏显示的位置，强行将分栏符之后的内容移至另一栏。

❖ **自动换行符**：表示从该处强制换行，并显示换行标记↓。

（3）光标插入点所在位置后面的内容将自动显示在下一页。插入分页符后，上一页的内容结尾处会显示分页符的标记，如图 10-54 所示。

图 10-54　插入分页符效果

除了上述操作方法以外，还可以通过以下两种方法插入分页符。

方法一：将光标插入点定位到需要分页的位置后，切换到"插入"选项卡，在"页面"功能组中单击"分页"按钮。

方法二：将光标插入点定位到需要分页的位置，按 Ctrl+Enter 组合键。

10.4.2　插入分节符

给文档设置页面时，如果需要在不同的章节中使用不同的页面设置，例如，需要不同的纸型、页边距或是不同的页眉、页脚，可以使用插入分节符的方法实现。插入分节符可以把文档分为不同的"节"，"节"就是文档设置版式的单位，可以在不同的"节"中使用不同的版式格式。具体操作步骤如下。

（1）打开 Word 文档，如"员工管理制度"。将光标插入点定位到需要分节的位置，如仍旧定位在文本第二页的"第二节　福利"之前。

（2）切换到"布局"选项卡，在"页面设置"功能组中单击"分隔符"按钮，在弹出的下拉列表框中可见"分节符"选项区中有 4 个选项，选择不同的选项可插入不同的分节符，带来不同的排版效果。在排版时，使用最为频繁的分节符是"下一页"，此处我们以选择插入"下一页"分节符选项为例进行说明，如图 10-55 所示。

"分节符"选项区中其他 3 项的功能说明如下。

❖ **连续**：插入点后的内容可进行新的格式或部分版面设置，但是其内容不转到下一页显示，而是从插入点所在位置换行开始显示。对文档混合分栏时，就会使用到该分节符。

❖ **偶数页**：插入点所在位置以后的内容将会转到下一个偶数页上，Word 会自动在两个偶数页之间空出一页。

❖ **奇数页**：插入点所在位置以后的内容将会转到下一个奇数页上，Word 会自动在两个奇数页之间空出一页。

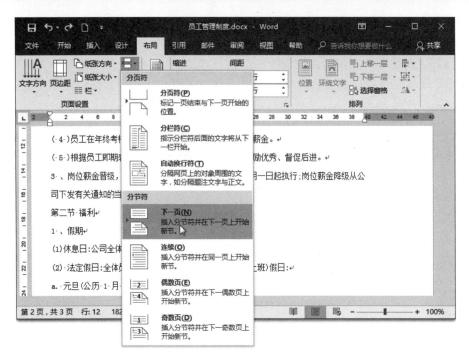

图 10-55　选择"分节符"选项区的"下一页"命令

（3）此时，光标插入点所在位置将会插入一个分节符，并在下一页开始新节。插入分节符后，上一页的内容结尾处会显示分节符的标记。此时，我们可以对同一文档的前后两节单独进行版面设置。如将光标定位在"第二节　福利"处，单击"布局"选项卡"页面设置"功能组中的"纸张方向"按钮，从下拉菜单中选择"横向"选项，返回文档可见图 10-56 所示的效果。

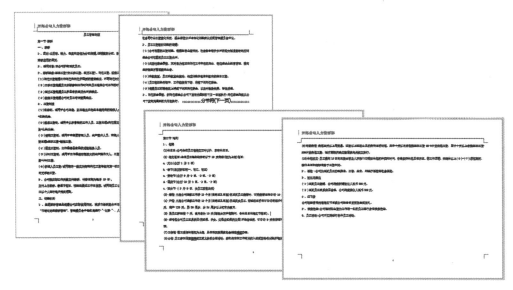

图 10-56　插入分节符效果

10.5　添加页面背景

为文档设置页面背景和主题，可以起到渲染文档的作用，使文档更加美观。在 Word 2019 中，不仅可以为文档添加水印、设置页面颜色及页面边框等，还可以使用主题快速改变整个文档的外观。

10.5.1 设置纯色背景

Word 默认的页面背景颜色为白色，为了让文档页面看起来更加赏心悦目，我们可以对其设置更多的页面背景颜色。Word 2019 提供了 70 多种内置颜色，用户可以选择这些颜色作为文档背景，也可以自定义其他颜色作为背景。具体操作步骤如下。

（1）打开"设计"选项卡，在"页面背景"功能组中单击"页面颜色"按钮，打开"页面颜色"下拉菜单，如图 10-57 所示。

（2）单击"主题颜色"和"标准色"区域中的任何一个色块，即可把选择的颜色作为页面背景的颜色。

（3）如果对系统提供的颜色不满意，可以选择"其他颜色"命令，打开"颜色"对话框，如图 10-58 所示。在"标准"选项卡中，可以选择更多的颜色。也可以在"自定义"选项卡中自定义所需的颜色。

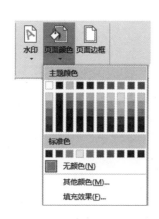

图 10-57 "页面颜色"下拉菜单

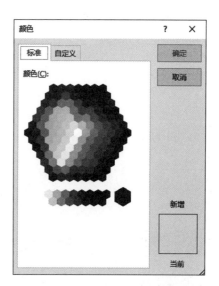

图 10-58 "颜色"对话框

10.5.2 设置背景填充

对于一些页面而言，纯色背景显得有些单调，那么还可以为文档添加更多的填充效果，如纹理背景效果、图案背景效果、图片背景效果等。具体操作方法如下。

（1）打开"设计"选项卡，在"页面背景"功能组中单击"页面颜色"按钮，打开"页面颜色"下拉菜单。

（2）选择"填充效果"选项，打开"填充效果"对话框，各选项说明如下。

❖ "渐变"选项卡：可以通过选择"单色"或"双色"单选按钮来创建不同类型的渐变效果，在"底纹样式"选项区中选择渐变的样式，如图 10-59 所示。

❖ "纹理"选项卡：可以从中选择一种纹理作为文档页面的背景，单击"其他纹理"按钮，可以添加自定义的纹理作为文档的页面背景，如图 10-60 所示。

❖ "图案"选项卡：可以在"图案"选项区中选择一种基准图案，并在"前景"和"背景"下拉列表框中选择图案的前景色和背景色，如图 10-61 所示。

❖ "图片"选项卡：如图 10-62 所示，可以单击"选择图片"按钮，从打开的"选择图片"对话框中选择所需的图片作为文档的背景。

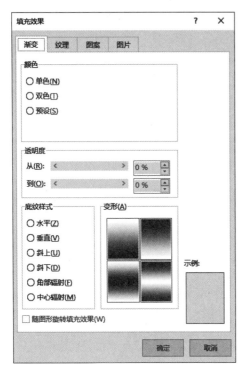

图 10-59 "渐变"选项卡

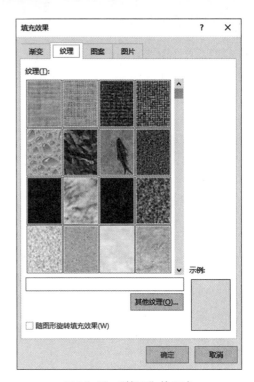

图 10-60 "纹理"选项卡

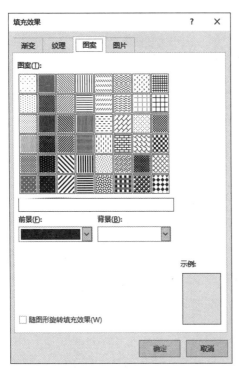

图 10-61 "图案"选项卡

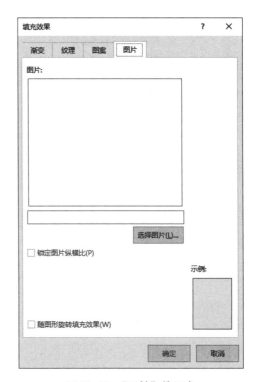

图 10-62 "图片"选项卡

10.5.3 设置水印效果

水印是指将文本或图片以水印的方式设置为页面背景，创建的水印在页面上以灰色显示。水印一方面可以美化文档，另一方面可以保护版权。Word 2019 提供了"机密""紧急""免责声明"三大类型共 12 种内置样式以供用户直接套用，如果内置的水印样式不能满足用户需要，也可以自行设计水印样式。

1. 快速套用内置水印效果

（1）打开 Word 文档。

（2）切换到"设计"选项卡，在"页面背景"功能组中单击"水印"按钮。

（3）此时系统打开图 10-63 所示的水印样式列表，从中选择需要的内置水印样式，即可将其应用到文档中。图 10-64 所示为文档应用了"机密 1"水印样式的效果。

图 10-63　内置水印列表框

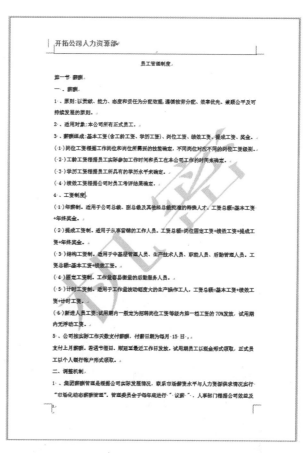

图 10-64　使用内置水印效果

2. 自行设计文档水印效果

在排版过程中，有时 Word 提供的内置文字水印样式并不能满足实际需要，此时就需要自定义文字水印。具体操作如下。

（1）打开 Word 文档。

（2）切换到"设计"选项卡，在"页面背景"功能组中单击"水印"按钮，在弹出的下拉列表框中选择"自定义水印"选项。

（3）此时系统打开图 10-65 所示的"水印"对话框，各选项说明如下。

"图片水印"单选按钮：设计图片样式的水印。单击"选择图片"按钮，在打开的"插入图片"对话框中选择要插入的水印图片。设置完成后，单击"插入"按钮，返回到"水印"对话框。在"缩放"下拉列表框中设置图片的缩放，

图 10-65　"水印"对话框

如果要让图片水印清晰显示，可以取消选中"冲蚀"复选框。

"文字水印"单选按钮：设计文字水印。可以在"文字"下拉列表框中输入水印内容；在"字体""字号""颜色"下拉列表框中设置字体效果。

（4）设置完成后，单击"确定"按钮即可。

 提示： 　要删除文档中的水印，可以打开"设计"选项卡，在"页面背景"功能组中单击"水印"按钮，从弹出的下拉菜单中选择"删除水印"命令。

上机练习——制作公司信纸

 　　每个公司在通信时一般会使用本公司的信纸，这样能够体现出自己公司的特色。信纸的制作中最主要的是对页眉和页脚的设计。本节练习如何制作公司信纸，重点讲解文档页面的设置，例如页面大小、页眉页脚的设置以及添加水印。

10-3　上机练习——制作公司信纸

 　　首先新建一个名为"公司信纸"的空白文档，在"页面设置"对话框中设置页边距大小、纸张大小、页眉页脚大小。然后双击页眉区域，激活页眉和页脚编辑状态，自定义页眉、页脚。最后给文档添加上带有公司图案的水印，最终效果如图 10-66 所示。

图 10-66　公司信纸

 **操作步骤**

（1）启动 Word 2019，新建一个名为"公司信纸"的空白文档。

（2）打开"布局"选项卡，单击"页面设置"功能组右下角的功能扩展按钮 ，打开"页面设置"对话框。切换到"页边距"选项卡，设置页边距为"上"2厘米，"下"1.5厘米，"左"1.5厘米，"右"1.5厘米，在"装订线"微调框中输入"1厘米"，在"装订线位置"下拉列表框中选择"上"选项，纸张方向选择"纵向"，如图10-67所示。

（3）切换到"纸张"选项卡，在"纸张大小"下拉列表框中选择"32开"（13厘米×18.4厘米），如图10-68所示。

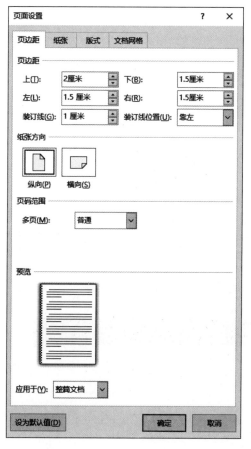

图 10-67　"页边距"选项卡

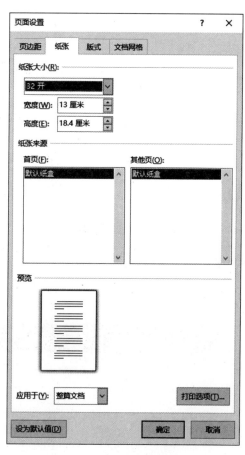

图 10-68　"纸张"选项卡

（4）切换到"版式"选项卡，在"页眉"和"页脚"微调框中分别输入"2.5厘米"和"1厘米"，如图10-69所示，单击"确定"按钮，完成页面设置。

（5）在文档页眉处双击，激活页眉或页脚编辑区域。

（6）将插入点定位在页眉处，打开"插入"选项卡，在"插图"功能组中单击"图片"按钮，打开"插入图片"对话框，选择"公司图标"图片，如图10-70所示，单击"插入"按钮，插入页眉图片。

（7）单击图片，打开"图片工具|格式"选项卡，在"排列"功能组中单击"环绕文字"按钮，从弹出的下拉菜单中选择"浮于文字上方"选项，然后将图片拖动到合适的大小和位置，如图10-71所示。

（8）将插入点定位在页眉处，打开"插入"选项卡，在"文本"功能组中单击"文本框"按钮，在弹出的下拉菜单中选择"绘制横排文本框"选项，在绘制的文本框中输入文本"××××文化传播有限公司"，设置并调整其字体为"华文彩云"，字号"五号"，颜色"蓝色"，结果如图10-72所示。

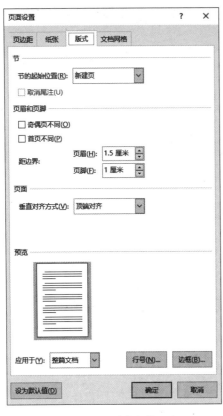

图 10-69 "版式"选项卡

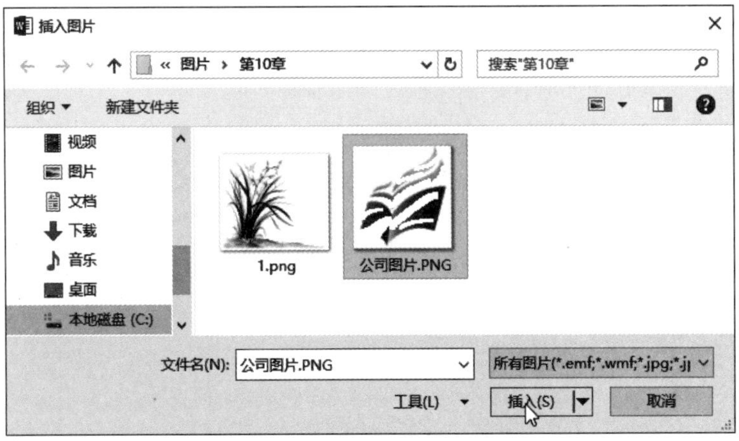

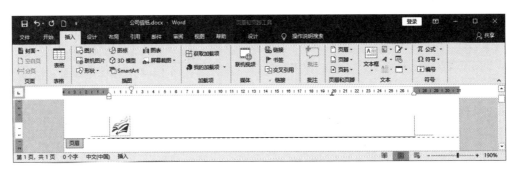

图 10-70 "插入图片"对话框

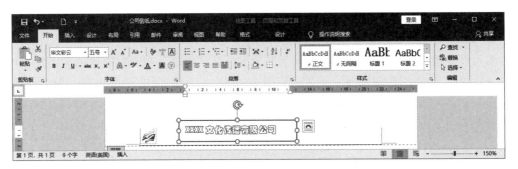

图 10-71 插入页眉图片效果

图 10-72 插入文本框并编辑文本

（9）选中文本框,切换到"绘图工具|格式"选项卡,利用"形状样式"功能组中的"形状轮廓"按钮,将文本框的颜色设置为"无轮廓",利用"排列"功能组中的"环绕文字"按钮,将文本框设置为"衬于文字下方",然后将其拖动到页眉合适的位置,结果如图 10-73 所示。

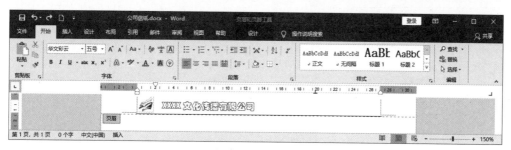

图 10-73　设置文本框格式

（10）切换到"页眉和页脚工具 | 设计"选项卡，在"导航"功能组中单击"转至页脚"按钮，将插入点定位至页脚位置，输入公司的网址和电话，并设置其字体为"宋体"，字号"五号"，颜色"蓝色"，右对齐，效果如图 10-74 所示。

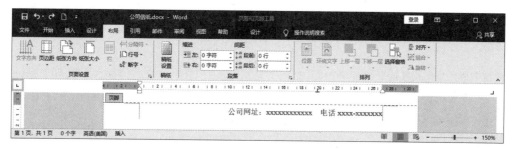

图 10-74　输入并设置页脚文本效果

（11）打开"页眉和页脚工具 | 设计"选项卡，单击"关闭"功能组中的"关闭页眉和页脚"按钮，退出页眉和页脚编辑状态。

（12）打开"设计"选项卡，在"页面背景"功能组中单击"水印"按钮，从弹出的下拉菜单中选择"自定义水印"命令，打开"水印"对话框。选择"图片水印"单选按钮，并单击"选择图片"按钮，如图 10-75 所示。

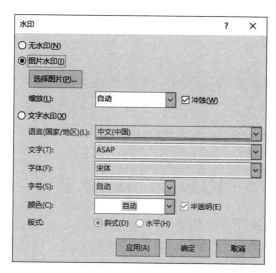

图 10-75　"水印"对话框

（13）在弹出的"插入图片"窗口，单击"从文件"区域的"浏览"按钮，如图 10-76 所示。

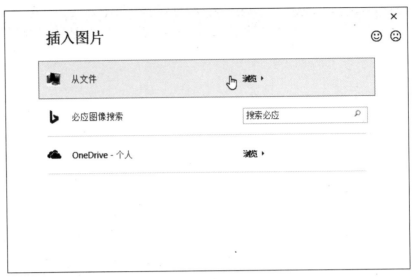

图 10-76 "插入图片"窗口

（14）在打开的"插入图片"对话框中，选择"公司图标"图片，单击"插入"按钮，返回到"水印"
对话框，并将图片水印设置为"自动""冲蚀"，如图 10-77 所示。

（15）单击"确定"按钮，完成水印设置，最终结果如图 10-66 所示。

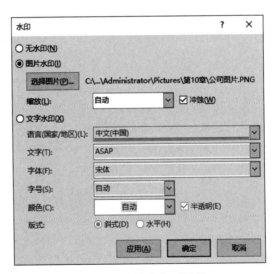

图 10-77 "水印"对话框

10.6 答 疑 解 惑

1. 使用"文档网格"的文档在打印时会显示网格吗？

答：使用"文档网格"对话框设置的网格只是在页面中显示，并不会打印出来。这些网格可以用于
页面的字符数设置和图形绘制等。此外，对文档设置了文档网络后，文档内容会自动和网格对齐，即按
照指定的字符跨度和行跨度进行排列。

2. 怎样删除页眉和页脚？

答：若要删除页眉和页脚，在页眉和页脚区内删除所有的内容后退出即可。或者单击"插入"选项
卡"页眉和页脚"功能组中的"页眉"或"页脚"功能按钮，在弹出的下拉列表框中选择"删除页眉"
或"删除页脚"选项即可。

3. 分页符与分节符有什么区别?

答：分页符与分节符的区别在于分页符只能做到精确分页。而分节符既能精确分页，还能形成可以单独设置的节，可以实现同一文件多种纸张尺寸、纸张方向横竖混排、多种页眉页脚、多种分栏样式等的设置。

10.7 学习效果自测

一、选择题

1. 关于编辑页眉、页脚，下列叙述中不正确的选项是（　　　）。

　　A. 文档内容和页眉、页脚可在同一窗口编辑

　　B. 文档内容和页眉、页脚一起打印

　　C. 编辑页眉、页脚时不能编辑文档内容

　　D. 页眉、页脚中也可以进行格式设置和插入剪贴画

2. 在 Word 2019 编辑状态下，为文档设置页码，可以使用（　　）选项卡中的命令。

　　A. 插入　　　　　　　　B. 设计　　　　　　　　C. 布局　　　　　　　　D. 引用

3. 在 Word 2019 中，页眉和页脚的作用范围是（　　　）。

　　A. 页　　　　　　　　B. 全文　　　　　　　　C. 节　　　　　　　　D. 段

4. 以下关于 Word 2019 中分页符的描述，错误的是（　　　）。

　　A. 分页符的作用是分页

　　B. 按 Ctrl+Enter 组合键可以插入一个分页符

　　C. 各种分页符都可以在选中后按 Delete 键删除

　　D. 利用"分隔符"功能可以在文档中插入分页符

5. 在 Word 文档中，如果要指定每页中的行数，可以通过（　　）进行设置。

　　A. 在"开始"选项卡的"段落"功能组中

　　B. 在"插入"选项卡的"页眉页脚"功能组中

　　C. 在"布局"选项卡的"页面设置"功能组中

　　D. 无法设置

二、填空题

1. "页面设置"对话框有（　　　）、（　　　）、（　　　）、（　　　）四个选项卡。

2. 在 Word 2019（　　　）选项卡的（　　　）功能区中可以设置页面的水印、页面边框、页面颜色和背景图案等。

3. 要创建和编辑页眉、页脚，可以使用 Word 2019 的（　　　）选项卡（　　　）功能区中的"页眉"或"页脚"命令按钮，也可以双击页面视图的页眉、页脚区域进入页眉、页脚的编辑状态。

第 11 章

高级排版方式

为提高文档的排版效率，Word 2019 提供了许多便捷的操作方式及管理工具来优化文档的格式编排，以及创建具有特殊版式的文档。

本章将介绍如下内容：

- ❖ 样式的创建与使用
- ❖ 使用样式集与主题
- ❖ 使用模板
- ❖ 设置特殊排版方式
- ❖ 使用中文版式
- ❖ 使用修订
- ❖ 使用批注

11.1 样式的创建与使用

在编辑较长的文档或者要求具有统一风格的文档时，需要对许多文字和段落进行相同的排版工作，如果只是利用字体格式编排功能和段落格式编排功能逐一设置或者通过格式刷复制格式，则显得非常烦琐，不仅浪费时间，而且很难使文档格式一直保持一致。此时，通过使用样式功能进行排版，可以减少许多重复的操作，在短时间内排出高质量的文档。

11.1.1 样式的基本概念

样式是应用于文档中的文本、表格和列表的一组格式，它是 Word 针对文档中一组格式进行的定义，这些格式包括字体、字号、字形、段落间距、行间距以及缩进量等内容。

根据应用范围的不同，样式被划分为 5 个类型：字符样式、段落样式、表格样式、列表样式、链接段落和字符样式。

- ❖ **字符样式**：以字符为最小套用单位的样式，包含字体格式、边框和底纹格式。换而言之，它可以方便地套用在选取的任意文字之上。
- ❖ **段落样式**：以段落为最小套用单位的样式，可以同时包含字体格式、段落格式、编号格式、边框和底纹格式。即使选取段落内一部分文字，套用时该样式也会自动套用至整个段落。
- ❖ **表格样式**：只有选取表格内容时，才能创建该类样式。创建后，此类样式不会显示至样式表，而显示在"表格工具 | 设计"选项卡中的"表格样式"功能区域内。
- ❖ **列表样式**：只有选取的内容包含列表设置时，该选项才会可选。创建后，此样式同样不显示于样式列表，而显示于设置列表的选项中。
- ❖ **链接段落和字符样式**：与段落样式包含的格式内容相同，唯一区别在于设置效果不同。链接段落和字符样式将根据是否选中部分内容来决定格式的应用范围，如果只选择了段落内的部分文字，则将样式中的字符格式应用到选中的文本；如果选择整个段落或者将光标插入点定位在段落内，则会同时应用字符和段落两种格式。

> **提示：** 样式的功能非常强大，不仅可以用来设置文本内容的格式，还可以用来设置图片、表格等嵌入型对象。对于非嵌入型对象中的文本框和艺术字而言，可以使用样式设置对象的格式。

11.1.2 套用内置样式

Word 2019 提供了大量的内置样式，可以直接使用内置样式来为文本设置标题、字体、段落格式等。直接套用内置样式的操作方法有两种，一种是通过样式库，另一种是通过"样式"任务窗格。

1. 使用内置样式库

通过样式库来使用内置样式格式化文本的具体操作方法如下。

（1）打开 Word 文档，如"北京名胜古迹景点介绍"。

（2）选择要应用某种内置样式的段落，打开"开始"选项卡，在"样式"功能组中单击"其他"按钮 ，如图 11-1 所示。

（3）此时系统打开图 11-2 所示的内置样式列表，选择所需的样式即可。如选择 AaBbC（标题）样式，应用到所选段落中的效果如图 11-3 所示。

图 11-1　单击"其他"按钮

图 11-2　内置样式库

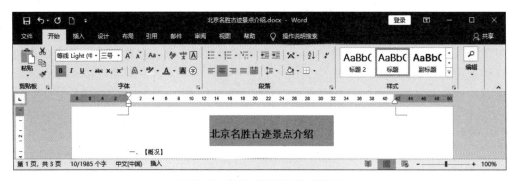

图 11-3　应用"标题"样式效果

2. 使用"样式"任务窗格

Word 2019 的"样式"任务窗格提供了可以更方便地使用样式的用户界面。操作方法如下。

（1）打开 Word 文档，如"北京名胜古迹景点介绍"。

（2）选择要应用某种内置样式的段落（可以是多个段落），打开"开始"选项卡，单击"样式"功能组右下角的功能扩展按钮▼，如图 11-4 所示。

（3）此时系统打开图 11-5 所示的"样式"任务窗格，在"样式"任务窗格中，每个样式名称的右侧都显示了一个符号，这些符号用于指明样式的类型。

❖ **符号↵**：带此符号的样式是段落样式。

❖ **符号ᵃ**：带此符号的样式是字符格式。

❖ **符号ａ**：带此符号的样式是链接段落和字符样式。

（4）单击需要的样式即可应用到所选段落中，如选择"标题 6"样式，应用到所选段落中的效果如图 11-6 所示。

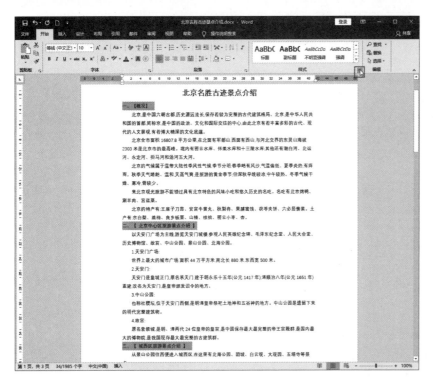

图 11-4 单击"样式"功能扩展按钮   图 11-5 "样式"任务窗格

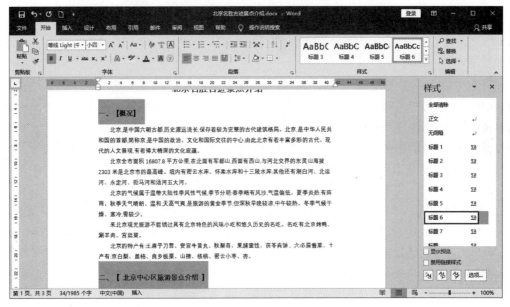

图 11-6 应用"标题6"样式效果

11.1.3 新建样式

除了套用内置的样式排版外,用户还可以自己创建和设计样式,以便制作出适合自己的 Word 文档样式。

在图 11-5 所示的"样式"任务窗格中,单击"新建样式"按钮 ,弹出"根据格式化创建新样式"对话框,如图 11-7 所示。根据需要在该对话框中设置相应的参数,完成设置后单击"确定"按钮即可完成新样式的建立。

图 11-7 "根据格式化创建新样式"对话框

❖ 在"属性"栏中,主要设置样式的基本信息,各参数的含义说明如下。

  ➥ **名称**:输入新样式的样式名。在"样式"窗格和样式库中都将以该名称显示当前新建的样式。

  ➥ **样式类型**:选择样式的适用范围是段落还是字符。

  ➥ **样式基准**:用于指定一个内置样式作为设置的基准来创建新样式。需要注意的是,一旦在"样式基准"下拉列表中选择了一种样式,那么以后修改该样式的格式时,新建样式的格式也会随之发生变化,因为新建样式是基于该样式建立的。

  ➥ **后续段落样式**:可以设定一个使用此自定义样式的当前段落的后续段落的样式,也就是说,套用当前样式的段落后按 Enter 键,下一个段落自动套用该样式。这样可以在按 Enter 键后自动为下一个段落设置样式,而无须手工设置了。例如,对于自定义的"图 - 居中"这个样式可以将它的后续段落样式设为"图题 - 居中",则在插入一幅图片并将它的样式设为"图 - 居中"后按 Enter 键,下一个段落自动采用"图题 - 居中"样式。

❖ 在"格式"栏中,列出了常用字体格式和段落格式。

❖ 在"预览"栏中,可以预览设置效果,同时,在预览窗口下方还会以文字形式描述样式包含的相应格式信息。

❖ "添加到样式库"复选框:默认为选中状态,新样式将会被添加到当前使用的模板中,以后基于这个模板建立的新文档都可以使用这个样式。

❖ "自动更新"复选框:如果对于使用这个样式的文档作手工格式修改,Word 自动将样式更新,并会修改当前文档中所有使用这一样式的文本格式。在实际应用中,不建议选中该复选框,以免引起混乱。

❖ "仅限此文档"单选按钮：默认选中该单选按钮，表示样式的创建与修改操作仅在当前文档内
有效。

❖ "基于该模板的新文档"单选按钮：若选中该单选按钮，则样式的创建与修改将被传送到当前文
档所依赖的模板中。选中该单选按钮后，模板中将会包含新建的样式，那么以后在使用该模板创
建新文档时，会自动包含新建的样式。

❖ "格式"按钮：单击此按钮，弹出子菜单（见图 11-8），在其中设置新样式的"字体""段落""制
表位""边框""语言""图文框""编号"等格式，并可以使用"快捷键"命令为新样式定制快
捷键。

图 11-8 "格式"下拉菜单

11.1.4　修改样式

采用内置样式或者新建的样式对文档进行排版后，若对样式的名称以及格式不满意，可以对样式的
名称以及其他格式参数进行修改。修改样式后，所有应用了该样式的文本都会发生相应的格式变换。

1. 通过对话框修改

（1）打开 Word 文档，如"北京名胜古迹景点介绍"。

（2）在"样式"任务窗格中右击需要修改的样式，如右击"标题"样式，在弹出的快捷菜单中选择"修
改"选项，如图 11-9 所示。

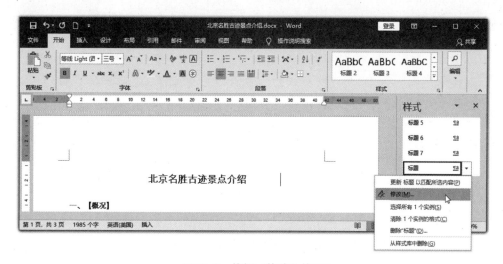

图 11-9 选择"修改"选项

（3）此时系统打开"修改样式"对话框，在其中更改相应的设置即可。如，在"名称"文本框中输
入新的样式名称"景点介绍大标题"，在"格式"栏中设置字体为"方正姚体"，字号"二号"，颜色"蓝
色"，如图 11-10 所示。

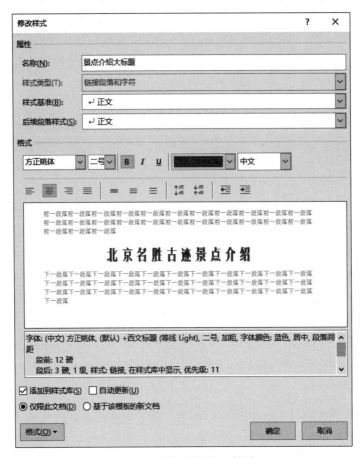

图 11-10 "修改样式"对话框

（4）修改完以后，单击"确定"按钮，返回文档，可见原"标题"样式的名称已经发生改变，而且应用了此样式的文本也发生了格式的变化，如图 11-11 所示。

图 11-11 修改样式名称以及文本格式效果

在"样式"任务窗格中单击"管理样式"按钮，如图 11-12 所示，打开图 11-13 所示的"管理样式"对话框，在"编辑"选项卡的"选择要编辑的样式"列表框中选择要修改的样式，单击"修改"按钮，同样可以打开图 11-10 所示的"修改样式"对话框进行样式修改。

图 11-12 单击"管理样式"按钮

图 11-13 在"管理样式"对话框中修改样式

2. 通过文本修改样式

可以发现，通过对话框修改样式，和新建样式的方法相似。还可以通过文本修改样式，具体操作方法如下。

（1）打开 Word 文档，如"北京名胜古迹景点介绍"。

（2）选中文档中应用了需要修改样式的任意一个段落,如选择应用了"标题6"样式的"一【概况】"，将该段落设置为需要的样式，在"开始"选项卡的"字体"功能组中，将字体颜色设置为紫色，如图 11-14 所示。

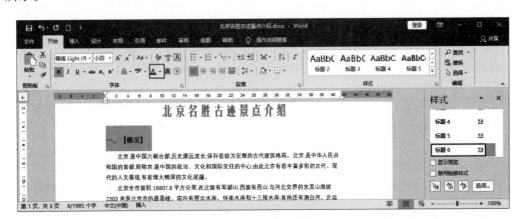

图 11-14 修改字体颜色

（3）在"样式"任务窗格中，右击"标题6"样式，在弹出的快捷菜单中选择"更新 标题6以匹配所选内容"选项，如图 11-15 所示。

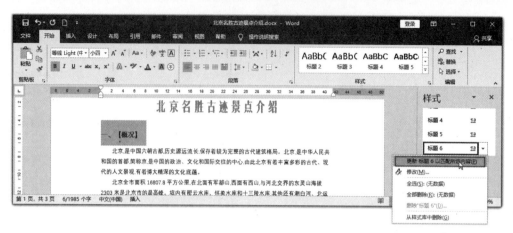

图 11-15　"样式"任务窗格快捷菜单

（4）此时，文档中所有应用了"标题 6"样式的文本即可更新为最新修改，如图 11-16 所示。

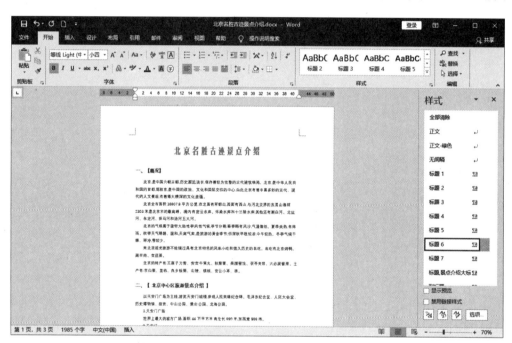

图 11-16　通过文本修改样式的效果

11.1.5　删除样式

对于文档中多余的、无用的样式，可以将其删除，以免影响工作效率。删除样式的具体操作方法如下。

（1）在要编辑的文档中，打开"样式"任务窗格，右击需要删除的样式，在弹出的快捷菜单中选择"删除……"选项，如图 11-17 所示。

（2）此时弹出提示框询问是否要删除，如图 11-18 所示，单击"是"按钮即可。

在"样式"任务窗格中单击"管理样式"按钮 ，打开"管理样式"对话框，在"选择要编辑的样式"列表框中选择要删除的样式，单击"删除"按钮，同样可以删除选中的样式，如图 11-19 所示。

提示：　样式删除之后是不能恢复的，如果删除了自定义的样式，Word 将把正文样式应用于所有套用该样式的段落。此外，从库中删除样式不会从样式任务窗格中显示的条目中删除该样式。"样式"任务窗格中列出了文档中的所有样式。

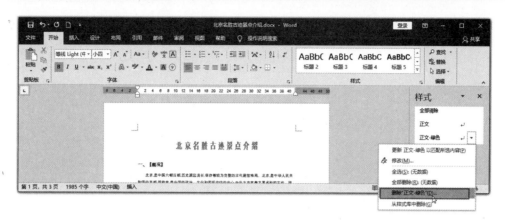

图 11-17　选择"删除……"选项

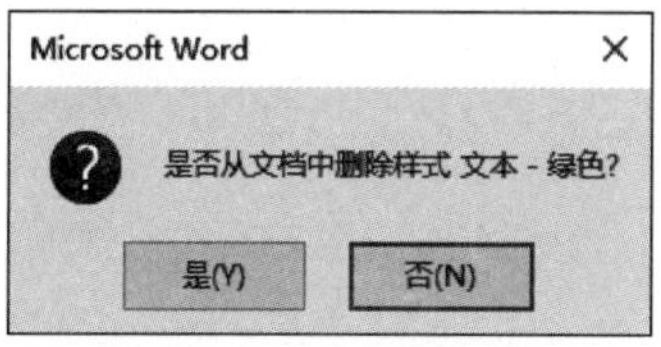

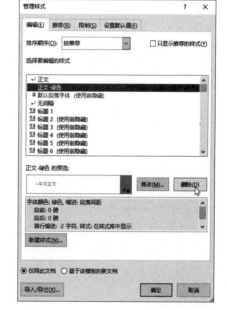

图 11-18　删除样式提示框

图 11-19　在"管理样式"对话框中删除样式

11.2　使用样式集与主题

样式集与主题都是可以快速统一更改文档格式的工具，只是它们针对的格式类型有所不同。样式集可以改变文档的字体格式和段落格式；主题提供样式集的字体和配色方案及图形图像的效果（图形图像的效果指图形对象的填充色、边框色，以及阴影、发光等特效）。交互使用样式、样式集和主题能为文档提供许多统一的、具有专业外观设计的组合。

11.2.1　使用样式集

Word 2019 为不同类型的文档提供了多种内置的样式集供用户选择使用。每种样式集都提供了成套的内置样式，分别用于设置文档标题、副标题等文本的格式。在对文档进行排版的过程中，可以先选择需要的样式集，再使用内置样式或新建样式排版，具体操作方法如下。

（1）打开 Word 文档，如"北京名胜古迹景点介绍"。

（2）切换到"设计"选项卡，在"文档格式"功能组中选择需要的样式集，如图 11-20 所示，这里以选择"阴影"样式集为例。

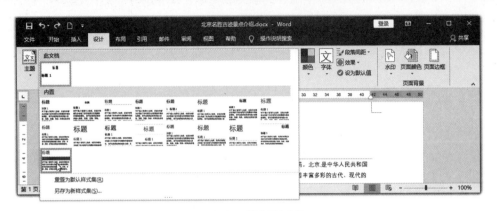

图 11-20　选择样式集

（3）确定样式集后，切换到"开始"选项卡，在"样式"功能组中可以看到样式列表已经根据所选的样式集而改变，如图 11-21 所示。

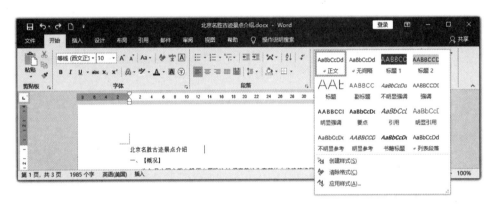

图 11-21　样式列表

（4）选中要应用某种样式的段落，单击"开始"选项卡"样式"功能组中所需的样式即可为段落应用此样式，如图 11-22 所示。

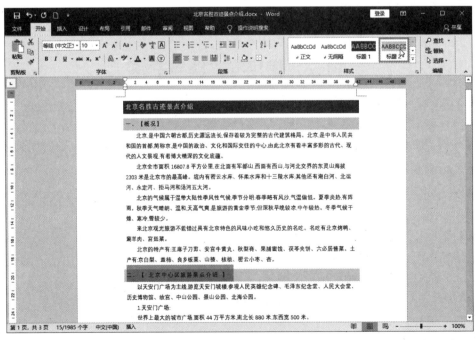

图 11-22　应用样式排版效果

提示: 　将文档格式调整好以后,如果再重新选择样式集,则文档中内容的格式也会发生相应的变化。

11.2.2　使用主题

使用主题可以轻松创建具有专业水准、设计精美的文档外观。与样式集不同的是,主题将不同的字体、颜色、形状效果组合在一起,形成多种不同的界面设计方案。使用主题时,不能改变段落格式,且主题中的字体只能改变文本内容的字体格式(如宋体、楷体、黑体等),而不能改变其大小、加粗等格式。

在排版文本时,如果希望同时改变文档的字体格式、段落格式及图形对象的外观,需要同时使用样式集和主题。

使用主题的操作方法如下。

(1)打开 Word 文档,如"北京名胜古迹景点介绍"。

(2)切换到"设计"选项卡,单击"文档格式"功能组中的"主题"按钮,弹出图 11-23 所示的"主题"下拉列表框。

(3)将光标放置在"主题"下拉列表框中的样式选项上可以预览使用主题后的文本效果,单击需要的效果选项即可将其应用到文档中去,如单击选择"离子"选项,可以看到文档中的风格发生了变化,如图 11-24 所示。

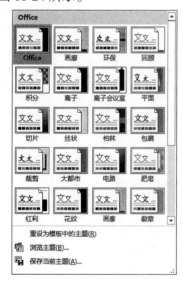

图 11-23　"主题"下拉列表框　　　　　　图 11-24　使用"离子"主题效果

11.2.3　自定义主题

除了使用 Word 内置的主题字体外,还可以根据实际需要设置不同的主题颜色、主题字体或主题效果,并将其保存为新的主题,以便以后直接设置,从而快速完成不同风格的文档。

1. 设置主题颜色

除了使用 Word 内置的主题颜色外,还可以根据需要自定义主题颜色。具体操作方法如下。

(1)打开"设计"选项卡的"文档格式"功能组,单击"颜色"按钮。

(2)系统弹出图 11-25 所示的颜色内置列表,可以从多种颜色组合中选择合适的颜色。

(3)选择"自定义颜色"选项,弹出"新建主题颜色"对话框,如图 11-26 所示。

❖ **"主题颜色"区域**: 主题颜色包括 4 种文本和背景颜色、6 种强调文字颜色和 2 种超链接颜色,可根据需要自定义各个项目的颜色。

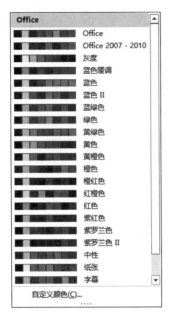

图 11-25 "颜色"列表

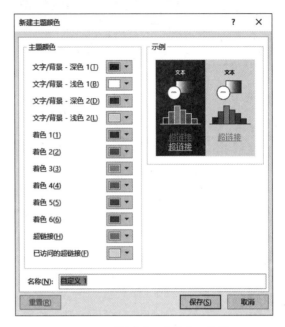

图 11-26 "新建主题颜色"对话框

❖ **"名称"文本框**：可输入新建主题颜色的名称。

❖ **"示例"区域**：可预览主题颜色设置效果。

❖ **"重置"按钮**：可快速恢复到设置之前的状态。

（4）完成设置后单击"保存"按钮。新建的主题颜色将保存
到主题颜色库中，打开主题颜色列表时，在"自定义"列表框中可
看到新建的主题颜色，如图 11-27 所示，单击该主题颜色，可将其
应用到当前文档中。

2. 设置主题字体

除了使用 Word 内置的主题字体以外，也可以根据操作需要自
定义主题字体，具体操作方法如下。

（1）打开"设计"选项卡的"文档格式"功能组，单击"字体"
按钮文。

（2）系统弹出图 11-28 所示的字体内置列表，可以从字体列表
中选择合适的字体。

（3）选择"自定义字体"选项，弹出"新建主题字体"对话框，
如图 11-29 所示。

❖ **"西文"区域**：可以分别设置标题文本和正文文本的西文
字体。

❖ **"中文"区域**：可以分别设置标题文本和正文文本的中文字体。

❖ **"名称"文本框**：可输入新建主题字体的名称。

❖ **"示例"区域**：可预览标题字体和正文字体的设置效果。

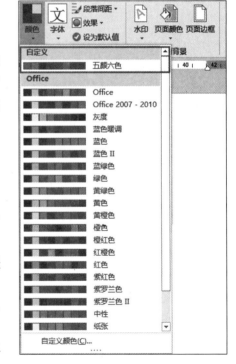

图 11-27 自定义主题颜色

（4）完成设置后单击"保存"按钮。新建的主题字体将保存到主题字体库中，打开主题字体列表时，在
"自定义"列表框中可看到新建的主题字体，如图 11-30 所示，单击该主题字体，可将其应用到当前文档中。

3. 设置主题效果

主题效果包括线条和填充效果。要设置主题效果，可在打开的"设计"选项卡的"文档格式"功能

组中单击"效果"按钮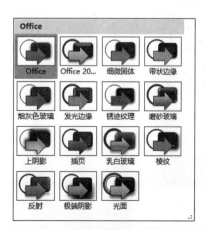，在弹出的内置主题效果列表中显示了多种主题效果，如图 11-31 所示，选择合适的主题效果，即可将其应用到当前文档中。

图 11-28 "字体"列表

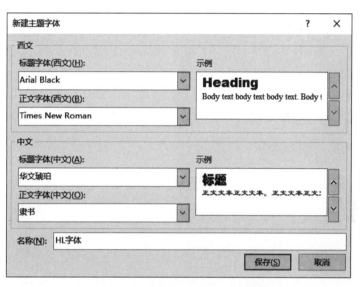

图 11-29 "新建主题字体"对话框

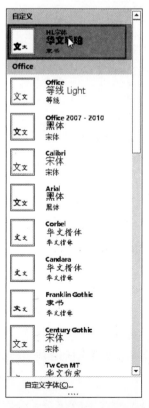

图 11-30 自定义主题字体

图 11-31 "主题效果"列表

11.3 使用模板

在 Word 2019 中，任何文档都是以模板为基础的，模板决定了文档的基本结构和文档设置。使用模板可以统一文档的风格，提高工作效率。

11.3.1 模板的基本概念

模板简称"模板文件"，是一种特殊的文件格式，Word 2019 中，模板文件的扩展名为 dotx 或者 dotm。

在以模板为基准创建新文档时，新建的文档中会自动包含模板中的所有内容，拥有统一的页面格式、样式，甚至是内容。当经常需要创建某一种文档时，最好先按这种文档的格式创建一个模板，然后利用这个模板批量创建这类文档。

Normal 模板是最常用的模板，可用作任何文档类型的共用模板。在 Word 中新建的空白文档，实际上就是基于名为 Normal 的模板创建的，可以更改这个模板从而改变"新建"操作的默认文档格式。

11.3.2 选择模板

除了通用型的空白文档模板之外，Word 2019 中还内置了多种用途的内置模板，如书法字帖模板、书信模板、公文模板等。另外，Office.com 网站还提供了证书、奖状、名片、简历等特定功能模板。借助这些模板，用户可以创建比较专业的 Word 2019 文档。在 Word 2019 中使用模板创建文档的步骤如下。

（1）打开 Word 2019 后，单击"文件"按钮，从弹出的菜单中选择"新建"选项，在多种内置模板列表中选择需要的模板。此处单击"报表设计"图标，如图 11-32 所示。

图 11-32 选择模板

（2）系统打开"报表设计"模板的说明，如确认要根据该模板创建新文档，则单击"创建"按钮，如图11-33所示。

图11-33　单击"创建"模板

（3）此时Office将创建一个具有报表设计基本格式的新文档，可以在该文档中进行编辑，如图11-34所示。

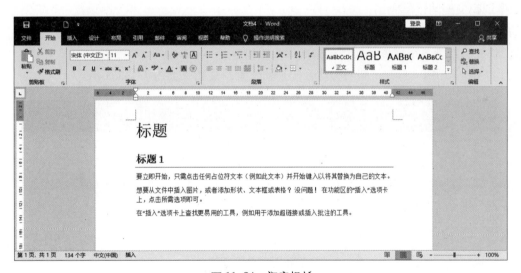

图11-34　报表设计

除了自带模板以外，用户还可以在"新建"窗口界面下的"搜索"文本框中输入关键字文本，搜索Office官网提供下载的相关模板。如图11-35所示，输入"课程"关键字，单击"开始搜索"按钮，即可搜索到相关的模板，如图11-36所示。

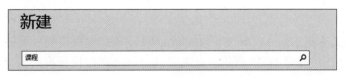

图11-35　输入搜索关键字

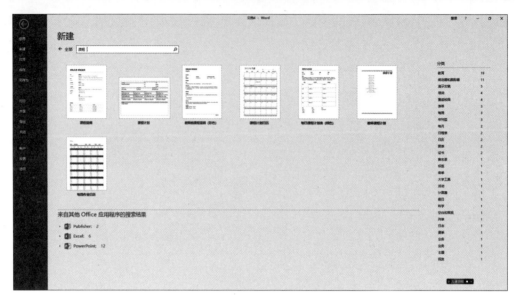

图 11-36 "课程"模板

11.3.3 创建模板

当 Word 自带的模板不能满足需要时,用户可以自己建立模板,一般有两种创建模板的方法。一种方法是根据现有文档创建模板,另一种方法是根据现有模板创建新模板。

1. 根据现有文档创建模板

根据现有文档创建模板,是指打开一个已有的与创建的模板格式相近的 Word 文档,在对其进行编辑修改后,将其另存为一个模板文件。具体操作方法如下。

(1)启动 Word 2019,打开"解除劳动合同证明"素材文档,如图 11-37 所示。

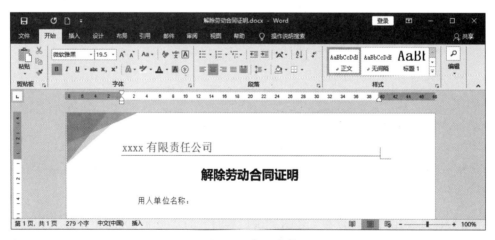

图 11-37 打开文档

(2)在"文件"菜单中选择"另存为"命令,然后单击"浏览"按钮,如图 11-38 所示,打开"另存为"对话框。

(3)在"文件名"文本框中输入"解除劳动合同证明",在"保存类型"下拉列表框中选择"Word 模板"选项,单击"保存"按钮,如图 11-39 所示。此时系统将该文档以模板形式保存在"自定义 Office 模板"文件中。

图 11-38 单击"浏览"按钮

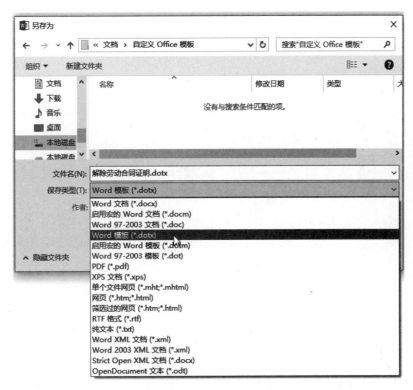

图 11-39 "另存为"对话框

（4）在"文件"菜单中选择"新建"命令，然后在"个人"选项卡中选择"解除劳动合同证明"选项，即可应用该模板创建文档，如图 11-40 所示。

2. 根据现有模板创建新模板

根据现有模板创建新模板是指根据一个已有模板新建一个模板文件，再对其进行相应的修改后，将其保存。具体操作方法如下。

（1）启动 Word 2019，在"文件"菜单中选择"新建"命令，在模板中选择"季节性活动传单"选项，如图 11-41 所示。

（2）在弹出的窗口中单击"创建"按钮，将下载该模板，如图 11-42 所示。

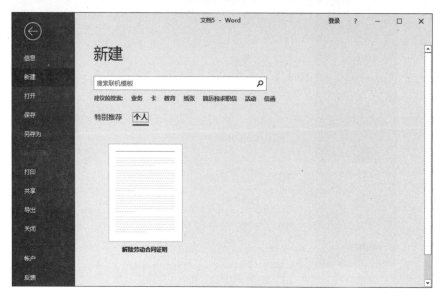

图 11-40 "个人"选项卡

图 11-41 选择"季节性活动传单"选项

图 11-42 单击"创建"按钮

（3）对创建的文档根据实际需要进行修改。修改模板与修改普通文档没什么区别，只要按照常规的编辑方法修改其内容和设置格式即可。如更改图片，以及输入新标题文本为"十周年庆"，如图 11-43 所示。

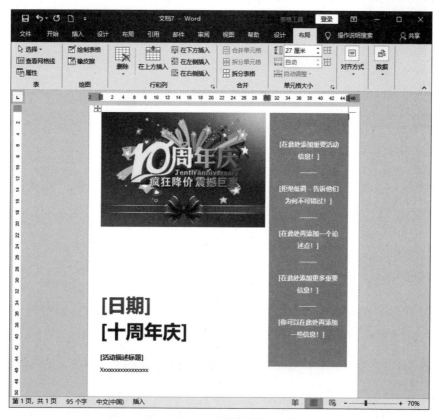

图 11-43　更改图片并输入文本

（4）在"文件"菜单中选择"另存为"命令，然后单击"浏览"按钮，打开"另存为"对话框，在"文件名"文本框中输入"十周年庆宣传页"，在"保存类型"下拉列表框中选择"Word 模板"选项，单击"保存"按钮，如图 11-44 所示。

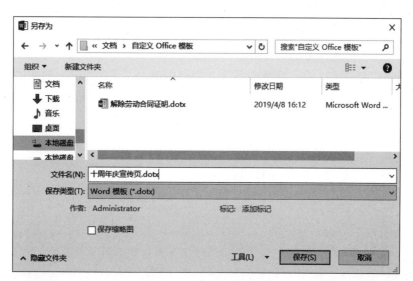

图 11-44　"另存为"对话框

（5）在"文件"菜单中选择"新建"命令，然后在"个人"选项卡中选择新建的"十周年庆宣传页"模板，即可应用该模板创建文档，如图 11-45 所示。

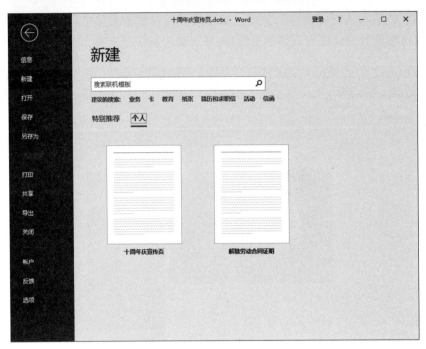

图 11-45　显示新建模板

11.4　设置特殊排版方式

我们在许多报纸、杂志中会见到一些带有特殊效果的文档，如竖排文档、首字下沉、分栏排版等形式的排版效果，这些效果在 Word 中也可以轻松实现。

11.4.1　更改文字方向

利用更改文字方向的功能可以实现竖向排版或横竖混排。

1. 通过选项功能组中的"文字方向"列表设置

通过选项功能组中的"文字方向"列表可以实现竖排文档，具体操作步骤如下。

（1）打开 Word 文档，将光标定位到文档任意位置。

（2）切换到"布局"选项卡，在"页面设置"功能组中单击"文字方向"按钮||||，展开"文字方向"下拉列表框，如图 11-46 所示。

图 11-46　"文字方向"下拉列表框

（3）在"文字方向"下拉列表框中，用户可以根据需要来选择。如选择"垂直"选项，即可以垂直方向来显示文档；选择"将中文字符旋转 270°"选项，即以旋转 270° 方向显示，如图 11-47 所示。

图 11-47　更改文字方向排版效果

提示：　　对文本进行文字方向设置时，"文字方向"下拉列表框中的"将所有文字旋转 90°"和"将所有文字旋转 270°"选项变得不可用，这是因为这两个选项只针对文本框、图形等中的文字设置。

2. 通过"文字方向"对话框设置

也可以通过"文字方向"对话框设置竖排文本，具体操作步骤如下。

（1）打开 Word 文档，将光标定位到文档中任意位置。

（2）切换到"布局"选项卡，在"页面设置"功能组中单击"文字方向"按钮，在弹出的下拉列表框中选择"文本方向"选项。

（3）此时系统打开图 11-48 所示的"文字方向 - 主文档"对话框，在"方向"栏中选择相应的选项设置文字的排版方向，在"预览"框中可以预览设置效果，在"应用于"下拉列表框中选择文字方向的应用范围。

（4）完成设置后单击"确定"按钮关闭对话框。

提示：　　在文档中右击，从弹出的快捷菜单中选择"文字方向"选项，如图 11-49 所示，也能打开"文字方向"对话框。

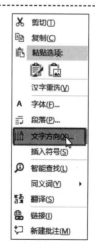

图 11-48　"文字方向"对话框　　　　　　　　　　图 11-49　快捷菜单

3. 通过"页面设置"对话框设置

还可以通过"页面设置"对话框来设置竖排文本，具体操作步骤如下。

（1）打开 Word 文档，将光标定位到文档任意位置。

（2）切换到"布局"选项卡，单击"页面设置"功能组右下角的功能扩展按钮，如图 11-50 所示。

图 11-50 单击"页面设置"功能扩展按钮

（3）在弹出的"页面设置"对话框中，切换到"文档网格"选项卡，在"文字排列"栏中设置"方向"为"垂直"，在"预览"框中可以预览效果，在"应用于"下拉列表框中选择"整篇文档"选项，如图 11-51 所示。

（4）单击"确定"按钮，返回文档，即可看到文本变成了竖排文本。

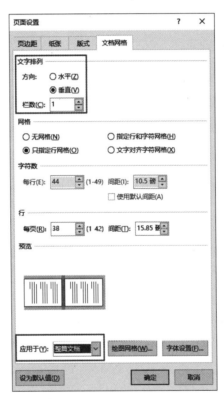

图 11-51 "页面设置"对话框

11.4.2 首字下沉

首字下沉是一种突出显示段落中的第一个字的排版方式，可使文档中的文字更加引人注目，在排版时独具风格，迅速吸引阅读者的目光。

在 Word 2019 中，首字下沉有两种不同的方式：一种是普通的下沉，另外一种是悬挂下沉。两者的区别在于：普通下沉方式设置的下沉字符紧靠其他的文字；悬挂方式设置的字符则可以随意移动位置。具体操作方法如下。

（1）打开 Word 文档，将光标插入点定位在要设置首字下沉的段落中。

（2）切换到"插入"选项卡，单击"文本"功能组中的"首字下沉"按钮。

（3）在弹出的"首字下沉"下拉列表框中直接选择相应的选项即可，如图 11-52 所示。

（4）如果需要进一步设置下沉文字，可以在"首字下沉"下拉列表框中单击"首字下沉选项"选项，弹出图 11-53 所示的"首字下沉"对话框。其中各选项说明如下。

图 11-52 "首字下沉"下拉菜单

图 11-53 "首字下沉"对话框

❖ **"位置"栏**：设置下沉的方式可以选择无、下沉、悬挂。
❖ **"选项"栏**：在"字体"下拉列表框中选择段落首字的字体，在"下沉行数"微调框中输入数值设置文字下沉的行数，在"距正文"微调框中输入数值设置文字距正文的距离。

（5）完成设置后单击"确定"按钮。

提示：　　如果不需要对首字下沉效果进行自定义，可以直接在"插入"选项卡的"首字下沉"下拉列表框中选择"下沉"或"悬挂"选项来创建首字下沉效果。如果要取消首字下沉效果，只需要选择"无"选项即可。

11.4.3　使用分栏

使用 Word 的分栏功能，可以将版面分成多栏，从而提高了文档的阅读性，而且版面可以节省空间，看起来更加紧凑、美观。在分栏的外观设置上具有很大的灵活性，不仅可以控制栏数、栏宽及栏间距，还可以很方便地设置分栏长度。

1. 创建栏

默认情况下，页面中的内容呈单栏排列，如果要为文档设置分栏，可以按照以下具体步骤操作。
（1）打开要设置分栏的 Word 文档。
（2）切换到"布局"选项卡，单击"页面设置"功能组中的"栏"按钮▤。
（3）在弹出的"栏"下拉列表中包含 5 种常用形式——一栏、两栏、三栏、偏左、偏右，如图 11-54 所示，选择相应的分栏选项即可。
（4）如果需要一些特殊的分栏效果，可以在"栏"下拉列表框中单击"更多栏"选项，弹出"栏"对话框，如图 11-55 所示。其中各选项说明如下。

❖ 在"预设"区选择分栏的样式。
❖ 在"栏数"微调框中设置所需要的栏数。
❖ 选中"分隔线"复选框来确定栏之间是否需要分隔线。
❖ 在"宽度和间距"区域设置每栏的宽度和间距。
❖ "栏宽相等"复选框默认为选中状态，只需设置第一栏的栏宽，其他栏会自动与第一栏的栏宽相同。若取消"栏宽相等"复选框的选中，则可以分别设置各栏的栏宽。
❖ 在"应用于"下拉列表框内选择分栏应用于整篇文档或插入点后。

图 11-54 "栏"下拉菜单

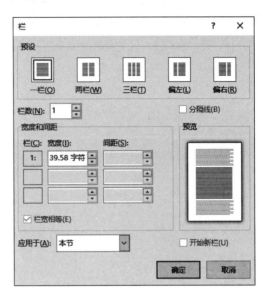

图 11-55 "栏"对话框

（5）预览后单击"确定"按钮完成分栏。

2. 调整栏宽

分栏后若需调整栏的宽度，可以采用如下两种方法。

❖ **第一种方法**：在"栏"对话框中直接设置。设置栏宽不等时，一定要注意取消选中"栏宽相等"复选框，才能自定义调整栏宽。

❖ **第二种方法**：通过拖动鼠标的方式调整栏宽。其操作方法如下：在水平标尺上，将鼠标指针指向要改变栏宽的左边界或右边界处，待鼠标指针变成↔形状时，如图 11-56 所示，按住鼠标左键，拖动栏的边界，即可调整栏宽。如果要精确设置栏宽，只需按住 Alt 键拖动鼠标即可。

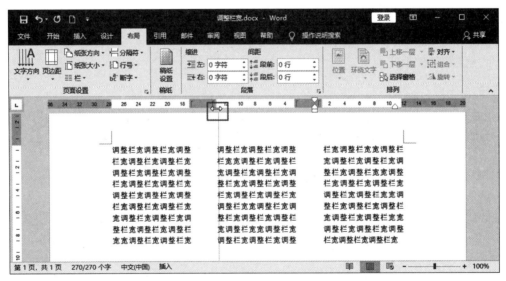

图 11-56 通过拖动鼠标的方式调整栏宽

3. 单栏与多栏的混排

若要在文档中混排单栏与多栏，只需选定需要分栏的文本后进行分栏即可。例如，一篇文章的标题通常是单栏的。如果正文需要分栏，则选定所有正文后再进行分栏操作即可。

4. 建立等长栏

默认情况下，每一栏的长度都是由系统根据文本数量和页面大小自动设置的。当没有足够的文本填满一页时，往往会出现各栏内容不平衡的局面，即有的栏内容很长，而有的栏内容很短，甚至没有内容，如图 11-57 所示。

为了使文档的版面效果更好，可以采用建立等长栏操作从而平均分配每一栏的长度。具体操作步骤如下。

（1）将光标定位于需要平衡栏长的文档末尾处。

（2）切换到"布局"选项卡，单击"页面布局"功能组中的"分隔符"按钮。

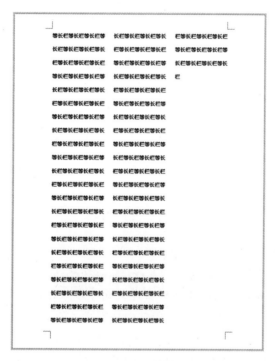

图 11-57　分栏效果

（3）在弹出的"分隔符"下拉列表框中，选择"分节符"栏中的"连续"选项，如图 11-58 所示。这样各栏即可变成等长栏，如图 11-59 所示。

图 11-58　"分隔符"下拉列表框

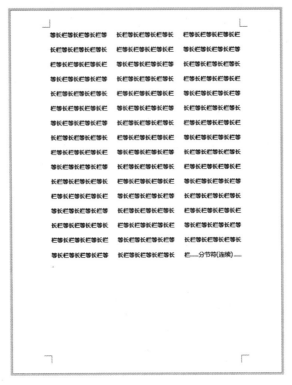

图 11-59　等长栏效果

11.5　使用中文版式

我们在使用 Word 进行排版的时候，经常要用到中文版式。Word 中的中文版式给我们提供了非常丰富的功能，包括纵横混排、合并字符、双行合一、调整宽度和字符缩放等，灵活应用这些功能可以为文档添加更加漂亮和实用的文字效果。

11.5.1　纵横混排

默认情况下，文档窗口中的文本内容都是横向排列的，利用纵横混排功能可以使横向排列的文本产生纵横交错的效果，使文档更加新颖生动。纵横混排功能就是将所选文本的方向更改为水平，同时保持其他的文本方向为垂直。具体操作步骤如下。

（1）打开 Word 文档，选择需要纵向放置的文字，在"开始"选项卡的"段落"功能组中单击"中文版式"按钮 ，在弹出的菜单中选择"纵横混排"选项，如图 11-60 所示。

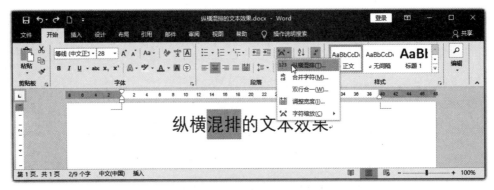

图 11-60　选择"纵横混排"选项

（2）系统打开"纵横混排"对话框，如图 11-61 所示。在"纵横混排"对话框中选中"适应行宽"复选框，则纵向排列的所有文字的总高度将不会超过该行的行高。取消选中该复选框，则纵向排列的每个文字将保持原有字体大小，即在垂直方向上占据一行的行高空间，根据需要选择即可。

（3）设置完成后，单击"确定"按钮。图 11-62 所示为设置了文字纵横混排的文本效果。

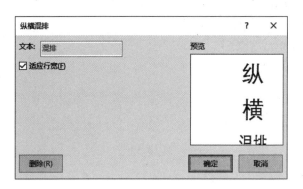

图 11-61　"纵横混排"对话框

纵横混的文本效果

(a) 选中"适应行宽"复选框

纵横混的文本效果

(b) 取消选中"适应行宽"复选框

图 11-62　设置"纵横混排"结果

11.5.2　合并字符

合并字符是将一行字符分成上下两行，并按原来的一行字符空间进行显示。该功能常用在名片制作、文章发表、书籍出版和封面设计等方面。具体操作步骤如下。

（1）打开 Word 文档，选择需要合并的文字，在"开始"选项卡的"段落"功能组中单击"中文版式"按钮，在弹出的菜单中选择"合并字符"选项，如图 11-63 所示

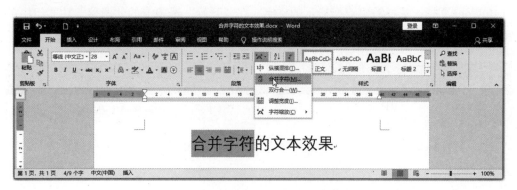

图 11-63　选择"合并字符"选项

（2）系统打开"合并字符"对话框，如图 11-64 所示，在该对话框的"字体"下拉列表中选择字体（如选择"叶根友毛笔行书"），在"字号"下拉列表框中输入文字的字号（如 48 磅）。完成设置后单击"确定"按钮。

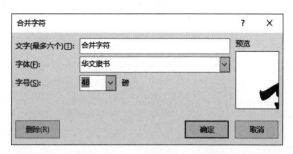

图 11-64　"合并字符"对话框

（3）此时即可显示字符合并的文本效果，如图 11-65 所示。

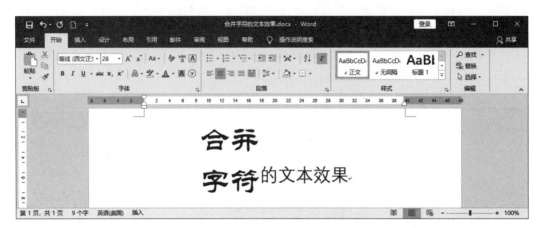

图 11-65　显示"合并字符"结果

提示： 合并的字符不能超过 6 个汉字的长度或是 12 个半角英文字符的长度。超过此长度的字符将被截断。

11.5.3　双行合一

利用双行合一功能可以使所选的位于同一文本行的内容平均地分为两行文字，其他位置仍为单行。具体操作步骤如下。

（1）打开 Word 文档，选择需要双行显示的文字，在"开始"选项卡的"段落"功能组中单击"中文版式"按钮 ，在弹出的菜单中选择"双行合一"选项，如图 11-66 所示。

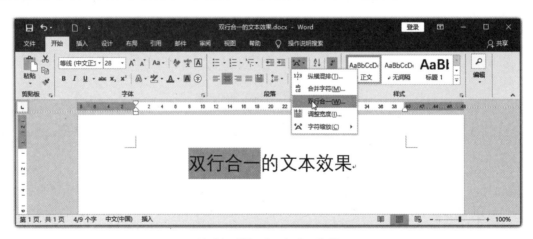

图 11-66　选择"双行合一"选项

（2）系统打开"双行合一"对话框，如图 11-67 所示，选中"带括号"复选框，可以在"括号样式"下拉列表框中选择一种括号样式，完成设置后单击"确定"按钮。

（3）此时即可显示双行合一的文本效果，如图 11-68 所示。

提示： 合并字符是将多个字符用两行显示，且将多个字符合并成一个整体；双行合一是在一行空间显示两行文字，且不受字符数限制。

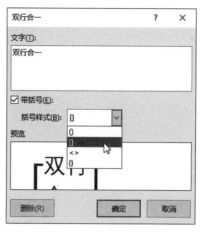

图 11-67　"双行合一"对话框

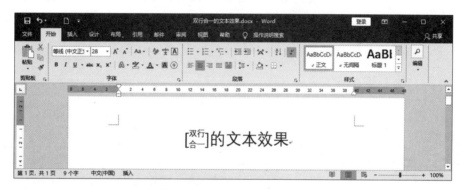

图 11-68　显示"双行合一"结果

11.5.4　调整宽度和字符缩放

在"中文版式"下拉菜单中还有"调整宽度"和"字符缩放"选项，它们可以起到调整字符的宽度、大小和按比例缩放字符的作用。

1．调整宽度

具体操作步骤如下。

（1）选中需要调整宽度的文本，在"开始"选项卡的"段落"功能组中单击"中文版式"按钮 ，在弹出的菜单中选择"调整宽度"选项，如图 11-69 所示。

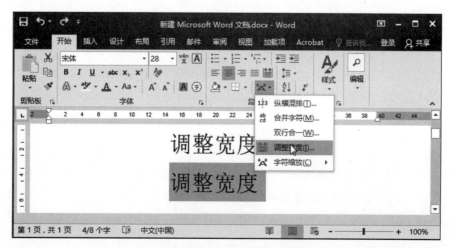

图 11-69　选择"调整宽度"选项

（2）在弹出的"调整宽度"对话框中显示当前文字宽度，在"新文字宽度"微调框中可以调整文字宽度，如图 11-70 所示。

图 11-70 "调整宽度"对话框

（3）完成设置后单击"确定"按钮，结果如图 11-71 所示。

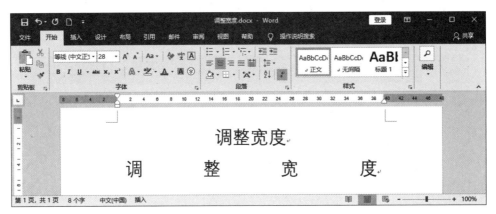

图 11-71 显示"调整宽度"结果

2. 字符缩放

具体操作步骤如下。

（1）选中需要字符缩放的文本，在"开始"选项卡的"段落"功能组中单击"中文版式"按钮。

（2）在弹出的菜单中选择"字符缩放"选项，打开级联菜单，然后选择需要的等比例字符缩放选项即可，如图 11-72 所示。如选择"200%"选项，则设置的文本效果如图 11-73 所示。

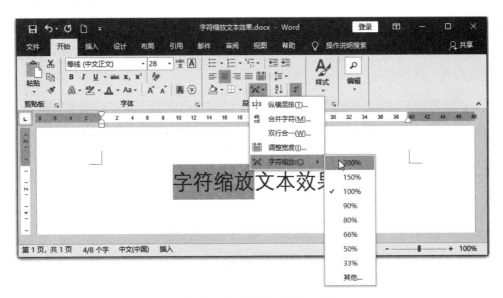

图 11-72 选择"字符缩放"选项

也可以选择"其他"选项，打开"字体"对话框的"高级"选项卡，在其中进一步设定字符间距、缩放、Open Type 功能等有关字符的相关功能，如图 11-74 所示。

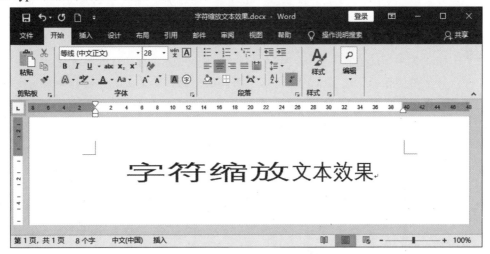

图 11-73　显示"字符缩放"结果

图 11-74　"字体"对话框"高级"选项卡

上机练习——制作"乌镇"宣传单

　　本节练习如何使用中文排版，通过灵活应用纵横混排、合并字符、双行合一等功能，自行设计、制作出别具一格的具有中国特色的文档排版效果。

11-1　上机练习——制作"乌镇"宣传单

首先启动 Word 2019，新建一个名为"乌镇"的文档，在其中输入文本内容，并对文档的字体、字号进行设置。利用"布局"选项卡，在"页面设置"功能组中单击"文字方向"按钮，在弹出的菜单中选择"垂直"选项，将文档中的文字方向变成垂直排版。在"插入"选项卡的"文本"功能组中单击"首字下沉"按钮，在弹出的菜单中选择"首字下沉选项"选项，将文档的首字按照需要对字体和位置进行进一步设置。最后利用"开始"选项卡的"段落"功能组中的"中文版式"功能分别对文档中的文本设置"纵横混排""合并字符"效果。最终效果如图 11-75 所示。

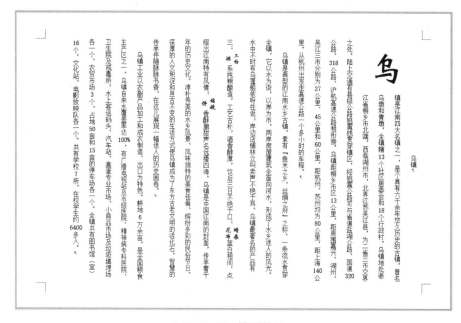

图 11-75 排版效果

操作步骤

（1）在 Word 2019 中新建名为"乌镇"的文档，并在其中输入文本内容，然后按 Ctrl+A 组合键，选中所有文本，设置文本的字体为"宋体"，字号为"小四"。

（2）将光标定位到文档任意位置，切换到"布局"选项卡，在"页面设置"功能组中单击"文字方向"按钮，在弹出的菜单中选择"垂直"选项，如图 11-76 所示，文档中将以从上至下、从左到右的方式排列诗词内容。

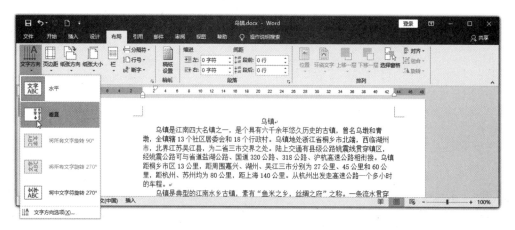

图 11-76 选择"垂直"命令

（3）将光标定位到正文第一段中，切换到"插入"选项卡，在"文本"功能组中单击"首字下沉"按钮 A▤，在弹出的菜单中选择"首字下沉选项"选项，如图 11-77 所示。

（4）在弹出的"首字下沉"对话框的"位置"选项区中选择"下沉"选项，在"字体"下拉列表框中选择"华文新魏"选项，在"下沉行数"微调框中输入"3"，在"距正文"微调框中输入"0.5 厘米"，如图 11-78 所示。设置完成后单击"确定"按钮。文本效果如图 11-79 所示。

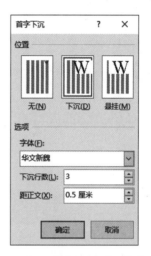

图 11-77　选择"首字下沉选项"　　　　　　　　图 11-78　"首字下沉"对话框

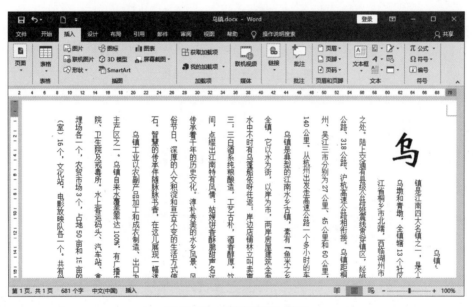

图 11-79　"首字下沉"效果

（5）选中文档中的阿拉伯数字"13"，在"开始"选项卡的"段落"功能组中单击"中文版式"按钮，在弹出的下拉菜单中选择"纵横混排"选项，如图 11-80 所示。

（6）此时系统打开"纵横混排"对话框，选中"适应行宽"复选框，如图 11-81 所示，Word 将自动调整文本行的宽度，单击"确定"按钮。按照同样的方法将剩余文本中的阿拉伯数字采用纵横混排，效果如图 11-82 所示。

（7）选中第二段的文本"三白酒"，切换到"开始"选项卡，在"段落"功能组中单击"中文版式"按钮，在弹出的菜单中选择"合并字符"选项，如图 11-83 所示。

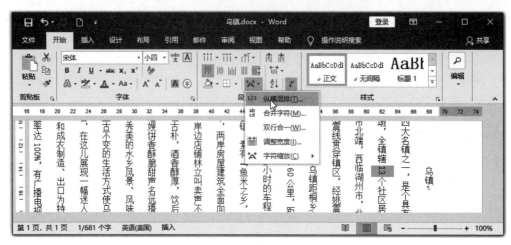

图 11-80　选择"纵横混排"选项

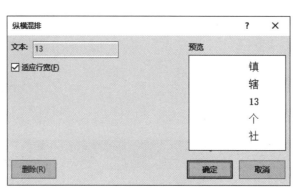

图 11-81　"纵横混排"对话框

图 11-82　显示纵横混排效果

（8）系统打开"合并字符"对话框。在"字体"下拉列表框中选择"华文新魏"选项，在"字号"下拉列表框中选择"12"，如图 11-84 所示，单击"确定"按钮。

图 11-83　选择"合并字符"选项

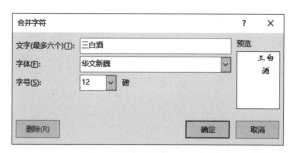

图 11-84　"合并字符"对话框

（9）按照同样的方法将"蜡染花布"和"姑嫂饼"也进行"合并字符"，最终效果如图 11-75 所示。

11.6　使 用 修 订

在编辑文档时，有时会发现某些多余的内容或漏掉了一些内容，如果直接在文档中删除或修改，将不能看到原文档和修改后的文档的对比情况。使用 Word 的文档修订功能，可以记录文档的修改信息，方便对比和查看原文档与修改文档之间的变化。

11.6.1　添加修订

启动 Word 的修订功能，进入修订状态，就可以对文档进行修订操作了，修订的内容会通过修订标记显示出来，并且不会对原文档进行实质性的删减，也能方便查看修订的具体内容。具体操作步骤如下。

（1）打开文档，切换到"审阅"选项卡，在"修订"功能组中单击"修订"按钮下方的下拉按钮 ，在弹出的下拉列表框中选择"修订"选项，如图 11-85 所示。

（2）此时"修订"按钮呈选中状态显示，表示文档为修订状态。在修订状态下，对文档进行各种编辑后，会在被编辑区域的边缘附近显示一根红线，该红线用于指示修订的位置，文本效果如图 11-86 所示。

图 11-85　选择"修订"选项

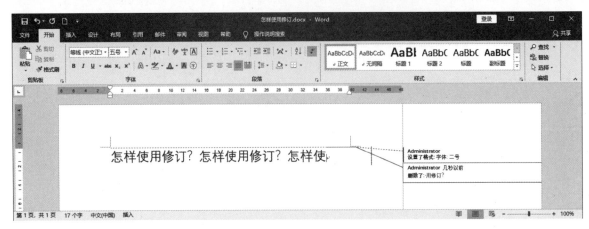

图 11-86 修订状态下的文档

（3）当所有的修订工作完成后，单击"修订"选项组中的"修订"按钮下方的下拉按钮，在弹出的下拉列表框中选择"修订"选项，即可退出修订状态。

11.6.2 设置修订显示状态

Word 2019 为修订提供了 4 种显示状态，分别是简单标记、所有标记、无标记、原始状态，在不同的状态下，修订将以不同的形式进行显示。

- ❖ **简单标记**：文档显示为修改后的状态，但会在编辑过的区域左边显示一条红线，表示该附近区域有修订。
- ❖ **所有标记**：文档中显示所有修改痕迹。
- ❖ **无标记**：文档中隐藏所有修订标记，并以最终状态显示。
- ❖ **原始状态**：文档以修改前的状态显示，无任何修改痕迹。

默认状态下，Word 文档以简单标记显示修订内容。为便于随时查看文档的编辑修改情况，一般建议选择"所有标记"显示状态。根据实际操作需要可以随时更改修订显示状态，只需在"审阅"选项卡的"修订"功能组中，单击"显示"按钮🔖，在弹出的下拉列表框中选择即可，如图 11-87 所示。

图 11-87 修订显示状态

11.6.3 设置修订格式

文档处于修订状态时，对文档所作的编辑将以不同的标记或颜色进行区分显示，根据操作需要，还可以自定义设置修订格式。具体操作步骤如下。

（1）切换到"审阅"选项卡，在"修订"功能组中单击"功能扩展"按钮 🔲，如图 11-88 所示。

图 11-88 单击"功能扩展"按钮

（2）在弹出的"修订选项"对话框中单击"高级选项"按钮，如图 11-89 所示。

（3）此时系统打开图 11-90 所示的"高级修订选项"对话框。各主要选项的功能说明如下。

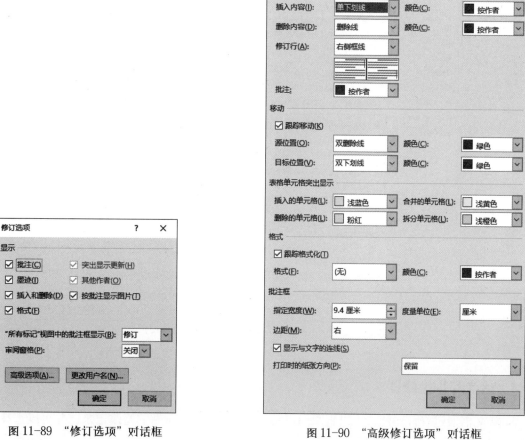

图 11-89 "修订选项"对话框　　　　图 11-90 "高级修订选项"对话框

❖ **"插入内容"下拉列表框**：在"插入内容"下拉列表框中可以选择设置修订时的插入内容的标记样式。

❖ **"删除内容"下拉列表框**：在"删除内容"下拉列表框中可以选择设置修订时的删除内容的标记样式。

❖ **"修订行"下拉列表框**：在"修订行"下拉列表框中可以选择设置修订文本行的标记显示的位置。

❖ **"颜色"下拉列表框**：单击"颜色"下拉列表框右侧的下拉按钮，在展开的列表框中可以设置插入内容和删除内容的颜色。

❖ **"跟踪移动"复选框**：针对段落进行移动。当移动段落时，Word 会进行跟踪显示。

❖ **"跟踪格式化"复选框**：针对文字或段落格式的更改。当格式发生变化时，会在窗口右侧的标记区中显示格式变化的参数。

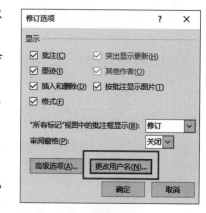

图 11-91 "修订选项"对话框

（4）在"高级修订选项"对话框中完成所有的设置后，单击"确定"按钮，返回到"修订选项"对话框。在"修订选项"对话框中单击"更改用户名"按钮，如图 11-91 所示。

（5）在打开的对话框中可以设置新的用户名，如图 11-92 所示。设置完成后单击"确定"按钮，返回到"修订选项"对话框，单击"确定"按钮即可。随后在修订状态下的文档中添加的新内容将显示出新的用户名。

图 11-92　修改用户名

11.6.4　接受与拒绝修订

Word 文档通过修订功能，可以直观地显示出 Word 文档中所做的修改记录，并可以选择是否接受这些修订。如果接受修订，则文档会保存为修改之后的状态；如果拒绝修订，则文档会保存为修改之前的状态。

根据实际需要，可以逐条接受或拒绝修订，也可以直接一次性全部接受或拒绝所有修订。

1. 逐条接受或拒绝修订

如果要逐条接受或拒绝修订，可以按照以下具体步骤操作。

（1）打开 Word 文档，将光标插入点定位在某条修订中。

（2）切换到"审阅"选项卡，如果要拒绝修订，则单击"更改"功能组中的"拒绝"按钮 右侧的下拉按钮 ，在弹出的下拉列表框中选择"拒绝更改"选项，如图 11-93 所示。

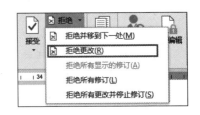

图 11-93　选择"拒绝更改"选项

（3）这样当前修订被拒绝，同时修订标记消失。在"更改"功能组中单击"下一处"按钮，如图 11-94 所示。

图 11-94　单击"下一处"按钮

（4）Word 将查找并选中下一处修订，若接受此修订，则在"更改"功能组中单击"接受"按钮 下方的下拉按钮 ，在弹出的下拉列表中选择"接受此修订"选项，如图 11-95 所示。

（5）这样当前修订即可被接受，同时修订标记消失。

（6）参照上述操作方法，对文档中的修订进行接受或拒绝操作即可。完成所有修订的接受/拒绝操作后，会弹出提示框进行提示，如图 11-96 所示，单击"确定"按钮即可。

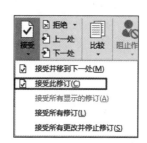

图 11-95　选择"接受此修订"选项　　　　　　　　　图 11-96　提示框

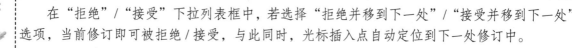

提示：　　在"拒绝"/"接受"下拉列表框中，若选择"拒绝并移到下一处"/"接受并移到下一处"选项，当前修订即可被拒绝/接受，与此同时，光标插入点自动定位到下一处修订中。

2. 接受或拒绝全部修订

如果想一次性接受文档中所有的修订，可以单击"接受"按钮下方的下拉按钮 ▼，在弹出的下拉列表框中选择"接受所有修订"选项，如图 11-97 所示。

如果想一次性拒绝文档中所有的修订，可以单击"拒绝"按钮下方的下拉按钮 ▼，在弹出的下拉列表框中选择"拒绝所有修订"选项，如图 11-98 所示。

图 11-97　选择"接受所有修订"选项　　　　　　　　图 11-98　选择"拒绝所有修订"选项

上机练习——修订"区域销售经理岗位说明书"

练习目标

本节练习如何使用修订对文档内容进行修改，通过设置合适的修订格式，将原文档的每项操作都标识出来，方便对文档的对比和查看。

11-2　上机练习——修订"区域销售经理岗位说明书"

设计思路

首先启动 Word 2019，打开名为"区域销售经理岗位说明书"的文档，切换到"审阅"选项卡，在"修订"功能组中单击"修订"按钮，将文档设置为修订状态，显示状态设置为"所有标记"。单击"修订"功能组中的"功能扩展"按钮 ，打开"修订选项"对话框，单击其中的"高级选项"按钮，打开"高级修订选项"对话框，并在其中设置"插入内容"和"删除内容"显示的线型和颜色，在"修订行"选项中选择"外侧框线"。设置完各选项后单击"确定"按钮返回到"修订选项"对话框，再单击"确定"按钮，返回到文档中，根据实际修改需要对文档内容进行删除和修改。最终文本效果如图 11-99 所示。

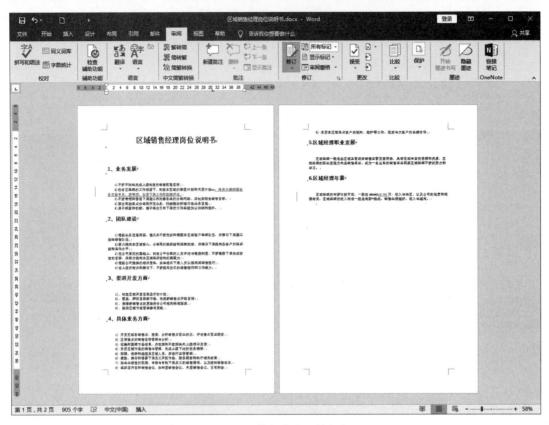

图 11-99　修订状态下的文本

操作步骤

（1）在 Word 2019 中打开名为"区域销售经理岗位说明书"的文档，切换到"审阅"选项卡，在"修订"功能组中，单击"修订"按钮下方的下拉按钮 ，在弹出的下拉列表中选择"修订"选项，进入修订状态，如图 11-100 所示。

图 11-100　选择"修订"选项

（2）在"审阅"选项卡的"修订"功能组中单击显示按钮，将修订的显示状态设置为"所有标记"。

（3）在"修订"功能组中单击"功能扩展"按钮，如图 11-101 所示，打开"修订选项"对话框，如图 11-102 所示。

（4）单击"修订选项"对话框中的"高级选项"按钮，打开图 11-103 所示的"高级修订选项"对话框。在"插入内容"下拉列表框中选择"单下划线"，在"颜色"下拉列表框中选择"经典蓝色"；在"删除内

容"下拉列表框中选择"双删除线",在"颜色"下拉列表框中选择"经典红色";在"修订行"下拉列
表框中选择"外侧框线"。

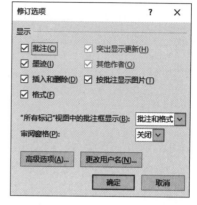

图 11-101　单击"功能扩展"按钮　　　　　　　　图 11-102　"修订选项"对话框

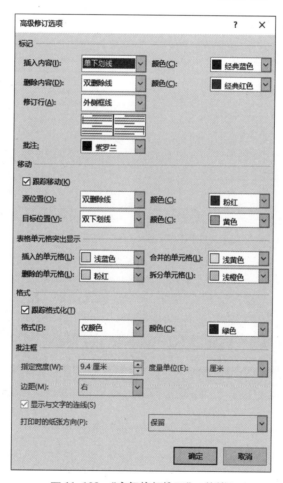

图 11-103　"高级修订选项"对话框

　　（5）将光标插入点定位到文本"2）在省区经理的工作部署下,制定本区域的季度计划和月度计划。"
的句号后面,按 Backspace 键,该标点上将添加一条红色的双删除线,文本仍以红色双删除线形式显示
在文档中。然后按","键,输入逗号标点,添加的逗号下方将显示蓝色单下划线,此时添加的逗号也以
蓝色显示,如图 11-104 所示。

　　（6）将光标插入点定位到","后面,输入文本"将其分解部署给市场专员,并带领、监督下属工作

和定期评估；"此时添加的文本将以蓝色字体显示，并且文本下方将显示蓝色的单下划线，如图 11-105
所示。

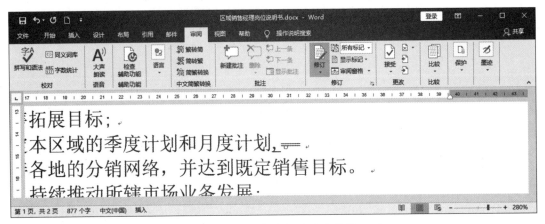

图 11-104　删除与添加文本效果

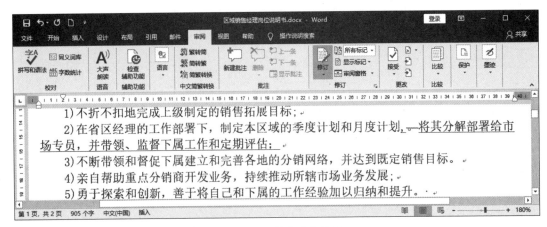

图 11-105　输入文本效果

（7）在文档的最后一段中，选中文本"20-45"，然后输入文本"10-50"，此时错误的文本上将添加
红色的双删除线，修改后的文本下将显示蓝色的单下划线，如图 11-106 所示。

（8）当所有的修订工作完成后，单击"修订"功能组中的"修订"按钮，即可退出修订状态。

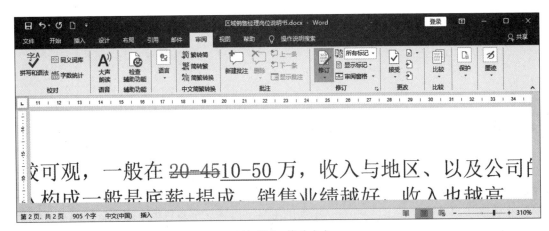

图 11-106　修改文本

11.7　使 用 批 注

批注是对文档所添加的注释、说明、建议、意见等信息。批注由批注标记、连线以及批注框构成。当需要对文档进行附加说明时，就可插入批注；当不再需要某条批注时，也可将其删除。

11.7.1　添加批注

为文档添加批注的具体操作步骤如下。

（1）选定要添加批注的文本，切换到"审阅"选项卡，单击"批注"功能组中的"新建批注"按钮，如图 11-107 所示。

（2）此时窗口右侧将自动添加一个批注框，在批注框中输入批注文本即可创建批注，如图 11-108 所示。

图 11-107　单击"新建批注"按钮

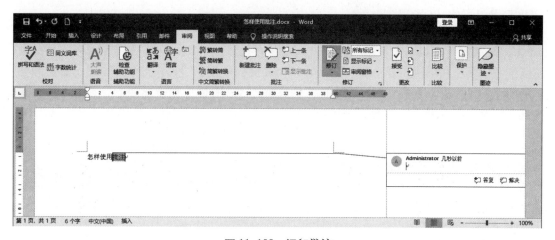

图 11-108　添加批注

11.7.2　设置批注框的样式

根据操作需要，还可以自定义设置批注框的样式。具体操作步骤如下。

（1）切换到"审阅"选项卡，在"修订"功能组中单击"功能扩展"按钮 ，在弹出的"修订选项"对话框中单击"高级选项"按钮，从而打开图 11-109 所示的"高级修订选项"对话框。

（2）单击"批注"选项右边的下拉按钮，从弹出的下拉列表框中选择一种满意的颜色样式即可。

（3）在"批注框"选项区中设置批注框的样式（宽度、边距等）。

（4）设置完成后单击"确定"按钮，返回到"修订选项"对话框，单击"确定"按钮即可。

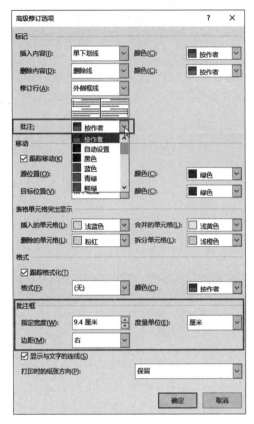

图 11-109 "高级修订选项"对话框

11.7.3 设置批注和修订的显示方式

Word 为批注和修订提供了 3 种显示方式，分别是在批注框中显示修订、以嵌入方式显示所有修订、仅在批注框中显示批注和格式设置。默认情况下，Word 文档中是以"仅在批注框中显示批注和格式设置"的方式显示批注的。可以根据实际需要更改批注的显示方式，具体操作步骤如下。

切换到"审阅"选项卡，在"修订"功能组中单击"显示标记"按钮，在弹出的下拉列表中选择"批注框"选项，在弹出的级联列表中选择需要的方式即可，如图 11-110 所示。

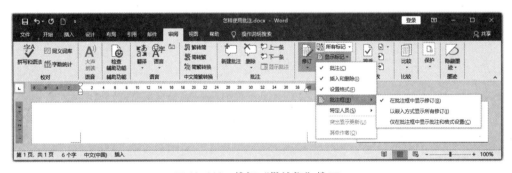

图 11-110 选择"批注框"选项

❖ **在批注框中显示修订**：选择此方式时，所有批注和修订将以批注框的形式显示在标记区中，如图 11-111 所示。
❖ **以嵌入方式显示所有修订**：所有批注与修订将以嵌入的形式显示在文档中，如图 11-112 所示。
❖ **仅在批注框中显示批注和格式设置**：标记区中将以批注框的形式显示批注和格式更改，而其他修订会以嵌入的形式显示在文档中，如图 11-113 所示。

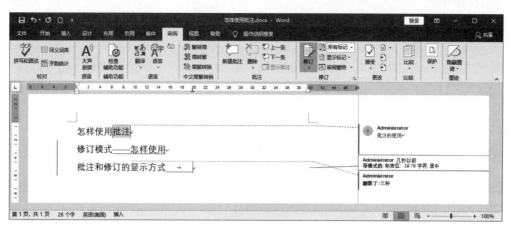

图 11-111 "在批注框中显示修订"文本效果

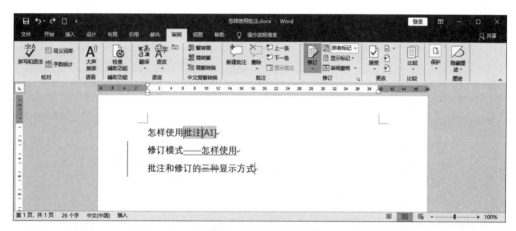

图 11-112 "以嵌入方式显示所有修订"文本效果

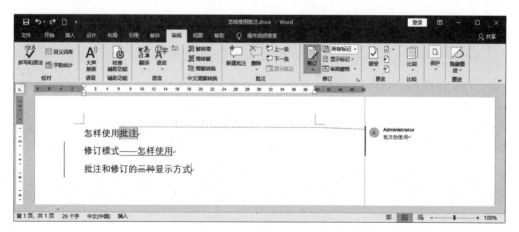

图 11-113 "仅在批注框中显示批注和格式设置"文本效果

11.7.4 答复与解决批注

文档中添加批注之后我们可以对文档的批注进行答复；当某个批注中提出的问题已经得到解决后，就可以对文档的批注进行解决设置。

1. 答复批注

将光标插入点定位到需要进行答复的批注内，单击"答复"按钮，如图 11-114 所示。在出现的回复栏中直接输入答复内容即可，如图 11-115 所示。

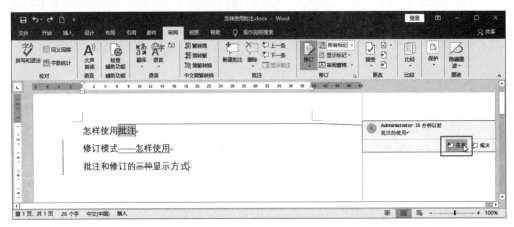

图 11-114　单击"答复"按钮

图 11-115　输入答复内容

2. 解决批注

当批注中提出的问题已经得到了解决，就可以在该标注中单击"解决"按钮，如图 11-116 所示，将其设置为已解决状态。

将标注设置为已解决状态后，该标注将以灰色状态显示，且不可再对其进行编辑操作。若要激活该标注，则单击图 11-117 所示的"重新打开"按钮即可。

图 11-116　单击"解决"按钮

图 11-117　单击"重新打开"按钮

上机练习——在"区域销售经理岗位说明书"中添加批注

本节练习如何在文档中添加批注，通过在"高级修订选项"对话框中设置相关选项，学会为文档中的批注设置格式，并使用不同的用户名在文档中进行相关批注的答复。

11-3　上机练习——在"区域销售经理岗位说明书"中添加批注

首先启动 Word 2019，打开名为"区域销售经理岗位说明书"的文档，切换到"审阅"选项卡，单击"修订"功能组中的"功能扩展"按钮，打开"修订选项"对话框，单击其中的"高级选项"按钮，打开"高级修订选项"对话框，设置"批注框"的颜色、宽度和位置；再单击"更改用户名"按钮，修改用户名，设置好批注框格式以后，根据实际在文档中添加批注，并更换用户名对相关批注进行答复。最终文本效果如图 11-118 所示。

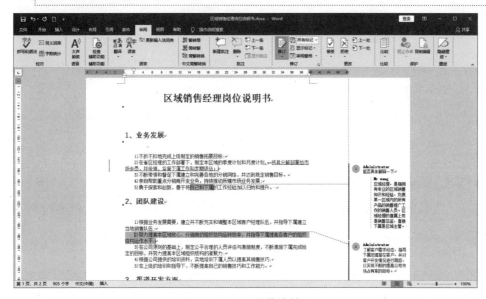

图 11-118　添加批注效果

操作步骤

（1）打开"区域销售经理岗位说明书"文档，切换到"审阅"选项卡，在"修订"功能组中设置批注的显示方式为"仅在批注框中显示批注和格式设置"。

（2）在"修订"功能组中单击"功能扩展"按钮，如图 11-119 所示。

图 11-119　单击"功能扩展"按钮

（3）系统打开图 11-120 所示的"修订选项"对话框，单击"高级选项"按钮，弹出"高级修订选项"对话框。在"批注"下拉列表框中选择"经典蓝色"选项，在"批注框"选项区中设置"指定宽度"为"6 厘米"，"边距"为"右"，"度量单位"为"厘米"，如图 11-121 所示。

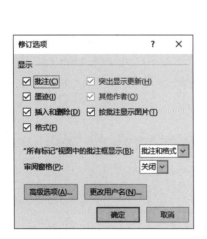

图 11-120　"修订选项"对话框

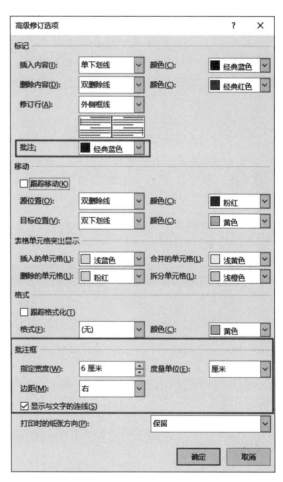

图 11-121　"高级修订选项"对话框

（4）单击"高级修订选项"对话框中的"确定"按钮，返回到"修订选项"对话框，单击"更改用户名"按钮，打开"Word 选项"对话框，设置一个名为 Administrator 的用户名，如图 11-122 所示。设置完成后单击"确定"按钮，返回到"修订选项"对话框，单击"确定"按钮即可。

（5）选中文本"自己和下属"，切换到"审阅"选项卡，单击"批注"功能组中的"新建批注"按钮，如图 11-123 所示。

（6）此时窗口右侧将出现一个蓝色的批注框，所选中的文本也呈"蓝色"突出显示，在批注框中可以输入批注文本，如图 11-124 所示。

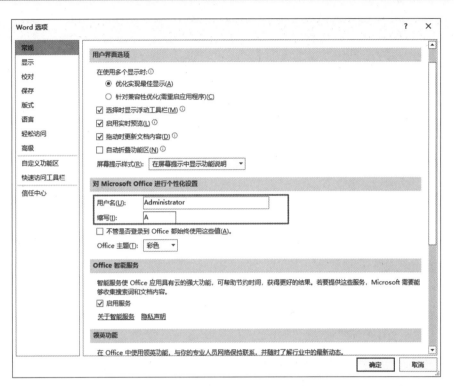

图 11-122　"Word 选项"对话框

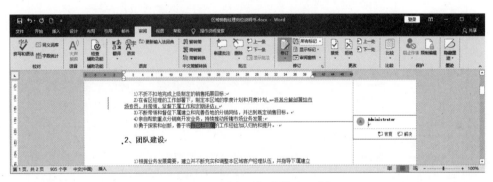

图 11-123　单击"新建批注"按钮

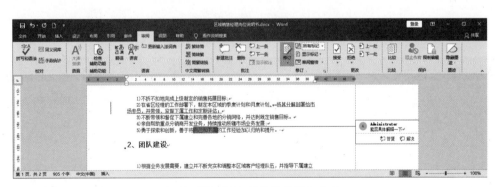

图 11-124　添加批注框并输入文本

（7）使用相同的方法，在剩余的文本中添加所需的批注，效果如图 11-125 所示。

（8）单击"修订选项"对话框中的"更改用户名"按钮，打开"Word 选项"对话框，将用户名更新为 Mr Wang，如图 11-126 所示。

（9）将光标插入点定位到第一个批注内，单击"答复"按钮，以新的用户名称 Mr Wang 在出现的回复栏中输入答复内容，如图 11-127 所示。

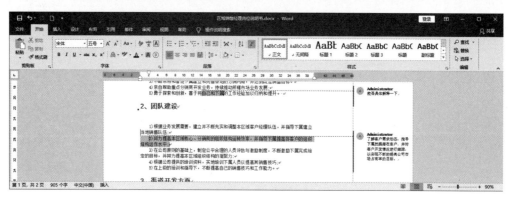

图 11-125　添加剩余批注

图 11-126　修改用户名

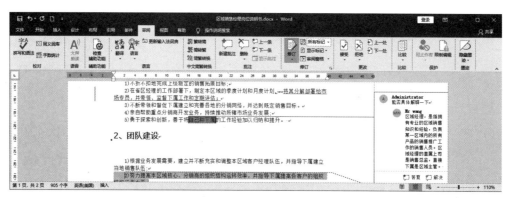

图 11-127　答复批注

（10）使用相同的方法，答复剩余的批注。选中所有答复内容，将其字体颜色也设置为紫色，效果如图 11-118 所示。

11.8　答 疑 解 惑

1. 怎样实现文本中的样式复制?

答：通过复制文本的方式，可以实现样式的复制。分别打开源文档和目标文档，在源文档中，选中需要复制的样式所应用的任意一个段落（必须含有段落标记↵），按 Ctrl+C 组合键进行复制操作，在目标文档中按 Ctrl+V 组合键进行粘贴，所选段落文本将以带格式的形式粘贴到目标文档，从而实现了样式的复制。如果目标文档中含有同名的样式，则执行粘贴操作后新样式无法覆盖旧样式,目标文档中依然会使用旧样式。

2. 怎样一次性删除文档中的所有批注?

答：打开要删除批注的文档，切换到"审阅"选项卡，在"批注"功能组中单击"删除"按钮下方的下拉按钮，在弹出的下拉列表框中选择"删除文档中的所有批注"选项，可以一次性删除文档中的所有批注。

11.9　学习效果自测

一、选择题

1. 根据样式应用范围的不同，样式被划分为（　　　）个类型。

　A. 8　　　　　　　　B. 10　　　　　　　　C. 5　　　　　　　　D. 7

2.（　　　）是跟踪文档最有效的手段，利用该功能，审阅者可以直接对文档进行修改。

　A. 修订　　　　　　B. 批注　　　　　　　C. 题注　　　　　　D. 脚注

3.（　　　）决定了文档的基本结构，新建的文档都是基于它创建的。

　A. 模板　　　　　　B. 样式　　　　　　　C. 主题　　　　　　D. 样式集

4. 模板为我们快速创建文档提供了方便，其扩展名为（　　　）。

　A. docx　　　　　　B. dotx　　　　　　　C. xlsx　　　　　　D. pptx

5. 分栏是一种常用的片面划分方法，下列说法中不正确的是（　　　）。

　A. 在分栏前应先选中相应文字或段落，否则将对整个文档进行分栏操作

　B. 在 Word 中，最多可以分为 11 栏

　C. "分栏"按钮在"开始"选项卡的"段落"功能组中

　D. 要想让指定内容排在下一栏，可通过插入分栏符来实现

6. 下列有关修订的说法中，不正确的是（　　　）。

　A. 修订和编辑文档一样，可以直接在原文档中进行修改

　B. 利用修订功能可以通过标记同时反映多审阅者对文档所做的修改

　C. 作者可以对所做修订进行复审，并确定是否接受或拒绝这些修订

　D. 修订操作必须在修订模式下进行，启动修订模式的快捷键是 Ctrl+Shift+E

二、判断题

1. 默认情况下,页面中的内容呈单栏排列,如果希望文档分栏排版,可以利用 Word 分栏功能来实现。（　　　）

2. 首字下沉中的"悬挂"方式是指设置的下沉字符紧靠其他的文字。（　　　）

3. 合并字符是将一行字符分成上下两行，并按原来的一行字符空间进行显示。（　　　）

4. 修订是指审阅者给文档内容加上的注解或说明，或是阐述的观点。（　　　）

第 12 章

长篇文档的排版

当用 Word 编辑一个长文档时，如果文档没有层次感，文字看起来就很散乱，缺乏条理性，对文档的二次编辑和修订也会造成很多不必要的麻烦。Word 2019 提供了许多便捷的操作方式及管理工具，可以使用户快速地、条理清晰地编辑长文档。例如，使用大纲视图方式查看和组织文档的结构；使用书签定位文档；使用目录提示长篇文档的纲要；使用主控文档和子文档可以将文档分为不同的部分分别编辑；交叉引用功能允许用户在文档中相互引用内容；在主控文档中还可以方便地创建索引和目录等。

本章将介绍如下内容：

- ❖ 查看和组织长文档
- ❖ 插入题注、脚注和尾注
- ❖ 交叉引用
- ❖ 书签
- ❖ 索引
- ❖ 插入目录
- ❖ 主控文档和子文档

12.1　查看和组织长文档

　　一般的长文档结构比较复杂，各级标题交错，不容易清楚地显示出文档的结构。使用大纲视图显示文档能够以提纲的形式使各级标题和正文分级别显示，还可以只显示部分级别高的标题。这样文档结构一目了然，给编辑和浏览长文档提供了方便的方法。可以先在大纲视图中编辑好文档框架再填入内容，这种方法对于编辑长文档很有效。此外，使用导航窗格可以查看文档结构。

12.1.1　显示大纲视图

　　Word 2019 中的"大纲视图"功能就是专门用于制作提纲的，以缩进文档标题的形式表示在文档结构的级别。使用大纲视图的方法如下。

　　打开"视图"选项卡，在"视图"功能组中单击"大纲"按钮 ，如图 12-1 所示，就可以切换到大纲视图模式。

图 12-1　单击"大纲"按钮

12.1.2　大纲中的标题

　　Word 中提供了 9 级标题样式，使用它们可以将文档中的标题设置到各个不同的级别中，其中最高的级别为"标题 1"，最低的级别为正文级。

　　对标题使用标题样式设置为不同级别后，在大纲视图中即可清晰地显示文档结构，如图 12-2 所示。

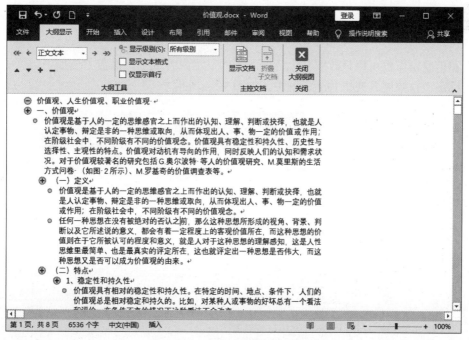

图 12-2　"大纲视图"效果示例

其中不同级别的标题会显示为不同的缩进，级别越高则缩进越小，这样在纵向同级的标题之间是对齐的，所以文档的层次结构一目了然。在大纲视图中，每个标题前面都会出现一个符号，但是不同标题前面的符号是不同的。

- ❖ **文本前有符号⊕**：表示在该文本后有正文体或级别更低的标题。
- ❖ **文本前有符号⊖**：表示在该文本后没有正文体或级别更低的标题。

12.1.3 大纲中的显示

大纲视图中显示的内容是可以改变的。如只需要查看文档的结构，可以设置在大纲中不显示正文和低级别的标题。

改变显示时只需在"大纲显示"选项卡"大纲工具"功能组中的"显示级别"下拉列表框中选择要显示的级别即可，设置级别的意义为只显示该级别及更高级别的内容。例如：若选择了"显示级别2"则会显示级别1和级别2的标题内容，如图12-3所示。而如果设置了"显示所有级别"，则在大纲视图中显示的是包括正文在内的所有内容。

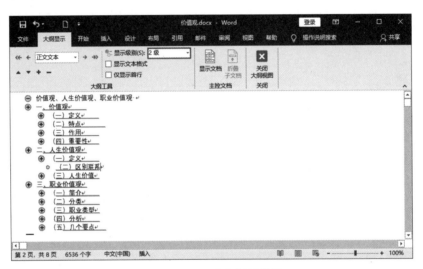

图 12-3 显示 2 级标题效果

使用展开和折叠操作也可以只改变某个标题下属的显示内容级别，操作方法如下。

（1）将光标定位在要展开或折叠的标题中，如图 12-4 所示。

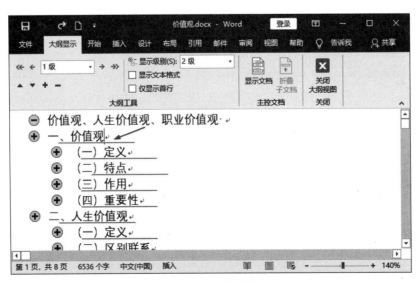

图 12-4 光标定位

（2）单击"展开"按钮➕或"折叠"按钮━，可以扩展或折叠大纲标题。其中单击"折叠"按钮━则会取消对该标题下属的最低级别的内容的显示，如图 12-5 所示；单击"展开"按钮➕则恢复对折叠内容的显示。

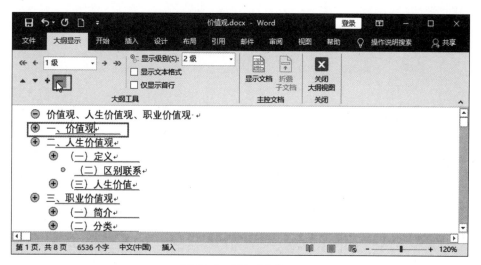

图 12-5　折叠大纲标题

❖ 选中"大纲显示"选项卡"大纲工具"功能组中的"仅显示首行"复选框可以使显示的内容只包括第一段的首行。

❖ 选中"显示文本格式"复选框可以取消显示内容的字符格式。

技巧

双击标题前的图标可以快速展开或折叠标题。

12.1.4　在大纲中编辑

在大纲视图模式下的选择操作是进行其他操作的前提和基础。选择的对象主要是标题和正文。

1. 选择大纲中的内容

❖ **选择标题**：如果仅仅选择一个标题，并不包括子标题和正文，可以将鼠标指针移至此标题的左端空白处，当鼠标指针变成一个斜向上的箭头形状⌐时，单击即可选中该标题。

❖ **选择一个正文段落**：将鼠标指针移至此段落的左端空白处，当鼠标指针变成一个斜向上的箭头形状⌐时单击，或者单击此段落前的符号⚫，即可选择该正文段落。

❖ **同时选择标题和正文**：双击此标题前的符号➕。如果要选择多个连续的标题和段落，按住鼠标左键拖动即可。

2. 在大纲中添加内容

在大纲中添加内容只需像编辑普通文本一样输入需要添加的内容，然后选定所有内容，在"大纲显示"选项卡的"大纲工具"功能组中的"显示级别"下拉列表框中选择要添加的内容的标题级别或设定为正文，如图 12-6 所示。

3. 改变标题的级别

对于已经存在的标题，可以在"大纲显示"选项卡的"大纲工具"功能组中单击"升级"按钮⬅或"降级"按钮➡，对该标题实现层次级别的升或降。如想要将标题降级为正文，可单击"降级为正文"按钮➡；反之，如果想把正文提升为标题 1，可单击"提升至标题"按钮⬅。

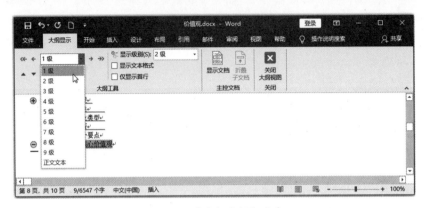

图 12-6　在大纲中添加内容

也可以在"显示级别"下拉列表框中直接设置标题的级别。还可以使用鼠标横向拖动标题前的符号⊕或⊖，改变标题的级别。将鼠标指针置于要改变级别的标题前的符号上，当鼠标指针变为十字箭头✛时，按住左键横向拖动到所需的标题级别的缩进位置即可。如果用鼠标拖动符号为⊕的标题，则该标题下属的所有子标题和正文都会随之移动而改变级别。

4. 改变标题的位置

首先选择要移动的内容，如果只移动标题而不移动它下属的内容也可以直接把光标置于标题中的任意位置。然后单击"大纲显示"选项卡"大纲工具"功能组中的"上移"按钮▲或"下移"按钮▼，即可将标题上移或下移。

注意　　在"大纲显示"选项卡的"关闭"功能组中单击"关闭大纲视图"按钮，即可退出大纲视图。

12.1.5　使用导航窗格

Word 2019 提供了导航窗格功能，使用该功能可以查看文档的结构。具体可以按照以下步骤操作。

（1）启动 Word 2019，打开文档。

（2）在"视图"选项卡的"显示"功能组中选中"导航窗格"复选框，即可在窗口左侧显示"导航"任务窗格，如图 12-7 所示。

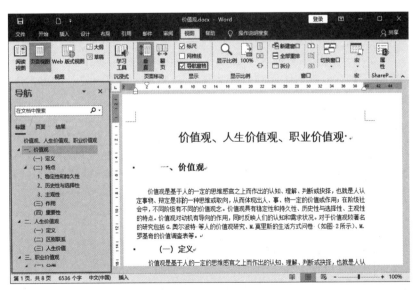

图 12-7　打开"导航"任务窗格

（3）在"导航"任务窗格中查看文档的结构。"标题"界面为默认界面，在该界面中可以清楚地看到整个文档的标题结构，单击某个标题可以迅速定位到该标题。单击某标题左侧的◢按钮，可折叠该标题，折叠某标题后按钮变成▷，单击▷按钮可展开标题内容。如单击"（一）简介"标题，右侧的文档页会自动跳转到相对应的正文部分，如图12-8所示。单击"（二）分类"标题左侧的按钮◢可以折叠此标题内容，如图12-9所示。

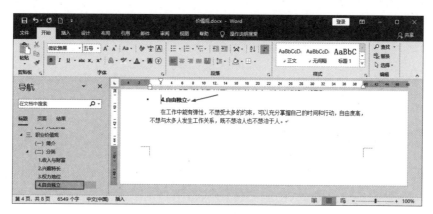

图12-8　查看文档内容

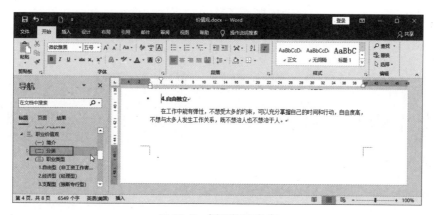

图12-9　折叠标题内容

（4）单击"页面"标签，此时在任务窗格中以页面缩略图的形式显示文档内容，拖动滚动条可快速地浏览文本内容，单击某个缩略图如缩略图3，可以快速定位到第3页的页面，如图12-10所示。

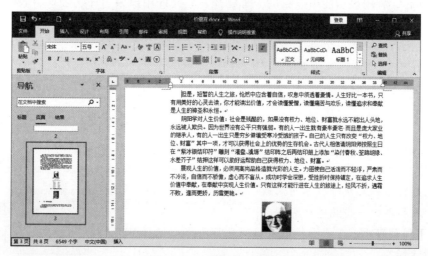

图12-10　定位到相关页面

（5）在"导航"任务窗格的搜索框中输入搜索内容，如"人生观"，可以搜索整个文档并以加粗文本的方式显示其所在位置，通过单击"结果"标签中显示的搜索结果可以快速定位到需要搜索的位置，如图 12-11 所示。

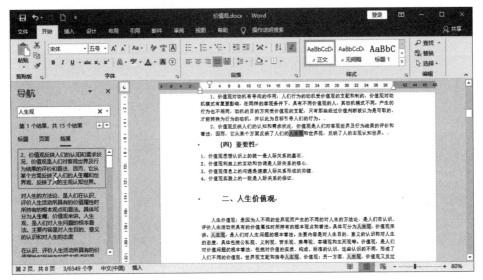

图 12-11　定位搜索文本

12.2　插入题注、脚注和尾注

Word 2019 为用户提供了自动编号标题题注功能，使用该功能可以在插入图片、图表、表格时进行顺序编号，还允许为这些对象添加说明信息。另外，Word 2019 还提供了脚注和尾注功能，可以对文本进行补充说明，或对文档中的引用信息进行注释。

12.2.1　插入题注

复杂的长篇文档中经常包含大量的图片、图表、公式、表格等，在编辑和排版这些内容时，有时还需要为它们添加带有编号的说明性文字，如果手动添加编号会非常耗时，尤其是当后期对这些图片、图表、公式、表格进行增加、删除或者调整位置时，便会导致之前的编号发生混乱。Word 2019 提供的题注功能解决了这样的问题，利用该功能可以自动添加题注，它允许用户为图片、公式、表格等不同类型的对象添加自动编号，避免了手动编号的烦琐，还可以为这些对象添加说明信息。

题注可以位于图片、图表、公式、表格等对象的上方或下方，由题注标签、题注编号和说明信息 3 部分组成。添加题注的具体操作方法如下。

（1）选择需要插入题注的对象。

（2）打开"引用"选项卡，单击"题注"功能组中的"插入题注"按钮。

（3）此时系统弹出图 12-12 所示的"题注"对话框，各选项说明如下。

❖ **"题注"文本框**：在"题注"文本框中的文本分别表示插入到文档中的题注类别和编号，不可修改，但是可以在题注编号之后继续输入和添加一些说明信息。

❖ **"标签"下拉列表框**：在"标签"下拉列表框中可以选择 Word 预置的题注标签。

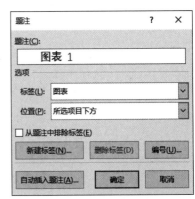

图 12-12　"题注"对话框

❖ **"位置"下拉列表框**：在"位置"下拉列表框中可以选择题注位于对象的上方还是下方。默认情况下，Word 自动选择的是"所选项目下方"选项，表示题注位于对象的下方。

❖ **"从题注中排除标签"复选框**：选中"从题注中排除标签"复选框，则创建的题注中将不会包含"图""表"之类的文字。

❖ **"新建标签"按钮**：单击"新建标签"按钮，会弹出图 12-13 所示的"新建标签"对话框，在"标签"文本框中输入新的标签样式，单击"确定"按钮后即可将新建的标签添加到"标签"下拉列表框中。

❖ **"删除标签"按钮**：单击"删除标签"按钮可以删除创建的错误标签。

❖ **"编号"按钮**：单击"编号"按钮，会弹出图 12-14 所示的"题注编号"对话框。单击"题注编号"对话框中的"格式"下拉按钮可以修改编号样式。选中"包含章节号"复选框会包含章节编号。其中，在"章节起始样式"下拉列表框中可以选择要作为题注编号中第 1 个数字的样式；在"使用分隔符"下拉列表框中选择分隔符样式。

❖ **"自动插入题注"按钮**：单击"自动插入题注"按钮，会弹出图 12-15 所示的"自动插入题注"对话框，在"插入时添加题注"列表框中选择需要设置自动添加题注功能的对象，根据需要在"选项"栏中设置题注标签、位置等参数。

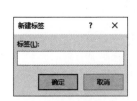

图 12-13 "新建标签"对话框　　图 12-14 "题注编号"对话框　　图 12-15 "自动插入题注"对话框

（4）完成全部设置后，单击"确定"按钮，将题注插入到对象的设定位置中。

12.2.2 编辑题注

1. 编辑题注内容

对于已经插入到文档中的题注编辑内容时可以和编辑普通文档一样，编辑内容设置格式和样式等。

2. 更改题注标签

可以简单地将文档中所有相关的题注标签进行更改，而不用对每个题注作重复的设置。具体操作步骤如下。

（1）选择某个需要更改的题注，例如若要将所有的"图"标签改为"图片"标签，则选中某个标签类型为"图"的题注。

（2）单击"引用"选项卡"题注"功能组中的"插入题注"按钮，在弹出的"题注"对话框中的"标签"下拉列表框中更改为所需标签，若"标签"下拉列表框中没有所需标签，则可以使用"新建标签"按钮新建该标签。

（3）最后，单击"确定"按钮完成操作。

3. 更改题注的编号

题注实际上是以域的方式插入到文档中的，所以改变其中某个题注后可以自动改变其他与之有关的题注的编号。

若在文档中插入了新的题注，它之后的所有相关题注都会后移一位。例如如果插入了"图表2"题注则原来的"图表2"题注变为"图表3"，其后的题注也依次后移。

若在文档中删除了某题注，可以使用更新域的方法更新其后的所有相关题注。方法是选择所有此题注后的文档并按F9键。

上机练习——为文档"价值观"中的图片添加题注

本节练习在文档中为图片添加题注。通过对操作步骤的详细讲解，可以使读者进一步熟悉"插入题注"功能，掌握为文档中的图片添加题注的具体步骤，使文档在编辑过程中更易于排版操作，文档内容更加清晰。

12-1　上机练习——为文档"价值观"中的图片添加题注

选中要添加题注的图片，打开"引用"选项卡，在"题注"功能组中单击"插入题注"按钮，在打开的"题注"对话框中，新建适合的标签，并在"题注"文本框的题注编号后面输入图片的相关文字说明。最终效果如图12-16所示。

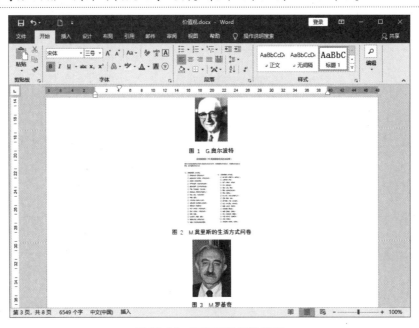

图 12-16　添加图片题注效果

操作步骤

（1）启动 Word 2019，打开"价值观"文档，选择需要插入题注的图片，如图12-17所示。

（2）打开"引用"选项卡，单击"题注"功能组中的"插入题注"按钮，如图12-18所示。

（3）此时系统弹出图12-19所示的"题注"对话框，单击其中的"新建标签"按钮，弹出"新建标签"对话框，在"标签"文本框中输入新的标签样式，如图12-20所示。

（4）单击"新建标签"对话框中的"确定"按钮，返回到"题注"对话框，可以看到刚才新建的标签"图"将自动设置为题注标签，同时题注标签后面自动生成了题注编号，如图12-21所示。

（5）在"题注"对话框的"题注"文本框的题注编号后面输入两个空格，再输入图片的说明文字，如图12-22所示。

图 12-17　选择需要插入题注的图片

图 12-18　单击"插入题注"按钮

图 12-19　"题注"对话框（一）

图 12-20　"新建标签"对话框

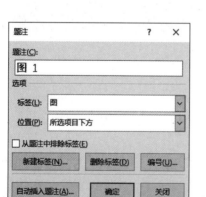

图 12-21　"题注"对话框（二）

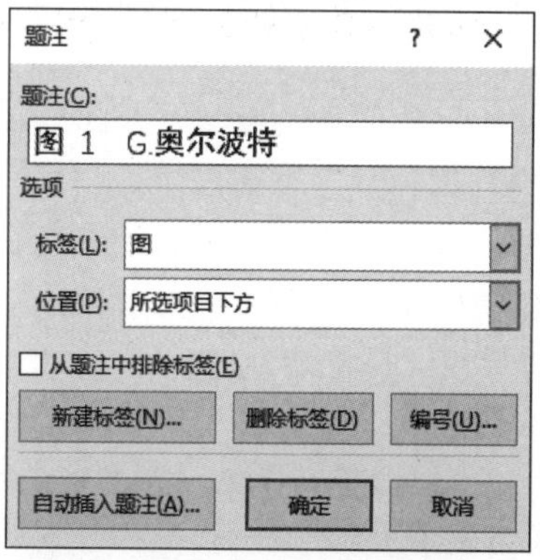

图 12-22　输入图片说明信息

（6）完成设置后单击"确定"按钮，返回文档，可以看到所选图片的下方插入了一个题注，如

图 12-23 所示。

（7）用同样的方法，在文档中对第 2 张、第 3 张图片添加题注，返回文档，得到的效果如图 12-16 所示。

图 12-23　插入题注

12.2.3　插入脚注和尾注

脚注和尾注是对文档内容的补充说明。一般脚注多用于文档中难于理解部分的详细说明，而尾注多用于说明引用文献的出处等。脚注一般出现在每一页的末尾，而尾注一般出现在整篇文档的结尾处。

脚注和尾注都包含两个部分：注释标记和注释文本。注释标记是显示在需要注释的文字右上角的标号，注释文本是详细的注释正文部分。

1. 添加脚注

在 Word 中可以很方便地为文档添加脚注。在一个页面中可以添加多个脚注，且 Word 会根据脚注在文档中的位置自动调整顺序和编号，具体操作步骤如下。

（1）将光标插入点定位在需要插入脚注的位置。

（2）切换到"引用"选项卡，单击"脚注"功能组中的"插入脚注"按钮 AB¹，如图 12-24 所示。

（3）Word 将自动跳转到该页面的底端，直接输入脚注内容即可。

（4）输入完成后，将鼠标指针指向插入脚注的文本位置，将自动出现脚注文本提示。

图 12-24　单击"插入脚注"按钮

2. 添加尾注

编辑文档时，当需要列出引用文献的出处时，便会使用到尾注，在 Word 中可以很方便地为文档添加尾注。在一个页面中同样可以添加多个尾注，且 Word 会根据尾注在文档中的位置自动调整顺序和编号，具体操作步骤如下。

（1）将光标置于需要插入尾注的位置。

（2）切换到"引用"选项卡，单击"脚注"功能组中的"插入尾注"按钮，如图 12-25 所示。

图 12-25 单击"插入尾注"按钮

（3）Word 将自动跳转到文档的末尾位置，直接输入尾注内容即可。

（4）输入完成后，将鼠标指针指向插入尾注的文本位置，将自动出现尾注文本提示。

12.2.4 修改脚注和尾注

根据操作需要，可以修改脚注和尾注的格式、布局以及内容，具体操作步骤如下。

（1）切换到"引用"选项卡，在"脚注"功能组中单击右下角的"功能扩展"按钮 ⌐ 。

（2）系统打开"脚注和尾注"对话框，如图 12-26 所示。选择"脚注"单选按钮添加一个脚注，并选择添加脚注的位置为"页面底端"或"文字下方"。如果要设置尾注，则在"位置"区域中选择"尾注"单选按钮。

（3）单击"转换"按钮，在弹出的"转换注释"对话框中，可以实现脚注和尾注的相互转换，如图 12-27 所示。根据实际需要选择转换方式，单击"确定"按钮即可。

（4）在"脚注和尾注"对话框的"格式"区域可以对脚注或尾注的相关格式进行修改。默认情况下，脚注的编号形式为"1，2，3，…"，尾注的编号形式为"i，ii，iii，…"。根据操作的需要，可以在"编号格式"下拉列表框中选择一种编号格式，并在"起始编号"微调框中输入起始的编号，在"编号"下拉列表框中选择"连续""每节重新编号"或"每页重新编号"等。也可以在"自定义标记"文本框中输入一种符号，或单击"符号"按钮，在弹出的"符号"对话框中选择一种特殊符号，如图 12-28 所示。

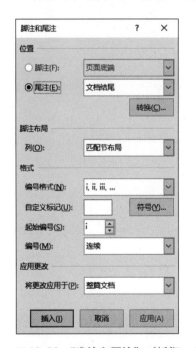

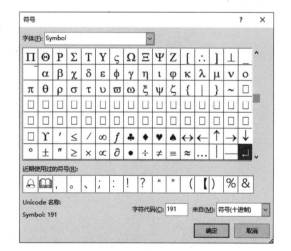

图 12-26 "脚注和尾注"对话框　　图 12-27 "转换注释"对话框　　　　图 12-28 "符号"对话框

（5）修改后在"将更改应用于"下拉列表框中将应用范围设置为"整篇文档"或"所选文字"，然后单击"应用"按钮完成操作。

（6）如果只是修改脚注和尾注的注释文本，则在脚注或尾注区直接修改即可。

移动脚注或尾注时，只需用鼠标选定要移动的脚注或尾注的注释标记，并将它拖动到所需的位置即可。复制脚注或尾注时，只需选定需要复制的脚注或尾注的注释标记，然后和复制文本一样操作。删除脚注或尾注时，只需选定需要删除的脚注或尾注的注释标记，然后按 Delete 键即可。进行移动、复制或删除操作后 Word 都会自动重新调整脚注或尾注的编号，无须手动调整编号。

上机练习——为文档"价值观"中的内容添加脚注

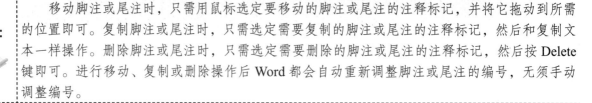

本节练习在文档页面中添加多个脚注，以对文档中的某些内容进行补充说明。通过对操作步骤的详细讲解，可以使读者进一步熟悉"插入脚注"功能，学会灵活利用"脚注和尾注"对话框，掌握在编辑文档时添加脚注的具体步骤。

12-2 上机练习——为文档"价值观"中的内容添加脚注

选中要添加脚注的图片，打开"引用"选项卡，在"脚注"功能组中单击"插入脚注"按钮，在文档中插入所需的脚注。单击"脚注"功能组右下角的"功能扩展"按钮，在打开的"脚注和尾注"对话框中修改脚注的格式、布局，最终效果如图 12-29 所示。

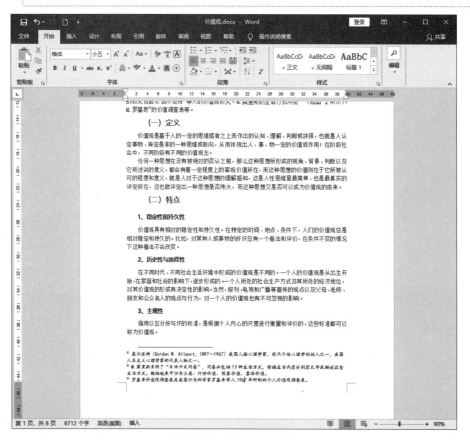

图 12-29 添加脚注效果

操作步骤

（1）启动 Word 2019，打开"价值观"文档。将光标插入点定位在需要插入脚注的位置，如图 12-30 所示。

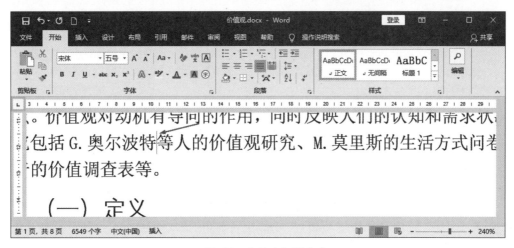

图 12-30　定位光标插入点

（2）切换到"引用"选项卡，单击"脚注"功能组中的"插入脚注"按钮 AB¹，Word 将自动跳转到该页面的底端，直接输入脚注内容即可，如图 12-31 所示。

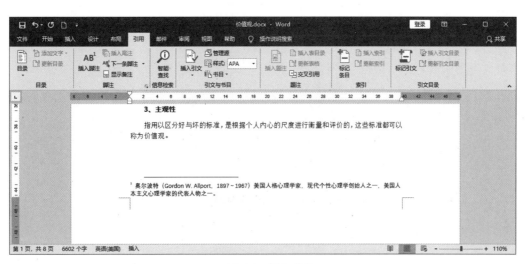

图 12-31　插入脚注

（3）输入完成后，将鼠标指针指向插入脚注的文本位置，将自动出现脚注文本提示，如图 12-32 所示。

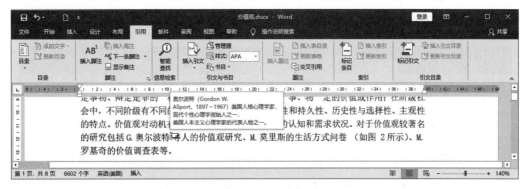

图 12-32　脚注文本提示

（4）重复步骤（1）和步骤（2），添加剩余两个脚注，Word 会根据脚注在文档中的位置自动调整顺序和编号，如图 12-33 所示。

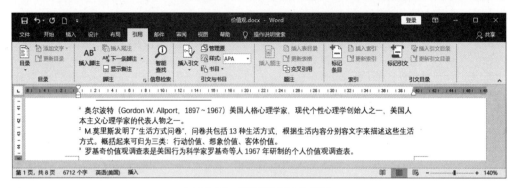

图 12-33 添加剩余两个脚注

（5）切换到"引用"选项卡，单击"脚注"功能组右下角的"功能扩展"按钮，打开"脚注和尾注"对话框，在"位置"栏中选择"脚注"单选按钮，在"编号格式"下拉列表框中选择图 12-34 所示的编号样式。

图 12-34 "脚注和尾注"对话框

（6）单击"应用"按钮，返回文档，效果如图 12-35 所示。

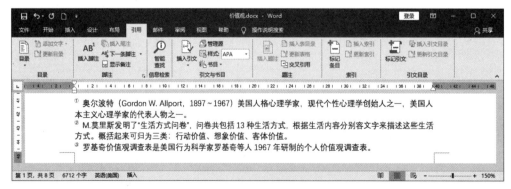

图 12-35 设置脚注编号格式文本效果

（7）选中添加的脚注，设置其文本格式为"楷体""小五"号字，最终效果如图 12-29 所示。

12.3 交叉引用

交叉引用就是在文档中的一个位置引用其他位置的题注、尾注、脚注、标题等内容。例如："如图 1 所示"就是一条交叉引用项。通过使用交叉引用功能可以使读者更方便地阅读较长文档，如果插入了超链接形式的交叉引用，还可以通过单击该超链接快速定位到引用内容的位置。

12.3.1 插入交叉引用

（1）打开 Word 文档，将光标插入点放置到需要实现交叉引用的位置。

（2）选择"引用"选项卡，单击"题注"功能组中的"交叉引用"按钮，如图 12-36 所示，打开"交叉引用"对话框，如图 12-37 所示。

图 12-36 单击"交叉引用"按钮

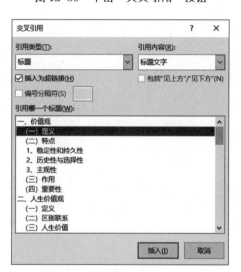

图 12-37 "交叉引用"对话框

"交叉引用"对话框中各项说明如下。

❖ **"引用类型"下拉列表框**：可以选择要引用的类型，包括题注、脚注、尾注、标题、书签等。

❖ **"引用内容"下拉列表框**：可以选择引用的内容，例如可以引用标题的文字，也可以引用编号、页码等。

❖ **"插入为超链接"复选框**：引用的内容会以超链接的方式插入到文档中，单击它即可直接跳转到引用的内容处。

❖ **"引用哪一个标题"列表框**：从中选择一个列出的可以引用的标题。

（3）完成设置后单击"插入"按钮，即可在光标插入点处插入一个交叉引用。

（4）单击"关闭"按钮，关闭"交叉引用"对话框。按住 Ctrl 键单击文档中的交叉引用，文档将跳转至引用指定的位置。

 注意 在使用交叉引用之前，引用的项目例如题注、标题等必须已经存在于文档之中。

12.3.2 修改交叉引用

（1）选定需要改动的交叉引用。

（2）单击"引用"选项卡"题注"功能组中的"交叉引用"按钮，再次打开"交叉引用"对话框，选择新的引用项目后单击"插入"按钮即可。

（3）在弹出的"交叉引用"对话框中选择要更改的修改内容，并单击"确定"按钮完成操作。

上机练习——在文档"价值观"中添加交叉引用

本节练习在文档页面中添加"交叉引用"功能。通过对操作步骤的详细讲解，帮助用户掌握交叉引用的使用方法，以便在编辑文档时提高工作效率，保证内容的正确性，避免失误。

12-3 上机练习——在文档"价值观"中添加交叉引用

将光标插入点放置到需要实现交叉引用的位置，打开"引用"选项卡，在"题注"功能组中单击"交叉引用"按钮，在打开的"交叉引用"对话框中分别设置引用类型、引用内容、引用哪一个题注等。设置完交叉引用后，将图片1删掉，并更新域，最终文本效果如图 12-38 所示。

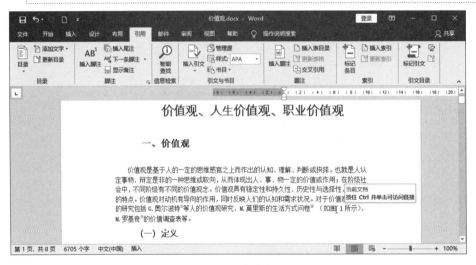

图 12-38　文本效果

操作步骤

（1）启动 Word 文档，打开"价值观"文档，将光标插入点放置到需要实现交叉引用的位置，此处删掉"图 2"，将光标定位于"如"后面，如图 12-39 所示。

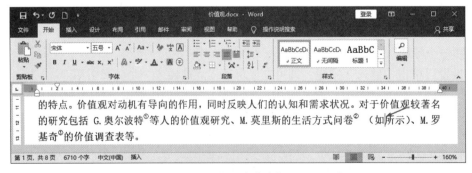

图 12-39　定位光标

（2）选择"引用"选项卡，单击"题注"功能组中的"交叉引用"按钮，打开"交叉引用"对话框。

（3）在"交叉引用"对话框的"引用类型"下拉列表框中选择"图"。在"引用内容"下拉列表框中选择"仅标签和编号"。选中"插入为超链接"复选框，在"引用哪一个题注"列表框中选择列出的第 2 条标题，如图 12-40 所示。

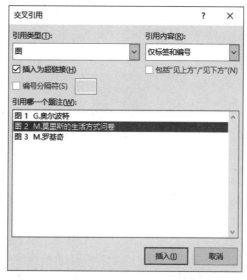

图 12-40　"交叉引用"对话框

（4）完成设置后单击"插入"按钮，即可在光标插入点处插入一个交叉引用，如图 12-41 所示。

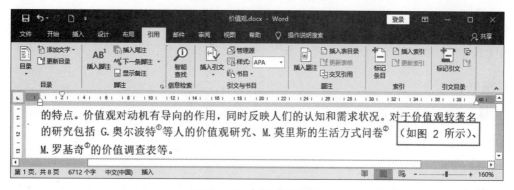

图 12-41　插入交叉引用

（5）单击"关闭"按钮，关闭"交叉引用"对话框。按住 Ctrl 键单击文档中的交叉引用，如图 12-42 所示，文档将跳转至引用指定的位置。

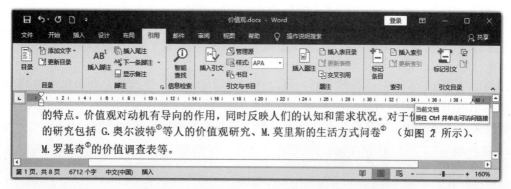

图 12-42　按住 Ctrl 键单击文档中的交叉引用

（6）删除第一张图片和题注，选中全文，按快捷键 F9，文档中的题注编号自动更新，免去了手动更改的烦琐，如图 12-43 所示。

图 12-43　题注编号自动更新

（7）返回到文档中，可以看到插入交叉引用的正文所涉及的图片序号也随着题注序号的改变而改变，如图 12-37 所示。按住 Ctrl 键单击文档中的交叉引用，可以看到仍然定位到相应的原图片中。

12.4　书　　签

和通常意义上的书签功能类似，Word 的书签功能可以帮助用户在比较长的文档中快速定位光标，更快地找到阅读或者修改的位置，也可以在交叉引用中引用书签。

12.4.1　创建书签

在 Word 2019 文档中，文本、段落、图形图片、标题都可以添加书签，具体操作步骤如下。

（1）打开 Word 文档，单击要插入书签的位置或者选定要添加书签的一段文字。

（2）切换到"插入"选项卡，单击"链接"功能组中的"书签"按钮，如图 12-44 所示。

图 12-44　单击"书签"按钮

（3）系统打开图 12-45 所示的"书签"对话框。在"书签名"文本框中输入书签名称。

（4）单击"添加"按钮，便为文档添加了一个书签。

（5）如果要使用 Word 内置的隐藏书签，可以选中"隐藏书签"复选框，列表框中将列出一系列用字母和数字标识的书签，用户可以从中选择一个书签作为在新位置插入的书签，如图 12-46 所示。如果已有的书签较多，还可以选择"名称"或"位置"单选按钮设置书签排序的依据。

注意　选择已存在的书签，单击"添加"按钮后，原来位置的书签将不存在，而在新位置插入原有的书签。

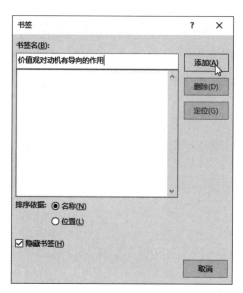

图 12-45 "书签"对话框

图 12-46 选中"隐藏书签"复选框

12.4.2 显示和删除书签

1. 显示书签

默认情况下,Word 文档中是不显示书签的。如果想显示书签,可以按照以下步骤操作。

(1)在"文件"菜单中选择"选项"命令,打开"Word 选项"对话框,在左侧的列表框中选择"高级"选项,在右侧窗格的"显示文档内容"选项区中选中"显示书签"复选框,如图 12-47 所示。

图 12-47 "Word 选项"对话框

(2)单击"确定"按钮,返回文档。如果是为一个位置指定的书签,则该书签会显示为 Ⅰ 形标记;如果是为一个段落或连续的几张图片指定书签,则该书签会以括号 ([…]) 的形式出现,如图 12-48 所示。

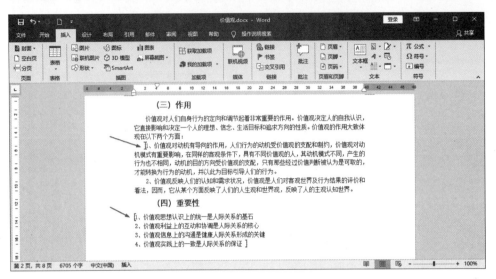

图 12-48   显示书签

2. 删除书签

删除文档中创建的书签的操作方法如下。

（1）选择"插入"选项卡，在"链接"功能区中单击"书签"按钮，打开"书签"对话框。

（2）在"书签"对话框的列表框中选择要删除的书签，单击"书签"文本框右侧的"删除"按钮，即可删除该书签。

（3）删除完成后单击"取消"按钮，或者单击右上角的"关闭"按钮，关闭"书签"对话框。

12.4.3   使用书签定位

1. 使用"书签"对话框定位

（1）打开 Word 文档，选择"插入"选项卡，在"链接"功能区中单击"书签"命令按钮，打开"书签"对话框。

（2）在打开的"书签"对话框中，双击已有的书签可以直接跳转到书签所在的位置，或选择要定位到的书签，单击"定位"按钮，也可以跳转到书签所在的位置。如果创建书签时是选定某些内容后创建的，则定位后会将书签中的内容全部选定，如图 12-49 所示。

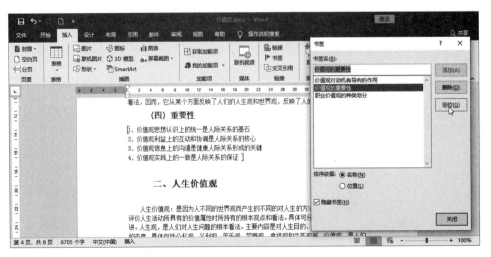

图 12-49   使用书签定位

2. 使用"查找和替换"对话框中的"定位"选项卡定位

（1）切换到"开始"选项卡，在"编辑"功能组中单击"查找"下拉按钮，在弹出的菜单中选择"转到"命令，如图12-50所示。

图12-50 选择"转到"命令

（2）在打开的"查找和替换"对话框中，切换到"定位"选项卡，在"定位目标"列表框中选择"书签"选项。在"请输入书签名称"下拉列表框中直接输入要定位到的书签的名称，或在下拉列表框中选择一个书签。选定后单击"定位"按钮即可，此时自动定位到书签位置，如图12-51所示。

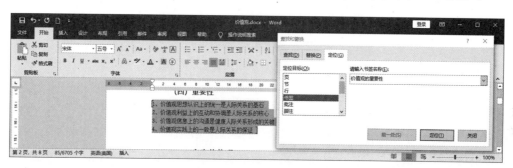

图12-51 "定位"选项卡

12.5 索 引

索引就是列出的文档中的内容的页码或页码范围等。使用索引可以方便地在比较长的文档中查找信息。创建索引的操作包含两个步骤：首先在文档中需要创建索引的位置标记索引项，然后在文档末尾处创建索引。

12.5.1 标记索引项

索引项就是文档中需要进行索引的内容，标记索引项就是将这些内容用代码的形式标记出来。标记完所有的索引项后可以为它们建立索引。标记索引项的具体操作步骤如下。

（1）打开"价值观"文档，在文档中选定要标记为索引项的内容，如"认知"。切换到"引用"选项卡，在"索引"功能组中单击"标记条目"命令按钮，如图12-52所示。

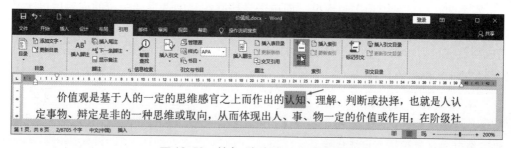

图12-52 单击"标记条目"命令按钮

（2）系统弹出图 12-53 所示的"标记索引项"对话框，"主索引项"文本框中已经显示为选定的文档内容，可以用它作为主索引项的内容，也可以自己重新进行编辑。

图 12-53 "标记索引项"对话框

该对话框中的其他各项功能说明如下。

❖ **"次索引项"文本框**：在"次索引项"文本框中编辑下一级的索引项内容。同一主索引项中可以包含多个次索引项，例如：若"职业"为主索引项，则"价值观"可以作为次索引项，若要查找"职业价值观"，可以先在索引中找到主索引项"职业"，再在它的下属内容中找到次索引项"价值观"。

❖ **"所属拼音项"文本框**：若主索引项或次索引项为多音字则需要在其后的"所属拼音项"文本框中设置它的正确读音。这样在索引中它才会处于正确的位置。

❖ **"交叉引用"单选按钮**：若选择"交叉引用"单选按钮并在其后的文本框中设置交叉引用的内容，则最后在索引中出现的不是页码而是设置的交叉引用的内容。

❖ **"当前页"单选按钮**：若选择"当前页"单选按钮，则索引中出现的是当前页的页码。

❖ **"页面范围"单选按钮**：若选择"页面范围"单选按钮，则希望索引中出现的是一个页码范围，这时需要通过在所需的页码范围的文档上创建书签的操作完成这一设置。创建书签后，在"书签"下拉列表框中选中它即可。在"页码格式"区域可以选择该索引项出现在索引中的页码格式为加粗或倾斜。

❖ **"标记"按钮**：单击"标记"按钮，则将当前所选文字标记为一个索引项。

❖ **"标记全部"按钮**：单击"标记全部"按钮，则将所有与所选文字相同的内容标记为索引项。

（3）可以不关闭"标记索引项"对话框，而单击文档并在其中选择要标记的内容后再次激活对话框，从而连续标记索引项。

（4）完成所有标记后单击"关闭"按钮，关闭"标记索引项"对话框。文档中设置了标记索引项的文本效果如图 12-54 所示。

提示： Word 设置了显示编辑标记，才会在文档中显示 XE 域代码。在文档中显示 XE 域代码，可能会增加额外的页面，那么创建的索引中，有些词语的页面就会变得不正常。所以，建议在创建索引之前先隐藏 XE 域代码。

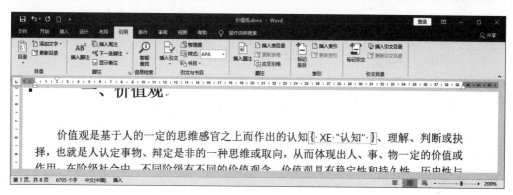

图 12-54   出现索引标记的文本效果

12.5.2   创建索引

在文档中标记好所有索引项的标注后，在其基础上可以创建索引。用户可以选择一种设计好的索引格式并生成最终的索引。通常情况下，Word 2019 会自动收集索引项，并将其按字母顺序排序，引用其页码，找到并且删除同一页上的重复索引，然后在文档中显示该索引。创建索引的具体操作步骤如下。

（1）将光标定位于文档中需要插入索引的位置，一般位于文档的末尾处。

（2）切换到"引用"选项卡，单击"索引"功能组中的"插入索引"命令按钮 ，如图 12-55 所示，弹出图 12-56 所示的"索引"对话框。

图 12-55   单击"插入索引"按钮

图 12-56   "索引"对话框中的"索引"选项卡

各选项功能说明如下。

❖ **"类型"栏**：在"类型"栏中选择索引的布局类型。"缩进式"类型的索引类似于多级目录，不同级别的索引会以缩进格式显示；"接排式"类型的索引则没有层次感，相关的索引在一行中连续排列。

❖ **"栏数"微调框**：在"栏数"微调框中选择索引中的分栏数目。

❖ **"语言"下拉列表框**：在"语言"下拉列表框中选择索引使用的语言。

❖ **"排序依据"下拉列表框**：在"排序依据"下拉列表框中可以设置索引中词语的排序依据。有两种方式，一种是按笔画多少排序，另一种是按每个词语第一个字的拼音首字母排序。

❖ **"页码右对齐"复选框**：如果选中了"页码右对齐"复选框，则索引中的页码会采用右对齐方式。

❖ **"制表符前导符"下拉列表框**：在"制表符前导符"下拉列表框中设置索引和页码之间的分隔符。

❖ **"格式"下拉列表框**：在"格式"下拉列表框中选择一种索引样式，包括"来自模板""古典""流行""现代""项目符号""正式""简单"等。

❖ **"修改"按钮**：若需要修改索引项文字的格式，单击"修改"按钮，则弹出"样式"对话框，如图 12-57 所示。在其中选择需要修改格式的索引级别后单击"修改"按钮，在弹出的如图 12-58 所示的"修改样式"对话框中对选择的索引样式进行修改。

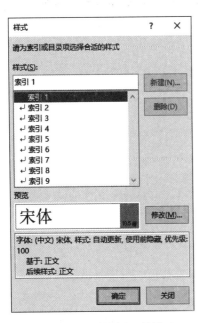

图 12-57　"样式"对话框

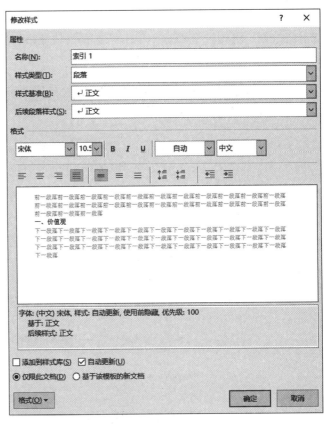

图 12-58　"修改样式"对话框

（3）设置完上述所有选项后，单击"确定"按钮即可将索引插入到文档中。

（4）返回文档，光标插入点所在位置即可插入一个索引目录，如图 12-59 所示。

12.5.3　删除和更新索引

1. 删除索引

对于不需要的索引项，可以将其删除。删除方法有以下几种。

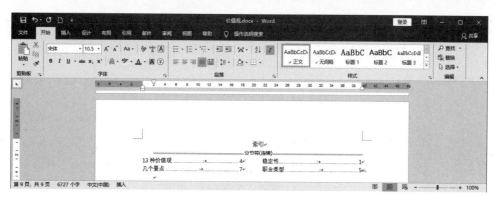

图 12-59　索引效果示例

❖ **删除单个索引项**：在文档中选中需要删除的某个 XE 域代码，按 Delete 键即可。
❖ **删除所有索引项**：如果文档中只有 XE 域代码，则使用替换功能快速删除全部索引项。按 Crtl+H
组合键，打开"查找和替换"对话框，在英文输入状态下，在"查找内容"文本框中输入"^d"，
"替换为"文本框内留空，如图 12-60 所示，然后单击"全部替换"按钮即可。

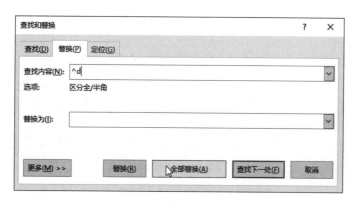

图 12-60　"查找和替换"文本框

2. 更新索引

一般情况下，要在输入全部文档内容之后再进行索引工作，如果此后又进行了内容的修改，原索引
就不准确了。为了让索引与文档保持一致，需要对索引进行更新，可以采用以下几种方法。

方法一：将光标插入点定位在索引内，右击，在弹出的快捷菜单中选择"更新域"命令，如图 12-61
所示。

方法二：将光标插入点定位在索引内，切换到"引用"选项卡，单击"索引"功能组中的"更新索
引"按钮，如图 12-62 所示。

方法三：在索引上单击，选中整个索引，然后按 F9 键。

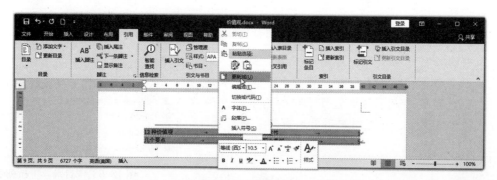

图 12-61　快捷菜单

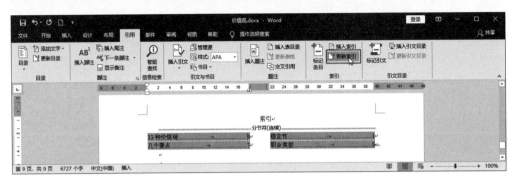

图 12-62　单击"更新索引"按钮

12.6　插入目录

对于长篇的 Word 文档来说，文档中的目录是文档不可或缺的重要组成部分。使用目录，读者可以轻松地在长文档中浏览、定位和查找内容。但是，按章节手动输入目录是效率很低的方法，Word 提供了自动创建目录的功能，大大方便了编辑目录的操作，而且使用这个功能创建的目录可以随着对文档内容的改变自动更新。

前面讲过，Word 中提供了 9 级标题样式，使用这些样式可以直接设定标题格式。实际上 Word 也是通过这些标题样式自动创建目录的。Word 在创建目录时，会自动识别这些标题的大纲级别，并以此来判断各标题在目录中的层级，当出现以下两种内容时是不会被提取到目录当中的：

（1）大纲级别设置为"正文文本"的内容；

（2）大纲级别低于创建目录时要包含的大纲级别的内容，例如，在创建目录时，将要显示的级别设置为"2"，那么大纲级别为 3 级及以上的标题便不会被提取到目录中。

12.6.1　创建目录

1. 使用预置样式创建目录

Word 提供了几种内置目录样式，用户可以根据这些内置样式快速创建目录，具体操作步骤如下。

（1）在编辑文档的时候把需要显示在目录中的标题用标题样式设置为相应的级别。

（2）将光标定位于文档中需要插入目录的位置，一般在文档开头处。

（3）单击"引用"选项卡"目录"功能组中的"目录"按钮，在弹出的下拉列表框中选择需要的目录样式，如图 12-63 所示。

（4）所选样式的目录即可插入到光标插入点所在的位置。

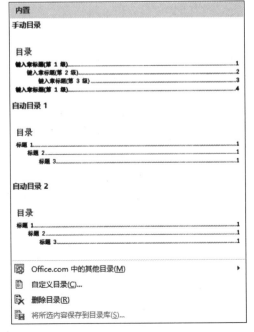

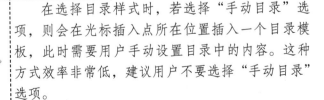

提示：　在选择目录样式时，若选择"手动目录"选项，则会在光标插入点所在位置插入一个目录模板，此时需要用户手动设置目录中的内容。这种方式效率非常低，建议用户不要选择"手动目录"选项。

图 12-63　"目录"下拉列表框

2. 自定义创建目录

除了使用内置的目录样式之外，用户还可以通过自定义的方式创建目录。自定义创建目录具有很大的灵活性，用户可根据实际需要设置目录的标题级别、页码显示方式、制表符前导符等，具体操作步骤如下。

（1）将光标定位于需要插入目录的位置。

（2）切换到"引用"选项卡，单击"目录"功能组的"目录"按钮📄，在弹出的下拉列表框中选择"自定义目录"选项，弹出图 12-64 所示的"目录"对话框。

图 12-64　"目录"对话框

其中各选项的功能说明如下。

❖ **"显示页码"复选框**：选中"显示页码"复选框，则在目录中自动加入标题所在页的页码。

❖ **"页码右对齐"复选框**：若设置了"显示页码"，则在"页码右对齐"复选框中选择页码的对齐方式。

❖ **"使用超链接而不使用页码"复选框**：若选中"使用超链接而不使用页码"复选框，则显示在 Web 版式视图下目录中的是以标题作为内容的超链接。

❖ **"制表符前导符"下拉列表框**：在"制表符前导符"下拉列表框中设置目录中的标题和页码之间的分隔符。

❖ **"格式"下拉列表框**：在"格式"下拉列表框中选择一种目录格式，包括"来自模板""古典""优雅""流行""现代""正式""简单"。

❖ **"显示级别"微调框**：在"显示级别"微调框中选择显示在目录中的标题最低级别，例如，如果设置为 3，则显示 3 级及其以上级别的标题。

❖ **"选项"按钮**：单击"选项"按钮，在弹出的图 12-65 所示的"目录选项"对话框中可以将各级目录和各级标题对应起来。

❖ **"修改"按钮**：单击"修改"按钮，在弹出的图 12-66 所示的"样式"对话框中可以修改各级目录的样式。在"样式"对话框的"样式"列表框中选择需要修改的目录，单击"修改"按钮，打开"修改样式"对话框，如图 12-67 所示，对目录样式进行修改，如修改目录文字的字体、字号等。设置完成后，单击"确定"按钮关闭"修改样式"对话框和"样式"对话框。

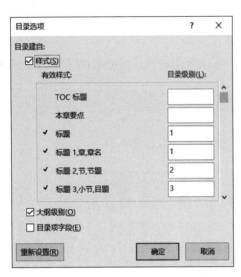

图 12-65 "目录选项"对话框

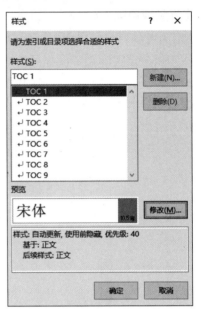

图 12-66 "样式"对话框

（3）设置完上述所有选项后，单击"确定"按钮即可将目录插入到文档中。

（4）返回文档，可以发现光标插入点所在位置已插入目录，按住 Ctrl 键，再单击某条目录，即可快速跳转到对应的目标位置。

图 12-67 "修改样式"对话框

3. 创建图表目录

如果在文档中插入了图或图表等对象且给它添加了题注，则可以为这些题注自动创建目录。如要为文档中的图片创建一个图表目录，可以按照以下具体步骤操作。

（1）打开"价值观"文档，将光标定位到需要插入图表目录的位置。

（2）切换到"引用"选项卡，单击"题注"功能组中的"插入表目录"按钮，如图 12-68 所示。

图 12-68　单击"插入表目录"按钮

（3）系统打开"图表目录"对话框并切换到"图表目录"选项卡，在"常规"选项区"题注标签"下拉列表框中选择图片使用的题注标签，如图 12-69 所示。

图 12-69　"图表目录"对话框

（4）单击"确定"按钮，返回文档，即可看到光标所在位置创建了一个图表目录，如图 12-70 所示。

图 12-70　插入图表目录效果

4. 创建引文目录

在文档中插入引文目录的操作与创建索引类似，首先应该在"引用"选项卡的"引文目录"功能组中单击"标记引文"按钮，利用弹出的"标记引文"对话框标记引文，全部标记完后使用"引文目录"对话框中的"引文目录"选项卡选择引文目录的格式，然后单击"确定"按钮将目录插入。

这两种创建目录的操作分别和前面详细介绍的标题目录和索引的创建方法类似，这里不再赘述，请读者自行试用。

12.6.2 更新目录

当文档中的标题发生了改动，比如标题的内容、位置发生了改变，或者新增、删减了标题等，为了使目录与文档保持一致，只需对目录内容执行更新操作即可。更新目录的方法主要有以下几种。

方法一：将光标定位到目录内，然后右击，在弹出的快捷菜单中选择"更新域"命令，如图 12-71所示。

图 12-71　选择"更新域"命令

方法二：将光标定位到目录内，切换到"引用"选项卡，单击"目录"功能组中的"更新目录"按钮，如图 12-72 所示。

图 12-72　单击"更新目录"按钮

方法三：将光标定位到目录内，按 F9 键。

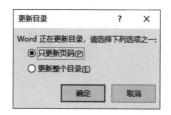

无论使用哪种方法更新目录，都会弹出"更新目录"对话框，如图 12-73 所示。在"更新目录"对话框中，选择"只更新页码"单选按钮，则只更新目录中的页码；选择"更新整个目录"单选按钮，则会同时更新目录中的标题和页码。

图 12-73　"更新目录"对话框

12.7　主控文档和子文档

在编辑长文档时常常会遇到这样的问题：由于文档长度过长，造成浏览和编辑起来相当困难，而且储存文档的文件也会变得很大，计算机运行速度明显下降，有时还会出现 Word 程序无响应的情况。若需要多人合作编写文档，则更会感到非常困难。如果将文档分为不同的章节，将每个章节作为独立的文档进行编辑，这样当然可以，但是降低了文档的统一完整性，当需要为这些文档创建统一的页码、索引、目录时会给操作带来麻烦。使用 Word 提供的主控文档和子文档功能可以很好地解决这个问题。将各个章节划分为子文档，通过主控文档管理它们，既可以在子文档中分别编辑，又可以在主控文档中对子文档进行新建、删除、查看、合并、拆分、设置格式等操作，从而提高文档的编辑效率。

12.7.1　创建主控文档和子文档

主控文档是用来管理所有子文档的文档，新建主控文档和子文档的操作如下。

（1）打开需要创建主控文档和子文档的 Word 文档，如"价值观"。

（2）切换到"大纲"视图模式，在"大纲"选项卡的"主控文档"功能组中单击"显示文档"按钮，如图 12-74 所示。

图 12-74　单击"显示文档"按钮

（3）系统展开"主控文档"功能组，其中包含了所有用于主控文档操作的按钮，如图 12-75 所示。

图 12-75　展开"主控文档"功能组

（4）将大纲的显示级别设置为"2 级"，单击标题"一、价值观"左侧的⊕标记，选中该标题及其下属包含的所有内容，如图 12-76 所示。

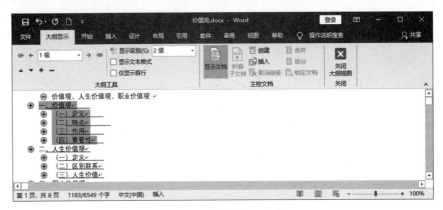

图 12-76　选中标题内容

（5）单击"主控文档"功能组中的"创建"按钮，则在所选标题的四周添加一个灰色的边框，在方框的左上角可以看到一个子文档的图标▦，表示该标题及其下属内容已经被拆分为一个子文档，如图 12-77 所示。

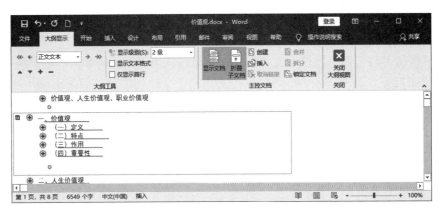

图 12-77　拆分文档

（6）采用同样的方法，依次将其他标题及其下属内容分别拆分为子文档，如图 12-78 所示。

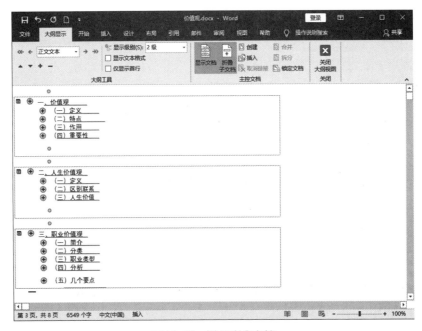

图 12-78　拆分剩余文档

（7）选择"文件"菜单中的"保存"命令保存文档，当前文档即可成为主控文档，同时子文档将自动以标题命名，其保存路径在当前文档所在的文件夹中，如图 12-79 所示。

图 12-79 主控文档和子文档保存路径

（8）在主控文档中，如果需要查看子文档的保存路径，可以单击"主控文档"功能组中的"折叠子文档"按钮，主文档中将以超链接的形式显示各子文档的保存路径，如图 12-80 所示。

（9）要打开子文档进行编辑，只需在主控文档中双击每个子文档方框左上角的子文档图标即可。

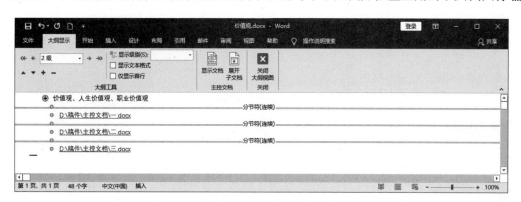

图 12-80 查看子文档的保存路径

12.7.2 编辑主控文档和子文档

创建主控文档后，下次打开该文档时，可发现子文档会以超链接的形式进行显示。对于主控文档可以和普通文档一样在普通视图或页面视图下进行编辑，可以在普通视图中为文档制作目录、索引和交叉引用等。

Word 会在主控文档中的各个子文档之间自动插入连续类型的分节符，所以可以分别为各个子文档设置页眉和页脚等。如果要对各个子文档进行编辑，可以在主控文档中切换到大纲视图并进入主控文档操作界面，然后单击"主控文档"功能组中的"展开子文档"按钮，显示出子文档中的内容，如图 12-81 所示。

对每个子文档进行编辑时可以在主控文档中直接编辑，也可以在"主控文档"视图中双击主控文档中相应的子文档方框左上角的子文档图标，打开子文档编辑，将文档进行保存并退出后，主控文档中会对子文档的修改自动进行更新。

提示： 默认情况下，打开主控文档后，无论在什么视图方式下，都会以超链接的形式显示各子文档，此时，按住 Ctrl 键并单击子文档超链接，也可以在新的 Word 窗口中打开子文档。

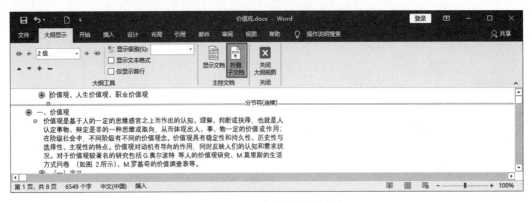

图 12-81　显示子文档中的内容

12.7.3　重命名与移动子文档

若要重新命名子文档，应该使用下列操作。

（1）打开相应的某一个子文档。

（2）选择"文件"选项卡中的"另存为"选项，打开"另存为"对话框，在"文件名"文本框中重新输入文件名，便可以重命名子文件；在"另存为"对话框中重新制定保存路径，便能实现子文档的移动。

　　　不能在操作系统中直接对子文档文件重新命名，若改变了子文档文件的名字，主控文档会失去和该子文档的联系。

12.7.4　合并和拆分子文档

1. 合并子文档

如果创建的主控文档中子文档太小，则会发现管理起来非常麻烦，此时可以合并子文档，具体操作步骤如下。

（1）首先打开主控文档，切换到大纲视图并进入主控文档操作界面，单击"主控文档"功能组中的"展开子文档"按钮，如图 12-82 所示。

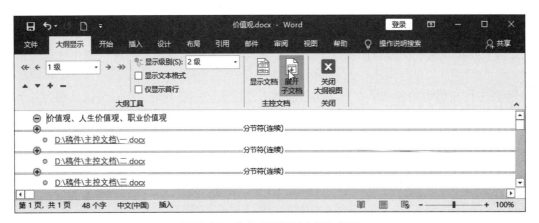

图 12-82　单击"展开子文档"按钮

（2）展开子文档内容，将大纲的显示级别设置为"2级"。

（3）单击某子文档标题左上角的子文档图标▦，选中第一个需要合并的子文档，然后按住 Shift 键选择其他需要合并的子文档，完成选择后单击"主控文档"功能组中的"合并"按钮，如图 12-83 所示。

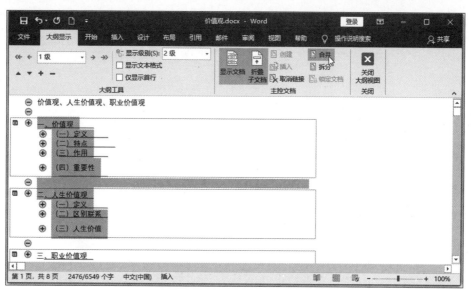

图 12-83　单击"合并"按钮

（4）所选子文档将合并为一个独立的子文档，且框线内的内容范围也随之发生了改变，如图 12-84 所示。

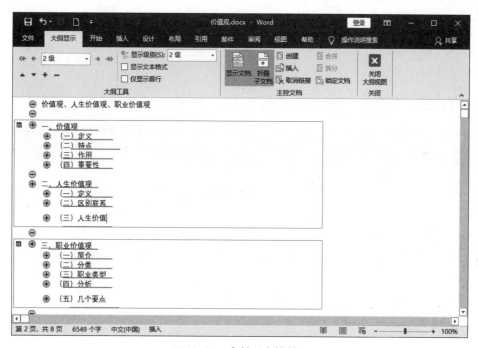

图 12-84　合并子文档效果

2. 拆分子文档

如果子文档太大，也可以将该子文档拆分成多个小的子文档，具体操作步骤如下。

（1）首先打开主控文档，切换到大纲视图并进入主控文档操作界面，单击"主控文档"功能组中的 "展开子文档"按钮。

（2）在要拆分的子文档中选定要进行拆分的标题，拆分时从这个标题处拆分，即拆分后选定的标题 和其后的所有内容成为一个新的子文档，如图 12-85 所示。

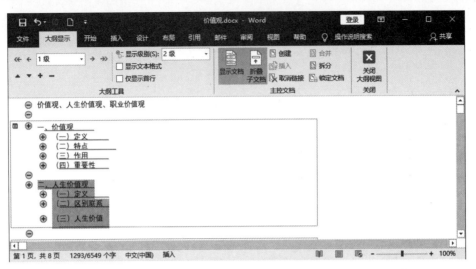

图 12-85　选定要进行拆分的标题

（3）单击"主控文档"功能组中的"拆分"按钮，如图 12-86 所示。

图 12-86　单击"拆分"按钮

（4）该子文档从光标位置拆分为两个子文档，如图 12-87 所示。

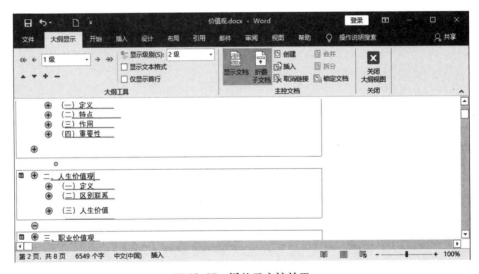

图 12-87　拆分子文档效果

12.7.5　锁定和解锁子文档

使用主控文档的一个主要优点是工作组中的多个用户可以在同一个主控文档的各子文档上同时进行编辑，这时可以使用锁定子文档功能以避免出现错误操作。用户锁定子文档的具体操作步骤如下。

（1）首先进入主控文档的主控文档视图中，单击"主控文档"功能组中的"展开子文档"按钮，如图 12-88 所示。

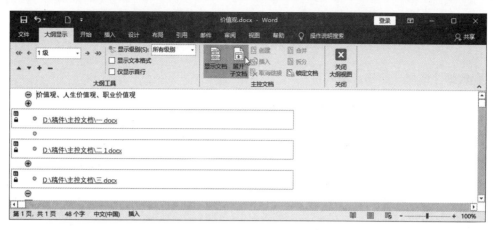

图 12-88　单击"展开子文档"按钮

（2）此时系统展开子文档内容，将光标置于需要锁定的子文档中的任意位置。

（3）单击"主控文档"功能组中的"锁定文档"按钮即可锁定文档，如图 12-89 所示。再次单击该按钮可以解除锁定。

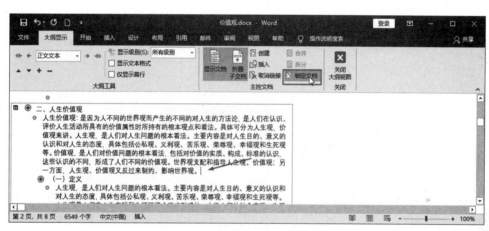

图 12-89　单击"锁定文档"按钮

（4）可以看到锁定的子文档标题的左侧出现一个锁样图标。

（5）将主控文档切换到页面视图，将光标插入点定位到处于锁定状态的子文档中的任意位置，可以看到功能组中的所有编辑命令都处于不可用状态，如图 12-90 所示，即不能对子文档进行编辑。

如果要解锁子文档，则在大纲视图的主控文档操作界面中，将光标插入点定位在处于锁定状态的子文档范围内，再次单击"主控文档"功能组中的"锁定文档"按钮，即可解除锁定。

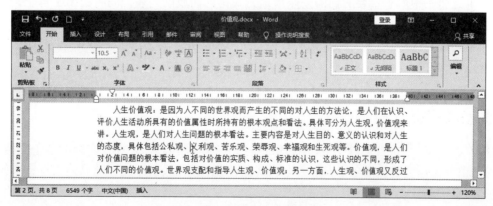

图 12-90　锁定文档后的功能区

12.8 答 疑 解 惑

1. 如何删除脚注或尾注的横线格式?

答:在草稿视图状态下,单击"引用"选项卡,在"脚注"功能组中单击"显示备注"命令按钮,这时在文档的最下方出现了"脚注"的编辑栏。在"脚注"的下拉菜单中选择"脚注分隔符"选项,选中短的分割横线删除即可。再在下拉菜单中选择"脚注延续分隔符"选项,选中长的分割横线删除。最后切换到页面视图状态下就可以看到脚注的横线格式删除了。尾注的横线格式删除方法与脚注一样。

2. Word 中交叉引用不能更新怎么办?

答:在文档中插入的交叉引用项其实也是以域的方式插入的,所以当引用的内容变化时,可以使用更新域的方法进行更新。更新域的操作为选定需要更新的域后按 F9 键。但是如果删除了引用对象,则更新域后会出现"错误,未找到引用源!"的提示。

3. 在创建书签时,对书签的名称有什么要求?

答:书签的名称最长可达 40 个字符,可以包含数字,但是数字不能出现在第一个字符中,书签只能以字母或文字开头。另外,在书签名称中不能有空格,但是可以采用下划线来分隔文字。

4. 怎样批量拆分子文档?

答:如果希望一次性将文档中同一级别的标题分别拆分为对应的子文档,则可以按住 Shift 键不放,然后依次单击各标题左侧的⊕标记,以便选中这些标题及其下属包含的所有内容,然后单击"主控文档"功能组中的"创建"按钮,即可一次性完成拆分。

12.9 学习效果自测

选择题

1. Word 2019 中最多可以创建( )个级别的多级符号。

    A. 8　　　　　　　　B. 9　　　　　　　　C. 10　　　　　　　　D. 12

2. Word 2019 中的( )功能是专门用于制作提纲的。

    A. 草稿视图　　　　　B. Web 版式视图　　　C. 页面视图　　　　　D. 大纲视图

3. 在文档中使用( )功能,可以标记某个范围或插入点的位置,为以后在文档中定位位置提供便利。

    A. 题注　　　　　　　B. 书签　　　　　　　C. 尾注　　　　　　　D. 脚注

4. 编辑文档时,当需要对某处内容添加注释信息时,可通过插入( )的方法实现。

    A. 脚注　　　　　　　B. 书签　　　　　　　C. 注释　　　　　　　D. 题注

5. ( )是将书中所有重要的词语按照指定方式排列而成的列表,同时给出了每个词语在书中出现的所有位置对应的页码。

    A. 目录　　　　　　　B. 书签　　　　　　　C. 索引　　　　　　　D. 尾注

第 13 章

文档的保护、转换和打印

Word 2019 提供了文档的保护和转换功能，可以方便地设置修改权限、编辑权限、加密文档以及快速转换文档等

本章将介绍如下内容：

- ❖ 保护文档
- ❖ 转换文档
- ❖ 打印文档

13.1 保 护 文 档

对于非常重要的文档，为了防止其被盗用或者任意修改，可以设置相应的保护操作。Word 2019 为文档提供了多种保护操作，如始终以只读方式打开，用密码进行加密，限制编辑，限制访问，添加数字签名，标记为最终状态等，根据实际需要可以选择合适的文档保护方法。本节介绍常用的几种方法。

13.1.1 以只读方式保护文档

在日常办公中，经常需要将一些文档共享给其他人查看，但是又不希望他人修改，这时就可以将文档设置为以只读方式打开。具体操作步骤如下。

（1）启动 Word 2019，打开文档。

（2）打开"文件"菜单，单击"另存为"选项，在"另存为"操作界面中，单击"浏览"选项，如图 13-1 所示。

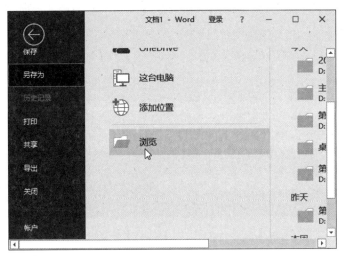

图 13-1 单击"浏览"选项

（3）系统打开"另存为"对话框，单击"工具"按钮，从弹出的下拉列表框中选择"常规选项"选项，如图 13-2 所示。

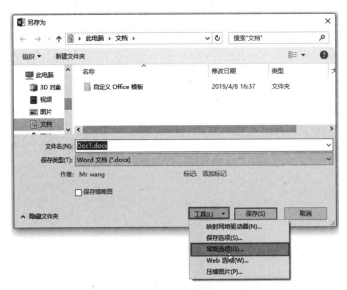

图 13-2 选择"常规选项"选项

（4）此时系统打开"常规选项"对话框，选中"建议以只读方式打开文档"复选框，如图 13-3 所示，单击"确定"按钮。

图 13-3 "常规选项"对话框

（5）当再次打开该文档时，将弹出图 13-4 所示的信息提示框。单击"是"按钮，文档将以只读方式打开，并在文档的标题栏上显示文字"只读"，如图 13-5 所示。

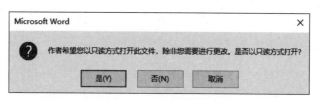

图 13-4 信息提示框

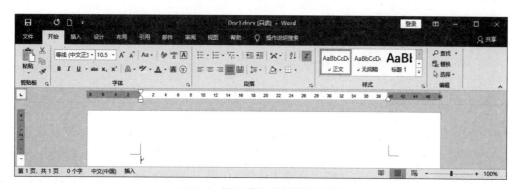

图 13-5 以只读方式保护文档效果

13.1.2 用密码进行加密

对于非常重要的文档，为了防止被人盗用或者任意修改，可以设置打开文档时的密码，以达到保护文档的目的。对文档设置打开密码的具体操作步骤如下。

（1）启动 Word 2019，打开所需加密的文档。

（2）打开"文件"菜单，在"信息"操作界面中单击"保护文档"按钮，在弹出的下拉列表框中选择"用密码进行加密"选项，如图 13-6 所示。

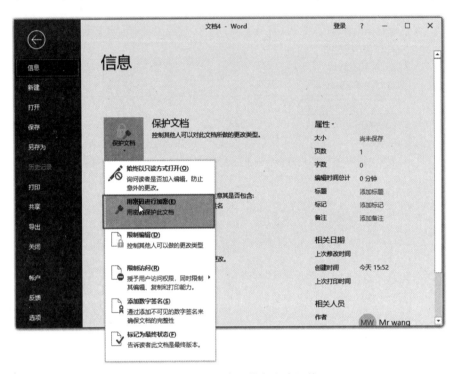

图 13-6 选择"用密码进行加密"选项

（3）系统弹出"加密文档"对话框，在"密码"文本框中输入密码，如图 13-7 所示。

（4）单击"确定"按钮，弹出"确认密码"对话框，在"重新输入密码"文本框中再次输入密码，如图 13-8 所示。

图 13-7 "加密文档"对话框

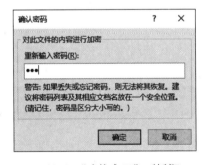

图 13-8 "确认密码"对话框

（5）单击"确定"按钮，返回"信息"操作界面，如图 13-9 所示。

（6）保存并关闭文档。

对文档设置密码后，再次打开该文档，会弹出图 13-10 所示的"密码"对话框，此时需要输入正确的密码才能将其打开并进行编辑，否则只能通过单击"只读"按钮以只读方式打开。

提示： 在"常规选项"对话框中也可以设置打开文档时的密码保护。如果要取消文档的打开密码，需要先打开文档，然后打开"加密文档"对话框，将"密码"文本框中的密码删除掉，最后单击"确定"按钮即可。

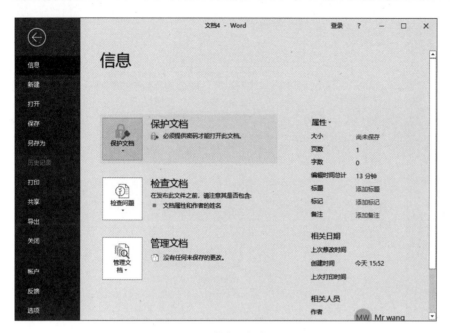

图 13-9 "信息"操作界面　　　　　　　　　图 13-10 "密码"对话框

13.1.3　限制编辑

对于一些特殊文档需要设置格式修改权限，或者设置编辑权限，这时可以利用"限制编辑"功能来保护文档。

1. 设置文档的格式修改权限

如果允许其他用户对文档的内容进行编辑，但不允许修改文档格式，则可以设置格式修改权限，具体操作步骤如下。

（1）启动 Word 2019，打开文档。

（2）切换到"审阅"选项卡，在"保护"功能组中单击"限制编辑"命令按钮，如图 13-11 所示。

图 13-11　单击"限制编辑"命令按钮

（3）在文档右侧打开的"限制编辑"窗格中，选中"格式化限制"栏中的"限制对选定的样式设置格式"复选框，如图 13-12 所示。

（4）单击"限制对选定的样式设置格式"复选框下的"设置"选项，弹出图 13-13 所示的"格式化限制"对话框，用户可以根据实际情况进行设置。设置完以后单击"确定"按钮，弹出图 13-14 所示的对话框，单击"确定"按钮。

（5）在"限制编辑"窗格中，单击"启动强制保护"栏中的"是，启动强制保护"按钮，弹出"启动强制保护"对话框，设置保护密码，如图 13-15 所示，单击"确定"按钮。

（6）返回文档，在"开始"选项卡中可以看到大部分的命令按钮呈禁用状态，在文档右侧的"限制编辑"窗格中显示了文档的限制编辑状态，如图 13-16 所示。

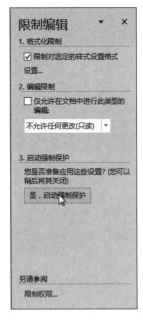

图 13-12 "限制编辑"窗格

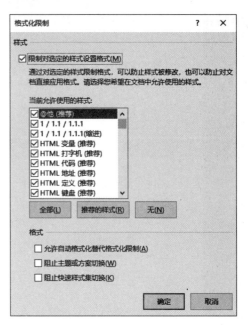

图 13-13 "格式化限制"对话框

图 13-14 Microsoft Word 对话框

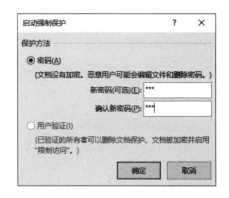

图 13-15 "启动强制保护"对话框

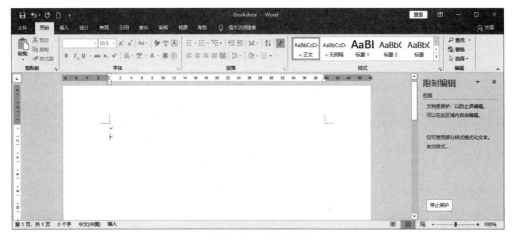

图 13-16 文档效果

2. 设置文档的编辑权限

如果允许其他用户查看文档，但不允许对文档进行任何编辑操作，则可以设置编辑权限，具体操作步骤如下。

（1）启动 Word 2019，打开文档。

（2）切换到"审阅"选项卡，在"保护"功能组中单击"限制编辑"命令按钮。

（3）在文档右侧打开的"限制编辑"窗格中，选中"编辑限制"栏中的"仅允许在文档中进行此类型的编辑"复选框。

（4）选择其下拉列表框中的"不允许任何人更改（只读）"选项，在"启动强制保护"栏中单击"是，启动强制保护"按钮，如图 13-17 所示。

（5）在弹出的"启动强制保护"对话框中设置保护密码，如图 13-18 所示，单击"确定"按钮。

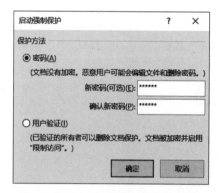

图 13-17 "限制编辑"窗格　　　　　　　图 13-18 "启动强制保护"对话框

（6）返回文档，此时无论在文档中进行什么操作，状态栏都会出现"由于所选内容已被锁定，您无法进行此更改。"的提示信息，如图 13-19 所示。

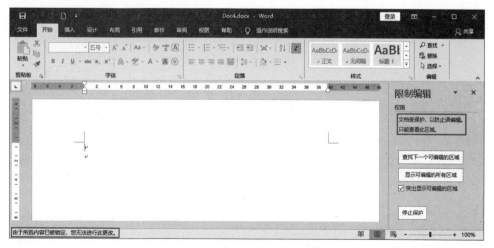

图 13-19 设置编辑权限时的文档效果

3. 设置文档的修订权限

如果允许其他用户对文档进行编辑操作，但是又希望查看编辑痕迹，则可以设置文档的修订权限，具体操作步骤如下。

（1）启动 Word 2019，打开文档。

（2）切换到"审阅"选项卡，在"保护"功能组中单击"限制编辑"命令按钮。

（3）在文档右侧打开的"限制编辑"窗格中，选中"编辑限制"栏中的"仅允许在文档中进行此类型的编辑"复选框。

（4）选择其下拉列表框中的"修订"选项，在"启动强制保护"栏中单击"是，启动强制保护"按钮，如图 13-20 所示。

（5）在弹出的"启动强制保护"对话框中设置保护密码，如图 13-21 所示，单击"确定"按钮。

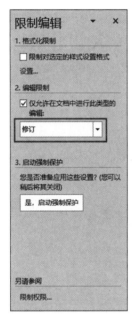

图 13-20 "限制编辑"窗格

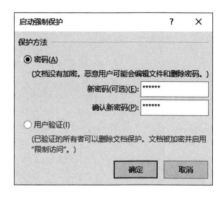

图 13-21 "启动强制保护"对话框

（6）返回文档，文档会自动进入修订状态，在文档中进行的编辑操作都将做出修订标记，如图 13-22 所示。

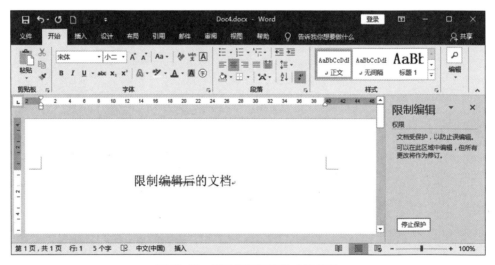

图 13-22 设置修订权限的文档效果

提示：

设置文档的批注权限与修订权限的方法和步骤类似。

4. 利用窗体限制文档更改

有时我们需要编制诸如合同、试卷、登记表、统计表、申报表之类的 Word 文档，要求填表者在指定的区域进行填写，而又不想让他们改动文档的其他部分。怎样才能做到这一点呢？最好的办法就是利用窗体：我们可以在文档中的指定位置（需要填表者填写内容的位置）创建窗体的基础上，对文档进行保护，具体操作步骤如下。

（1）单击"文件"菜单中的"选项"选项，打开"Word 选项"对话框。单击"自定义功能区"选项，在右侧的"主选项卡"列表框中选中"开发工具"复选框，然后单击"确定"按钮，即可在 Word 菜单功能区增加一个"开发工具"选项卡，如图 13-23 所示。

图 13-23 添加"开发工具"选项卡

（2）切换到 Word 功能区的"开发工具"选项卡，在图 13-24 所示的"控件"功能组中选择一个适当的窗体控件，插入文档中需要创建窗体的位置，并进行必要的设置。

图 13-24 "控件"功能区

（3）切换到"开发工具"选项卡（或"审阅"选项卡），在"保护"功能组中单击"限制编辑"命令按钮，打开"限制编辑"窗格，选中"编辑限制"栏中的"仅允许在文档中进行此类型的编辑"复选框。并在下面的下拉列表框中选择"填写窗体"选项，如图 13-25 所示。

（4）单击"启动强制保护"栏中的"是,启动强制保护"按钮,弹出如图 13-26 所示的"启动强制保护"对话框，设置保护密码，单击"确定"按钮。

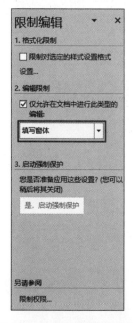

图 13-25 "限制编辑"窗格

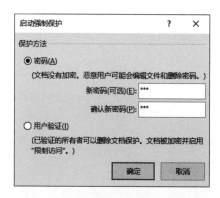

图 13-26 "启动强制保护"对话框

（5）文档被强制保护后，再返回文档，可以看到在"限制编辑"任务窗格中显示权限信息，此时在文档中只能编辑控件区域，其他内容处于不可编辑状态，如图 13-27 所示。

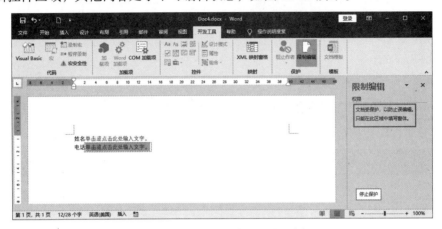

图 13-27　利用窗体限制文档更改

提示:　　　如果在一个 Word 文档中不创建任何窗体，直接进行保护文档的操作，则该文档的任何区域都不能更改，即成为一个只能阅读，而不能编辑、修改的文档。

如果想取消文档的限制编辑，可以单击"限制编辑"窗格下方的"停止保护"按钮，弹出图 13-28 所示的"取消保护文档"对话框，输入密码，单击"确定"按钮，即可解除文档的格式修改权限。

图 13-28　"取消保护文档"对话框

上机练习——保护"应届生求职简历"文档表格

　　　本节练习利用窗体限制 Word 文档更改的设置方法，进一步熟悉"限制编辑"功能在保护文档中的应用。

13-1　上机练习——保护"应届生求职简历"文档表格

　　　首先打开"应届生求职简历"文档，切换到"开发工具"选项卡，在"控件"功能组中单击所需的控件按钮，创建窗体之后，单击"保护"功能组中的"限制编辑"命令按钮，打开"限制编辑"窗格，并进行相关设置。最终文档效果如图 13-29 所示。

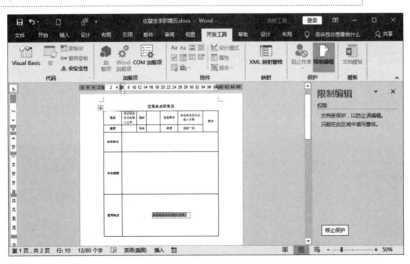

图 13-29　保护文档显示效果

操作步骤

（1）启动 Word 2019，打开"应届生求职简历"文档。

（2）将光标定位在要填写姓名的位置，切换到"开发工具"选项卡，在"控件"功能组中单击"纯文本内容控件"按钮 Aa，填写姓名的位置将出现"单击或点击此处输入文字"的提示，如图 13-30 所示。填表者可以在此位置输入自己的姓名。

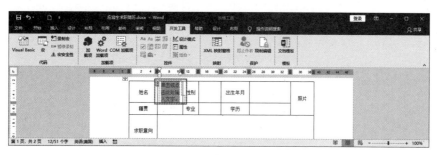

图 13-30 添加"纯文本内容控件"

（3）将光标定位在要填写日期的位置，单击"日期选取器内容控件"按钮，在要填写日期的位置插入"日期选取器内容控件"，此位置将出现"单击或点击此处输入日期"的提示，单击此处，再单击其右侧的下三角，可弹出一个日历，填表者可通过日历选定输入日期，如图 13-31 所示。

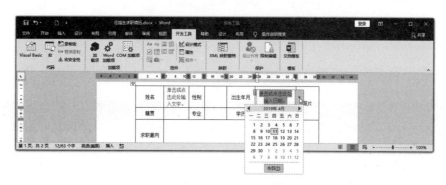

图 13-31 添加"日期选取器内容控件"

（4）将光标定位在要填写学历的位置，单击"下拉列表内容控件"按钮，在要填写学历的位置插入"下拉列表内容控件"，如图 13-32 所示。再单击"属性"按钮，在弹出的"内容控件属性"对话框中按照需要进行设置，如图 13-33 所示。

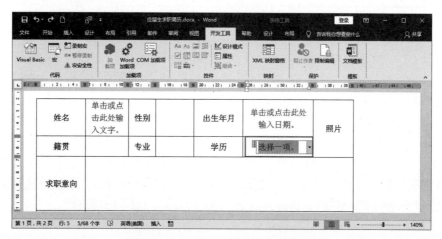

图 13-32 添加"下拉列表内容控件"

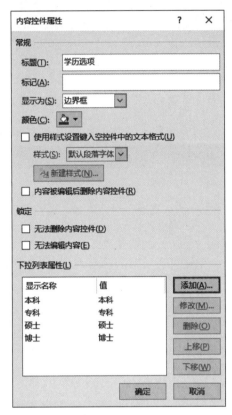

图 13-33 "内容控件属性"对话框

（5）单击"确定"按钮，返回文档，设置的学历如图 13-34 所示。

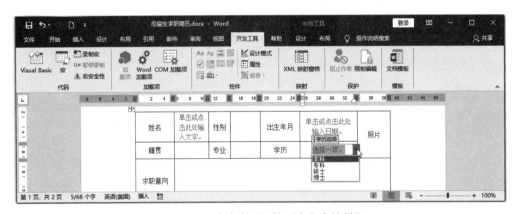

图 13-34 自定义"下拉列表内容控件"

（6）重复步骤（2），在教育经历表格中添加一个"纯文本内容控件"，如图 13-35 所示。

（7）切换到"开发工具"选项卡（或"审阅"选项卡），单击"保护"功能组中的"限制编辑"命令按钮，打开"限制编辑"窗格，选中"编辑限制"栏中的"仅允许在文档中进行此类型的编辑"复选框，并在下面的下拉列表框中选择"填写窗体"选项。

（8）单击"启动强制保护"栏中的"是,启动强制保护"按钮，如图 13-36 所示,弹出"启动强制保护"对话框,如图 13-37 所示。设置保护密码为"123",单击"确定"按钮。

（9）文档被强制保护后，再返回文档，如图 13-29 所示，可以看到在"限制格式和编辑"任务窗格中显示权限信息，此时在文档中只能编辑控件区域，其他内容处于不可编辑状态。

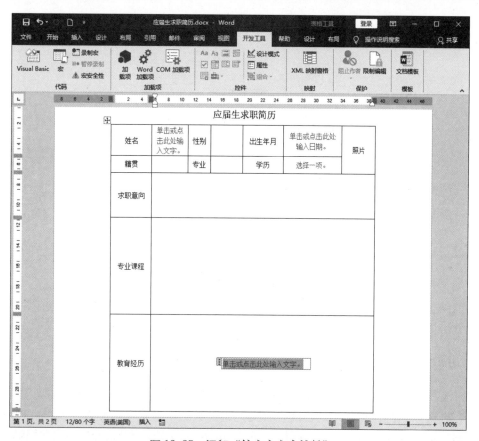

图 13-35 添加 "纯文本内容控件"

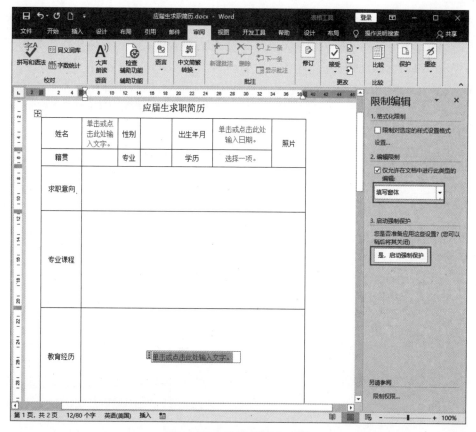

图 13-36 "限制编辑"窗格

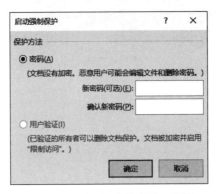

图 13-37　"启动强制保护"对话框

13.2　转 换 文 档

完成文档的编辑后，还可以将其转换成其他格式的文档，以免文档在分发过程中因为 Word 版本的不同或者系统所安装的字体、打印机不同而造成格式的丢失。

13.2.1　将 Word 文档转换为 PDF 格式

将 Word 2019 文档转换为 PDF 格式的文档，可以保留文档格式并支持文件共享，进行联机查看或打印文档时，文档可以完全保持预期的格式，且文档中的数据不会轻易被更改。此外，PDF 文档格式对于使用专业印刷方法进行复制的文档十分有用。将 Word 2019 文档转换为 PDF 格式文档的方法常用的有两种。

1．通过"另存为"对话框

通过另存文档的方法可以将 Word 2019 文档转换为 PDF 格式的文档，具体操作步骤如下。

（1）启动 Word 2019，打开所需文档。

（2）单击"文件"菜单，在弹出的界面中选择"另存为"选项，然后在打开的选项区域中单击"浏览"命令，打开"另存为"对话框，在"保存类型"下拉列表框中选择"PDF（*.pdf）"选项，然后设置存放位置、保存名称等，如图 13-38 所示。

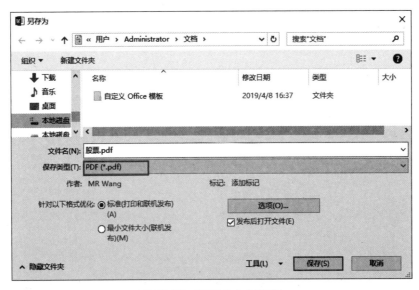

图 13-38　"另存为"对话框

（3）单击"确定"按钮，即可将文档转换成 PDF 格式。

2. 通过导出功能

（1）启动 Word 2019，打开所需文档。

（2）单击"文件"菜单，在弹出的界面中选择"导出"选项，然后在打开的选项区域中单击"创建 PDF/XPS 文档"命令，如图 13-39 所示。

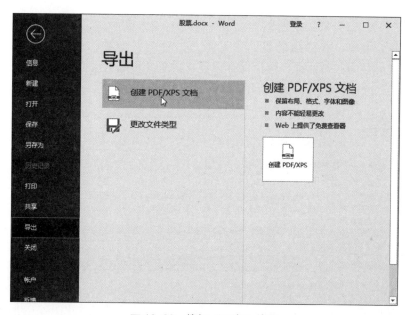

图 13-39　选择"导出"选项

（3）系统打开"发布为 PDF 或 XPS"对话框，在"保存位置"下拉列表框中选择文档保存的位置，在"文件名"文本框中输入文档保存时的名称，在"保存类型"下拉列表框中选择文档保存类型。这里选择将文档保存为 PDF 文档，如图 13-40 所示。

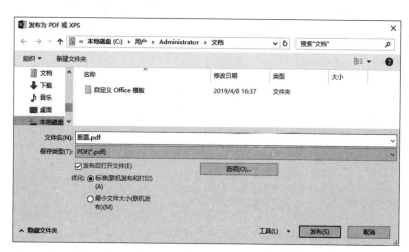

图 13-40　"发布为 PDF 或 XPS"对话框

（4）在对话框的"优化"选项区中，根据需要进行设置。如果需要在保存文档后立即打开该文档，可以选中"发布后打开文件"复选框。

❖ 如果文档需要高质量打印，则应选择"标准（联机发布和打印）"单选按钮。

❖ 如果对文档打印质量要求不高，而且需要文件尽量小，可选择"最小文件大小（联机发布）"单选按钮。

（5）单击"发布"按钮，即可将当前 Word 2019 文档转换为 PDF 格式的文档。

13.2.2 将 Word 文档转换为 HTML 格式

当 Word 2019 文档创建完成后，为便于内容在互联网上和局域网上发布和共享，可以将其转换为 Web 页面文件，这种页面文件使用 HTML 文件格式。将一个 Word 文档转换为网页文件的具体操作步骤如下。

（1）启动 Word 2019，打开所需文档。

（2）单击"文件"菜单，在弹出的界面中选择"另存为"选项，然后在打开的选项区域中单击"浏览"命令，打开"另存为"对话框，选择保存位置，设置文件名并在"保存类型"下拉列表框中选择"网页（ *.htm; *.html ）"选项，如图 13-41 所示。

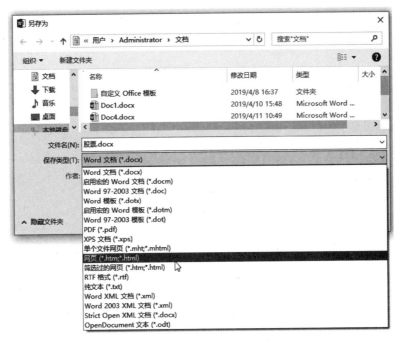

图 13-41　"另存为"对话框

（3）单击"另存为"对话框中的"更改标题"按钮，如图 13-42 所示，打开"输入文字"对话框，如图 13-43 所示，输入页标题后单击"确定"按钮关闭对话框。

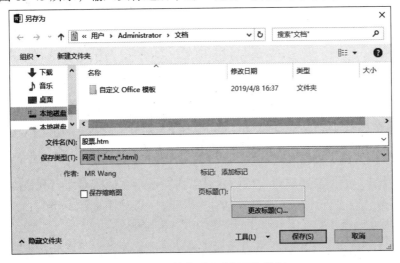

图 13-42　单击"更改标题"按钮

图 13-43　"输入文字"对话框

（4）单击"保存"按钮关闭"另存为"对话框，文档被保存为网页。打开计算机窗口，可以在保存页面文件的文件夹中找到刚才保存的页面文件及其资源文件夹，如图 13-44 所示。双击网页文件即可打开 IE 浏览器查看文档的内容，如图 13-45 所示。

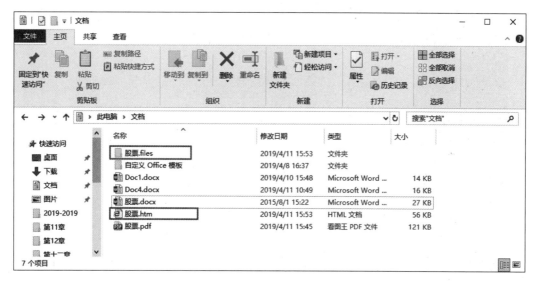

图 13-44　生成的网页文件

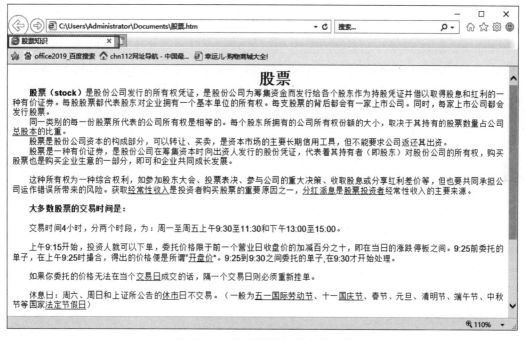

图 13-45　在 IE 浏览器中查看文档

13.2.3　将 Word 文档转换为 PowerPoint 格式

在工作中，有时需要将 Word 文档转换为 PowerPoint 演示文稿，方便对文档进行展示。如果逐一复制粘贴就会比较麻烦，此时可以通过 Word 文档中的"发送到 Microsoft PowerPoint"选项功能快速实现，具体操作步骤如下。

（1）打开想要转换的 Word 文档，单击"文件"菜单，在弹出的界面中选择"选项"选项，如图 13-46 所示。

图 13-46 选择"选项"选项

（2）系统打开"Word 选项"对话框，选择"快速访问工具栏"，并在"从下列位置选择命令"下拉列表框中选择"不在功能区中的命令"选项，在列表框中选择"发送到 Microsoft PowerPoint"选项，单击"添加"按钮，将"发送到 Microsoft PowerPoint"选项添加到对话框右侧的方框内，如图 13-47 所示，添加完毕后单击"确定"按钮。

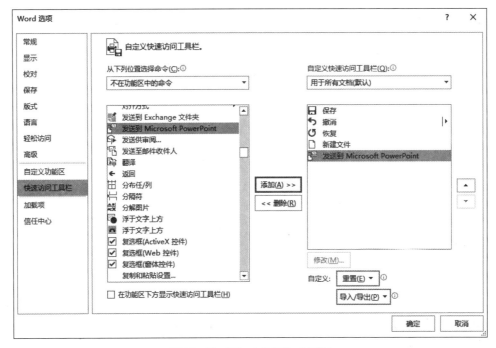

图 13-47 "Word 选项"对话框

（3）此时跳转回 Word 界面，可以看到在 Word 快速访问工具栏中添加上了"发送到 Microsoft

PowerPoint"按钮，如图 13-48 所示。

（4）单击该按钮，Word 文档会生成 PowerPoint 演示文稿，最后根据个人需要对 PowerPoint 演示文稿进行设置，如图 13-49 所示。

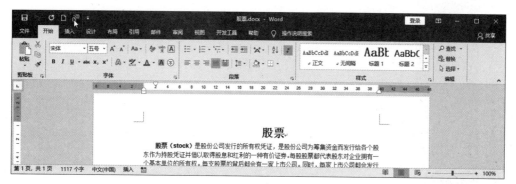

图 13-48　单击"发送到 Microsoft PowerPoint"按钮

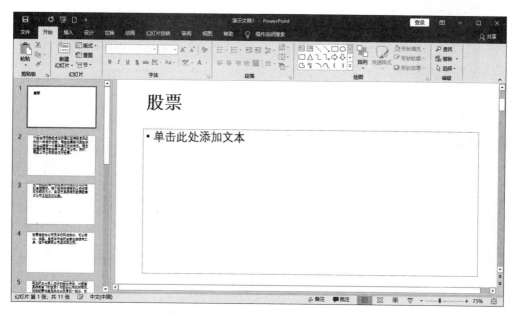

图 13-49　生成演示文稿

13.3　打 印 文 档

如果一台打印机与计算机已经正常连接，并且安装了所需的驱动程序，就可以在 Word 2019 中直接输出所需的文档了。

13.3.1　预览文档

在打印文档之前，如果想预览打印效果，可以使用打印预览功能。利用该功能可以根据文档打印的设置模拟文档打印在纸张上的效果。预览时可以及时发现文档中的版式错误，如果对打印效果不满意，也可以及时对文档的版面进行重新设置和调整，另外还可以在预览窗格中对文档进行编辑，以获得满意的打印效果，避免纸张的浪费。

打开 Word 文档，单击"文件"菜单中的"打印"选项，文档窗口中将显示所有与文档打印有关的命令选项，在最右侧的窗格中可以预览打印效果。拖动"显示比例"滚动条上的滑块可以调整文档的显示大小，单击"下一页"按钮▶和"上一页"按钮◀，可以进行预览的翻页操作，如图 13-50 所示。

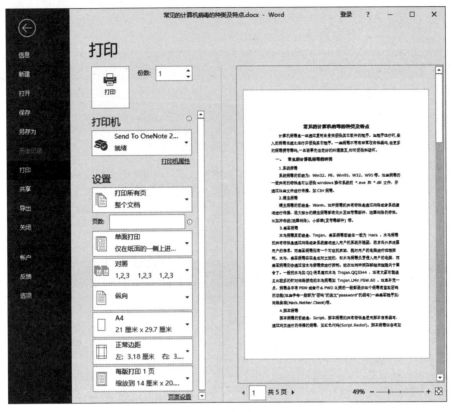

图 13-50　打印窗口

13.3.2　直接打印文档

设置完成并且对预览效果感到满意后，就可以通过 Word 提供的打印功能将其打印出来了。具体操作步骤如下。

（1）打开需要打印的文档。

（2）在"文件"菜单中选择"打印"命令，在弹出的"打印"窗格中打开"打印机"下拉列表框，可以从中选择执行打印任务的打印机，如图 13-51 所示。

（3）根据需要，在"份数"微调框中设置需要打印的份数，如图 13-52 所示，然后单击"打印"按钮即可开始打印。

图 13-51　选择打印机

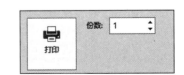

图 13-52　设置打印份数并打印

13.3.3 打印指定的页面内容

在打印文档时，有时可能只需要打印部分页码的相关内容，其操作步骤如下。

（1）打开要打印的文档，在"文件"菜单中选择"打印"命令。

（2）在弹出的"打印"窗格中，单击"设置"选项区域的"打印所有页"下拉列表框中的"自定义打印范围"选项，如图13-53所示。

图 13-53　选择打印范围

（3）在"页数"文本框中输入要打印的页码范围。在输入要打印的页码范围时，其输入方式可以分为以下几种情况。

❖ **打印连续的多个页面**：使用"-"符号指定连续的页码范围。例如要打印范围为第1~6页文档的内容，可以在"页数"文本框中输入"1-6"。

❖ **打印不连续的多个页面**：使用逗号","指定不连续的页面范围。例如，要打印第4、6、10页的文档内容，可以在"页数"文本框中输入"4,6,10"。

❖ **打印连续和不连续的页面**：综合使用"-"和","符号，指定连续和不连续的页面范围。例如，要打印第2、4、7~11页的文档内容，可以在"页数"文本框中输入"2,4,7-11"。

❖ **打印包含节的页面**：如果为文档设置了分节，就使用字母p表示页，字母s表示节，页在前，节在后。输入过程中，字母不区分大小写，也可以结合使用"-"和","符号。例如要打印第3节第9页的文档内容，可以在"页数"文本框中输入"p9s3"；打印第1节第3页到第3节第7页的文档内容，可以在"页数"文本框中输入"p3s1- p7s3"；要打印第2节第3页、第3节第8页到第4节第5页的内容，可以在"页数"文本框中输入"p3s2, p8s3- p5s4"。

（4）在"份数"微调框中设置需要打印的份数，如图13-54所示，然后单击"打印"按钮进行打印即可。

图 13-54　设置打印范围、份数

13.3.4　只打印选中的内容

在某些时候，我们要打印的也许并不是连续的页码，也不是非连续的页码，而只是文档中的某些特定内容，如特定的文本内容，图片、表格、图表等不同类型的内容，此时可以只打印选中的内容。具体操作步骤如下。

（1）在要打印的文档中，选中要打印的指定内容。

（2）打开"文件"菜单，选择"打印"命令。

（3）在弹出的"打印"窗格中，单击"设置"选项区域的第一个下拉列表框，从中选择"打印选定区域"选项。

（4）在"份数"微调框中设置需要打印的份数，然后单击"打印"按钮，将只打印文档中选中的内容，如图 13-55 所示。

13.3.5　在一页纸上打印多页内容

默认情况下，Word 文档中的每一个页面打印一张，也就是说文档有多少页，打印出的纸张就会有多少张。有时为了满足特殊的要求或者节省纸张，可以通过设置在一张纸上打印多个页面的内容，具体操作步骤如下。

（1）打开需要打印的文档。

（2）打开"文件"菜单，选择"打印"命令。

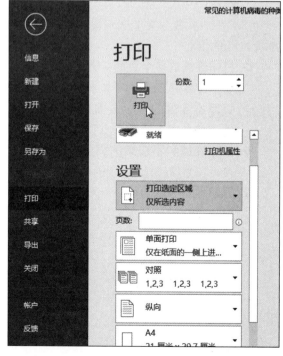

图 13-55　选择"打印选定区域"选项并打印

（3）在弹出的"打印"窗格中，单击"设置"选项区的最后一个下拉列表框，从中选择在每张纸上要打印的页面数量，如"每版打印4页"选项，如图13-56所示。

（4）在"份数"微调框中设置需要打印的份数，然后单击"打印"按钮，将在每张纸张上打印4页内容。

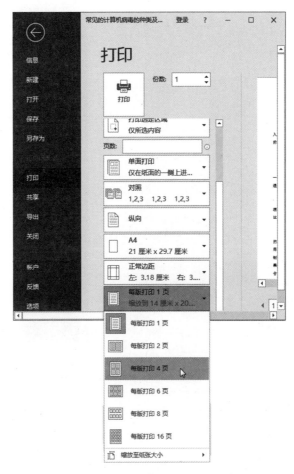

图13-56　选择"每版打印4页"选项

13.3.6　双面打印文档

在对Word文档进行打印时，为了节约纸张或满足某些特殊文档（如书籍、杂志等）的需求，往往需要进行双面打印。在Word中，实现双面打印实际上就是在纸的两面分别打印文档的奇数页和偶数页。下面介绍实现Word文档的手动双面打印的操作方法。

（1）打开Word文档，单击"文件"菜单，选择"打印"命令。

（2）在弹出的"打印"窗格中，单击"设置"选项区域中的"单面打印"下拉按钮，从弹出的下拉列表框中选择"手动双面打印"选项，如图13-57所示。

（3）在"自定义打印范围"下拉列表框中，选择"仅打印奇数页"或"仅打印偶数页"选项，如图13-58所示。

（4）在"页数"文本框中输入奇（或偶）数页页码。

（5）设置完打印参数后，单击"打印"按钮，即可开始打印奇（或偶）数页文档。

（6）在打印完奇（或偶）数页文档后，将弹出图13-59所示的提示对话框，提示用户将打印好的文档反过来重新放到打印机纸盒中，单击对话框中的"确定"按钮，即可继续在纸的反面打印偶（或奇）数页。

图 13-57 选择"手动双面打印"选项

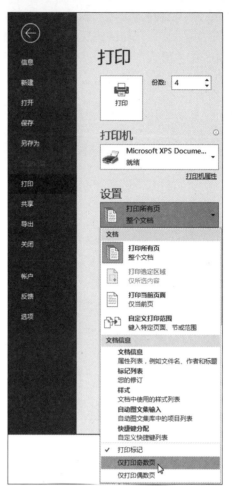

图 13-58 选择"仅打印奇数页"选项

提示： 如果打印机支持双面打印，则在"打印"窗格的"设置"选项区域中，单击"单面打印"下拉按钮，从弹出的下拉列表框中选择"双面打印"选项，如图 13-60 所示，打印时就自动双面用纸了。如果打印到复印打印一体机，并且复印机支持双面复印，那么它可能也支持自动双面打印。如果安装了多台打印机，可能一台打印机支持双面打印，而另一台打印机不支持双面打印。

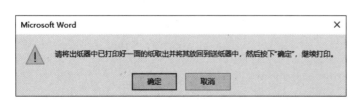

图 13-59 提示对话框

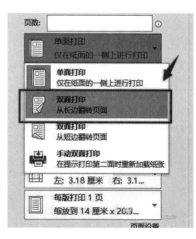

图 13-60 选择"双面打印"

上机练习——双面打印"便携式打印机"指定的页面，份数为 3 份

练习目标

　　本节练习如何打印指定页面、指定份数，并手动双面打印文档。

设计思路

　　首先打开要打印的文档，在"文件"菜单中选择"打印"命令，在弹出的"打印"窗格中分别设置打印机型号、打印份数、自定义打印范围及页数，并选择手动双面打印，在打印完奇数页后，将打印出来的文档重新放入打印纸盒中，将偶数页文档打印出来。

13-2　上机练习——双面打印"便携式打印机"指定的页面，份数为 3 份

操作步骤

（1）启动 Word 2019，打开名为"便携式打印机"的文档。

（2）单击"文件"菜单，选择"打印"命令，在"打印"窗格中的"打印机"列表框中自动选择名为 Microsoft XPS Document Writer 的打印机。

（3）在"打印"窗格中的"份数"微调框中输入"3"，如图 13-61 所示。

图 13-61　设置打印机以及打印份数

（4）在"打印"窗格中，单击"设置"选项区域中的"打印所有页"下拉列表框，选择"自定义打印范围"选项，在其下的"页数"文本框中输入"3-5"，表示打印范围为第 3~5 页的文档内容。单击"单面打印"下拉按钮，从弹出的下拉列表框中选择"手动双面打印"选项，如图 13-62 所示。

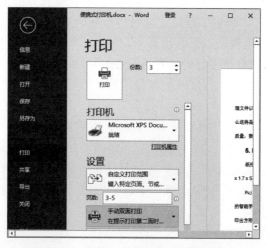

图 13-62　设置打印范围和手动双面打印

（5）在"对照"下拉列表框中可以设置逐份打印，如果选择"非对照"选项，则表示多份一起打印。这里保持默认设置，即选择"对照"选项，如图 13-63 所示。

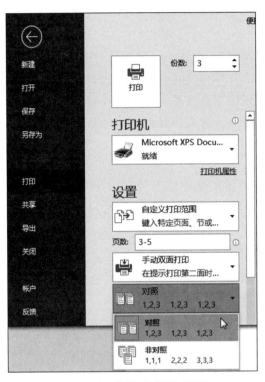

图 13-63 选择"对照"选项

（6）设置完打印参数后，单击"打印"按钮，打印机先打印奇数页，将所有奇数页打印完后，弹出提示框提示手动换纸，将打印的文档重新放入打印纸盒中，然后单击对话框中的"确定"按钮，将偶数页文档打印出来。

13.4 答 疑 解 惑

1. 在编辑 Word 2019 文档过程中，有时候需要插入一些图形或图片，但是在打印这些文档的时候，却发现打印的文稿中没有图片或图形，该怎么解决呢？

答：单击 Word 2019 上面的"文件"选项卡，在打开的"文件"下拉菜单中选择"选项"命令，打开 Word 2019 的选项窗口，单击窗口中的"显示"选项，在右侧新打开的窗口中，选中"打印在 Word 中创建的图形"复选框，最后单击"确定"按钮。这时再打开该文档的打印预览窗口，就可以看到文档的预览中已显示出插入的图形了，也就可以打印出来了。

2. Word 2019 中怎么设置文档重要部分内容不可修改？

答：首先用鼠标选中文档中可以进行修改的部分内容，然后单击 Word 2019 界面中左上角的"文件"选项卡，在弹出的"文件"下拉菜单中，单击"信息"选项，在右侧窗格单击"保护文档"选项。在弹出的"保护文档"下拉菜单中，选择"限制编辑"选项，在右侧的"限制编辑"窗格中，选中"仅允许在文档中进行此类型的编辑"复选框。接下来单击下面的下拉按钮，在弹出的下拉列表框中选择"不允许任何更改（只读）"选项。接着选中"每个人"复选框，然后单击"是，启动强制保护"按钮，弹出"启动强制保护"对话框，在对话框中设置一个保护密码，这样以后就不可以修改文档中的重要内容了。

13.5　学习效果自测

选择题

1. 若要设置打印输出时的纸型，应从（　　）选项卡中调用"页面设置"命令。

    A. 布局　　　　　　　B. 插入　　　　　　C. 开始　　　　　　D. 设计

2. 打印预览中显示的文档外观与（　　）的外观完全相同。

    A. 普通视图显示　　　　　　　　　B. 页面视图显示

    C. 实际打印输出　　　　　　　　　D.　大纲视图显示

学习效果自测答案

第1章

选择题
1. A   2. B   3. C

第2章

选择题
1. A   2. A   3. A   4. D

第3章

选择题
1. A   2. C   3. D

第4章

选择题
1. C   2. B   3. B   3. A   4. D

第5章

一、选择题
1. D   2. B   3. B   4. C   5. A
二、判断题
1. √   2. ×

第6章

选择题
1. A   2. D   3. C   4. B   5. D   6. C

第7章

选择题
1. D   2. D   3. B   4. A

第8章

一、判断题
1. ×   2. √   3. ×   4. √

二、填空题
1. 布局选项，图表元素，图表样式，图表筛选器
2. 数据，各项数据
3. 坐标轴选项

第 9 章

选择题

1. D	2. B	3. B	4. C	5. C

第 10 章

一、选择题

1. A	2. A	3. B	4. C	5. C

二、填空题
1. 页边距，纸张，版式，文档网格
2. 布局，页面背景
3. 插入，页眉和页脚

第 11 章

选择题

1. C	2. A	3. A	4. B	5. C	6.A

第 12 章

选择题

1. B	2. D	3. B	4. A	5. C

第 13 章

选择题

1. A	2. C